NON-TEST-TEAM ORGANIZATION

Agile Transformation of Test Teams

无测试组织

测试团队的敏捷转型

张鼎 ◎著

机械工业出版社
CHINA MACHINE PRESS

图书在版编目（CIP）数据

无测试组织：测试团队的敏捷转型 / 张鼎著 .—北京：机械工业出版社，2023.6

ISBN 978-7-111-73082-8

Ⅰ. ①无…　Ⅱ. ①张…　Ⅲ. ①软件开发 - 程序测试　Ⅳ. ① TP311.55

中国国家版本馆 CIP 数据核字（2023）第 074180 号

机械工业出版社（北京市百万庄大街 22 号　邮政编码 100037）
策划编辑：杨福川　　　　　　责任编辑：杨福川
责任校对：韩佳欣　彭　箫　　责任印制：常天培
北京铭成印刷有限公司印刷
2023 年 8 月第 1 版第 1 次印刷
186mm × 240mm · 21.75 印张 · 484 千字
标准书号：ISBN 978-7-111-73082-8
定价：109.00 元

电话服务　　　　　　　　　网络服务

客服电话：010-88361066　　机　工　官　网：www.cmpbook.com
　　　　　010-88379833　　机　工　官　博：weibo.com/cmp1952
　　　　　010-68326294　　金　　书　　网：www.golden-book.com

封底无防伪标均为盗版　　机工教育服务网：www.cmpedu.com

Prologue 序 1

测试的“道”是什么？测试管理的“道”又是什么？近年来，传统软件工程管理逐渐向敏捷研发管理倾斜，对专业和响应效率的要求越来越高，而国内多年的测试技术演进积累到了今天，优秀体系的建设和沉淀越来越夯实，聚焦测试领域的实践分享也越来越多，这是一个非常好的趋势。

我和鼎叔十几年前相识于腾讯，鼎叔曾在腾讯曾经担任资深的测试管理负责人，从 Web 2.0 时代到移动互联网时代，鼎叔的团队在腾讯内部的测试影响力一直都是前列。究其原因，我想最关键的是团队系统的整体测试管理体系以及团队内部不断提升和积累下来的多维度测试技能。

今天，随着云计算、AI、大数据等技术的商业化进程，整个技术行业又在快速迭代和演进。过去建设起来的研发或测试体系也面临更多的新挑战。在保持产品品质、效率、体验不断提高的要求下，这些年的全栈能力发展、去测试化发展的呼声也日渐高涨。很多测试同人也有很大的顾虑。测试领域的未来如何发展？测试从业者未来应该如何思考、综合提升而不至于掉队落伍？今天我向大家推荐鼎叔的这本新书，应该可以给大家答疑解惑。

刚看到书名时，我刻意问了下鼎叔，为什么要将书名定义为“无测试组织”，毕竟猛一看可能不知道本书要讲什么内容。静心读后，收获很大，特别推荐在测试领域从业多年的读者阅读本书。这本书从两个维度剖析了测试领域的发展侧重点：1）如何组建测试团队和实施测试管理；2）如何提升测试的综合技能。如果你是测试领域的管理人员，推荐阅读本书的第一部分，这部分介绍了测试管理的体系化搭建框架方案，内容涉及测试职责范畴的扩散 / 定义、测试的度量、测试积累沉淀管理，以及团队人员技能和人力管理等多个方面。

一些测试人员在测试岗位时间越久，会越来越缺乏竞争力。归其原因，他们更多是偏向黑盒 / 系统测试，专注测试用例设计分析和执行，没有关注对被测产品的架构、实现技术的理解，深度问题定位甚至解决能力，以及更创造性的测试能力等方面的提升。这会让自身在更具挑战性的质量和效率提升要求到来时无所适从。本书第二部分系统介绍了测试人员的能力提升方向和建议，同时介绍了很多实际方法。从基本测试分析设计，到测试自动化并关注自动化 ROI，再到探索式测试、众包测试、精准测试和用户体验测试的开展方法等，书中都给出了专业的建议 / 方案，相信对那些立志提升自己专业技能的读者会有很大帮助。

很多人在职业初期选择进入测试领域的原因是觉得它的门槛较低，这是对测试领域的误解。每个领域都有各自核心竞争力、困难以及挑战。测试技术不断发展，不过测试领域的核心能力要求本质不变。每个人只有抓住本质，聚焦核心竞争力的提升，才能让自己以不变应万变，始终保持职业上的竞争优势。

最后，我想说，当前 ChatGPT 对各行各业的冲击正在驱动不同行业大力思考，积极应对。测试领域同样会面临挑战。只有保持学习和总结，关注落地结果及改进，保持创造性思维，保持接纳和融合意识，让自身具备充足的技能竞争力，才能在技术和时代的变化中抓住更多的新机遇！

吴凯华（Jermery） 曾任腾讯云副总裁，腾讯质量管理通道会长

Prologue 序2

这是一本沉淀了鼎叔（我们对作者张鼎的尊称）数十年丰富的测试、管理及教练经验的著作。本书主要探讨测试团队如何成功转型为敏捷型测试团队，内容涵盖敏捷测试的定义、关注点及如何度量；如何培养测试团队的能力、营造氛围，包括如何高效管理外包团队的经验之谈；敏捷测试所需的具体技术，包括测试分析与设计、自动化测试的投资回报率、探索式测试、众包测试和精准测试如何在敏捷测试团队中灵活运用；测试工程师如何参与提升用户体验的工作、将产品从可用推向好用；以及对未来的智能测试和无测试组织的思考和展望。全书体现了作者对测试技术的深度思考，搭配多个实践案例，让读者在思想上有强烈共鸣，同时具备生动有趣的画面感。某些案例和图片更是勾起了我与鼎叔共同战斗的难忘回忆。如果你想成为一名有别于其他角色的优秀测试工程师，或者想带领一支由优秀的测试工程师组成的测试团队，那么此书定会带给你良多启示。

廖　志　腾讯地图测试总监

序3 Prologue

本书作者既是我工作中的前同事、前辈，也是生活中的好友，他在测试行业有丰富积累，培养了众多测试专家级人才，也有深厚的工程师文化和技术极客精神。书中既有适合初级测试工程师的测试分析和测试设计、专项测试技术、探索式测试、众包测试等基础理论，也有适合资深从业者的精准测试、智能测试等较为前沿的测试方法探讨。测试行业整体兴起不过20年左右，但流派很多，对行业发展趋势也有不同见解，甚至有一种说法——测试行业在未来将不复存在。我认为软件工程本身在持续地迭代优化，测试作为其中一部分，方法理论也在快速进化，在可见的将来，测试工程不会消失，而是会越来越先进，它的自动化、智能化程度会越来越高，软硬件服务对生活各种场景的渗透也会越来越高。无论是想要系统地了解测试方法的读者，还是有志于推动测试行业不断发展的读者，本书都值得一读，相信它不会令人失望。

刘建生　华润万象生活数字创新部总经理

Preface 前　言

初次看到**"无测试组织"**的读者可能会觉得书名有标题党之嫌，类似"测试岗位已死"的论调每几年就会在媒体和圈子里传播一轮。难道"狼"又要来了吗？

实际上，行业对测试工程师的招聘数量不降反升，随着新兴公司的蓬勃发展，测试工程师的薪酬也水涨船高。显然，"无测试组织"的发展势头在这些年并没有显现出来。

这本书想讲的并非预言，而是在高度成熟的敏捷研发团队中，测试工作应该如何开展，以及由谁来承担的问题。

今天的测试工程师，面向可能的未来变革开始长期修炼，肯定有百益而无一害，但这并不意味着要根据一本书的预测而盲目改变自己的职业方向。

敏捷团队中，测试技能是"永生"的，但传统意义上的"测试团队"可以"无"，这才是我想定义的"无测试组织"。无测试组织延展了测试内涵的四化：**服务化、标准化、智能化、全员化**。品质保障不再由专职的测试工程师团队全权负责，而是由业务团队全员、专家、标准、平台及每一个用户协力保障。

这样的"无测试组织"可能在很多年后还是一股特立独行的清流，但我坚信它会是价值认可度最高、回报最高的典范团队。它也是在本质上契合敏捷研发价值观的理想形态。

正如武侠小说中所描述的，做到"手中无剑，心中有剑"是一个艰苦和长期的改进过程，这个过程充满着尝试、误解、风险和快乐。如果只是习惯了现在的稳定工作分工，只顾着解决眼前的麻烦，就无法引领团队走向正确的方向。

无测试组织如何一步步实践、探索、演进，将在本书中陆续展开，在最后一章我会再详细阐述对无测试组织的系统理解。

本书主要内容

本书分"打造敏捷测试团队"和"修炼敏捷测试技术"两大部分。

第一部分（第 1 ～ 7 章）打造敏捷测试团队

从测试团队为什么敏捷不起来讲起，介绍敏捷测试团队需要具备的理论认知，引出多个维度的敏捷组织要求，并对质量度量体系进行重新构建。

我会展开介绍敏捷测试组织的痛点，分享亲身实施的案例，包含团队诊断、敏捷度量、流程敏捷、文档敏捷、外包管理敏捷、创新组织打造等，其中流程敏捷是重点介绍的内容。在整个研发生命周期的各个阶段，测试团队都有值得敏捷实践的具体措施。

第 1 章：本章引出本书的知识体系，解释什么是敏捷测试，敏捷转型为什么容易失败。本章提供了一套自我诊断敏捷短板的方案，为未来制定团队转型工作举措提供参考。

第 2 章：本章在简要介绍常见的敏捷框架知识的同时，重点放在测试人员的启发思路上，介绍如何利用各种敏捷知识改善测试活动，突破自身岗位的局限，借助全员力量内建出好的质量。

第 3 章：本章针对测试团队经常探讨的测试左移与右看实践，给出更丰富的思考和创新的推荐做法，让贯穿在整个软件研发生命周期中的测试活动更加高效。

第 4 章：本章介绍敏捷研发的质量保障和度量体系，以及它与传统研发的质量度量的差别，指导质量保障人员进行敏捷转型，走出职场口碑困境；同时，对效能度量指标和方案进行深入剖析，真正衡量出测试团队的敏捷成熟度。

第 5 章：本章介绍如何创建高价值的敏捷文档以满足敏捷团队的日常需求，以及如何构建敏捷研发质量体系文档，并详细解释了开发和测试人员在沟通中容易引起争议的概念。高效文档很重要，高效沟通更重要。

第 6 章：员工和团队的核心能力水平是敏捷实践成功的要素之一。本章重点介绍测试主管如何帮助测试工程师提升必需的关键能力，如何指导员工的职级晋升，如何构建安全轻松的技术创新氛围，如何保障团队持续提高效能。

第 7 章：测试外包是常见的手段，如何稳妥地建立测试外包团队，保障管理运作的高效率，是本章的重点内容。对于如何管理 ODC 异地团队，本章也提供了不少新的实践方法。

第二部分（第 8 ～ 15 章）修炼敏捷测试技术

这部分涉及专业技术的敏捷实践，尤其针对测试相关领域的敏捷提升方案，按照从基础到进阶的顺序，分别介绍测试分析与设计基础、自动化测试的 ROI（投资回报率）、敏捷测试的三大利器、提升用户体验的测试方案、面向未来的智能化测试、无测试组织的思维实验等。

其中，敏捷测试的三大利器（探索式测试、众包测试、精准测试）是非常丰富且有效的实践知识体系，占了大量的篇幅。

第 8 章：本章是测试专业能力的基础，缺乏测试分析与设计能力将导致敏捷测试失去牢固根基，测试人员的专业发展也可能会走歪。测试人员可以通过贯穿需求、开发和测试环节的分析过程，真正掌握测试策略和测试用例的专业制定方法，并在迭代中不断改进。

第 9 章：本章不会详细讲解如何开发和定制具体的自动化框架，但是会结合过往实践的经验教训，详细介绍自动化测试 ROI 的计算理论和关键要素，并针对不同类型的自动化测试项目梳理出提高收益的通用技巧。落地自动化测试很容易，让自动化测试收益得到公司认可则困难得多。

第 10 章：本章介绍敏捷测试技术方案的三大利器之一——探索式测试，这也是天然适合敏捷理念的测试风格。从探索式测试理论到典型探索方法，再到完整实践流程，本章都会结合真实案例一一介绍，最后会提供探索式测试进阶工具箱，帮助大家成为探索式测试达人。

第 11 章：本章介绍敏捷测试技术方案的三大利器之二——众包测试，从众包行业知识开始讲起，介绍了众包平台的结构和开发心得。通过打造高活跃度的众包平台和最高效的反馈工具，激励用户为我们发现多种多样的长尾问题。

第 12 章：本章从两条实践路线对敏捷测试技术方案的三大利器之三——精准测试进行解读。第一条是精准测试分析之路，包括如何让测试工程师掌握精准测试分析的方法，主动提高覆盖率，与开发人员平等对话。第二条是精准测试工具设计之路，包括什么是强大的精准测试能力，它如何让我们的用例覆盖效率提升，同时让开发人员定位缺陷更迅速。

第 13 章：工程师对于用户共情能力的不足，以及单纯的产品逻辑思维，导致低级的用户体验问题经常“逃逸”到线上。测试团队可以通过提升用户体验的一系列理论知识和探索式方法，用很低的实践成本快速沉淀寻找用户体验问题的各种易用规则。

第 14 章：本章从两个方面解读测试团队如何迎接未来的智能化工程时代。第一，如何建立评测多种多样智能化产品的体系化能力，并且效率要足够高。第二，如何对现有的测试方案和平台进行智能化升级，突破现有自动化测试效率的边界。我们可以借助各方的力量来实现未来的智能化测试目标。

第 15 章：基于之前各章的学习，我们知道传统的竖井式专职测试团队的价值在不断弱化，这和敏捷的高阶发展趋势不相吻合。本章带大家做一个思维实验，即结合本书所有内容，畅想未来的无测试组织会是什么样子，以及我们现在可以做哪些转型的准备。有的团队已经开始行动了！

众所周知，敏捷转型领域的著作层出不穷，测试领域要面对的专业问题千千万万，团队管理的知识也博大精深，不论哪一个领域都无法在一本书中完整论述。本书书名包含的三个关键词——“敏捷转型”“团队”“测试”，恰恰是取三者的交集，即聚焦测试团队的视角，解决测试面对的实际问题，同时以“敏捷效果”作为挑选素材和观点的准绳，期望达到效能长期提升的目的。

到达高度敏捷的团队境界，还要思考三个关键词，即“质量”“效率”“能力”，它们是本书讨论的核心维度，也是构建完整敏捷体系的根基，缺一不可。本书还有一个隐含的关键词——团队成熟度，不同成熟度的团队，建议采取的敏捷手段是不一样的，这在本书各个章节都有具体的体现。

本书读者对象

质量经理、质量总监及高级技术管理者。通过本书，这类读者可以更清晰地了解不同组织形态下质量工作转型的困难，坚持正确的理念，锁定适合自身的改进指标，让质量团队更好地进行敏捷转型。

一线团队的管理者。通过本书，这类读者可以完整地实践敏捷转型，深入了解知名研发团队真实的经验教训。

开发和测试相关领域的一线工程师或者其他非技术岗位人员（如产品经理）。通过本书，这类读者可以立即开始行动，引入低成本的尝试措施。

本书不涉及特定技术框架和编码，没有技术门槛的要求，不同层次的读者可以得到不同的启发。案例虽然大多数涉及的是质量 / 测试团队，但其解决问题的思路广泛适用于各类角色。

本书的每一章内容都可独立学习和应用，相互之间没有理解上的依赖关系，读者可以根据兴趣直接阅读相关章节。所有章节又形成有机的敏捷测试整体思维，逐步递进。

本书特色

从质量 / 测试的专业领域来看，我在市面上还没有看到聚焦于质量 / 测试团队如何敏捷转型的图书，有的只是关于特定的局部理论和工程实践的图书。行业内专业做测试的人通常不太精通敏捷，但专职做敏捷的教练并不会把重心放在测试人员上，而是更多地把精力放在引导“三驾马车”的角色上。测试工程师通常是跟随者角色，缺乏切合自己视角的案例分析，又不敢改变自己传统的质量兜底责任，往往处于被动状态。

本书从一线测试团队的常见困难和视角出发，填补了这一空白。

国外经典的敏捷作品或测试大牛的著作，都是讲思想体系、思考模型。而国内敏捷类原创图书大多关注工程搭建，过于依赖眼前的工具链，一旦技术平台升级换代，就失去了实操准确性。

本书则更多聚焦在“道”的理解上，同时辅以大量知名一线团队的实践案例，既有长期有效性（不会随着技术发展而淘汰），又能引发广泛深入的思考，更贴近员工的日常工作。把

“道”用在具体工程项目的“术”上，能够举一反三，迭代认知。

其他一线支持团队，如设计、运营、运维、客服等团队，都是测试团队的密切合作伙伴，在面对难题时的底层冲突和解决思路都是相近的，同样能从本书中得到启发。

为什么要写本书

我长期在一线互联网技术公司担任测试技术总监，从移动互联网的荒蛮期走到红利末期。我在腾讯负责过多个著名产品（如手机 QQ、手机 QQ 浏览器、腾讯手机管家、应用宝等）的测试项目和团队管理。在金融创业公司从零开始构建过品质团队（最终在美国纽约上市），在传统通信巨头北电网络做过国际 IoT 测试规范的制定，还在 OPPO 公司参与过敏捷变革转型实践以及测试技术规划等，目前在阿里巴巴的海外电商公司 Lazada 担任 EVP。

回顾过往，我的职业生涯可以分为三个时期：职业经理人、创业者、教练。随着对教练技术和敏捷实践知识的体会逐步加深，写书的愿望越来越强烈。相对于其他的测试专家和管理者，我更偏好提炼经验教训和方法论，关注效能创新的不同维度，但手把手教读者搭建和改造具体的技术框架平台，则并非我擅长的东西。

本书包含很多我参与的精彩案例，内容丰富且思考角度多样化。经常从不同类型团队的视角梳理底层逻辑，是敏捷管理者自我提升的有效习惯。

资源和勘误

欢迎关注我的微信公众号“**敏捷测试转型**”，大量原创的测试团队敏捷修炼文章将在公众号陆续发表。

如果你对本书有任何建议和问题，可以直接在微信公众号后台互动，也可以通过 QQ 群（956670491）进行交流。

致谢

感谢在过往的工作中给予我灵感的所有同事和领导！

感谢为本书提供一手素材、帮我指正问题的朋友们，包括唐秋博、王旭、曾仁凤、于雪松、袁建发。

感谢我的父亲张建民，母亲王导佑，阿婵、玥玥、星星，以及所有爱我和我爱的亲人们，有了他们的默默支持，我才能在忙碌工作之余坚持一点一滴地完成这本“沉甸甸”的职场思考之书。

愿大家幸福安康！

目　录 Contents

第一部分 Part 1

打造敏捷测试团队

Chapter 1 第1章

敏捷测试团队的自我诊断

敏捷转型大潮汹涌而来，各大技术公司均被卷入其中，在管理层的重视下，效能提升成为测试团队日常工作的口头禅。但是我们也看到，敏捷转型的效果参差不齐，真正深入理解敏捷要义的骨干员工数量很少，对敏捷概念的误解很多，转型打法上经常发生冲突，团队成员也频频感到受挫。

身处其中的测试团队往往陷入更加困惑的状态，一方面交付要快，另一方面质量兜底的挑战并未减少，这使得测试人员身心俱疲，甚至成为转型中的消极角色。为什么会身心俱疲，问题究竟出在哪里？

本章就从“什么是敏捷测试”以及“敏捷测试为什么会失败”开始剖析，并介绍对测试团队的敏捷现状做出自我诊断的过程。

1.1 从测试角度理解敏捷理念

首先，我们用极简的语言提出一个灵魂拷问，并尝试从测试的角度给出见解。

什么是敏捷？测试人员应该怎样理解敏捷理念？

敏捷知识体系本质上是一棵大树，从下到上，树根是敏捷宣言和价值观（**道**），树干是敏捷原则（**法**），树枝和树叶是各种层出不穷的实践方法框架（**术**），如图 1-1 所示。

敏捷宣言

对于敏捷宣言，大家应该耳熟能详了，它是敏捷实践先驱给出的共识：一直在实践中探寻更好的软件开发方法，身体力行，同时也帮助他人。由此我们建立了如下的价值观。

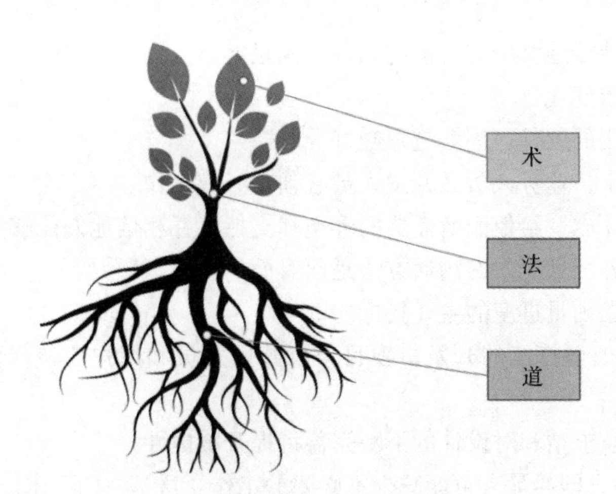

图 1-1　敏捷知识之树——道、法、术

- 个体与交互　**胜过**　过程与工具
- 可用的软件　**胜过**　详细的文档
- 客户协作　**胜过**　合同谈判
- 响应变化　**胜过**　遵循计划

尽管右侧有其价值，但我们更重视左侧的价值。

敏捷宣言对于测试活动的启发与思考总结如下。

1）测试活动不能忽视**人和人的交流**，我们不能指望所有测试依赖的信息都列在需求和设计文档里，这在研发过程中是不现实的。测试管理者是否创建了各种激励手段，推动测试人员加大交流的有效性，而不是"逼迫"产品和开发人员升级更完善的文档？

2）**从软件的使用中获得测试知识**，而不是依赖死板的文档提供测试知识。如何尽早地使用软件，并尽可能多地获得测试需要的启发？

3）合同中约定的质量标准就是一成不变的铁律吗？为了让客户更及时地刷新质量交付要求，能否邀请他尽早参与测试活动，并**从客户这里获得有益的测试信息**？

4）被测需求的变更率越低越好吗？并非如此，优秀产品一定是快速响应需求的。测试团队不应该期待用户需求尽可能保持不变，而是应该建立**能根据变更需求及时调整策略和用例的机制**。

注意，**不要走向另一个极端**！过程、工具、文档、合同和计划对于研发团队和测试活动依然很重要，如果完全去掉它们，会带来什么后果呢？大概率是欲速则不达，甚至欲哭无泪。一旦重要成员变动，项目时间拉长，很多工作可能要从头再来。

我们的目标就是通过实践，在这些产物的投入度和使用价值上取得平衡。

敏捷原则 12 条

敏捷原则 12 条的具体内容如下。

1）通过尽早和持续地交付有价值的软件来满足客户。

2）欣然面对需求变化。

3）不断交付可用的软件，周期越短越好。

4）在项目过程中，业务人员和开发人员必须在一起工作。

5）激发个体的斗志，给他们所需要的环境和支持，并相信他们能够完成任务。

6）不论团队内外，最有效的沟通方法是面对面的交谈。

7）可用的软件是衡量进度的主要指标。

8）敏捷过程提倡可持续的开发，项目方、开发人员和用户应该保持长期稳定的开发步伐。

9）对技术的精益求精和对设计的不断完善将提升敏捷性。

10）要做到简洁，即尽最大可能减少不必要的工作。这是一门艺术。

11）最佳的架构、需求和设计出自于自组织的团队。

12）团队定期地商讨如何提高成效，并相应地调整团队的行为。

这些敏捷原则是基于敏捷宣言进一步展开的。

敏捷原则对于测试活动的启发与思考总结如下。

1）由交付软件的周期越短越好推导出**测试活动独占的时间越短越好**，这应该是核心的度量指标。

2）我们的测试人员是否和开发、产品、业务人员坐在一起，紧密工作？如果并非如此，管理者如何**减少异地工作的负面效应**？

3）测试人员为了达成交付目标，是否获得了敏捷团队以及测试主管的支持，是否获得了**足够的信任**？

4）测试工作投入时间是否稳定，**加班情况严重吗**？可持续的测试工作，首先是避免长期的加班和没有规律的工作安排。从敏捷观点来看，长期的加班模式不但不会提高迭代速率，反而会降低速率，有规律的作息是高效工作的基础保障。

5）是否有合理的人力持续投入到**测试技术的打磨优化**上？

6）日常的测试工作中哪些是**没有必要**、可以被精简的？

7）测试策略和方案实施，多大程度上能**由敏捷团队内部人员完全掌控**，而不依赖外部专业人士协助？

8）定期的团队反省改进措施中，是否经常有测试改进的内容？**改进效果如何**？

把上述原则投射到测试活动管理中，并一一做好了，测试敏捷实践的成效就不会差。可惜，能有意识地遵守大部分敏捷原则的团队少之又少。

敏捷实践框架

即使有了敏捷宣言和原则，二者还是无法在研发过程中具体指引团队完成敏捷转型。通过多年的研究和探索，各类敏捷实践框架应运而生，它们各具优势，能满足通用或特定团队情况。著名的敏捷实践框架有 Scrum、看板、TDD/ATDD、DDD、BDD、CI/CD、PAIR、SAFe 等。

为什么要做敏捷

在日新月异的技术高速发展的背景下，软件架构和跨软件交互的复杂度被提升到前所未有的高度。大量的行业数据告诉我们，传统研发模式遇到巨大的挑战，三分之二的功能很少甚至从来没有被客户使用，后期需求变更持续不断，但质量修复成本不断攀升。

引入敏捷的本质，就是把传统项目管理铁三角——范围、时间和成本，进化为敏捷铁三角价值、质量和约束条件，如图 1-2 所示。在现有的**约束条件（可能是时间、成本或范围）**下，我们会以**高质量**优先完成**高价值**的事情。

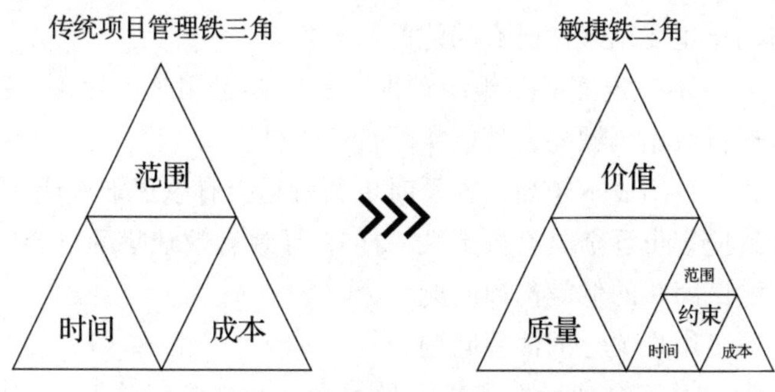

图 1-2　传统项目管理铁三角与敏捷铁三角

1.2　什么是敏捷测试

敏捷测试究竟是什么意思？

从 2011 年在某大厂开设“敏捷测试”课程至今，我对敏捷测试的理解从懵懵懂懂开始历经了几轮重新解读，这里跟大家分享下。

从定义上可以用一句话概括，**敏捷测试就是遵循敏捷价值观和原则的所有测试活动**。

结合 1.1 节的敏捷理念，我对敏捷测试的具体解读包含如下几个方面：

- 强调从用户角度来测试系统，而不仅仅从产品设计逻辑角度，甚至在测试活动中加入足够的真实用户，快速搜集到意见。
- 强调尽早开始测试，频繁地验收测试，有节奏地测试，而不是像传统流程一样强调测试的准入门槛。
- 测试不局限在特定阶段。换句话说，测试活动贯穿整个软件生命周期，包括上线后的监控、分析和改进。改进不只是增加场景用例，更是精简用例。
- 测试不局限在某个岗位，所有角色都应该参与一定的测试活动，认同质量内建文化，把质量标准纳入需求估算，共同为质量事故负责。

- 质量方面的投入永远是有限的，商业项目不可能追求过于昂贵的质量改进行动。因此，只谈质量不谈付出的成本，就是无稽之谈。
- 敏捷测试策略兼具计划式测试和探索式测试的优点，不在前期过度设计，在执行中发挥人员的主观能动性。
- 敏捷测试要在各种测试活动中排除不相关的干扰，减少与业务不相关的繁文缛节。测试人员在特性交付团队内能自主工作并快速获得支持。

很多人把敏捷测试理解为自动化测试，或者持续交付中的持续测试，我认为这个理解是非常狭隘的。

自动化测试并不是帮助测试团队敏捷转型成功的银弹，因为：

- 如果测试分析和设计能力不足，用例质量不高，那么做再多的自动化测试也发现不了问题。自动化主要用来做已有功能的回归保障。
- 自动化测试收益不一定能满足组织预期，有时候是用来掩盖测试团队真正短板的遮羞布，看着运行数据挺漂亮，可能实际价值很低。
- 脚本数量越大，维护成本越高，不及时更新就越会有杀虫剂效应（就像庄稼长期用一种杀虫剂会致使害虫逐渐具有抗药性一样），导致有效缺陷率也会越来越低。
- 它解决不了测试团队的低效沟通问题。
- 它通常发现不了用户关心的体验问题。
- 自动化测试项目并不会让所有测试人员都受益，很多测试人员在自动化实践中获得的专业能力提升很有限。

在关于敏捷理论的大量经典著作中，自动化测试的工程保障内容只占比例非常小的一块。更多方向的价值有待测试团队去挖掘，这也是本书各章会展开探讨的。

1.3 敏捷测试为什么会失败

首先，基于观察到的案例总结一下一个**公司的敏捷转型为什么会失败**。最常见的原因如下。

1）**高级管理层没有足够的决心，或者过于乐观 / 悲观。**

转型本身会改变大家的工作流程和习惯，而敏捷又是跨多个不同岗位 / 部门的协作。我们把单一职能部门称为“竖井”，即只完成垂直一块的职责，如果没有高级管理者的大力支持，敏捷转型一定会在“竖井”之间的高墙阻碍下步履蹒跚。

有些高级管理者对敏捷转型有投资意愿，但是对其价值目标缺乏清楚的认识，虽然邀请了专家顾问主导，转型启动时声势浩大，投资不菲，但是过一段时间没有看到明显的成效，马上就偃旗息鼓了。

2）**部分管理者因为权力被触动，在敏捷转型中消极对待。**

敏捷原则的落实，需要特性团队自主决策、信息透明、成员平等。原先的管理者需要放弃强力干预的风格，在考核上做出让权，而且不能利用信息不对等谋求个人的影响力。管理者不管是否在一线特性交付团队，都需要调整自己的心态和工作方式，即**从命令者/指导者变为服务者**。

无法转变心态的管理者，有可能对敏捷转型的新流程和效果持负面看法，也有可能强行“加戏”，在转型目标中加入不必要的内容以凸显自己的主导地位。

敏捷转型试点团队以外的管理者，有可能针对试点敏捷中的小失误，向高管抱怨，否定继续敏捷转型的必要性。

官本位的管理者，往往把管理下属的人数作为自己权力大小的体现。在原来职能部门的竖井管理模式中，员工创造的价值是不太透明的。而在敏捷特性团队的模式中，每一个全职人员交付了多少价值，相对是清晰透明的，这样很容易把原来职能团队的人力水分挤出去，导致管理规模缩小。这也是一小部分管理者对敏捷持警觉态度的原因。

3）**团队初期充满干劲，但并没有深入理解敏捷。**

对于这种情况，随着时间的推移，通常团队会越来越疲乏，转型负责人身心俱疲，员工信心受挫。

团队可能缺乏一个精通敏捷的有影响力的教练，缺乏一个循序渐进的理解敏捷的过程。负责人可能非常热情，通过各种调研给出了改进现状的各种措施，研发平台也上线了大量提效功能，团队在初期像打了鸡血一样往前冲。但需要敏捷改进的地方实在太多了，在业务压力下，激情难以持续。利用工具平台提升效率的场景通常很零散，难以统一团队认识，如果大家内心连基础的敏捷原则都没有遵守，再强大的工具平台也无济于事。而且，被设计得越来越复杂的平台，会让员工更加有抵触情绪。

正确的做法应该是先全员学习敏捷课程，演练基本技巧，明确三驾马车（敏捷教练、产品负责人、技术负责人）的角色职责，从初期到中长期，循序渐进。工具平台仅作为配套支持，从简单功能到进化功能，逐步上线。

4）**组织架构缺乏激励。**

在公司激励制度不足的情况下，有可能出现试点团队很成功，但是并没有得到任何收益，甚至团队被迫解散的情况；也有可能发生一旦支持变革的领导离职，敏捷转型就走向沉默的现象。

一个长期支持敏捷成果落地的组织架构非常重要，它的目标就是让敏捷先行者根据收益得到回报，激励其他团队转型，同时也给予足够的自治权。

所有特性团队的内部考核流程也很关键，这和单一职能部门的内部考核完全不同。敏捷团队考核强调的是集体成功导向，个人被团队认可，职能部门管理者（如果有的话）最多保留部分考核权力，让业务成功的特性团队整体上都得到更多的激励，其中受团队爱戴的核心角色应该得到更多的晋升机会。

当然，除了这4种主要的失败原因，还有很多其他原因，这里不一一展开。

让我们再从**测试人员的角度**来看转型失败还有哪些原因值得更进一步剖析。

1）**测试人员没有深入理解敏捷，并利用好它。**

不少测试人员认为“敏捷”就是个虚架子，给我们徒增麻烦，让本就紧张的交付周期变得更加紧张，加班也会更加严重。

这些都是对敏捷的误解。测试人员没有认真理解敏捷的精髓，白白错过了**通过它保护自己劳动成果**的机会，也可能让自己总是被不懂敏捷的其他角色瞎指挥，最终得出“敏捷没啥用”的错误认知。这类错误认知还会让其他负面因素恶化，加速失控。

2）**老流程考核还在，新敏捷流程也要搞。**

这是很常见的敏捷转型失败的原因。测试人员经常诉苦，原先制定的复杂流程和考核指标一个没少，新敏捷的各种纪律保障和指标又不断增加，感觉在同时打两份工，自然对敏捷行动产生抵触情绪。

敏捷变革应该从试点项目开始，重新塑造交互流程和交付标准，而不是背着历史包袱。尤其是要去除测试人员“质量兜底”的心理负担，树立起质量事故的全员担当文化，根据用户反馈数据来调整敏捷交付的质量标准。

敏捷需求和任务分工方面，让测试人员的精力得到可持续保障，把测试类任务充分纳入排期（结合需求的优先级），让测试人员得到自主开展工作的充分授权。

3）**缺乏技术提升机会，测试人员流失。**

因为敏捷特性团队的目标是快速交付产品，而测试人员在其中可能感觉势单力薄，被辅导的机会很少，所以很多人在快节奏下逐步放弃了对测试技术的打磨，最终影响了自己的晋升，甚至被迫离开团队，去追求更磨练技术的岗位。人员流失则加重了自动化保障缺乏的困境，陷入恶性循环。

快速交付产品的基础保障就是测试技术的高效能，这需要跨特性团队的测试领域负责人（或专家）提供更多的横向拉通和技术辅导机会。所以，测试人员分配到各个特性团队做全职工作，并不意味着原先的测试主管或测试架构师就只能做甩手掌柜。同时，每个特性团队也要在迭代排期中预留测试技术债的偿还时间，并给予较高的优先级。

4）**测试变成打杂的。**

与上一个原因类似，如果敏捷团队的主导者不重视专业测试的价值，不重视测试类工作，把项目当前低优先级的各类工作去填满测试人员的工作区，必将导致测试人员缺乏成就感。

这种情况也暴露了特性团队并非处于“平等、自治”和追求全栈能力的状态，违反了“共同为质量负责”的原则。对于可以跨角色完成的工作，可以遵循自愿分工、按估算分配的模式。如果现阶段不希望在专业测试任务上花费太多精力，建议不在团队里安排全职的测试工程师，指派组织内的其他测试工程师参与技术评审和验收阶段把关即可。

最后，我们对敏捷测试的认知做一下**纠偏**：

- ❑ 所有敏捷理论中**保护开发活动效能的道理，也适用于测试活动**。
- ❑ 测试人员也会面临与开发人员一样的困扰：被频繁打扰、被浪费成果、被怀疑专业度、没有精力完成技术债。

- 测试活动的任务排期、估算、完成速率、优先级等，也是需要统一纳入敏捷规划中的。

因此，测试团队需要建立**信任、自主、透明、共建**的敏捷测试文化，真正融入整个敏捷转型组织之中。

1.4　测试团队如何自我诊断

理解了敏捷知识和失败原因，我们可以开始逐步诊断团队自身，共同研讨，一起制定未来的转型目标。

打造敏捷团队与打造成功的敏捷产品有一定的相似性，团队成员对未来愿景能否达成共识，对如何达到愿景的主要措施能否达成共识，至关重要，这是指导未来具体交付行为的指南针。

基于我的亲身实践，下面将从团队管理者或者教练的角度推荐一下自我诊断流程。

1.4.1　团队代表访谈

空降团队的管理者或者教练需要与有代表性的成员做单独交流，为后面最重要的脑暴会做准备。访谈对象还可以包括最密切的关键合作方。

单独访谈需要营造放松安全的氛围，主要关心受访者对下列五类问题的真实看法。

1）**外部干系人对我们测试角色的最大期望是什么？**包括质量上的期望和效率上的期望，哪些专业工作做得不够到位，遗留的风险比较大。哪些工作最需要测试团队的支持（服务）。

2）**哪些知识和能力的缺乏，阻碍了我们提升效率和质量？**包括业务知识、测试技术知识、培训资源、管理认知等，获取这些信息的渠道如果不通畅，原因是什么？

3）**哪些最常见的外部干扰严重阻碍了测试交付的效率？**类似的问题是，测试人员被迫等待和加班的主要原因是什么，可否规避？

4）**测试交付的主要活动成果中，价值偏低的有哪些？**这些低价值成果，如果不做会怎么样？测试人员对承担低价值工作的情绪如何？自动化测试的建设，产出价值符合预期吗？

5）**哪些当前的组织问题阻碍了测试的敏捷转型？**包括激励因素、安全感、官僚习惯、部门墙、专家指导等。

1.4.2　提炼结果，召开脑暴会

组织诊断的负责人提前对搜集到的突出问题做归类和提炼，作为现场脑暴会的背景信息。对于意想不到的问题，要做更多的探寻。需要的话，可以结合突出问题相关的历史数据和典型报告进行分析判断。

准备一个能充分研讨的会议室，预留至少 4 h 的会议时间，邀请团队核心骨干、角色代表和新人代表参与，请大家带着吐槽和期待前来。脑暴会要务虚，不要演变为具体问题的辩解和解决措施评审，也不要变成错误检讨会。

负责人按照一定的会议议程严格控场，但也要安排比较充分的吐槽和讨论时间，最终得出一系列团队诊断和共识成果。

下面是个人推荐的引导做法，可以根据脑暴会的时长对产出目标及数量进行裁剪，或者分两轮来研讨。

- 阻碍测试人员提高交付效率的典型事件有哪几种？评选出最严重的 **TOP 5 阻碍事件**。
- 为了实现业务人员和管理者的期待，测试团队面临的最典型风险有哪几个（种）？评选出 **TOP 5 风险**。
- 针对测试团队的能力现状做 SWOT 分析（优势、劣势、外部机会、外部威胁），各选出 TOP 1 ～ 3（不超过 3 个）。
- 基于以上讨论，畅想一下测试团队未来 3 ～ 5 年应该是什么样子。**用一句话描述团队发展的愿景**。大家投票确认共识成果，之后会把愿景写在公共区域。
- 团队向着正确的愿景方向前进，在敏捷转型实践中，应该遵守什么敏捷原则？从测试团队关心的角度进行投票，选出 **TOP 5 敏捷测试原则**。
- 综合以上分析，为了向愿景进发，**未来一年团队要完成的具体举措是什么？选出 3 ～ 5 个挑战举措**，可以是降低 TOP 风险的，可以是提高测试效率的，也可以是提高专业品质的。

1.4.3 TOP 举措的跟进

会议结束后，如果无异议，负责人可以用史诗故事的描述方式（类比产品需求概念中的大型完整需求，可以拆解为多个具体特性和故事场景）把 TOP 举措（也包括团队愿景描述）录入团队工作空间或 WIKI 里，让所有成员随时可以看到。将来可以进一步把这个史诗故事通过充分研讨拆解为子举措、个人目标、阶段性目标等，排期跟进完成。

1.4.4 诊断脑暴会的成果示例

为了方便读者理解诊断分析后的最终共识成果是什么样子，本节提供一个具体的示例作为参考，相信会对多数测试团队有所启发，但具体到每个团队，还需要根据自己的个性化痛点和诉求进行调整。

测试团队转型愿景示例

成为业界领先的高效能游戏测试团队。

说明：愿景立足于团队自身，是对团队未来 3 ～ 5 年的美好状态的憧憬。对愿景的描述不需要具体，业务大方向通常是长期稳定的，但业务具体规则和项目计划则每年都会变。

从多年经验来看，敏捷、高效能、转型、业界领先、一流、品质、测试技术、用户体验、价值等关键词被愿景选中的概率比较高。

确定愿景的目的是从信念上把大家拧成一股绳，面向未来长期合作、共同奋斗。

敏捷测试原则示例

1）必须优先处理超过 48h 的测试环境阻塞事件，公布原因和处理措施。

2）在所有新增测试需求被接受前，必须给出需求方理由、针对的风险等级，以及测试成本。

3）应该将所有质量审批流程设计为并行，不能串行，非关键角色审批可以忽略。

4）对于所有紧急的加班测试及发布版本，需给出必须紧急发布的充分理由。

说明：敏捷原则就是一句话说清楚如何操作的共识，是跨不同场景都能适用的抽象指导。这是因为工作场景五花八门，洋洋洒洒写一堆细化规则反而无法传播主旨。既然是原则，一定是挑选最典型的痛点，通过严格执行来落实敏捷价值观。

补充：也可以挑选几个价值观的关键词，作为敏捷测试原则的进一步提炼，方便所有成员牢牢记忆，比如“show me the code”，流程去中介，拒绝浪费，少发报告，单测先行，劳逸结合，等等。

第 2 章还会提炼更多的敏捷测试知识点，读者可以将其作为自己团队敏捷测试原则的候选。

重大举措示例

示例一：重点参与三个试点项目的敏捷转型，测试交付效能提升指标达成情况，梳理出与敏捷测试相关的通用总结。

示例二：针对敏捷原则刷新现行的所有测试流程规范，通过评审在团队中宣导和常规执行。

说明：重大举措相当于团队要完成的年度史诗故事，制定后还需要多次讨论其实现方案、里程碑、考核指标、个人分工等。举措描述要符合 SMART。相关的辅助工作，如调研和培训，可以纳入拆解出来的子举措中（相当于一个个特性需求的实现）。

可以通过**敏捷研发管理系统**去跟进落实所有相关的大小举措，这与普通产品需求研发的管理过程没有什么不同。

测试团队 SWOT 分析示例

优势：分层自动化测试平台比较完善，工程师普遍掌握了自动化测试技能。

劣势：线上低级漏测情况严重，经常被质疑用例设计能力不足，测试占用周期太长，没有时间提升自动化覆盖率。

外部机会：客服部和试用用户平台愿意配合测试部，完善漏测问题的快速分析和验证，参与灰度测试活动。

外部威胁：黑盒执行团队人力比同行庞大，效率较低，管理层考虑大幅收缩编制。

说明：SWOT 分析是我们在明确愿景之前对自己的深刻剖析，分析的结果就是让高价值的长板更长，并集中力量补齐阻碍我们达成愿景的关键短板。

TOP 风险示例（针对测试交付）

业务交付风险：智能语音产品没有明确的质量验收范围，可测试场景数量巨大，导致交付周期长，而且线上吐槽不断。

团队发展风险：自动化测试建设口碑平平，核心工程师兴致索然，离职风险加大。

说明：最典型和严重的风险，也是制定年度举措的重要输入，因为除了一定要建设的成果，也有一定要防范的危险，否则业绩目标就可能功亏一篑。而 TOP 风险可以从业务交付视角和团队内部健康发展视角来提炼，内外需兼顾。

我经常在敏捷转型的启动会议上把导致转型彻底失败的风险摊开，做个“事前追悼”的思维碰撞：请每个与会者都说一说，**如果我们按照商议的计划去执行，一年后测试团队敏捷转型仍然惨败，那最有可能的导火索是什么。**

这个问题可以更直接地激发员工深入思考本质风险，找出值得纳入举措的遗漏点。以下是可能的导火索示例：

- 领导朝令夕改，放弃转型计划，不提供资源支持。
- 一线测试人员仍然独自背负着质量兜底的责任，拒绝拥抱敏捷，甚至大量离职。
- 测试人员的专业水平跟不上，无法支持整个特性团队的每日持续测试。漫长的测试周期和强硬的通过标准，间接影响业务发布节奏。

需要更多武器?

有了诊断结果和行动目标，如何为各位读者输送合适的强力“武器”，提升关键能力，帮助愿景的达成?

每个团队的专业度和境遇不同，对于敏捷测试的指导需求也不同。敏捷测试的工具箱非常丰富，在一段时期内并不需要同时展开实践，以避免负担过大。

本书后面将为读者提供不同细分领域的理论与实操方案，帮助测试团队走向更有生命力的敏捷组织形态。读者阅读后可结合自身需求采取行动。

1.5 本章小结

本章从敏捷理念的知识开始介绍，阐述了敏捷宣言和原则对于测试活动的启发，引出敏捷测试的定义。针对为什么公司的敏捷转型会失败以及为什么敏捷测试会失败，本章也给出了观察到的主要现象和原因。接下来，引导测试团队对最突出的阻碍和风险进行自我诊断，通过集体脑暴对团队愿景、敏捷测试原则和关键举措达成共识，并持续付诸行动。

第2章 Chapter 2

敏捷实践中的测试关注点

敏捷理论博大精深，相关实践方法论和工具层出不穷，各大公司都有特定的实践模式。敏捷实践框架并不是精确的工具应用，而是一整套做法和纪律。它能否真正获得成功，强依赖于组织和个人的能力，因此优秀的敏捷教练需要对理论、技术和人性都有相当深刻的认知。

本章会对主流的敏捷实践框架做简单的核心知识回顾，然后展开阐述测试人员应该如何支持敏捷落地，并从敏捷知识中汲取补齐自己短板的理论，消除以往的困惑，积极尝试新的敏捷方法，尤其要拉通非测试专业人员完成有价值的测试活动。

谨记，**单靠专职测试人员自身的努力，无法让敏捷测试取得真正的成功**。

2.1 Scrum

Scrum 的概念由日本教授在 1986 年提出，其框架在 1995 年公开发布，并在 2001 年成立了 Scrum 联盟。通过 Scrum 框架，人们可以解决一系列的自适应难题，也可以高效并创造性地交付最高价值的产品，它是建立在一系列价值观、原则和实践之上的。据统计，约有 70% 做敏捷转型的软件团队在采用 Scrum 框架，它是最成熟、最普及的敏捷工具。

2.1.1 Scrum 核心知识简介

一个典型的 Scrum 框架如图 2-1 所示。

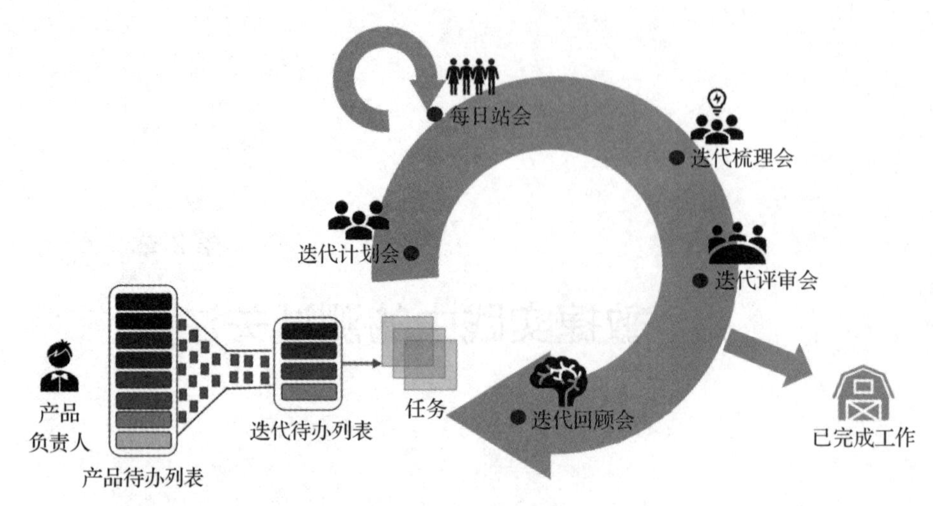

图 2-1 Scrum 框架

Scrum 基于经验主义，采用迭代（Iterative）开发模式，逐步把粗糙的想法变成现实。根据产品特征和业务特性的不同，可以选用不同的迭代周期和发布节奏。Scrum 的核心原则是**检查、调整和透明**，工作框架简称 3355。

- **3 个角色（Role）**：包括产品负责人（Product Owner，PO）、敏捷教练（Scrum Master，SM）、自组织团队负责人（Team Leader，LT）。
- **3 个工件（Artifact）**：包括产品待办列表（Product Backlog）、迭代待办列表（Sprint Backlog）、产品增量（Product Increment）。
- **5 个活动（Workflow）**：包括迭代梳理会（Sprint Refinement）、迭代计划会（Sprint Planning）、每日站会（Daily Scrum Meeting）、迭代评审会（Sprint Review）、迭代回顾会（Sprint Retrospective）。
- **5 个价值观（Value）**：包括承诺（Commitment）、专注（Focus）、尊重（Respect）、开放（Openness）、勇气（Courage）。

Scrum 的理论知识丰富，相关经典图书很多，本书就不全面展开，读者可以自行学习。

下面仅从测试角色和测试活动的角度（注意：**负责测试活动的角色不一定是测试工程师，也可以是开发或产品经理等**），重新挖掘 Scrum 的精髓实践内容，以期得到更多的启发。

测试团队的负责人或教练，尤其要对这些启发内容多上心，检视有哪些支持和改进项可以逐个落地。

2.1.2 Scrum 核心价值观带给测试的启发

把敏捷理念积极融入测试工作中，本质上就是**既要高质量，也要高效率**。而这样的转变趋势也让团队更融洽，更有激情，形成正向循环。

尊重：团队成员互相尊重，彼此独立，有核心能力

貌似无比正确的“偏虚”价值观，在坦诚的自我检视下，其实能发现不少典型的负面行为。

（1）检视独立性

测试活动交付能否个人独立进行？我最常见到的反模式是把测试任务拆解为用例设计、测试执行、自动化脚本执行、测试项目管理这四项工作，由测试部门的四个细分角色去完成，最后由测试项目经理总结并汇报。

对于合适大小的被测模块，显然一个人完成以上四项工作是效率最高的，对于需求理解和用例设计，思路也能够得到贯通。不同的测试角色分工承担，彼此依赖对方的知识和产出，容易产生严重的依赖等待，每个人的专业水平提升也会非常慢。

如果测试范围太大，需要多个测试人员怎么办？**按特性完成测试交付**自然是最佳分工方案，因为特性就是相对独立的可验证价值的用户需求。

注意：可以把同类技术债的验收测试交给技术比较强的测试人员独立把控。

（2）检视尊重氛围

测试团队内的管理、测试和其他角色的协作，是否体现了不被尊重的态度？

如果有明显的负面氛围，教练 / 测试主管就需要进行分析和尝试改进，只有在积极情绪下才能更好地激发个人效能。

1）对测试新人和驻场外包测试人员，分配工作时可以有不同的难度和趣味程度，但要多倾听他们的心声，并引导他们通过努力带来变化。切忌不要有“默认没有技术含量的工作都是你的”这种表达，而是多询问：如果你觉得手上的工作简单了，你希望承接什么难度的新任务，需要什么培训？如果你觉得经常测试的内容太简单、重复，你希望尝试什么自动化的方案？

2）项目团队对于测试的分工定位，是否有非测试领域的“杂活”过度分派给测试人员，并引发不满的情况？

敏捷团队的文化体现在个体勇于承担边界任务，我们也鼓励测试人员多承担边界工作，哪怕烦琐，只要是有必要性的，对于测试口碑就有正向作用。但是如果形成“不需要写代码的杂活就给测试干”这类分工逻辑就不太合适了，它会影响测试人员本身的专业发展，比如让测试人员长期做用户投诉反馈的处理工作，或者负责所有版本发布流程保障等。

敏捷组织不鼓励为每一类细分专业岗位都招聘一个全职人力，在没有专业人士支援的情况下，对于暂时无法自动化的枯燥手工任务，有必要根据团队成员的自愿度进行任务分配，或者轮流承担边界任务，这也有利于成员彼此学习，共同为交付负责。

（3）检视核心能力

测试工程师本质上应该有专业门槛，测试主管应确保进入敏捷团队的专职测试人员是有专业核心能力的，这样才能获得敏捷团队的充分信任。如果测试工程师专业资质很弱，就很容易陷入上述“不尊重测试”的反模式。

测试主管和架构师有义务对测试工程师进行核心能力的持续培训和赋能，详细内容可以参考本书第6章内容。慎重选择分配到敏捷特性团队的成员，如果不能胜任，可以采取更换派驻骨干的行动，或者可以通过团队发起验收测试任务来保障要交付的基础质量。

专注和承诺：聚焦 Sprint 工作和 Scrum 团队目标

常见的反模式：

1）敏捷特性团队中的测试人员并不是专职人员，他还兼顾其他数个团队的测试角色。

2）虽然是全职测试人员，但是经常被来自其他团队或者自己上司的临时任务打断。

不专注的结果就是承诺的测试交付无法达成，理由还理直气壮：我还有更重要的事情要做。这类反模式对测试人员在敏捷团队的口碑有明显伤害。

测试主管和教练请注意：

1）如果必须给敏捷特性团队分派测试人力，但人数不够全职分派，那就一定要约定投入百分比（建议不低于50%），在分派任务的估算中给予相应考虑，派驻特性团队的人员要做到在核心会议中认真参与和沟通。

2）度量测试人员被非迭代任务打断的次数和花费的时间，如果数据严重应该进行干预，采取保护测试人员不被打扰的行动。

此外，测试人员自身也要注意，既要基于合理估算承诺本迭代要完成的目标范围，也要面向团队中长期目标思考工作的优先级，预留一定的排期时间，不要只顾完成眼前的迭代任务，不去思考为长期的质量或效率提升应该做什么事，这些事通常重要但不紧急。

开放：Scrum 团队和干系人同意将所有工作和执行上的挑战公开

对于测试人员而言，开放意味着信息透明化，有困惑就提出来商量解决。

常见的反模式：

1）与敏捷业务、目标有关的会议没有邀请测试人员参加。没有提供测试工作需要的产品信息和技术文档，或者需要特别申请访问权限。

2）产品需求变更没有及时知会测试人员，或者没有主动同步背后的变更原因。

3）随意压缩测试执行时间，但并没有商讨改变测试范围和优先级。后继的迭代中也没有改进动作。

4）测试人员不关心其他岗位人员的工作内容及其重要关切，其他岗位人员也不关心测试人员具体在做哪些技术建设，只要及时完成测试报告就行。

5）团队没有针对质量讨论的氛围，评审完需求和发布时间就结束了，没有预留时间讨论交付质量风险和用户投诉的相关内容。

开放也是双向的，一方面测试人员要主动展示测试各项进展工作，阐述该项工作对业务的价值，另一方面特性团队其他成员也需要公开同步项目关键信息，尊重测试专业意见。要保证各角色都可以轻松获取项目内的所有信息知识，随时看到整个项目的运行进展。

勇气：做正确的事，并处理那些棘手的问题

针对项目进展的风险，以及团队协作的不良关系，测试人员要敢于暴露。

常见的反模式是：测试人员暴露的严重风险被掩盖（不让上级知晓），不通过的测试结论被软磨硬泡地通过，质量事故的责任确认不清。

大家通过开诚布公的商讨，共同承担可能的质量代价（明显违反原则纪律的情况除外），而不是孤立勇于曝光风险的人。困难的问题需要集体合作分担。可以将复杂问题拆解为一个个更简单的问题，按迭代完成，但推迟是解决不了问题的，只会积累更严重的风险。

把复杂的规则可视化、简单化，是鼓励勇气价值观的好窍门。

提升勇气，既可以让团队更加彼此信赖，又可以对自己的专业挑战充满斗志。

充分思考了核心价值观对于测试的启发之后，对于 Scrum 角色应该各自关注什么测试活动，答案就呼之欲出了。

2.1.3　Scrum 角色应关注的测试活动

本节从 Scrum 的三个主要角色的职责出发，思考哪些活动能有效帮助团队提高产品交付质量和全员质量意识。

PO 应关注的测试活动

1）确认产品需求优先级的背后“故事”，是否已同步给测试人员。

需求优先级由 PO 最终拍板，PO 实际上掌握了众多确定优先级的信息以及决策的思考逻辑，这些信息如果能清晰地传递给测试人员，那么对于测试分析和制定策略也会非常有帮助。

2）确保业务产品信息对技术团队能及时更新、合理归档。

尽可能减少由于产品信息没有对齐带来的无效开发和无效测试。有一部分产品反馈信息（包括埋点行为数据）是上市后才能获得的，有一部分信息是客户单独传递的，它们对于测试人员优化测试覆盖策略可能非常有帮助，PO 应该保障好这些数据的内部共享。

同时，针对测试人员的质量反馈，PO 应判断是否体现了产品设计的不合理，是否有必要作为品质改进需求加入产品代办列表。

3）传递产品愿景和关键词。

虽然愿景对于工程师个体而言很抽象，但是如果团队对产品的未来充满信心，对于产品的独特价值主张能达成共识，那么测试人员就能够从关键词中聚焦质量提升方向，提炼高优先级的确认标准。

SM 应关注的测试活动

1）是否有意识地组织质量内建活动，将其固化为好的团队习惯。

如果 SM 对于质量内建活动不够关注，测试角色可以多加提醒。这些活动包括但不限于：DoR（需求准备好进入开发的标准）和 DoD（需求完成开发的标准）中的质量达成纪律、桌面评审（Deskcheck）活动、代码质量评审和用例评审、确认验收测试、发布前的集体缺陷大扫除等。

2）是否能识别测试角色遇到的阻塞、打扰和依赖，并尽快协助处理。

帮忙各个角色（包括测试）搞定上述困难是SM的最核心职责，针对测试角色的干扰有来自领导的与迭代无关的需求、非本项目的任务、测试环境和工具的阻塞、阻塞级缺陷（导致其他测试内容无法执行）。SM一旦判断这些干扰阻塞了工作开展，当天就应商讨对策并尽快解决。

3）是否维护了尊重测试结论、鼓励测试新技术实践的研发氛围。

SM的重要义务是让团队处于互信和尊重的氛围，充满自管理的激情。警惕迫于发布的压力，逼迫测试人员修改测试结论和掩盖风险的现象。如果能够把启发创新的方法引入团队的测试活动中，那就能激发更长久的价值。

团队的知识归档和刷新也是SM的关注重点，其中质量知识和测试技能也占有一席之地。

4）是否在迭代结束后，度量过程质量数据，选择最重要的短板进行持续改进。

有始有终，在迭代结束后召开回顾会议，SM需要让大家对过程质量数据和发布质量进行分析，给出的改进措施一定要以预防为优先，明确下个迭代的改进动作是什么。

TL应关注的测试活动

1）关注测试技术债的偿还。

TL作为技术领导者，在参与了产品规划会后，一定要尽早识别包括测试效能在内的技术债（可以通过缺陷趋势、代码评审报告、静态扫描结果、架构性问题等数据来判断），制定偿还技术债的方案，鼓励开发人员同测试人员一起共建高效的自动化测试工具链，并对工具链选型做决策。

消除测试技术债的成果可能是一个工具，如果开发人员也是该工具用户，可以邀请开发人员做验收测试。

TL需和PO达成共识，在迭代排期中充分考虑预留测试技术债的偿还时间，持续偿还，而不是发现问题严重的时候才仓促做一波。

2）在技术层面把控好质量内建。

质量内建如此重要，需要SM和TL一同承担，SM负责组织和氛围建设，TL负责技术上的把关，包括：

- 组织团队解决疑难问题，完成根因分析，主导修复架构设计上的隐患。
- 评审测试策略，督促持续集成的卡点纪律，组织代码审查和落实代码规范，帮助开发人员养成良好的编码习惯，出现流水线构建问题能确保有人第一时间响应。

3）明确质量保障的投入重心。

TL应该帮助测试人员改进测试方法，参与测试策略和自动化测试方案的评审，回顾迭代过程，优化当前的测试资源投入。

2.2 极限编程

极限编程（Extreme Programming，XP）是由 Kent Beck 在 1996 年提出的一种软工工程方法学。XP 作为最富有成效的方法学之一，相对于传统工程方法，更强调可适应性而不是可预测性。软件需求的不断变化是可避免的，主动适应变化才是更加现实、更加具有竞争力的态度。

极限编程的价值观与核心实践

XP 的基础价值观是加强交流、从简单做起、寻求反馈和勇于实事求是。它采用近似螺旋式的轻量级开发方法，把复杂开发过程分解为一个个相对简单的小周期，帮助客户清楚地了解开发进度和待解决的问题，并及时调整。

XP 要求遵循的 13 条核心实践是团队协作（Whole Team）、规划游戏（the Planning Game）、结对编程（Pair Programming）、测试驱动开发（Testing-Driven Development）、重构（Refactoring）、简单设计（Simple Design）、代码集体所有权（Collective Code Ownership）、持续集成（Continuous Integration）、客户测试（Customer Test）、小型发布（Small Release）、40h 工作制（40-hour Week）、编码规范（Code Standard）和系统隐喻（System Metaphor），如图 2-2 所示。

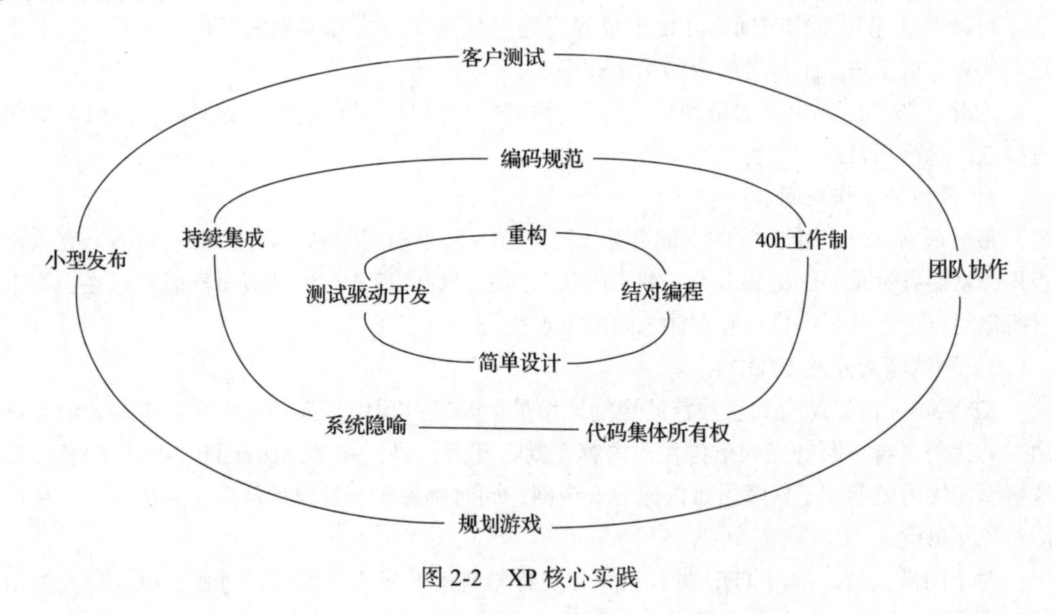

图 2-2 XP 核心实践

XP 推崇开放式的工作环境，把客户卷入开发队伍之中，强调频繁测试不断整合的价值，希望尽早交付简单产品给用户以获得反馈。XP 方法比较适合小团队的开发实践。

更多详细内容，读者可以参阅 Kent Beck 和 Cynthia Andres 的《解析极限编程——拥抱变化》。

测试启发

1）**让业务代表或用户代表加入各类测试活动中，越早越好。**

充分利用有代表性的客户，帮助我们明确需求的质量要求及优先级，参与早期版本验收测试（尤其是 MVP 版本，即最小可行产品的版本），尽快反馈能代表用户声音的质量问题。

通过积极的交流，让客户代表非常清楚开发的进度、风险、待解决的质量问题以及背后的困难，同时开发团队也能及时响应商业变化，避免投资浪费。

2）**共享代码所有权。**

有些团队比较抵触测试人员获得代码权限，甚至以安全为理由拒绝权限申请。我倾向于支持专职测试人员获得和开发人员相同的代码权限，至少获得阅读和本地编译权限，便于测试人员进行代码理解、精准测试、尝试定位问题等。测试人员有机会和开发人员在同等的信息源上进行技术对话，甚至直接针对代码质量进行规范检查。

3）**可持续的工作投入。**

不要长时间加班（工作时间超过 40h/ 周）。据我观察，一些加班严重的团队效率并不高，加班必要性不强，而每天真正高效的工作时间远远低于 8h，很多时间都被浪费或者拖延掉了。管理者也常陷入只看工时不看效率的低水平管理模式。

可持续的稳定工作时间，才能形成稳定的迭代会议节奏和准确的工作量估算。企业管理者要寄希望于法定工作时间内的稳定效率。

因此，如果出现大量加班现象，管理者和客户可以一起确定加班的原因，及时采取缓解措施，进行项目进度和资源的调整。

4）**开放的工作空间。**

最好所有人在一个开放的空间办公（可以有一些小隔间做私人沟通用途），墙上有大白板用于粘贴各种重要的提醒卡片，列出团队共同的目标和愿景，团队成员随时可以在白板上进行涂写讨论，甚至可以一起在休息间吃茶点交流。

5）**测试驱动开发（TDD）。**

XP 将单元测试结合到它独特的螺旋式增量型开发过程中，鼓励开发人员先写验收测试通过的代码，再不断补充和重构代码内容，删除冗余代码，并努力保证测试代码顺利通过。这些测试代码就形成了保障质量内建的安全网，同时确保了开发设计从简单开始演进，尽可能避免冗余设计。

对于测试人员，学习 TDD 的代码可以更好地理解开发人员的设计过程，以及单元测试的完成质量，同时可以把相关测试代码高频率地用于回归测试。

6）**结对编程对质量有什么好处。**

结对编程是 XP 实践中争议最大的一点，实施效果参差不齐。由于个人隐私空间被打破，第一次尝试结对编程的开发者通常不太适应，需要管理者加以推动。而且长时间结对很难保障，每天的结对时间通常建议控制在 4h 以内。

从个人产出效率来说，结对编程并没有明显的优势，开始时甚至是下降的（因为同时要占用两个开发人员），随着配合越来越默契，结对编程的效率会提升。

但是从设计质量和代码质量角度来评估，结对编程效益明显，因为一个人员在主导编码时，另一个人会对他的设计思路、代码规范、测试质量做评估，及时指出大部分的初级问题。同理，我们也鼓励测试人员和开发人员一起实践结对编程。

2.3　用户故事

用户故事的概念于 1998 年被正式提出，在 2001 年开始逐步成熟。目前，市面上有关讲解用户故事方法的著作不少，在 Scrum 流程中配合使用，效果显著。我们先回顾一下用户故事最核心的知识内容。

用户故事核心知识内容

用户故事用来描述对用户有价值的特性或功能，相对于传统的需求规格说明书，它用简化的形式促进团队交流，降低修改的成本，能灵活地调整以响应变化。通过用户故事的验收标准驱动，让所有敏捷团队成员和干系人，对最终目标达成共识。

用户故事的描述格式通常为：As（特定的用户），I want（具体场景下实现的某个功能），So that（获得某种目的 / 价值）。

用户故事要符合 3C 原则：Card（卡片，一句话概述内容，能让成员快速识别），Conversation（通过产品和技术的直接对话，了解背后的需求细节），Confirmation（验收条件，确保清晰无歧义）。

用户故事也要符合 INVEST 原则：Independent（彼此独立，相互间松散耦合，尽量减少依赖），Negotiable（用户故事可以协商，不是一成不变的，需要 PO 和成员以及客户的坦诚交流），Valuable（能体现对客户的明确价值），Estimable（能够被开发团队合理估算的），Size Appropriately（大小合适，能够在迭代中完成，如果偏大则需要拆解），Testable（故事有明确无歧义的验收条件，能被明确客观的测试用例验证）。

用户故事从大到小，可以分为 Epic（史诗故事，需求梳理阶段时的宏大目标），Feature（特性故事，迭代规划的重点目标），User Story（用户故事，迭代中要完成的具体价值点）。注意，也有些敏捷图书把 Epic 的规模放在 Feature 之下，本书采用的是大规模敏捷框架的定义，认为 Epic 规模更大。

当用户故事太大，我们可以用各种手段进行拆分，但要确保拆分的每个用户故事都有其价值，并可以独立验收。拆分方法包括按工作流步骤拆分，按业务规则拆分，按先简单后复杂或先主线后支线的功能拆分，按探针（即先做调研工作）拆分等。

在对用户故事大小进行估算时，通常采用集体评估的方式，只做相对大小的评估，可参考斐波那契数列，也可利用扑克牌和 T 恤尺寸等方法进行估算，便于大家对于需求背后的价值和复杂度形成共识。

推荐学习书目：Mike Cohn 的《用户故事与敏捷方法》，Jeff Patton 的《用户故事地图》。

测试启发

1）**所有用户故事的验收标准是否明确，团队是否对验收测试用例达成一致？**

验收标准通常写成 GWT 的格式：

- Given（什么场景或条件下，如在首页新闻的搜索框）
- When（采取了什么行动，如输入了品牌关键词）
- Then（得到了什么结果，如输出了该品牌直接相关的热门新闻，可以浏览点击）

验收标准可以避免团队成员对需求理解的偏差，帮助测试人员快速掌握测试范围。但验收标准不是验收测试，验收标准定义了用户故事完成的标准，验收测试要基于验收标准，但是验证的具体场景更广，建议每个用户故事验收的测试用例不超过 6 个。

特性团队对具体的验收测试用例达成一致，最大限度上保障开发人员能更好地进行验收测试驱动开发，这样交付的初版质量也会更高，更容易一次性通过验收。甚至在整个迭代的活动中，验收测试用例都可以作为团队统一的沟通语言，降低不同角色对需求理解的不一致性。

注意：验收测试用例不等于完整的测试设计用例，它通常仅仅是完整用例集的子集，优先级很高。

2）**所有用户故事是否具备可测性？**

我们能否明确测试它们的工具方法以及判断测试通过的指标？如有疑问，需要在评审中和文档中获得澄清。

特别要注意需求描述中不清晰的定义，比如性能要增加 50%（具体什么场景，什么指标？），安全性要提升（具体哪一项产品规格的安全性，要通过什么工具的安全检查？）。

3）**用户故事估算排期，必须考虑测试完成任务的耗时。**

用户故事在迭代中达到“完成”的定义，是必须包含“相应测试任务完成”的。所以在估算时要纳入相应的开发自测和专业测试时间。

针对被拆解的用户故事，我们也需要在迭代中对测试工作量做好评估。故事被拆解后，有利于更加精准地评估测试工作量。从故事验收及回归测试的经验来看，开发工作量在 2 ～ 3 人天的用户故事，其测试验收的效率是最高的，可以在收到版本的当天完成用例集测试反馈，便于开发人员快速修复问题。

如果评估出来的测试任务人手不足，需要采取一定的补救措施，如安排开发人员支持测试、降低非核心功能用例覆盖等。

项目经理需要关注迭代中的工作燃尽图，分析是什么原因导致计划中的测试任务完成过程不太符合预期，比如，测试任务为什么迟迟没有开始，前期测试进程为什么被阻塞，测试工作量估算明显和实际不符合，等等。这个分析过程对于未来的测试速率估算准确性以及提高人员效率，将大有裨益。迭代工作燃尽图如图 2-3 所示。

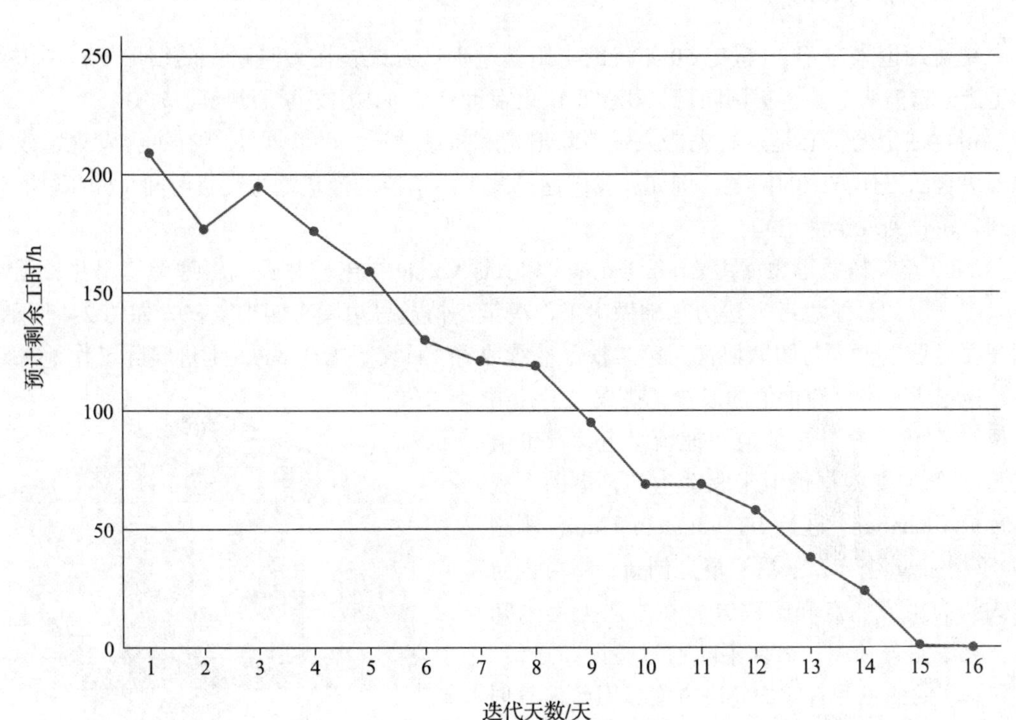

图 2-3　迭代工作燃尽图

针对客户端版本和重要服务的重构版本，正式发布的准备成本比较高，风险也比较高。我们通常会预留一个迭代做发布前的准备，包含缺陷修复和集中的系统测试投入，如兼容测试、回归测试和核心指标性能测试等。对于这个迭代，建议尽量不安排新功能的开发和测试。

4）测试技术故事要能识别，合理排期和聪明地拆解。

测试技术故事通常是重要但不紧急的事项，而且不太好通过用户视角来描述其价值和验收标准，因此很容易被 PO 和团队忽略。测试人员需要主动澄清这个故事对特性团队的长期收益，越早还债，收益越大。

比如，基本接口的自动化测试覆盖，引入更好的性能测试工具和漏洞扫描工具，给看板增加质量告警等。测试技术故事也需要每个迭代能看到具体的成果，避免团队对未来的故事排期失去耐心。

有读者可能会问，有些技术需求很难估算到底需要多少时间完成，怎么办？那我们就用**探针法**拆解它：当前这个迭代只安排该需求的调研分析（我们称之为探针需求），输出关键结论报告，例如技术背景、行业案例、建议的实现方案及其风险等，下个迭代再根据调研结论进行一定开发工作量的技术故事实现。

2.4 精益看板

精益理论来自于20世纪50年代的丰田精益生产方式，在大野耐一的领导下，丰田汽车生产效益迎头赶上了美国同行，相关理论也在世界范围内引发学习热潮。

精益理论的核心是造物先造人，消除浪费和持续改善。每个员工都有机会发现、改进并解决自己工作方式的问题。例如，我们通过减少不增值的浪费缩短交货时间（从客户下订单到公司收到现金为止）。

2009年，精益思想屋由Craig Larman和Bas Vodde提出。它强调管理者使用并教授精益思想，以此哲学思考方法为基础做出工作决策。精益思想屋有四根支柱，如图2-4所示。第一根是尊重他人与团队协作；第二根是持续改善（日文是Kaizen），走进实际工作地来观察，拒绝所有不创造价值的浪费，挑战完美；第三根是流动，为了让价值快速流动起来（价值流），我们需要根据价值来驱动生产，借助可视化看板（Kanban）进行JIT（Just In Time，刚刚好）的小批量生产；最后一根是创新，精益创新模式认为用户痛点和解决方案在本质上是未知的，无法完美预测，需要不断通过验证和迭代，找到真实的痛点和有效的解决方案，因此精益创新的本质就是创造价值。

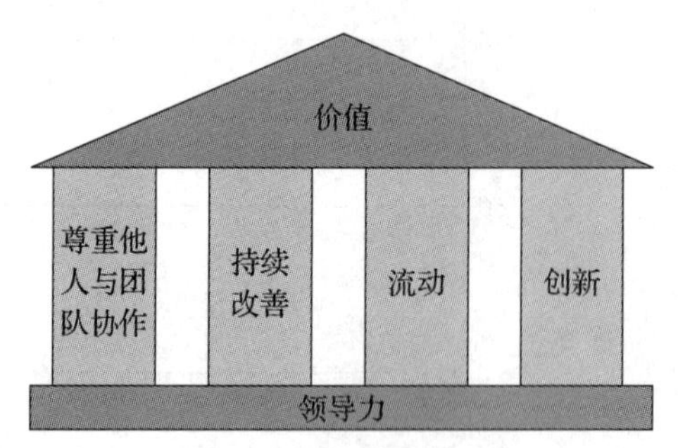

图2-4 精益思想屋

那精益思想和敏捷理念有什么联系和区别呢？两者是互相渗透和借鉴的关系。精益理论产生的时间更早，在传统制造行业发挥了巨大的作用，给软件行业的敏捷先行者也带来了极大的启发，因此敏捷实践中会大量融入精益的工具、原则和方法。尤其是看板方法深入人心，几乎是敏捷特性团队的必备工具。两者在对员工的充分信任和尊重上的价值观是高度一致的。

但是两者也有本质的不同，如敏捷强调自组织团队，可以依靠个人克服挑战并持续改进；精益强调领导者要具备洞察问题的能力，相信领导者可以带领团队走进新阶段。两者的组织风格差异并无优劣之分。

具体到精益看板方法和Scrum框架，两者也有差异。看板方法没有指明三架马车这类关键角色，也没有固定的迭代周期这种时间盒（Time-Box）的概念；而Scrum框架没有强调在制品数量方面的限制，而是通过估算价值和工作量大小来排期。看板用前置时间（Lead Time）来度量交付效率，而Scrum框架通过“迭代速率”来度量交付效率。

测试启发

1）优先注重员工的能力发展，探索工作的意义，并经常实地查看。

对员工信任和尊重的态度只是基础，当新时代的年轻人涌入职场，管理者有义务帮助他们揭示测试岗位发展的价值，以及他们所做的工作对用户的价值。理解了所挑战目标的意义，才能更好地调动积极性。

比如，我们为什么对某些用户场景投入大量测试心力，它给业务成功带来多大的成功推力？我们过往的工作得到了哪些用户的真挚认可和反馈？

与此同时，管理者是否对下属的能力发展创造了足够多的实践机会？员工在努力奋斗时，管理者是否有适度的观察和现场指导，还是永远只有几条感谢的消息或邮件？这都是会让领导者更受员工爱戴的重要表现，也是从源头发现可改进之处的高效习惯。

重复那句话，能力发展是敏捷转型三大成功要素中的第一要素。本书第 6 章还会针对测试工程师能力发展这个话题深入展开分享。

2）**建立价值流视图，控制在制品数量。**

价值流视图对整个敏捷团队的日常提效、改进非常有用，自然也对各种测试任务有指引作用。我们把研发测试的整个过程拆解为关键的子阶段，度量各个阶段执行耗时和跨阶段的等待耗时，就可以发现真正低效的地方。

健康的流动速度会让团队有和谐感和成就感。我们重点强调以下注意事项：**小批量、不间断。**

如果测试任务估算动辄超过一周，那么我们发现风险的时间就会推迟，改善动作也难以做到精细化。当然测试任务的小批量也依赖用户故事的合理拆解。小步快跑（小测试、天天测）才是健康状态，而不是大步走走停停。由于测试任务可以按用例优先级和测试类型分类，拆解为小批量任务的方法是非常多样的。

在制品（Work in Progress，WIP）数量，在测试阶段是指进入“**待测试**”状态和“**测试中**”状态的任务数量，它只有低于一个限制值，才能不对需求交付吞吐量带来风险。如图 2-5 所示，处于“测试中”的任务卡片不能超过 3 个，否则就会产生瓶颈风险。

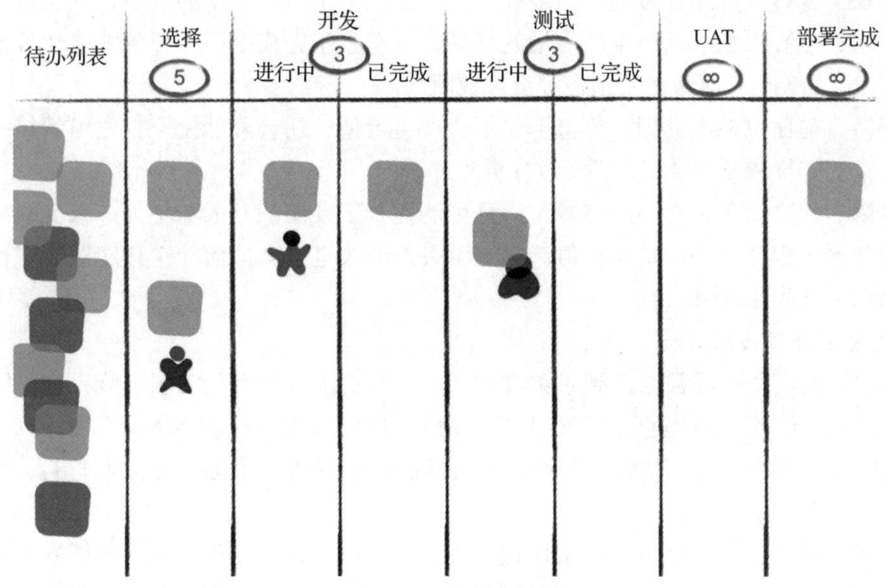

图 2-5　在制品数量

大于限制值，说明测试人员工作过载。当在制品数量明显异常时，整个团队都有必要停下来，看看什么地方出了问题，什么环节导致测试阶段的在制品数量异常，然后采取改进措施。注意，测试阶段发生任务过载的根本原因不一定与测试环节或者测试人员有关，团队要认真回溯分析。

这也就是著名的丰田精益管理"**安灯绳**"实践，流水线中的任何员工发现异常，都可以拉绳停止流水线，然后召集大家聚过来以集体解决问题。这与软件 DevOps 流水线的管理机制何其相似！

3）**总结常见浪费现象，形成团队敏锐度。**

任何不增值的活动，都属于浪费，我们可以列举下面 6 种典型浪费现象，让团队组织研讨，重点实施清除，大部分浪费现象和 Scrum 实践要避免的反模式是一致的。

- **库存**。这包括尚未完成测试，无法进入可发布状态的所有功能。虽然我们为它付出了大量心力，但是它依然不能随时发布给用户。与其做一堆当前不能发布的功能，不如集中力量保障少数急需功能的发布质量。
- **过度测试**。用户不会为过度设计的功能买单。针对过度设计的功能，我们要质疑或者降低测试优先级。对于纳入迭代的特性，由于测试的不可穷尽性，我们也不要过度测试，而是要在有限的精力和拦截严重问题的概率上做好平衡。
- **频繁任务交接**。通常切换任务时会带来 30% 以上的效率损耗。一鼓作气沉浸在心流状态中是效率极高的。按照研发工作流程，确实存在测试与其他角色频繁交接的情况，这时需要多思考减少交接频率和成本的方法。同理，短期项目中测试人员之间的任务交接也应尽量避免。
- **多任务并行**。管理者可能认为多任务并行会让员工产生更多的价值，其实这是一个误区，三心二意难以产生高质量的结果，只有真正完成了一个任务才能让价值流往下走。否则各个任务的价值流都会形成阻塞。
- **等待**。前面也多次提到，等待不仅不会产生价值，还会降低士气，松懈情绪。对于经常的等待情况，极其有必要做分析改进。
- **缺陷**。缺陷属于不必要的浪费，而且可能耗费研发团队巨大的精力。减少缺陷的数量和严重程度，一定是向价值流的上游去推动改进。测试活动左移实践能尽快把缺陷消灭在萌芽之中。

4）**看板的泳道技巧。**

我们在敏捷实践中经常会遇到一类难题，一方面要不断开发新需求上线，满足既定目标，另一方面，有些突发的重要工作也是要随时处理的，比如上个版本的缺陷紧急修复。我们如何利用看板的可视化，清晰地管理分工，保证两类工作的价值流都能顺利进行，又不互相影响？

横向切分的泳道就可以帮我们实现这一点。我们把新版本的开发 / 测试任务卡片放在上面的泳道（宽度约占 70%）进行价值流的拉通，代表占当前总工作量的 70% 左右，再把

老版本的缺陷修复 / 升级维护等工作任务卡放在下面的泳道，宽度约占 30%，暗示这类工作量占比约 30%（工作量没有这么多的话，优先去完成上面的 70% 主泳道工作），如图 2-6 所示。

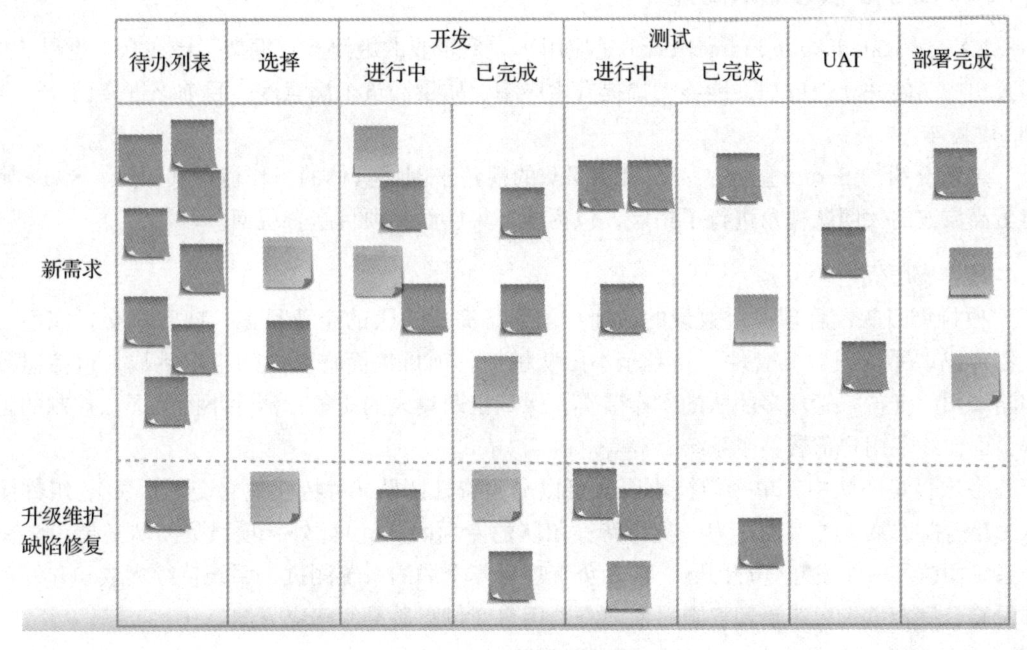

图 2-6　看板的泳道

同理，我们还可以为其他类型的重要技术债准备特定的泳道，比如给专项系统测试（性能、安全等）预留一定比例的泳道空间。

5）**不要把有空闲的测试人员的时间填满。**

从看板卡片或者价值流视图来看，管理者经常可以发现有些测试人员在特定时间是比较闲的，于是很有冲动去增加他的任务以填满工作时间，提高团队总效能。这实际上不是好的做法。团队效能还是要看完成需求的吞吐率，与个人空闲与否关系不大。如果刻意让干活快的人显得更忙，就会引发他故意磨洋工的心态，还不如鼓励他利用空闲时间做感兴趣的专业学习。

2.5　大规模敏捷

上面几节的敏捷实践介绍都是以单个团队（独立交付特性的敏捷团队）的视角来描述过程的，这样的团队人数通常是 5 ～ 9 人，建议最多不超过 15 人。但实际上，知名公司敏捷转型往往涉及大部门的所有员工，甚至跨多个部门，相关全职人力动辄 50 人以上，甚至高达数百人。因此我们有必要引入大规模敏捷实践框架。对于多个特性团队（8 个以上，甚至数十个团队）的联合研发，该如何协调、交付更高层次的价值呢？下面基于行业普及率很高的大规模敏捷框架——SAFe，简单介绍一些基础知识。

2.5.1 SAFe 核心知识简介

SAFe（Scaled Agile Framework）是应用于大型企业的敏捷实践框架，已在众多世界 500 强公司中实施并获得成功，能够大幅提升生产率、质量和员工满意度，目前该框架已经迭代到 5.1 版本。

之前介绍的 Scrum 主要从一线特性团队的视角来阐述具体的工作流程和原则，SAFe 则对更高层次的大团队视角进行了拓展，包括项目集层面和项目组合层面。

项目集层面

项目集团队，管理一定数量的敏捷小团队，完成更大的企业目标，向客户交付完整的大型产品、系统或服务套件。相对于小团队敏捷，项目集面临更多的组织挑战，包括愿景和路线图的维护，管理多团队的发布节奏，保障定期集成的质量，清除小团队无法控制的阻碍，面向终端用户部署整个系统，等等。

在项目集团队中，单个敏捷小团队可以分为特性团队（对特性独立交付负责）、组件团队（专门提供某一类架构能力，支撑特性团队的专项团队）。此外，项目集团队还要设立一个系统团队和一个发布管理团队。前者负责项目集全局的系统测试、系统持续集成和开发基础设施。后者负责发布治理权限，面向终端用户交付高质量的解决方案。

为了确保多个团队交付功能的同步，项目集定义了 ART（版本发布火车机制），以固定的时间频率（通常是 2 ～ 3 个月）完成一个可发布的增量内容（PSI）。多个敏捷小团队在每个 PSI 周期之初都要进行一次联合会议，制定 PSI 的发布计划，澄清各团队彼此的依赖关系和风险，并记录行动措施，更新整个项目集团队的路线图。

项目组合层面

对于更高的企业视角，驱动的技术团队动辄数百人甚至上千人，那就需要定义产品主题（也称投资主题），即能带来差异化市场竞争力的产品 / 服务价值主张。对此进行决策的是项目组合管理团队，通常由 BU 层面的决策者在每年做预算时提出。除了投资主题，管理团队还需要确认技术层面的架构跑道，包括现有或计划中的基础设施，满足目前需求而不必过分重构，以及系统级的非功能性需求（如性能、安全、可靠性、行业标准、系统设计约束等）。

明确了投资主题，就从中提取出史诗故事（或者称为篇章，Epic），它是大规模的开发行动，实现投资主题价值。同理，也要从架构跑道中提取出架构实现的史诗故事。

简单理解就是：单个独立小团队的迭代发布是以具体特性驱动，拆解为用户故事进行开发；而项目集增量发布是以史诗故事（Epic，投资主题中抽象出的价值）驱动，拆解为特性给到单个团队进行开发；项目组合发布是以投资主题和架构跑道驱动，拆解为史诗故事给到项目集团队进行开发。

2.5.2　测试启发

1）提供项目集层面的专项测试资源。

对于项目集运作的大型产品或者产品集，除了安排在每个特性团队的专职测试人员，还需要考虑安排合适的专项系统测试人员，负责大型系统层面的质量保障，以期达到交付标准。比如系统级的复杂性能测试、安全渗透测试、升级测试和兼容测试等。此外还需要指定持续交付测试的负责人，确保每日测试的自动化测试结果是健康、完整的，在出现风险能及时介入分析。

2）在 ART 流程中建立特性合入的质量标准。

在 ART 指定的集成时间之前，特性团队的版本如果没有达到代码合入主线的质量标准，则不能合入，只能在下次 ART 集成时提交了。因此，项目集要对各特性团队确认统一的合入质量标准，并在合入前确认特性测试通过的结果。合入后需要进行各项系统测试，确保合入后的整体质量达到系统发布的质量标准。

3）每个 PSI 开始的联合会议上，尽可能确认各特性间的测试依赖关系和策略执行风险。

几个月一次的多个特性团队联合会议，是非常难得的碰头脑暴的机会，各特性测试负责人、系统测试负责人、主管和测试架构师，都需要利用这次机会好好梳理，搜集系统测试需要掌握的产品和技术知识。例如：

- 不同的特性测试是否有先后依赖关系，测试次序是否要调整？自动化用例建设是否也需要调整次序？
- 测试设备和环境是否充足，是否影响并行的特性测试，如果影响，应该如何协调？
- 对于列出的风险，是否已有初步对策？如果没有，谁需要保持观察和优先响应？
- 对于项目集团队决策的 ART 合入和特性发布计划，以及产品路线图，从质量角度看，是否有信心按时完成？

4）评估项目集的测试技术债（技术需求）优先级。

与特性评估类似，要综合考虑实现工作量和延迟成本，延迟成本越大，工作量越小，优先级应该越高。

测试技术需求的延迟成本与如下几个因素有关：

- **商业价值**。需求实现能降低多大的公司运营成本？如能减少多少测试总投入成本？提高多少用户体验满意度？
- **时间价值**。实现价值如何随着时间推移而衰减？衰减越快说明优先级权重越大。比如现阶段实现的自动化能力能大幅提高测试效率，但是后期的使用率可能迅速减少了，那就应该提高优先级权重。
- **让未来的风险降低或者提升新的价值机会**。比如越能预警发布质量事故的工具需求，其权重就越大。

2.6 本章小结

本章针对主流的敏捷实践框架及其价值观做了核心知识回顾，包括 Scrum、XP、用户故事、精益看板和 SAFe 等，然后分别从测试视角详细分享了值得关注和尝试的敏捷措施。测试人员全身心融入整个敏捷转型过程是非常关键的，这样可以从中获得传统测试理论缺失的知识，通过应对各种意想不到的问题，形成适合自己团队的敏捷新方法，最终打破当前能力域的瓶颈。

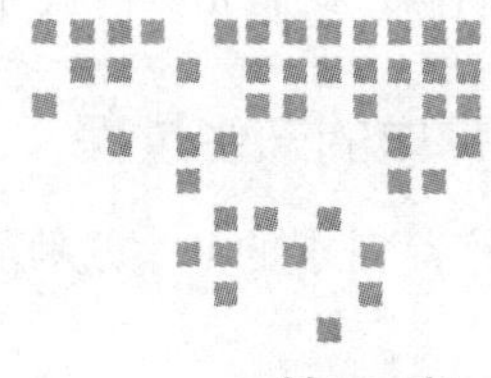

第 3 章 Chapter 3

测试左移与右看

测试左移是多年来测试行业的热门话题，在实际的践行中容易停留在“意识流”层面，仅仅是鼓励测试人员应该“主动做什么”，然而在业务压力大的常态下，被鼓励的尝试往往无疾而终。只有基于敏捷理念的理解，对研发生命周期的各个环节进行质量内建实践，才能把测试左移落实成好习惯，形成好流程，最终内化为敏捷团队的本能。

具体而言，测试左移，可以移动到需求澄清阶段，也可以移动到开发设计、编码和开发自测阶段。

而测试右看，是指当研发阶段的测试活动结束，产品进入发布上线阶段时，测试人员依然不能放松对质量数据和用户反馈的敏锐度，持续汲取下个迭代如何改进的反馈，形成滚动提升的飞轮。

本章将基于多年来的测试团队实践，分享在测试左移与右看活动中的推荐做法和有效经验，它们也是敏捷理念在测试活动中的落实，应在整个软件生命周期中持续性测试。

3.1 左移到需求阶段

敏捷测试的本质是尽早测试，频繁测试，推动质量从源头内建。

而产品研发的源头，自然是需求产生及澄清阶段。精益需求的产生过程，就是测试左移最早可以发力的地方。

如果我们忽视需求阶段的测试左移活动，仅依靠软件工程层面的效能提升，始终会存在部分本质矛盾难以解决的情况。需求质量难以提升，很容易给技术团队带来频繁的返工和浪费。测试左移到需求的本质，就是从一开始尽量提高需求的可测性。

基于敏捷知识，我们先从精益需求的产生过程开始简要介绍。

3.1.1 精益需求的产生过程

一个软件产品需求的产生过程可以简单分为几个阶段，最终形成价值验证的闭环，如图 3-1 所示。

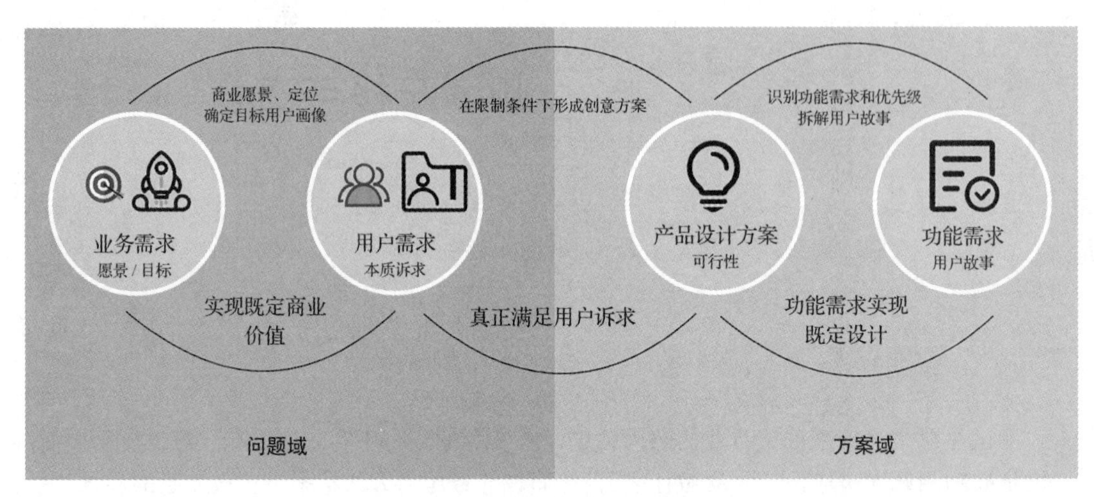

图 3-1 精益需求的产生过程

业务需求：确定产品的愿景、商业机会和核心价值（包含产品定位的差异化策略等），并确定目标群体，以此为蓝图制定本年度的商业发展目标，包含量化指标。

用户需求：通过多种调查方式，如用户访谈、用户画像、用户调查问卷等，完成相关的定性 / 定量分析，挖掘出真正需要满足的用户诉求，即定义好产品的“问题域”。在此阶段可以将梳理完成的用户需求写成 BRD（商业需求文档）。

产品设计方案：在产品核心目标和定位的基础上，根据用户的本质诉求，形成完整的产品设计创意思路，最终给出可落地的产品设计方案，即梳理出产品的“解决域”。所谓可落地就是成本、时间、技术能力等限制条件都可以满足。这个阶段就可以开始输出 PRD（产品需求文档）了。

功能需求：根据产品设计方案，对产品能力需求进行梳理和优先级排序，整理出具体的需求描述，然后进一步识别 / 拆解为可开发的用户故事。

完成了上述的需求定义过程后，产品负责人组织需求评审会议，与技术团队以及其他项目干系人澄清产品方案，分享需求背景知识、需求定义和优先级。团队估算工作量，确认交付计划（包括重要发布计划和短期迭代计划）。

以上就是常见的需求产生及澄清过程，其间并非只由产品人员唱独角戏。在这些阶段中可以进行上一章介绍的多种敏捷测试实践活动。我们可以从下面几个方面进行质量把关，并输出专业意见，帮助产品经理和特性团队在进入开发环节之前提升需求质量。

1）明确需求价值。

2）完善用户画像和用户故事场景。

3）需求评审前给出验收测试点，帮助团队建立需求验收标准。

4）迭代需求拆解及合理估算任务，将测试任务纳入估算。

5）需求评审的质量把关，并明确 DoR 纪律。

3.1.2 明确需求价值

首先，需要从业务方或产品经理处获得背景知识：为什么我们要提出这个需求？

第一，不提这个需求有什么损失？用户对我们这个需求有多期待？有没有具体反馈声音可以让我们学习？这对于测试场景的思考有极大好处。

第二，这个需求对公司有什么好处？是能提高满意度口碑，还是能提高收入？有利于我们未来盈利吗？新需求是否匹配产品的“调性”(定位)，它是否有利于产品长期目标的达成？

能提高用户口碑或者提高利润的功能，自然是我们着力要保障的高优先级需求。

知道了业务价值以及成功的方向是什么，就能更充分地调动项目参与工程师的积极性。

其次，如何客观度量产品特性上线后带来了预期的价值？

虽然产品负责人对产品设计的价值（或商业变现目标）负责，但是产品价值体现在具体指标上，与用户场景息息相关。测试人员知道了商业上的度量指标定义和目标，就能更加关注要验收的核心场景。

另外，对于预期价值的思考及信息同步，也给了产品负责人以终为始的压力。产品需求绝不是越多越好，甚至有可能新功能上线越多，用户流失越快。把产品预期价值和背后的逻辑“晾晒”给技术团队看，既可以推动产品设计人员在设计时更加深思熟虑，又可以获得技术人员宝贵的早期意见输入。

再次，多挖掘与本产品相关的竞品信息和行业信息。

看竞品。本产品的竞争对手为用户提供了哪些相似能力的解决方案？它们和本产品的差异是什么？实现方案有什么不同（哪个感觉更靠谱）？测试人员从中思考什么场景、什么指标可以用来做竞品对比。

看行业（本领域）。本产品所在的细分领域，有什么规范 / 默认潜规则是本产品（需求）应该顾忌的？本领域是否有约定俗成的产品形态 / 交互风格，让用户早已养成习惯？这背后有什么博弈故事吗？理解约定俗成的法律、规范、强大习惯，可以让测试断言（是否有效缺陷、严重程度如何）更有底气，降低争论成本。

最后，当需求功能上线一段时间后，敏捷特性团队通常应该复盘上线的结果，确认具体商业价值指标是否达到预期，产品设计方案是否达到预期，还可以针对上线的具体特性功能，观察用户使用健康度（通过数据埋点）是否达到设计预期。

如果没有达到预期，产品团队要思考背后缺失了什么，以此来调整后面的设计方案和需求安排。

3.1.3 完善用户画像和用户故事场景

测试人员同产品经理一道，梳理用户画像并给出自己的看法，再根据目标用户的特征和视角，针对性地调整测试优先级和覆盖场景。

目标用户是从哪些维度来划分的？

一是从人口学特征划分，包括年龄、性别、地域、人体特征（如左撇子、手的大小、视力情况等）。

二是从使用习惯和经验划分，如新用户和老用户，强目的型用户（专找秒杀，或用完即走）和漫游型用户（随便看看）。从中我们可以总结出用户的痛点及他们对产品的期待。

三是从文化背景 / 社会背景划分，识别用户的特征，如城市白领、小镇居民、农村居民等。对于测试人员不熟悉的社会文化背景，比如海外市场产品，有必要认真学习当地社会文化知识，甚至出差去该国家走访，体验典型用户所处的生活氛围。

四是从平台角度划分，是公司外部用户还是公司内部用户（如管理员）。

理解了划分的主要用户类型，我们可以在脑海里尝试给每种类型创造一个生动的典型人物，起一个名字，如电商产品的用户——张小婷，想象她具备上述哪一种个性特征，如果她给我们产品的各个功能进行满意度打分，会打几分，标准是什么，她会用什么关键词来表达情绪。

当然，我们也可以从客服"用户之声"详细原声访谈中，或者从产品经理做用户调研的定性分析和定量分析中，寻找生动的典型用户形象、使用习惯和评价尺度。

梳理产品的主要用户故事场景

主要用户故事场景即**测试应优先关注的覆盖场景**。

随着梳理出来的用户故事越来越多，可以按照一定的时间先后顺序（横向）和必要程度（纵向）进行排列梳理，形成一张用户故事地图。产品负责人也会根据必要程度把梳理出来的用户故事分批纳入不同的发布版本计划。如图 3-2 所示。

借助创建用户故事地图的头脑风暴活动，我们可以更加明晰产品需求的价值及发生场景。具体可以从以下 3 点进行梳理和交流。

1）**用户类型分析**：主要有哪几类典型用户，按什么属性清晰区分？每一类用户使用产品（需求）的主要场景（差异化场景）在哪里？该类用户是如何在使用中获得满足感的（实现想要的价值）？

2）这几类用户的占比如何？行为习惯和关注点有什么差异？是否有调研数据支撑这个结论？这会成为我们判断场景优先级的参考。

3）关注用户故事地图中的"风险区域"。某些用户功能面临多样的分支路径，需要进一步拆解为多个子场景；也有一些场景的预期响应结果难以判断，需要进一步剖析。我们从地图中会发现，这些有待挖掘的"麻烦"通常集中在地图中的特定功能区域，这个区域既是产品设计的难点，也是质量验收的难点。

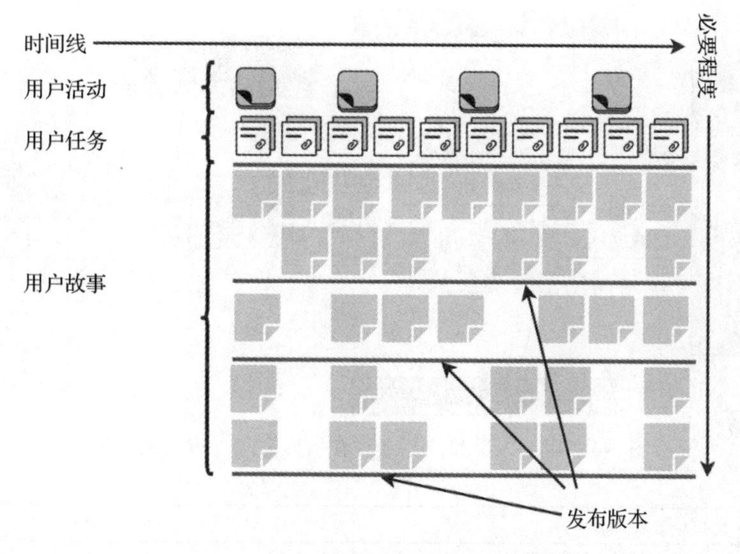

图 3-2　基于用户故事地图的场景梳理

以 **“手机管家 App 产品”** 为例，最早的产品主打功能是安全，防范手机木马病毒，但在实际运营和对用户行为的洞察中发现传统安全的场景占比很低，而反骚扰、隐私保护等“泛安全”的需求更为迫切。于是产品的需求重心向泛安全演化，相应的测试体系内容也发生了很大变化，从以木马病毒的识别为高优先级转换为以骚扰拦截效果、隐私漏洞等为高优先级。

随着产品用户进一步扩展，为了突破价值瓶颈，手机管家的重心变为更高频的用户需求——手机空间管理（瘦身功能），因为空间占用越来越大且大容量手机价格昂贵，相关体验和精细化需求持续升级。测试策略和自动化建设的重心自然也发生了变换，安全类功能变成以稳定运营为主的模块，而团队在瘦身效果评测、微信等空间占用大户的专项清理等场景投入了更多的测试精力，以确保用户价值——“清理要快、空间释放足够大、重要信息不误删”这 3 项指标达到设计预期。

3.1.4　需求评审前给出验收测试点

在产品经理组织需求评审会之前，是否可以对需求定义的概念进行“逻辑测试”？

我们可以提前和产品经理沟通需求规格文档，提出修改意见，或者抛出有针对性的验收测试点请对方确认，如图 3-3 所示。

在需求评审会议上，我们也许可以一边看着需求规格说明，一边看着需求对应的验收测试点，甚至列出包括历史上真实发生过的关联缺陷！这个时候，开发人员可能还没有开始思考如何实现。如图 3-4 所示是需求和测试点二合一表格示范，以方便团队在需求评审时同步核对质量风险和验收测试点，提高评审效率。

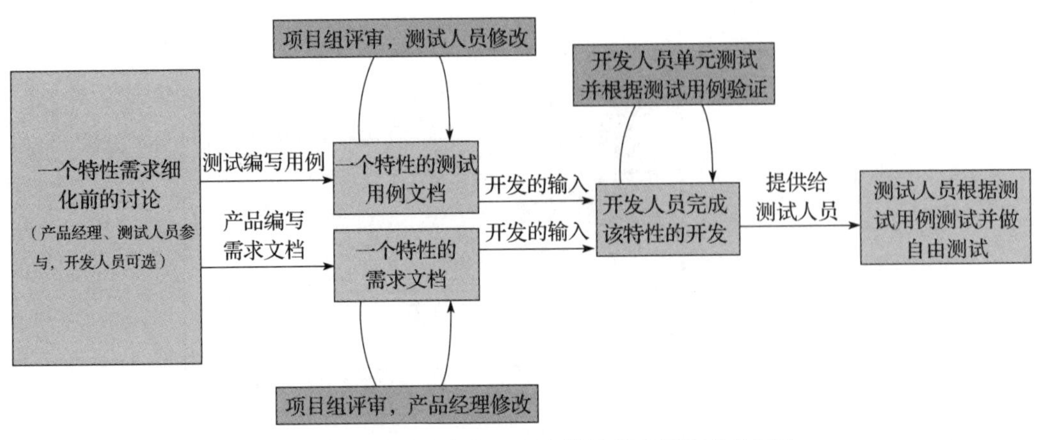

图 3-3　测试人员和产品经理在特性需求评审前的讨论

<table>
<tr><td>用户场景</td><td>首页信息流展示</td><td></td></tr>
<tr><td>功能描述</td><td>源和列表显示方式正常</td><td></td></tr>
<tr><td>优先级</td><td>高</td><td></td></tr>
<tr><td>输入 / 前置条件</td><td>无</td><td></td></tr>
<tr><td>业务处理流程</td><td>1）源即为用户添加的内转 feed（信息推送），列表为每个源包含的内容列表
2）安装后首次启动，系统默认提供 3 个源，供应户浏览
3）源的切换方式，支持手动切换缩略图和列表显示，两种方式均显示未读数
3.1）缩略图，显示源的名称，最近一条内容的缩略图，短标题
源名称源名称。。。。。。
标题标题标题标题标题标题
标题标题标题。。。。。。</td><td>需求文档 3.1（交付）
缩略图模式，验证在如下条件下某个已订阅源显示符合预期（除未读数量）
<table>
<tr><td>是否至少一条消息</td><td>是否有图</td><td>是否获得图片内容</td><td>是否预览</td></tr>
<tr><td>否</td><td>N/A</td><td>N/A</td><td>源名称、默认图片</td></tr>
<tr><td>是</td><td>否</td><td>N/A</td><td>源名称、标题、默认图片</td></tr>
<tr><td></td><td>是</td><td>否</td><td>源名称、标题、默认图片</td></tr>
<tr><td></td><td></td><td>是</td><td>源名称、标题、图片</td></tr>
</table>
缺陷列表：
17957：如果服务器提供的某个图片源不存在，客户端会一直请求该图片，大量消耗流量和客户端资源（已验证）</td></tr>
</table>

图 3-4　需求和测试点二合一表格示范

这种创新措施的好处就是，开发人员把测试人员要验证的关键场景早早地记在脑里，再交付时几乎不会出现对于测试人员而言很低级的质量问题。

需要说明的是，测试人员提前梳理的这些测试点，可以经过产品经理确认后成为用户验收测试用例（UAT），也可以细化为（方便开发人员自测的）普通验收用例（AT）。

第 2 章提到过，敏捷研发团队针对需求评审完成条件可以设置准入门槛，定义为 DoR，这也是团队共同遵守的纪律。DoR 中通常会要求用户故事的“验收测试用例”必须由团队确认完成。一旦验收测试用例成为团队各个环节的“交付共同语言”，将极大地推动各个角色从一开始就重视质量，并且清楚自己的工作是如何对齐质量要求的，避免不同角色对于需求质量的理解差异太大。图 3-5 展示了在迭代的各个环节验收测试用例作为共同语言贯穿全流程。

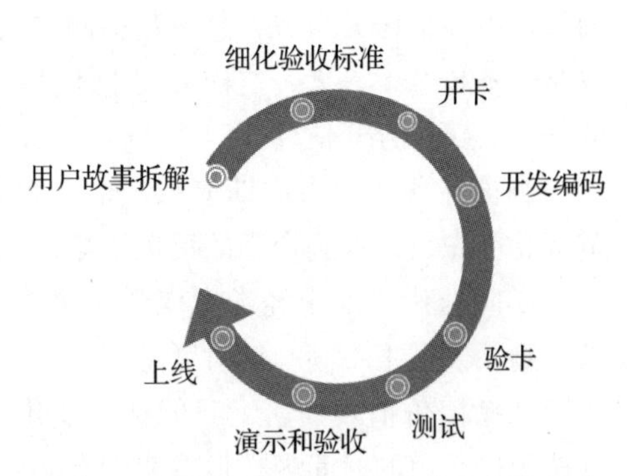

图 3-5　验收测试用例贯穿迭代的各个环节

3.1.5　迭代需求拆解及合理估算任务

按照敏捷理论，迭代计划会议要对本迭代的需求进行合理拆解、工作量估算，同时结合 PO 决策的需求优先级，确认本迭代要完成的用户故事有哪些。从表面看来，这个迭代计划会议不是测试人员主导，但是计划制定与测试人员安排的合理性密切相关。

如果需求或用户故事的颗粒度太大，将不利于迭代内的高质量交付，这是最常见的项目风险情形。我经常见到测试人员排期的困境，就是由于需求过大，导致测试设计及场景讨论花了太多时间，交付速度很慢。如果一个用户故事的开发周期在 2 ～ 3 人天内，它的测试验收效率是非常高的，可以当天完成测试任务并提交反馈，避免开发人员等待时间过长。

因此，敏捷特性团队应该对偏大的用户故事进行拆解，以便在本迭代内可以排期完成。作为测试人员角色一定要关注这个拆解的“可测性”，拆解后的用户故事应该可以完整验收，否则就违背了敏捷迭代的原则。如图 3-6 所示，我们应该采用图中第二行这种交付方式，即每个迭代完成一个让用户可以使用的“增量”产品。

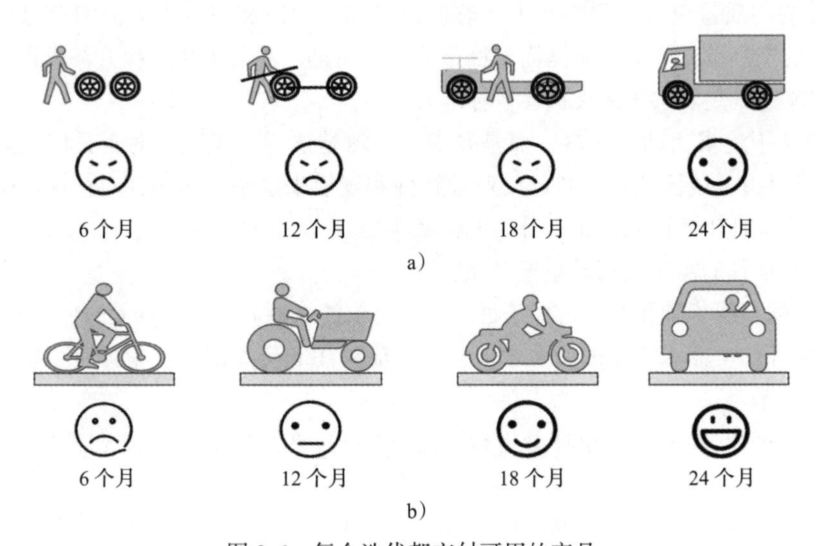

图 3-6　每个迭代都交付可用的产品

在测试工作量的预估上，我们认为“任务”是最小的工作量估算层次，一个用户故事的研发由多个任务组成，其中包括测试任务。建议测试任务的划分不要太粗，单个任务的完成时间不超过1人天，这样有利于团队找到测试效率可以提升的地方，同理，不同测试人员的任务也建议分开估算。

测试任务的独占周期太长，也会影响迭代需求的完成目标，我们有必要具体看看测试范围和优先级，找到合理的覆盖策略，保障核心功能用例的验收。

实际迭代排期中经常出现产品经理把新的需求紧急插入本迭代的场景，这会让开发人员和测试人员很不满。针对紧急插入需求，应该如何正确看待？

从敏捷价值观而言，我们拥抱变化。没有必要强制需求排期计划不能变更，哪怕是在本迭代这么短的时间内。但是我们有必要集体确认：新排入的需求优先级如何？它和本迭代中计划完成的其他需求对比，优先级是高还是低？如果它的优先级比本迭代的某个需求高，在迭代剩余工作量能完成的情况下，可以替换当前正在做的需求。

简而言之，针对紧急需求插入，不能只做加法，而是有加有减，根据优先级拥抱变化，根据团队速率替换一定大小的排期需求。因此，我们也要检查产品待办列表中的需求优先级是不是有严格的唯一排序，这很重要，有进就会有出。

存在一种可能性，即有的产品需求永远都无法排期开发上线，因为它的优先级永远比不过后面的新需求。这也符合敏捷设计的价值观，即适时设计。当前重要的产品想法，可能到了后期便不再重要了。

3.1.6 需求评审的质量把关

首先要明确，需求的设计质量并不是只由产品经理负责，特性团队的每个成员都应该对需求设计的高质量负责。很难有人能够通过市场、用户和技术等方面的全盘思考，拿出一个高品质的产品设计方案。团队需要群策群力，帮助产品经理快速提升需求设计的质量水平，并且定义达到足够水平的文档质量标准。

敏捷团队不追求文档的详尽，而是要求定义清楚边界和风险。对于具体纳入哪些“必填内容”，可以由一线团队根据自己的业务特性和规模来定制，例如针对初期上市产品，需求评审更关注主打什么功能，而不是缺失什么功能。

以下是我推荐的需求文档质量把关项：

1）需求的上线背景和商业目标是否明确？需求的来源和交付日期是否明确？

2）如何评估本需求带来的商业价值？上线应关注的产品健康度指标有哪些，期待值范围是多少？

3）是否有针对本需求的市场分析和竞品分析（可选）？如果需求规格复杂，需要提供业务逻辑图。

4）本需求在哪个主体上实现，它的上下游是谁？本需求对上下游主体有什么影响，交互逻辑是什么？本需求的成功上线依赖哪些服务，具体依赖关系如何？

5）本需求是否涉及性能变化、稳定性风险或者资金安全风险？如果涉及，请给出详细分析。（可请开发人员给出。）

6）所有需求的优先级是否明确且唯一？

7）本需求的上线策略是怎样的？

最后，除了上文提到的把“完成验收测试用例”这一条纪律纳入 DoR，我们还可以把其他有利于需求质量提升的好纪律都纳入 DoR，让团队共同为需求的精益化负责。只有 DoR 全部完成，才意味着需求评审阶段全面完成，可以进入开发设计环节。图 3-7 是一个团队设计的完整 DoR 例子。

DoR：
1）PRD、原型产出
2）UI 设计、交互稿已完整
3）用户故事、业务逻辑、验收标准清晰
4）有优先级
5）具有开发时间评估（DEV：前端、后端）
6）具有测试时间评估（TEST）
7）有量化的需求价值收益指标
8）依赖方已识别、已沟通、已有明确接口人
9）有业务期望上线时间

图 3-7　完整 DoR 的例子

“磨刀不误砍柴工”，澄清需求过程中多一些思考碰撞，未来构建产品质量的成本就会低很多倍。关于具体可以从哪些角度详细挖掘需求的可测性，请读者参考第 8 章的相关内容。

3.2　左移到开发阶段

众所周知，测试活动越早进行，在早期发现缺陷的数量就越多，而且单个缺陷的修复成本也会越低。如果缺陷在接近发布前被发现，修复的总成本要提高一个数量级，如果缺陷上线后才被发现，带来的损失可能再高一个数量级，达到令人吃惊的程度。

根据 Capers Jones 在《全球软件生产力和质量度量分析报告》中给出的图表数据，假设在编码过程中修复一个缺陷的成本是 1，那么在单元测试中修复一个缺陷的成本是 4，而功能测试和系统测试的单个缺陷的修复成本分别是 10 和 40。如果遗漏到线上，修复成本将飙升到 640！

通常在开发阶段，开发人员做的事情是完成开发设计文档、编码、代码评审和开发自测等工作。与此同时，测试人员的常规活动是测试策略准备、测试用例设计、用例评审和自动化测试相关准备等。

本节提到的测试左移，是指测试人员除了要学习开发人员提供的设计技术文档（用作测试设计的参考）以外，还要积极参与和开发人员相关的如下重要活动，更早地暴露问题，减轻而非加重开发人员的负担。

1）参与开发设计评审。

2）推动测试驱动开发（Test Driven Development，TDD）与单元测试门禁。

3）参与代码评审活动。

4）落实代码规范。

5）完成桌面评审，即完成验收测试。

6）持续测试建设，完善测试分层建设。

测试人员的目的从发现缺陷变成预防缺陷，这会导致他与开发人员协作关系的重大变化。

3.2.1 开发设计评审

在传统研发团队，软件的开发设计包含概要设计和详细设计，测试人员并不被鼓励参与开发设计评审。实际上这个评审活动有利于测试人员获得重要的业务架构、功能和非功能的实现信息，对于测试策略和用例设计可能会大有启发，也会为精准测试提供关键信息。

测试人员参与开发设计评审，应优先关注软件的整体架构、分层模块和底层模块的视图，追问设计方案的选型原因、资源限制场景、可靠性保障机制、安全处理机制等，借此埋下"如何基于设计风险做测试设计"的种子，降低测试探测的盲目性。开发人员在设计讨论中的争论，也许提示了潜在的高风险信息。

从参与设计评审开始，测试人员和开发人员就能在对等信息的基础上进行质量问题的本质探讨。

行业中有一种观点，认为如果测试人员过于熟悉开发的实现思路，就会站在理解开发人员的角度来测试，不会想尽办法找到破坏路径。我不这么认为，只要刻意训练，测试人员就可以充分利用白盒信息和黑盒观察的各自优势，快速切换成不同的测试角色（开发人员或普通用户）来高效地挖掘问题。

3.2.2 TDD与单元测试门禁

TDD常见的类型有两种，即UTDD（Unit Test Driven Development，单元测试驱动开发）和ATDD（Acceptance Test Driven Development，验收测试驱动开发）。两者的差异如下。

UTDD是测试用例在先、编码在后的开发实践方式，属于单元测试的层次。开发人员通过不断让单元测试通过，提升对代码的信心，再持续优化和重构代码，保持用例通过，这样可以尽可能地降低重构的风险，让开发人员可以更放心地进行快速重构，提高迭代效率。UTDD弥合了开发实现和单元测试的分界线，将传统开发过程倒转过来，借助测试代码增量地驱动设计。

ATDD则是在业务层面的实践，基于前面介绍的验收测试用例，驱动开发面向客户需求进行场景设计和代码实现。

专职的测试人员直接介入UTDD活动是比较困难的，但这并不意味着测试人员不能推动UTDD的优秀实践。我们可以借助持续集成流水线，以及团队对于单元测试质量的重视，把单元测试门禁作为持续提升代码质量的基础，只有通过门禁才能进入下一轮研发活动，从编码源头内建好质量。具体行动步骤推荐如下。

1）在团队中普及UTDD知识和实践方法，让大家理解并遵守单元测试编写的基本原则。

- 单元测试要求全自动化运行，速度要足够快（毫秒级）。

- 单元测试要独立。用例不依赖外部资源（如外部数据、接口和网络等），用例之间也不互相依赖。
- 单元测试可重复测试，稳定性极高。
- 单元测试集要保障较高的覆盖率，及时更新用例以覆盖最新代码。

2）基于团队评估讨论，可以设置单元测试通过的标准，如运行耗时上限、测试集通过率、代码覆盖率等。

3）在研发测试流程平台（或 DevOps 平台）上，接入对应编程语言的单元测试框架，将单元测试关键指标显示到实时质量看板上。

4）针对未达标的单元测试，查看详细报告并进行优化。常见的质量问题有耗时太长、增量覆盖率或全量覆盖率太低、缺少正确完整的断言检查等。整改未达标的单元测试，不能进入下一步的提测环节。

切记单元测试覆盖的目标是所有重要的代码路径，但不是和具体实现代码过于紧密的耦合，以避免内部代码一旦改变，单元测试就失败。

此外，不要为了提升被测代码覆盖率而忽略了重要的断言检查，包括对返回值的检查、对方法参数的检查、对异常值的检查等。高质量的断言检查才能让单元测试成为出色的质量防护网，不惧代码的频繁更新。

3.2.3　代码评审活动

代码评审（Code Review，以下简称 CR）通常是由开发人员进行的。测试人员参与 CR，也能获得不小的收益，不仅能学习到开发人员实现软件的具体逻辑，也能快速寻找代码质量风险，尽快拦截问题。

长期参与 CR，有利于工程师的快速成长，更有利于团队工程能力的协同。拥有良好 CR 文化的技术团队，也就拥有了尽早识别缺陷的能力，拥有了自觉完善代码的主动心态。

为了保障 CR 的顺利、高效进行，整个团队需要建立评审原则，包括：

1）确保每次 CR 只做一件事，即单一职责原则。重点放在业务逻辑检查上，看实现方案是否充分。

2）尽早评审，多次评审，而不是在快发布时才集中评审。

3）评审前先借助扫描工具查漏补缺，而不是单纯依靠人工检查基础错误。

4）为评审者提供详细信息。

5）要求评审人员做到及时响应，谦虚，不追求代码完美，指明必需的解决项，多多鼓励，等等。

测试人员参与 CR 时，可以特别关注软件的设计意图、可测性，以及在性能、安全、稳定性等方面的设计缺失，并思考可以进行缺陷探索的场景。当然，测试人员如果是业务整体架构和业务设计逻辑的精通者，则更能在 CR 中看到具体函数没有考虑到的上下游集成风险。

为了提高找风险的效率，测试人员基于现有缺陷特征分析的评审效率可能更高。我们可以从当前主要缺陷的根因分类来提炼 CR 的观察角度，也可以借助静态代码扫描工具的支持，批量化发现问题。举例如下。

1）App 崩溃问题很多是因为空指针异常，那测试人员做 CR 就会特别关注对象的初始化，任何一个对象在使用前都要做判空处理。

2）不少缺陷的上报都是因为边界问题，做 CR 时会重点评审数组和列表的边界，判断是否有越界情况。同时，对于各种不正常的输入，判断代码是否做了完备性检查，并给予合理的异常提示。

3）针对应用的内存泄漏这个测试重点项，我们会分析出常见的内存泄漏原因以及代码实现中的错误表现。按这些反例提炼评审关注点，比如：对象如果注册了实践回调，是否在合理的地方进行了反注册；缓存对象、图片资源、各种网络连接、文件 I/O 等最终是否正确关闭。

4）专业的静态代码扫描工具也可以提供典型代码问题的分类定义和推荐解决方法，结合起来学习效果更佳。

最后，为了让代码评审流程规范化和更高效，也可以在研发管理平台上即时发起在线评审，多人的评审结论满足基本门槛后，平台才允许把代码提交入主干。

3.2.4 代码规范

不少大公司会制定代码规范（Coding Standard），包括质量层面、风格层面和安全层面。测试人员针对代码规范往往可以做一些较高收益的尝试：协助制定适宜的代码规范，并积极推动激励制度落地，形成开发习惯。这相当于用很低的成本把很多潜在风险拦截在初期开发阶段，其性价比高于开发单元测试。

围绕代码规范，质量人员可以做以下三类动作：

- 推动代码规范的文档化和宣导。大公司的代码规范文档往往很容易获取，但是细则繁多，对开发人员提出了较高的要求，测试人员可以根据团队专业成熟度以及常见缺陷风险，选取其中的子集作为本团队的规范，在执行成本和风险拦截中取得平衡。
- 将规范检查纳入流程管控或者工具审计中。与开发人员就代码规范达成一致，在日常代码自动扫描中要明确告警规则，确保开发负责人即时响应处理，不允许随便取消告警规则。
- 同时，在引入静态代码检查工具阶段，测试人员也会参与，货比三家，务必在价格、质量 / 安全风险检出率、误报率、修复提示水平、售后技术指导等多个要素上推荐出更佳的开源或商业工具。图 3-8 是我们在 2017 年针对代码扫描工具 SonarQube 和 Pinpoint 的评测结果。

SonarQube 结果

	代码错误	安全隐患	风格质量	总量
有效 / 总量	2/6	4/4	0/93	6/103

Pinpoint 结果

	代码错误	安全隐患	风格质量	总量
有效 / 总量	2/2	19/19	6/7	27/28

图 3-8　SonarQube 和 Pinpoint（源伞）扫描工具的评测结果

- 作为中立方输出**代码规范专项审查报告**。代码规范的分类多样，我的经验是可以将代码规范细分为排版规范、注释规范、命名规范和编码规范四类，规范强度可以是"建议"或者"原则"。测试人员可以借助扫描工具和人工核查，针对特定违规现象做审计，输出分析改进专题，这种聚焦曝光和集中改进的效果往往让人印象深刻，泛泛而谈的审计报告则很容易失去可持续的抓手。
- 比如我曾带团队陆续输出的几期专题报告——App 代码扫描专题、代码注释规范专题、冗余代码专题、圈复杂度分析专题等，充分利用多种扫描工具，配合人工核实问题有效性，聚焦清理一类问题，因此开发人员解决问题的速度很快，让团队也很有成就感。

3.2.5　桌面评审

开发人员完成编码和调试后，如果马上部署测试环境开始进行端到端的验收，那么就进入高成本的测试活动。当测试人员发现了可能的缺陷，找开发人员进行确认时，开发人员可能已经在开发另一个需求了，必然产生更多的任务切换和沟通的成本。

如果开发人员完成编码和调试后进入桌面评审活动，比要求开发人员承诺"自测"的方式更有利于提高开发质量。有些公司也称之为 Showcase。该活动只需要在开发人员的本地环境验证（测试数据由开发人员自行准备），组织特性团队和干系人的集体会议，由技术人员进行功能演示。通常在演示中会执行验收测试用例。如果验收测试用例不通过，则可以返回让开发人员进行修复，未来再安排新一轮桌面评审。如果验收测试没有发现严重问题，可以进入系统测试阶段。

这个质量评审活动体现了敏捷宣言的核心实践：**个体的交互及合作比固定流程更重要**。

基于本人的实际感受，因为桌面评审形式公开直接，开发人员会进行充分的测试准备和确认。参与桌面评审的人员如果原本不太熟悉业务细节，通过参与验收展示的全流程，会对业务交互逻辑有非常深入的理解。

3.2.6　持续测试建设

持续测试（Continuous Test，CT），也有公司称为每日测试（Daily Test），就是每天都有新版本生成并完成相应的测试活动，绝大部分测试都是自动化测试，但是也可以推送新生成的安装包到成员的终端上进行人工内部探索测试（dogfood）。尽可能在当天就发现是否有基本功能被新代码破坏掉，以缩短解决问题的闭环，并让大团队对新代码提交保持信心，这样的实践契合“频繁测试”“集体对质量负责”的敏捷原则。

为了保障持续测试顺利进行，团队首先要确保持续构建的成功率，必要时督促开发人员立刻处理，建立对健康构建的重视态度比完善工具更重要。

测试人员还需要关注项目的构建效率，通常应控制在 10min 以内。在实践中发现，导致构建耗时太长的原因经常来自于测试，比如包含了远程服务（如数据库）。

持续测试实践的成效是，在后期的系统测试阶段中发现的问题数量大幅下降了。没错，在测试左移中，系统测试中发现的缺陷占比越少，越有可能是件好事。

测试人员除了可以参与验收标准和验收用例的评审外，还可以在开发人员完成单个需求（用户故事）自测后，马上开始针对性的验收测试（如果产品经理能先行做用户验收测试则更佳），快速反馈单个需求的质量情况（最好当天完成），降低迭代版本测试或系统测试的风险。反馈周期越短，开发人员修复的效率越高，而传统的等待版本提测模式会拉长开发人员的等待时间，加大切换任务的注意力耗费。

持续测试中的自动化测试是分层进行的，因为不同层次的自动化测试耗费的时间不同，修复成本不同。参考 Ham Vocke 的测试金字塔理论，自动化测试可以分为下面几个主要层次。

1）单元测试。3.2.2 节已有介绍，这里不再赘述。

2）集成测试。在很多公司，集成测试被称为联调测试，通常由开发人员负责，但是测试人员也可以共同建设。

集成测试可以分为狭义集成测试和广义集成测试。狭义集成测试聚焦于被测对象的服务边界，触发本对象和外部（另一个服务，如数据库或文件系统）的集成动作。而广义集成测试则是通过网络和外部服务进行集成，但是速度更慢，测试更脆弱。依托测试环境稳定的基础设施服务，集成测试通常按照从小到大的顺序联调，逐步提高服务的可用性。

从敏捷角度理解，联调意味着跨特性团队的协作，虽然难以避免，但属于成本的浪费，应该尽可能降低联调的投入和时间。如果参与联调的各方都有非常清晰、完备的接口定义，充分考虑了可能的错误场景，那么联调就可以在最短时间完成，甚至借助事先做好的自动化用例自动完成。

因此，在微服务产品中，契约测试（作为一种特殊的集成测试）流行开来，所有微服务的接口测试都根据定义好的接口契约，设计完整、稳定的测试用例套件，确保数据的生产者模块和消费者模块遵循契约。基于该套件的每天持续测试把关，研发团队便向自治团队迈出了一大步。

3）UI 测试 / 端到端测试。注意，UI 测试是端到端测试的一部分，即在交互界面上验证结果。端到端测试还有不少其他层面的验收标准，比如没有界面的功能、系统性能、安全性检查、日志正确性、交付规范的文档等。对于微服务架构的产品，需要有人面向整个系统、跨越多个服务来编写端到端测试用例。

这些自动化测试层次使用的测试框架各不相同，但持续集成平台都可以纳入，并行执行，根据团队的效能度量要求进行任务配置和结果治理。哪怕是不完美的自动化测试，只要能够频繁执行，也比很少执行的完美测试更有价值。

而前文提到的验收测试，与测试金字塔的各个层次是正交的，你可以依托单元测试来验收，也可以从接口验收，当然也可以在UI层验收。

如果一个功能验收可以同时在低层次和高层次自动化实现，那就应该保留低层次测试用例，而放弃高层次测试用例，以减少用例重复。但是，如果高层次的用例能够提高我们对于产品发布的信心，那就应该保留它。这也是我认为单元测试及集成测试不太可能完全替代端到端测试的原因。

3.3　右看发布阶段

完成端到端测试（也可以称为系统测试）阶段后，进入灰度发布或正式发布阶段。测试人员除了采集和分析缺陷外（具体会在第8章详细介绍），也需要抽出一定精力，持续进行高价值的质量保障活动，包括：

1）参与或组织可用性测试。

2）关注持续部署和发布。

3）压力演习与混沌工程。

4）服务质量监控。

5）用户行为埋点与用例优化。

与其全身而退（立刻投入下一个新版本的测试准备），不如花一些精力对当前发布版本多做一些高价值的质量活动，获得宝贵技能，再通过问题反思不足，验证测试策略的有效性，以便在下一个发布周期做得更好。

3.3.1　参与或组织可用性测试

可用性测试，是指让一群有代表性的用户对待发布产品做典型的操作，产品经理或观察人员在一旁观察、聆听、记录，得出改进结论。

可用性测试来源于人因工程（Human Factor），又称工效学，是一门涉及多个领域的学科，包括心理学、人体健康、环境医学、工程学、工业设计等。ISO将可用性（Usability）定义为特定使用情景下，软件产品能够吸引用户并被用户理解、学习、使用的能力。

可用性测试在团队中通常由交互设计/用户调研组来组织，也可以由产品经理来组织，项目成员可以参与观察，测试人员亦可以从中获得意料之外的收获，学习真实用户是如何使用和认知产品的。

通常的可用性测试方法是找5～6个典型用户，花费30～50min，自由使用5～8个基本功能点。组织者会给一定的使用目的（不会很详细），但不会给具体的操作要求，激发用户自行使用。因此，用户其实并不是在刻意做测试。

在该过程中，观察者除了利用专业设备（如眼动仪）记录用户视线和行动步骤之外，还要查看使用过程中的交互步骤和视觉路线是否合理，离开主界面和主流程的时间是否异常，并搜集用户的优化建议。参考用户体验的模型，分析可用性有5个递进层次：能用、有用、易用、好用、爱用。

基于同样的思路，我们可以定制产品可用性调查问卷，特别适合参与灰度体验或者众包体验的用户来填写，问卷的核心是获取下面4个评价。

- **高参与**：能否完成既定目标，如工作需求，或满足娱乐需求。
- **低门槛**：学习曲线是否足够低，在多短时间内能掌握新功能。
- **高效率**：操作流程是否足够短，完成任务耗时是否足够短，导航是否快捷。
- **强稳定**：用户感受有安稳感，甚至满足感，下次使用产品时无须记忆，手到擒来。

完成可用性测试后，测试人员可以反思一下目前的测试策略、覆盖场景、验收条件是否已关注到用户容易不爽的地方，有什么改善的空间。

3.3.2 关注持续部署和发布

关于持续部署和发布，本节主要从3个方面展开介绍。

关注持续部署

DevOps时代的部署应该是持续进行的，这个过程高度自动化，为了做到这一点，配置部署的流水线需要能够快速反馈部署的问题，去除手动配置的成本和风险。我们可以在日常环境、预发环境和生产环境分别部署流水线，也就可以把相应的测试检查内容纳入部署流水线门禁中，真正做到测试右看。

为了提高部署的成功率，也就是提高交付效率，我们应该维护一个单一源的仓库，把测试脚本、属性文件、数据库概要、安装文件和第三方库放置在一起，即所有用来构建产品的东西都放到版本控制系统里，一旦其中某个对象发生变更，那么依赖它的所有对象都需要被重新构建。为了缩短部署和发布的耗时，测试人员可以关注应用的瘦身大小，把它作为专项改进目标。

灰度发布的测试活动

灰度发布就是导入一定比例的真实用户，由研发和产品团队观察用户使用的效果，如果没有异常再进行更大范围的灰度或者全量发布。灰度发布也可以只是获得关于新试验功能的结论（用户是否喜欢）。灰度发布可以在大规模推向用户之前，尽可能地发现并修正严重问题，同时降低发布压力，避免产品团队闭门造车，用低风险收集用户使用的反馈。

在灰度发布阶段，测试人员可以做哪些事？

首先，要明确自己在灰度发布阶段的测试（观测）目标。是观察性能问题、新版本体验问题，还是新旧功能的指标对比？注意关注已发布的机器是否有流量进来，避免表面上启动成功，实际上服务并没有生效的情况。

其次，参与灰度用户的选择策略，与产品经理及开发人员沟通灰度策略对于测试目标是否有代表性和准确性。比如：是否覆盖了重要的终端类型，是否覆盖了指定的角色特征，是否能针对特定场景采集测试结果。

最后，输出灰度测试报告，明确灰度测试发现的问题及严重性，给产品经理一定的改进意见，判断是否达到全量发布的质量标准，或者明确给出灰度“实验”的观测结论。

注意，如果针对灰度版本发起众包测试（第11章介绍），在搜集灰度反馈方面会有很高的效益。

主干开发和主干发布

参考硅谷 Meta 等大公司的经验，高度敏捷的研发团队应该追求单主干开发，其好处是巨大的，可以尽可能降低分支开发带来的版本冲突，以及长生命分支合入主干带来的高评审成本。但是想要实施单主干开发及发布，团队的各项质量及效率实践需要足够成熟，如可靠的持续构建门禁和代码审查门禁、TDD 的良好习惯、高度的自动化测试覆盖率、每次提高变更的颗粒度足够小，以及未实现功能可以用开关统一控制。

当团队在单主干上进行日常开发和发布时，质量负责人可以联合团队确立合并代码的质量要求，包括前置要求（满足什么测试结果才能合入主干）和后置要求（合入代码后应该立刻启动保障型测试，确保红线标准不被破坏，一旦被破坏需要采用相应优先级的处理手段）。

此外，如果大量工程师在单主干提交了大量代码，那么逻辑如此复杂的产品在运行中可能会产生很多不稳定的测试结果，我们称之为 Flaky Test。这类问题会降低团队持续交付的信心，而且小团队对此类问题的解决手段非常有限。开发和测试团队需要逐步建立治理 Flaky Test 的方案，包括消除各种外部依赖和用例依赖关系，做好并发处理和异步等待，尽可能减少随机行为，最后对本轮测试产生的 Flaky Test 进行标记并隔离处理。

3.3.3 压力演习与混沌工程

对于复杂逻辑链条和海量用户的互联网业务，不论日常花多少精力做接口测试和性能测试，都不能保证真实用户场景的充分覆盖。尤其是分布式系统，一旦遇到大量用户的集中访问和各种操作，经常会暴露意想不到的问题，甚至会形成雪崩效应，造成核心服务瘫痪。因此，仅有敬畏之心是不够的。

测试团队作为质量保障的核心角色，可以和业务负责人及开发团队一起实施压力演习（或称现网演练），即针对特定的海量用户使用场景，在预发布环境实施，尽可能模拟真实活动的全过程，测试所处的环境数据库及配置，使用和线上一致的备份。施加压力的大小、时间、被压接口、变化过程，都是事先设计好的压测模型脚本，同时对复杂的后端服务链条做全链路监控。

压测前要做好充分准备，尽可能不影响真实的线上用户；压测后对性能数据问题做复盘分析，找到性能瓶颈，给出改进措施，优化下一次演练的方案。

为了避免压测产生的脏数据对真实用户的数据库产生影响，被测系统在保持线上环境的一致性的前提下，需要具备精准识别测试流量的能力（比如，依赖整个压测链路的流量标签），把产生的测试脏数据隔离保存到特定数据库里。

在压力演习中，有一类特殊的工程实践就是混沌工程，它已经成为独立的技术学科，最早源于奈飞公司的“混沌猴子”实践。混沌工程是一种生成新信息的实践，包括常见的故障注入手法。例如，引入特定的某类故障，针对被测系统的某个位置引入超时、错误响应、链路不可用等错误状态，在一段时间内观察系统如何处理，能否自动恢复，花费多长时间恢复，以及是否产生链式灾难反应。混沌工程也可以引入激增的流量、特殊的组合消息、激烈的资源竞争等。

实践混沌工程的推荐时机是 MTTR（故障平均恢复时长）越来越长，故障根因不明的情况逐渐增多。正式实施前要和相关团队人员做好预告说明，明确实施动作和时长，给出相应的应对指南，将生产环境中受影响的范围控制到最小，按照现实世界中影响系统的事件发生概率来运行混沌实验。整个过程应该尽量自动化执行，具备可快速终止实验的能力以及实时观测各项指标的能力，能判断系统在混沌实验结束后是否回归稳定状态。

利用混沌工程主动制造“非稳态”，观察系统在压力下的行为，我们通常能发现一系列系统脆弱性问题。通过探索产生的影响，团队将逐步建立被测系统能够应对生产环境动荡状态的信心。我们鼓励测试人员和开发人员联合进行混沌工程实践，共同获得新的知识。

3.3.4 服务质量监控

对于在线技术服务而言，任何一个时刻发生的严重问题都有可能引发用户的投诉，甚至成为影响公司品牌和收入的严重事故。与其被动地在线上质量事故突然发生后“灭火”和检讨，不如主动建立线上服务质量监控网，在第一时间觉察出质量风险并采取行动。

测试人员参与这类线上监控技术建设是有自身优势的。开发人员和运维人员更多是从应用接口、网络系统资源的层面进行底层监控，而测试人员可以利用已有的自动化脚本进行用户基础场景拨测，定时进行。

测试人员在进行质量监控时遇到的主要困惑，就是不清楚如何明确监控指标。监控指标不是越细越好，而是要能快速锁定突发问题出现在什么地方，还能通过指标大盘全面了解业务的健康程度，因此指标大盘一定要简洁直观，聚焦核心。

那么，阻碍服务监控产生预期效果的原因有哪些呢？除了本身技术能力不足，还有下列情况值得集体停下来改进：

- ❑ 破窗效应。监控出了问题没人关注，没有严格的响应处理机制。

- 告警海洋。告警频繁，数量大，重复，不及时，急需精简。告警监控指标太多，导致监控界面复杂。界面美观、可视化对于长期运营非常重要。
- 告警没有分级，也导致员工不清楚响应告警的时效纪律要求。
- 误报严重。如何降低告警的数量，是各大公司的共同痛点。大部分告警数量来自某些告警的持续性产生，因此我们是可以聚焦其相似性合并告警的。而基于 AI 的告警处理手段也是热门技术趋势。
- 定位问题根因的工具效率低，步骤多，准确性不足，严重拖长了 MTTR。
- 服务质量监控系统和研发管理系统没有打通，没有形成线上缺陷单的一键跟进，不便于研发质量分析。

一旦研发团队发现了线上服务异常问题并处理妥当后，大家就可以一起进行复盘分析，思考故障恢复时间能否缩短，技术架构是否有不合理之处，能否完善监控看板的视图，能否强化日志定位工具的效率等。测试人员还可以从右看中获得有价值的输入，把获得的负面案例转化成性能场景用例或者接口测试用例，让未来的版本测试更完善。

3.3.5　用户行为埋点与用例优化

测试用例的设计、自动化和执行占据了测试团队的巨大精力。如果从用户体验角度出发，这些用例对用户真实使用场景的代表性有多高？排除掉一些难以承担风险的“质量红线”用例，普通用例的执行优先级该怎么确定？

引入触达用例场景的“用户渗透率”作为挑选用例的权重，是很自然的思路。

例如：根据每一个交付价值的能力（场景），我们可以进行场景埋点，上线后统计用户使用该功能的渗透率，用深色表示高渗透率功能，用浅色表示低渗透率功能，这样就生成了测试策略的优先级提示，在有限的精力下，就可以多挖掘高用户渗透的核心能力相关测试用例，如图 3-9 所示（以 Wi-Fi 管家产品为例）。

20% 统计点总数
20% 统计点总数
20% 统计点总数
40% 统计点总数

统计点渗透率排名

	快	可靠	易用	美观
Wi-Fi 识别	快速识别出免费 Wi-Fi	正确识别出符合条件的免费 Wi-Fi	一键识别	识别后在列表中明显展示
新闻资讯	联网后进入发现页面可看见资讯	NA	上滑下拉操作方便	资讯图片、文章展示正常
软件推荐	联网后打开主页可看到软件推荐条	NA	直接单击按钮下载	每一屏软件推荐条显示都不同
运营中心	联网后显示相应运营内容	NA	NA	NA
POI	用户提交 POI 信息，后台数据立即显示到 Wi-Fi 连接页	符合条件 Wi-Fi 的 POI 显示正确	签到流程操作方便、易懂	签到按钮在 Wi-Fi 连接页显示正常

图 3-9　用户渗透率热力图（Wi-Fi 管家产品）

我们在实验室难以重现的缺陷（包括性能问题），也是需要通过服务后台针对用户的监控，捕获同类缺陷的操作场景上下文、输入日志和性能数据，辅以直接与用户电话沟通，才有更多的机会重现问题，改善产品体验。

但需要指出的是，这对用户行为数据监控上报的方法也会带来不小的风险：

- 因为泄露用户隐私（电话、位置等）而违反隐私合规政策。
- 因为上报方案不合理导致流量异常增大，或者频繁上报导致耗电异常，可能会引发用户投诉或严重线上事故。

对应的优化技巧列举如下。

- 隐私合规：告知用户相关数据采集的必要性，让用户自主选择。
- 隐私数据加密。
- 流量控制，合并上报字段，压缩上报资源，设置为在 Wi-Fi 环境上传，延迟打包上报。
- 后台可以对是否上报、上报哪些做配置开关。
- 产品内嵌的上报 SDK 要提高质量，确保 SDK 的体积、响应性能、内存 /CPU 等对产品性能影响极低。

3.4 本章小结

测试左移的本质是，既然越早进行质量内建活动，得到的收益越多，就把技术人员的一部分精力放在更早期的环节进行质量推动和把关，这样总的质量保障收益是更高的。

测试右看的本质是，既然验证发布效果是持续改进的动力，就在系统测试结束后，持续投入一定的精力，观察用户对质量的期待是否与认知相符，从而在未来的研发周期果断采取改进行动。

本章分别介绍了在需求、开发、发布阶段中，测试人员可以做哪些“左移后看”的具体敏捷实践。在需求阶段，测试人员要理解需求背景和目标价值，研究用户画像，梳理用户故事场景。如果能够在需求评审时给出验收测试点，并完善需求质量评审检查清单，就能够让开发人员在写代码前清楚“考点”，提高自测质量。在开发阶段，测试人员可以参与开发设计评审、TTD、代码评审、桌面评审和持续测试建设，落实代码规范，同时也能通过与开发人员合作获得软件内部的知识，及早揭示可疑之处。在部署和发布阶段，测试人员并不是早早转向下一个迭代工作，而是细心观察产品的可用性，监控关键服务质量和负面舆情，关注发布质量目标是否达成，及时干预品质口碑的风险，甚至可以根据用户行为数据对冗余用例集做优化。

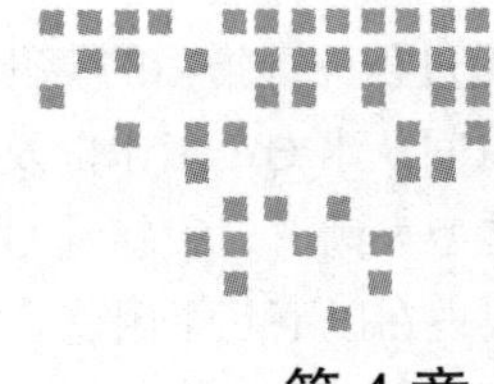

第 4 章 Chapter 4

敏捷研发的度量

研发的度量，不应该基于绩效处罚，阻碍创新，而是应该帮助团队自我改进，这需要各个关键角色的自发推动和积极支持。本章会从传统度量的局限性开始剖析，重点阐述如何基于敏捷设计度量指标，让质量管理者的工作更加适应敏捷研发，并借助敏捷度量体系高效推动团队的健康运作。

4.1 传统质量度量与敏捷质量度量

在传统技术行业，质量管理是一个专业的独立角色，它代表管理层，起到了重要的过程量化和纪律督促作用。但是在敏捷研发时代，专职的质量管理人员经常走到了研发效能的对立面，尽管做得很辛苦，但频频被吐槽，缺乏成就感。

一线质量管理者，在很多公司简称为 QA（质量保障工程师），很多企业把测试工程师也统一称为 QA，本书中的 QA 特指不进行测试技术实施的质量管理人员。质量管理和测试技术工程师本质上都属于质量角色，甚至可能来自同一个团队。

4.1.1 从 QA 的郁闷说起

在研发规模比较庞大的组织中，专职 QA 通常承担了下列重要工作内容：

- ❑ 向技术高管汇报当期主要质量风险、质量数据趋势、质量改进措施的进展。
- ❑ 针对线上事故组织回溯，落实整改措施。宣导事故定级或纪律审计措施，公布奖惩结果。
- ❑ 年度质量规划，确认质量改进专题和落地到业务的责任人，确认考核指标，组织相应主题培训或部门宣导。

- 推动质量过程关键指标的量化和定期晾晒，对告警数据进行提醒。

我曾经长时间从事 QA 工作以及 QA 组的组建，也和行业中各知名公司的 QA 有过深入交流。在敏捷转型大潮下，我感觉 QA 的职业发展道路是容易迷失的，从业者普遍缺乏价值成就感。具体表现在以下几个困惑。

QA 到底向谁负责

QA 应该对技术高管负责，还是对一线团队负责？

很多情况下，QA 被高管招聘进来的初衷是通过研发效率和质量数据的分析，及时暴露一线团队的风险短板，找到可以立即改进的切入点，同时能够建立上行下效的质量规范，定期自省。

但是，QA 的日常工作模式是与一线成员沟通，甚至深入团队的关键会议中，分析问题案例并向上汇报。

一线团队出于本能是不希望暴露失误被高管批评的。而 QA 因人力非常有限（不承担具体技术实现工作，团队预算通常很少），不能紧跟一线项目，不太可能提前给出具体的预警建议，帮助团队尽早规避风险。与此同时，QA 因为要提取考核数据和保障汇报材料的准确性，还会让一线团队投入一定的人力支持。时间一长，一线团队对 QA 的负面看法就会愈发明显，他们不能从支持工作中受益，还容易被高管批评（有时甚至会背锅），因此对 QA 的支持和评价就会逐步走低。

另一个维度，如果 QA 把主要精力投入到团队协同支援上，重视团队感受，那在高管眼里，可能就形成“质量规划和呈现能力不足”“不能暴露尖锐问题”的看法。

QA 的推动成果（指标体系、流程规范），是促进了敏捷，还是阻碍了敏捷

QA 的各项推动成果最终会通过监控指标体系、规范流程梳理、内部审计等方式固化下来，所谓“没有规矩，不能成方圆”。成果越宏大，度量管理成本越高。团队会因此产生什么变化？是真正降低了运营风险，还是研发氛围更保守，交付更低速了？

很多时候，员工评价是后者，运营事故还是会不断发生，但是团队为了质量规范达标，投入了相当多的“额外精力”。

我经历过这样一个敏捷项目转型案例，某研发团队自发启动敏捷变革（包含专业的 DevOps 平台建设），高管提出 QA 能加入协助，于是 QA 组就主导输出了一系列效能度量标准要求（非常庞大的指标体系，超过 50 项度量要求），强力推动该研发团队去落实。这本身就违反了敏捷原则，敏捷转型应该是团队自组织的，内驱改进现有问题，让交付更顺畅，而不是为了向高管汇报庞杂的标准化成果。这种规则强加式的安排，很容易引发研发团队的反感，最终影响转型目标的达成。

QA 的工作，是否可以由自动化平台替代

强调技术驱动的团队，希望所有的过程质量和可预警的风险都能够通过工具平台自动化呈现和推动，这样效率确实是很高的。但是 QA 策划和汇报的质量体系的各个要素，不一

定都能自动化获取，原因是有些要素需要主观综合判断，也有些要素需要人工录入元数据，为了达成向上汇报的要求，研发人员需要投入相当的人员精力，以满足质量分析的“准确”。

在这个越来越强调自动化质量治理的时代，QA 对自身职业发展也产生了担忧。研发人员自主完善质量监控自动化，显然是更高效的，不需要咨询所谓“质量督导”角色。除非，QA 有非常深厚的软件工程量化能力。

QA 经常成为流程中尴尬的二传手角色

团队很容易默认 QA 是规范流程的协调制定者和守护者，所以一旦引入了新的流程，就习惯把 QA 纳入流程把关环节。QA 莫名其妙成为流程中的审批者，却起不了特别作用。

实际上，QA 人数通常非常少，不可能深入到每个项目的研发测试过程中，不具备对具体需求的质量风险判断力。强行放入一个把关角色反而会成为流程的瓶颈，导致拖沓。

优秀 QA 应该能制定出充分防范风险，同时让成本尽量低（简洁）的共识流程，并且自己要能脱离其中，参与到下一类急需改进的任务中。

4.1.2　传统质量观与敏捷质量观

在敏捷研发时代，QA 会有这么多的郁闷和自我怀疑，本质上还是因为质量组织和质量观发生了显著的变化。

传统行业的质量管理源自 20 世纪初的**泰勒科学管理理论**，当年这是提高生产效率的有效手段。它强调管理者事先做好计划，建立明确的量化的工作规范，开创了精细化管理的先河。传统行业会把质量控制作为一个独立于业务生产的关键部门，它和生产及销售同等重要，质量部门把计划和执行分离，对执行动作不规范的部门及人员进行偏惩罚性的纠正，因此质量人员普遍让人感觉缺乏建设性，“和生产人员不是一伙的”。

与之对应，敏捷研发的质量观推崇的是精益生产的质量管理模式，借鉴丰田公司的 **TPS（丰田生产制度）**精髓，其本质是没有单独的质量组织，**整个组织就是质量组织**。每个人都要为整个生产线负责，一旦发生问题就要“**拉绳**”把流水线停下来，检查质量问题，立即改进。软件持续交付流水线就是参考这种模式。

严格管控规范的传统质量管理，对比敏捷精益的质量管理模式，体现在软件研发的质量文化上，会有什么鲜明的不同呢？

强调规范文档与弱化文档

传统 QA 管控团队的撒手锏就是一切用书面记录下来，强调规范化，带来的文档处理成本很高。而敏捷质量模式则是重沟通、轻文档。文档也可以是辅助交流的生动工具，但不会使用过于死板的形式。团队内部写文档更多是为了知识沉淀，在测试方面确保理解场景即可。只有要交付外部客户时才会对文档做规范处理。

严格约束角色的权限与高度信任的管理

因为质量管控的权力大，“以质量和安全为名”会给日常操作流程的成本层层加码，却没有人大胆做质量控制的减法。所以传统研发公司就会呈现出“缺乏信任”的氛围，很多并非那么保密的资料却要申请权限，对合作方员工防范严格，进一步造成协同办公的高成本，但少有人公开质疑这点。

敏捷团队应该拥有高度信任的氛围，设置规范的主要目的不是“限制权限”，而是鼓励明智地授权，让集体交付价值最大化，避免短期冲动冲破健康运营的“护栏”。

各司其职与 One Team

传统的软件度量，因为是建立在“准确追责”的基础上，很容易导致各个角色只关注自己的分内之事，害怕被高管关注到“短板”。个体的聚焦反而暴露了团队缺乏互相补位的不足。遗漏到线上的事故，往往不是需求测试不充分，而是跨子领域的协同场景缺乏看护。

敏捷推崇的自组织形式就是 One Team，这并不是要求人人都是全栈高手，而是指每个人不但擅长自己的专业领域，而且能在关键时刻互相补位提醒风险。One Team 会带给成员更好的安全感，也会让团队成员更有勇气探索尝试。

红黑榜扣分与团队集体负责制

传统质量管控因为要强调令行禁止的纪律，会习惯性地建立惩罚型度量机制，比如红黑榜，出现一次跟进不及时，则扣除绩效分，多了会影响奖金回报。这种比较压抑的氛围在崇尚自主风格的新生代员工中不能起到提高效率的作用，反而会导致优秀人才的批量流失。

敏捷的 One Team 追求集体共担质量风险，形成内部公认的“纪律”。就算需要提醒负面现象，通常也是通过有趣的方式去“惩罚”，如站会迟到的处罚：俯卧撑、买下午茶、表演舞蹈等。

在回报激励上，One Team 首先是看一线团队的整体交付价值大小来分配利益的，辅以成员间和客户的认可度评价，而对内部单一岗位的产出指标度量并不是给回报排序的决定因素。

威权管理者与仆从管理者

在传统质量管控的导向下，研发团队的经理会被强化威权，成为研发人员的“法官”。领导提出了技术意见或者不太合理的评价，员工通常不太敢反驳。这种氛围会导致研发风险被滞后发现，员工也不敢提出对现状的大胆变革，因为没有人保证发起变革就一定会有正向数据，甚至度量变革的指标还会在一段时间内明显下降。

曾有一个部门负责人对我说，“你看，部门有几百号人，如果我不能让大家聚焦在最核心目标的达成率上，那对公司而言是多大的资源浪费啊！”而我的回应则是，对于这么庞大的团队，如果以领导的意志为指挥棒，以死板的年初考核指标为准绳，那领导个人决策能力就会成为团队发展的瓶颈，这才会形成真正的浪费。人才因为不敢认领新的挑战而让自己的才能被埋没，从而大规模离职。

敏捷研发时代，谁能保证年初定的目标和考核指标到了年底还是最合理的？这本身就是违反敏捷价值观的做法。

敏捷价值观强调的是领导要么成为明智的干系人，在团队之外提供资源和建议，但领导的意见仅供团队参考，团队应该自主运作；要么成为团队的“**仆从领导**”，关心团队当前运作的主要困难，并第一时间寻求解决之道，为员工排忧解难。

质量至上与有损发布

在质量至上的“理所应当”之下，可能会掩盖研发行为的低效短板，容忍自动化技术停滞不前。比如，有一个 VIP 客户向手机测试领导反馈了一个第三方游戏的机型适配问题，后面制定的改进措施是人工测试员增加三倍，并覆盖五倍于目前适配测试覆盖的第三方游戏数量，以降低客户投诉率。这就是典型的不计成本的“提升质量”。平均每款游戏的测试力度是下降了，总成本支出却大涨了，这样真的能给公司带来质量团队的价值吗？显然不会，顾客不会为了手机适配测试买单，当市场经营形势不利时甚至可能带来“测试大裁员”。

总之，提升质量却不考虑成本，就是在“耍流氓”。我们首先需要看看哪些质量提升活动是值得投资的。

那“有损发布”又是什么概念？

既然敏捷研发的目的是尽快交付用户价值，我们就不能保证所有缺陷都消灭掉才能发布，团队应该集体决策，在发布时间（价值变现时刻）和品质满意度上取得平衡。

很多产品都会确立发布质量标准及衡量指标，但是这些标准不一定是基于用户价值视角的，而是依赖一定的专家经验。针对不同的产品发展阶段、不同的需求优先级，我们其实可以探索灵活的标准，在局部场景降低测试力度，或者允许产品带有一部分缺陷上线。如图 4-1 所示，比如创新型产品，我们允许其带有更多的非核心体验上线，试探市场的反应，迅速确定发力方向。

	追求完美体验	追求稳定节奏
运营阶段	**口碑型** 特点： 1）有历史版本的运营压力 2）暂时还不能有效拉动其他业务 3）优先追求完美的用户体验 典型业务： 手机Qzone、社区	**平台型** 特点： 1）有历史版本的运营压力 2）能够有效拉动其他业务 3）优先追求稳定的发布节奏 典型业务： 手机QQ、手机腾讯网
成长阶段	**创新型** 特点： 1）没有历史版本的运营压力 2）没有强烈的同业竞争压力 3）优先追求完美的用户体验 典型业务： 休闲游戏、同步助手等	**竞争型** 特点： 1）没有历史版本的运营压力 2）有强烈的同业竞争压力 3）优先追求稳定的发布节奏 典型业务： 手机QQ浏览器、手机微博

图 4-1　产品特征四象限

如果核心产品到了关键发布期之前仍然遗留了较多的缺陷，那么我们应该集中力量处理必须修复的关键缺陷，这部分的质量标准不应降低。但是非关键缺陷在后期可以只记录不处理，以免在验证不充分的情形下引入更危险的新缺陷。

另外，我们也可以从不同产品的业务特征来看有损发布，例如：

- **UGC 类产品**，对性能要求高，但是对准确性要求不高，发布质量的重点在于展示快，但是画面显示内容可以有一些问题（有损）。
- **电子商务产品**，对页面响应性能要求也高，最终交易结果要让顾客满意，但是处理中间过程可以有一定的等待时间（有损）。
- **金融产品**，处理响应速度可以稍慢（有损），但是展示的金额数据要与预期绝对一致，不能有差错。

4.1.3 度量作弊背后的经济学

我们继续聊聊为什么看着挺好的度量指标，在实际考核工程师绩效时常常起了负面效果？

从本能上，工程师会遵循经济学的规律。**没有任何一个单一简单的指标经得起各种推敲**，聪明的工程师一定有办法把它变成"**虚荣指标**"——看着很好看，但是没有起到促进效益的作用。尤其当我们把度量指标和绩效挂钩时，它很容易被人扭曲成让人误导的解释，以便获得更多的利益。

下面是我经历过的几个因质量度量引发负面效果的例子。

考核测试工程师的缺陷定级准确性

某大型公司会严格考核工程师提交缺陷的级别准确性，背景是不同的缺陷级别的处理优先级不同，有限的开发人力只能在发布日之前保证处理一部分高级别缺陷。因此 QA 会对执行测试的初级工程师进行定级标准培训，并对其结果加以考核。如何判断定级是否准确呢？以开发人员在修复缺陷时的判断为主。

这个场景存在的问题是，虽然定级有指导模型，但是不同权重因素的交织（如影响用户范围、频率、营销里程碑，重复发生的情况，领导关注，品牌和安全等），使得总有部分缺陷的严重程度是无法达成共识的。从测试人员的角度（希望缺陷被修复）来看，希望采纳更高的定级规则；而从疲于修复缺陷的开发人员的角度来看，利用各种不可能被事先约定的理由来降低缺陷级别就成了更佳选择，尤其是有些缺陷不容易重现，开发人员就更有动力阻止缺陷的升级。

此外，如果定级被认为不准，会影响绩效，那么测试人员在看到一个疑似缺陷或难以复现的缺陷时，他会不会选择不提交数据库呢？当然是可能的，因为很难有确凿证据证明这是个明白无误的缺陷。更有甚者，开发人员会单方面解释这是"用户的误解"，产品就是这么设计的，解释一下就好了。定级准确率度量会进一步阻止测试人员据理力争和澄清到底的意愿。

度量各模块导致的事故数量和级别，并进行处罚

如果我们对一年来所有的线上事故进行盘点，按照引入故障的根因模块进行排序，会发现越是关键的中枢模块，排序越靠前。也就是说，如果按照事故引入数量和级别来处罚，那么越是公司的核心架构师，被处罚得越狠。

因为组织结构决定软件风险，核心的中枢模块往往会由最厉害的工程师来设计和维护，长此以往，只有他最精通这个超复杂模块的内部和关联模块的交互逻辑，也只有他能快速解决问题（当然这种状态对组织来说并不健康）。复杂业务逻辑链条和涉及大量模块调用的产品出故障的概率最高。因此，以故障数量和级别来处罚这个资深员工，显然是不合理的。

测试用例的自动化率

这也是技术部门最常见的考核指标，度量所有用例中实现了自动化的比率，确认考核结果的方式就是看自动化平台的指标呈现。

作为初期的自动化建设牵引，这个指标是有一定正向价值的，但是随着团队越来越成熟，这个指标的价值就不一定正向了。

本书一直在强调，自动化不是灵丹妙药，不是越多越好，而是看自动化的目的是什么，执行和维护的成本有多高。

现有的用例中，如果很多是面向用户验收的场景，可能随着产品变更而变化很大，是不是都要做成自动化并长期维护（矫正）呢？另外，越涉及完整交互链条和视觉验证的业务，自动化成本越高。何况很多老用例的设计都已经过时了，价值很低但是数量庞大，如果纳入自动化目标将得不偿失。

工程师有多种方法对自动化平台的指标进行突击，比如强行硬编码，或者在快考核时再录制修改脚本，这些自动化并不能在研发过程中起到持续保障作用。

通过用例发现的缺陷数量（或用例缺陷密度）

从强化用例设计的有效性来说，这个指标从表面上看是有积极作用的。但是关注用例的缺陷密度，有可能阻止测试人员动态地探索需求的边界，通过用例数量限制了思路发挥，得不偿失。

有些公司使用这个指标，更多是为了节省测试人力，希望降低用例数量后，能以更少的人力发现数量尽量多的缺陷，但是这是一厢情愿的想法，因为用例和缺陷之间没有等比例的关联度。从逻辑而言，历史重灾区（破旧功能模块）遗留的缺陷更多，但这个指标是否导致测试人员聚集于此，而忽视了“非高危模块”的风险呢？

同理，度量开发人员的“代码量”以及“代码缺陷密度”也有类似的负面效应，因为对代码量进行“注水”太容易了。建议用交付的故事价值点数除以投入周期来决定开发的人均交付价值大小。

综上所述，依赖度量指标考核工程师绩效经常很不靠谱，建议仅将指标作为某个客观事实，供管理者参考。

那什么样的数据更适合用来作为绩效参考呢？基于敏捷理念，我觉得这些反馈更有价值：特性交付的整体效果、质量评价、特性团队的评价、直属经理与之共事的评价、专业能力建设等。绩效管理要考虑的内容很多，本书就不再展开了。

4.1.4 度量的误区

我们即使有机会为真正拥抱敏捷的研发团队进行质量度量，而且被度量的人员也没有作弊行为，那设计出来的度量指标就一定满足预期效果吗？显然不是的，度量指标设计并不容易，经常会踩入一系列误区。

误区一，认为度量没有成本。

实际上，度量是有成本的，而且成本可能相当高，分析如下。

- 设计度量指标和评审指标的成本。别忘了，度量涉及项目越广，参与评审互动的人就越多，成本也就越高。
- 准确人工填写或者自动化实现采集指标的成本。
- 被度量的团队规模可能很大，相关的培训宣导、检查、分析、汇报的成本可能会很高。

正因为被卷入的人很多，涉及各团队的职责考察，如果度量指标容易被误解，还会带来一系列解释和争论成本。

误区二，度量是 QA 部门的事，其他角色配合提供数据就好。

基于敏捷原则，质量度量不是专属 QA 的职责，而是项目全员的职责。

曾经有测试团队希望招聘一个专职的初级 QA，接手大量缺陷的具体分析，输出改进计划，这样测试人员就可以专心做测试任务了。本质上，这是违背质量内建要义的。产生该缺陷的开发人员以及发现该缺陷的测试人员，是最应该从缺陷剖析中受益的，感受也最深，而不是接受外部新手的事后分析观点。其他度量指标场景也是类似道理。

项目成员如果坚持认为度量动作与自己无关，必然导致质量改进的措施难以落地。

误区三，度量通常会关联处罚。

上节也提到，度量应该就事论事，提醒当事人深入分析，有则改之，不应该直接得出对人的批评结论。如果一说度量就联想到处罚，会让大家消极对待度量，并掩饰不良数据的后果。

误区四，既要传统的质量度量体系，也要实施敏捷度量。

传统的严格管控型度量体系会产生越来越多的考核指标，但是很多指标并不能鼓励敏捷提效。有些团队因为被传统度量考核的负担压制久了，失去了挖掘新的减负“指示器”的勇气。

既然我们决定轻装上阵，那应当暂时放下习以为常的指标，重新思考哪些指标真正能促进产品尽早、小批量地交付给用户。度量不是工作的目标，而是改进工作的参考指南。

4.2 基于敏捷的度量指标设计

4.1 节列举了传统度量的问题和对于度量的种种误解，在本节，我们将结合敏捷理念的深入理解，看看应该如何设计基于敏捷的度量指标体系。

4.2.1 敏捷度量的特质和分层

面向敏捷团队，度量工作要能真正被支持，推动大家往前跑，其体系应该具备这样一些特质。

公开性和简洁性：在公开的区域，用醒目的格式，让大家一眼就看清楚，字面意思能自解释，这样才能被所有成员关注。尽量减小记忆负担和实施成本。

有效性和可靠性：指标要有用，且在长时间内靠谱。当大家发现指标异常并采取行动时，如果有较大概率发现是误报，会打击大家关注这些指标的意愿。

优先全局指标：度量首先要聚焦在牵引全局成功的指标上。局部指标是当全局指标出现风险时，再进行拆解分析的。在项目整体视图中，要避免过多的局部指标数据干扰成员的判断。

谁度量，谁受益：为了让度量投入能健康持续地进行，参与贡献数据的角色一定要有明确的收益，比如通过度量能提升自己的能力，能挖掘出自己的盲区，有利于获得更好的认可。如果参与度量只是为了让 QA 完成汇报任务，甚至还会因为自己度量的数据被老板批评，这种体验是难以持续支撑度量效果的。

尽可能自动化度量：既然度量是长期持续的行为，且耗费成本，肯定应该尽量自动化进行。但是确实有一些关键指标的元数据不是自动产生的，此时可以依托众包平台或者问卷调研平台的录入数据，实现及时自动呈现。

趋势可能比数值更重要：很多指标的动态趋势可能比静态数值更应该引起重视，对此工程师不应该只停留在对数值大小的监控预警，而是应该关注一定时间周期内的趋势（突增突降，连续多次增或降）监控预警。比如每日新报告缺陷的趋势，每日完成故事点数的趋势（燃尽图）。趋势图也能反映哪个测试阶段被“卡”住了，急需采取紧急动作。

实验性：既然敏捷原则就是快速试错，不断改进。那么把度量指标认为是“权威”和“必备的考核目标”的看法，显然与敏捷原则背道而驰。即使团队对度量指标的价值和定义达成了共识，也需要在实践中观察是否合理或精准。可以考虑对指标进行一段时期灰度实验或者 AB 测试，挑选出更符合团队实际情况的改进指南指标。

以上是度量指标本身应该具有的特性，如果从整个度量指标的体系设计的内容分层来看，自上而下可以分为下面三个层次，围绕不同的层次和受众去呈现关键指标。

1）**面向商业组织层面的度量。**

组织，尤其高级管理者，关注的是经营的成功，因此度量整体效益（利润和成本）、规模增长速度、用户满意度和 NPS 指数这几类指标一定是最重要的，代表团队现在是否健康，未来是否有更多商业机会，是否受市场欢迎。

针对组织的度量比较敏感，会受到组织结构和利益角色的挑战，应当基于高层的支持，聚焦在市场客观反馈的北极星指标（唯一关键指标）。

2）**面向具体产品层面的度量。**

这个层面的度量是关注具体产品项目交付的效益和口碑，是否达成既定目标。比如需求交付周期、发布频率、项目成本、产品体验关键指标、线上缺陷、投诉率和解决率等。这个层面的度量指标需要产品人员和技术人员达成一致，共同关注，共同改进。

产品整体性度量指标最好能被进一步拆解，便于团队分模块识别可改进的抓手，同时避免遗漏。

对于不太熟悉的新产品或新价值领域，也可以先选取一个达成共识的单一重要指标，在深刻理解和应用之后，再不断扩展指标的覆盖范围或相关类型。

3）**面向研发能力层面的度量。**

这个层面的度量通常是实时呈现的研发质量及效率指标，可以立刻采取具体的改进行动。比如日构建次数、单元测试通过率、接口测试覆盖率、App 崩溃率、首页流畅度等。

4.2.2 软件生命周期中的敏捷指标

这些年来，很多公司言必称效能，但是大家对“效能”这个新词与“敏捷”这个老词的理解是含糊不清的，它们是同一个意思吗？

本人拙见，敏捷是原则、价值观和方法论指导框架，效能是衡量研发产出效益的客观数据结果。敏捷是内功，效能是表象。正确坚定地实践敏捷方法，应该逐步带来效能的明显提升；但反之则不然，效能指标提升，不一定代表我们采纳了正确的敏捷措施，需要进一步分析。

针对整个软件生命周期，我见过形形色色的度量指标 KPI，其中有不少是“伪敏捷”的，会让团队走向“虚假繁荣”，对于“短期成功”的原因一知半解。有些指标是需要组合分析才能识别风险究竟在哪里的。

本节不会给出整个生命周期推荐的完整指标清单，每个团队可以有自己的自主风格和不同成熟度阶段，但是我会结合个人心得，推荐一些追求敏捷的团队可以好好挖掘的指标。

需求分析阶段

基于第 3 章测试左移到需求阶段的知识，我们如何通过度量手段，保障高效的需求分析措施顺利落地？

完成需求评审后，推荐在研发管理平台录入以下度量指标，以便团队迭代回顾和改进。

- **需求评审的问题拦截数或拦截率**（需求评审阶段发现的问题，占整个研发周期发现问题的比重）：在需求研讨阶段发现的问题越多越好，这意味着大量的无效开发和测试会被节省下来，也标志着技术和产品的研讨是非常高效的。
- **需求验收测试用例数和覆盖率**：在需求评审阶段，如果团队对每个需求都明确了验收标准和合适数量的验收用例，就对驱动开发进行高质量的代码实践提供了保障（这个保障在团队中已达成共识），避免了开发目标跑偏，同时保障了交付的最基本质量。既然有验收测试用例，证明需求的可测性就不是问题。

- **需求平均大小（颗粒度）**：每个需求的平均大小（故事点）处于合适的值，按照经验，小批量需求的平均开发量为 2 ～ 3 人天，测试验证就会非常及时。
- **需求评审效率，即需求开发预估时长 / 需求评审时长**。注意，效率太高或太低都不是好事，都值得改进。如果太高，可能反映了需求评审会的讨论不充分，有悖于“磨刀不误砍柴工”的质量左移原则。如果太低，可能反映了需求逻辑没有经过事先的充分思考，需要先小范围交流和打磨，再进入团队集体评审，节约团队时间。相似的指标还有需求评审通过率，我们同样不追求需求评审要一次通过，而是更多地关注需求评审不通过的原因是不是缺乏可测性描述。
- **需求文档完整度**。我们可以在需求规格文档（PRD）的模板中加入“可测性分析”需要的关键技术信息（具体可以参考第 8 章），这样有利于开发和测试人员提高设计质量，尽可能减少后期返工和浪费。因此技术团队可以针对关键信息的缺失来给出 PRD 的“完整度”分数，常见的关键信息有需求背景，市场和竞品分析，业务目标 / 价值，业务流程图，需求功能清单和描述，性能 / 安全 / 数据要求，对外依赖关系，需求限制说明，等等。

注意，敏捷不追求重文档，对于大家都清楚的信息，即使 PRD 文档没有说明，也可以认为是完整的。

开发设计与编码阶段

开发团队的管理者理应重视工程实践中的质量和速度，尽可能降低工程师操作的烦琐程度，提高编码阶段和单元测试阶段的发现问题的效率，尽可能让工程师处于“心流”之中（即沉浸式研发）。那么如下的指标就凸显了其重要性。

- **开发中断时长和次数**：在整个开发周期，开发被迭代无关事项打扰的次数和时间。管理者或者教练应该尽可能让开发有持续的思考和编码时间，进入高效率的工作状态。
- **需求测试验收一次通过率**：有多少个需求开发提测后，是一次性通过测试的？这个比例越高，说明开发和测试互相流转缺陷状态和回归任务的消耗成本越低，也说明开发侧质量很靠谱。
- **单元测试代码覆盖率**：对于单测，应该追求核心代码的被覆盖率达到一定比例，新增和存量覆盖率可以有一定差别，比如增量代码覆盖率在 80% 以上，存量代码覆盖率在 50% 以上（仅供参考）。此外，持续测试中的单测通过率应该要求 90% 以上甚至 100%。
- **代码评审通过率**：默认提交主干的代码都需要通过代码评审，有明确的签署人，评审改进意见入库。代码评审的基础除了要求大家对业务有深刻理解，也需要大家对代码规范达成共识，这一方面 QA 可以做较多的推动培训和审计工作。

- **代码扫描阻塞（Block）问题数量及解决率**：针对有效的代码扫描问题（非误报），开发团队可以设置门禁规则，提高扫描出阻塞型问题的解决率，追求尽量短的处理时长，避免人员经常忽视，导致技术债越来越多。相似的指标还有代码扫描重要（Major）问题的数量及解决率。
- **代码圈复杂度和代码重复率**：这两项指标是比较简单、直接的可改进项，代码圈复杂度会带来可测性的极速下降，以及逻辑理解难度的快速增加，相对于代码缺陷密度更有指向性。代码缺陷密度和测试能力及业务结构都有密切关系，难以横向对比判断。代码重复率说明代码重构方面存在不足，可以借此进行简洁代码的改造。
- **崩溃（Crash）率和 ANR（Application Not Responding，应用响应超时）率**：挑选这两个质量指标作为开发改进的重点，原因是它们具有通用性（所有业务都不能容忍这个值过大），明示了代码质量的严重显性问题（用户的感知非常强烈），自动监控工具和分析定位工具也高度成熟。从经验上说，开发团队的基础素养可以在对崩溃率的修复态度上体现出来。
- **联调人力成本**：如第 3 章所述，如果接口定义和异常设计的水平高，联调的成本就会大幅下降。对于复杂的软件系统，调用链路的长度、跨域响应的数量、基础服务的稳定性、单个微服务的质量，都会影响联调的成本。因此，缩短该成本的努力，也是完善架构设计细节的过程，其回报也是值得的。

测试阶段

测试管理者首先要关注测试环境的可用性，方便、稳定、随时可以进入测试，其次要关注自动化框架的强大整合能力，对于手工测试的提效和复盘也不可或缺。敏捷测试需要的“测试左移”实践则是管理者应该修炼的方向。下面这些关键指标有利于测试管理者始终把控关注重心。

- **测试环境准备时长和测试环境恢复时长**：测试环境是阻碍测试效率提升的老大难问题，耗时多的地方有两个，一是环境准备时间通常很烦人，耗时占比惊人，二是环境不稳定，经常需要停下来重启或者寻找故障所在。如果这类度量数据总是不理想，技术团队就需要停下来进行专项治理了。高效能团队的环境的分配、准备和恢复都应该是高度自动化的，不需要使用者操心。
- **重复执行手工用例占比**：虽然我们并不追求测试自动化率越高越好，但是手工测试的“完全”重复执行是值得警惕的效能洼地。当我们识别出这一块用例集后，就需要思考自动化它们的成本是否值得，未来是否仍然会频繁地执行它（比如用例场景是否高度确定）。
- **测试独占周期**：有些公司把这个指标定义为从开发提测到收到首次测试完成报告的时间。还有些公司把它定义为从开发提测到测试阶段彻底完成的时间。不管如何定义，这个时间都指示了测试阶段应如何缩短开发人员的“反馈”周期，也驱动测试人员尽量“左移”质量准备工作，并充分利用好自动化工具。从经验上判断，如果迭代中的测试独占时间超过了开发独占时间的一半，那我们就需要关注哪些环节存在效率改进或“左移”的空间，比如测试设计耗时过长，或者多种测试任务可以并行。

- **系统测试缺陷占比**：系统测试是迭代用户故事均完成测试后，整个产品进行的全面测试，以通过上线前的所有质量保障环节。如果每个用户故事都提前进行了充分测试和修复，到系统测试阶段能发现的问题就会大幅下降。显然，这个比例越低，产品发布的风险就越低，测试左移就越成功。当然，我们也可以只度量严重级别以上的缺陷。我看到不少公司都用系统测试缺陷总数来考核测试人员绩效，发现缺陷越多，绩效越高，这显然是违反敏捷价值观的。
- **平均缺陷发现耗时**：缺陷被发现的时间减去缺陷被引入的时间，缺陷发现时间越短，说明测试敏捷度越高，左移效果越佳。从这个耗时分析“为什么问题没有被尽早发现”，可以提炼出不少针对性的敏捷改善动作。同理，还有**平均缺陷解决耗时**（从缺陷报告到缺陷确认修复的时间）可以用来推动开发人员提高解决问题的速度。缺陷的整个生命周期在研发管理系统中都有状态变更的时间记录，只要及时更新状态，我们就可以审视这个最关键质量处理过程的效率。
- **版本遗留缺陷DI值**：完成测试时，还有多少有效缺陷没有被修复，DI值是否可控（即缺陷按优先级加权后的总数，比如阻塞缺陷算10分，严重缺陷算3分，普通缺陷算1分，轻微缺陷算0.1分）。正常情况下，阻塞缺陷只有被修复或者被缓解（即部分修复以致降低严重等级），才能进入待发布阶段。

迭代整体指标

敏捷研发以迭代为周期进行，我们可以根据业务形态和发布成本，决定是只完成用户故事，还是将其发布上线。因此，从迭代的角度来看效能指标，可以重点关注下面这些内容。

- **迭代实际交付需求总点数和偏差率**：迭代完成的所有需求的点数大小，与迭代计划评审时估算的本迭代应完成故事点数进行对比，看看有多少需求没能完成。分析没有完成的原因，以及团队估算在哪里出现了误判。
- **迭代无关活动时长占比**：回顾本迭代中，哪些活动是和迭代计划需求无关的，一定比例内是正常的，总有一些外部事件要处理，但是活动占比高的话可以分析其“干扰”所在。敏捷研发的要求是每个人的工作应专注在特性团队内。
- **迭代等待时长**：可以拆解为需求待评审时长、需求（已完成评审）待开发时长、需求（已完成单元测试）待联调时长、需求（已完成联调和开发自测）待测试时长、需求（已完成测试）待发布时长。如果能够度量出各个阶段的“等待”时长，就可以知道哪里存在拖延的现象，进而针对性地进行优化。
- **持续部署效率（耗时和成功率）**：为了确保迭代成果能随时可测或可发布，就需要将其（联同配置脚本）自动化部署到测试环境、预发布环境或正式环境。关注部署自动化流水线的效率，解决部署过程中出现的阻塞错误，可以保障研发迭代的交付效率。

发布和运营阶段

在发布和运营阶段出现任何问题时，应对法则都是"唯快不破"，尽量预防故障，尽早识别故障，尽快恢复服务，降低损失。以下指标是关键的指示器。

- MTBF（Mean Time Between Failure）：让连续稳定工作时间最大化。
- MTTR（Mean Time To Recover）：让故障恢复时间最小化。
- **发布活动健康指标**，包括：
  - 发布频率是否健康，发布成功的频率应该符合应对市场竞争的预期。
  - 发布异常次数和发布回滚次数，分析异常原因和改进措施，这个考核指标非常关键。
  - 发布过程耗时，这个耗时应尽可能缩短，以降低发布成本。
  - 灰度发布相关指标，如是否满足灰度计划，及时发布到了正确的灰度用户范围，采集到了反馈数据。
- **故障响应时间：针对线上故障的应急响应能力，是否达到标准要求。**
- **业务线上监控指标**：针对业务的每个核心服务，都可以监控调用总量、调用成功率、QPS。针对调用异常情况，可以进一步监控错误码 Top *N*，围绕主要错误发生的数量和频率发起告警和处理。围绕业务健康度的核心指标，可以放到线上监控的实时仪表盘上，如订单量和交易金额，以便团队可以共同关注业务的异常波动。关键数据（尤其是资金数据）正确性监控，其重要性不亚于核心服务健康度的监控。

最后，当需求真正发布上线后，我们如何通过复盘度量需求是否达成设计预期？

我们可以定期组织对已上线需求进行复盘，在研发管理系统中及时填入相应度量数据（推荐如下指标），方便团队对需求"是否实现了预期目标（价值）"进行反思和改进，SM、PO 和技术负责人都应参加。

- **需求交付时长**。这是团队收到用户需求到交付用户需求的总耗时，也是产品的效能"北极星"指标。可以拆解一下，需求交付时长 = 需求分析时长 + 需求开发时长（包括开发、测试、部署上线等阶段），团队通过复盘分析，可以判断具体哪一个子阶段的耗时过高。
- **需求复盘率**，即进行了复盘分析的需求占所有发布需求的比例。因为需求的来源类型多样，很多小体验需求和缺陷修复等变更不需要投入太多复盘精力，但是复盘率体现了我们愿意投入多少精力进行需求目标闭环的改进。
- **需求目标达成率**，复盘时给出是否达成预期目标的定论，针对未达成目标的需求进行进一步反思，未来如何改进。预期目标可以强制要求在核心需求的 PRD 中给出 SMART 的描述，包括上线时间、衡量什么业务数据，以及何时衡量。

4.3　团队敏捷成熟度度量

第 1 章提到了对测试团队的自我诊断，本章前面的内容都是从项目敏捷维度来度量的，那如何针对团队整体敏捷状态进行更精准的评估呢？只有找准团队敏捷短板的指示器，才能找对自我提升的好策略，持续实施正确的敏捷动作。

这里先介绍一下敏捷成熟度模型（Agile Maturity Model，AMM），它是由 ThoughtWorks 公司提出的一套评估组织现状、设定改进目标、监控持续改进和度量敏捷成效的模型。该模型分为 6 个度量维度，即需求、测试、代码集体所有、协作、保障和治理、简单性，给每个维度的可观察现象或行为进行打分，用雷达图等方式可视化呈现。

敏捷成熟度模型是团队的一面镜子，用于评估和识别团队当前的优劣势。围绕设定的敏捷成熟度目标设立基线，定制适合本团队敏捷现状的可视化仪表盘，帮助大家聚焦迭代改进的路径，最终目的是培养出一个能自组织提高效能的团队，同时打造出有竞争力的产品。

敏捷成熟度模型以团队为核心来整体评估现状，关注三个视角——**管理、产品和技术**，评估结果可以分为五个级别。

- 入门级：团队刚刚接触敏捷理论，实践动作不规范，团队有指定角色，但还处于磨合中。
- 基础级：团队已有了良好的迭代节奏，能够在完成每个迭代的过程中通过回顾，持续微改进。
- 规范级：团队已掌握了基础的完整敏捷实践理论（在产品、技术和管理层面），能在实践中保持严格的敏捷纪律，有稳定的持续交付节奏。
- 成熟级：团队敏捷过程已经非常成熟，能够良好地响应各种市场变化和用户变化。
- 卓越级：团队有能力发明新的技术和实践，解决各种未曾遇到过的阻碍和低效难题。

整个敏捷成熟度的可调查问题众多，大部分要点在前面各章的敏捷关注中都有相关阐述，对应每个级别都有相应的评分区间，便于单项打分，最后汇总分数判断团队的整体敏捷度级别。

对于“是否一贯做到”的行为调查类型，可以按频率来选择答案，比如一贯如此（90% 以上场合能做到），经常（60% ～ 90% 场合做到），有时（30% ～ 60% 场合做到），很少（30% 以下）；也可以由团队具体定义不同级别应匹配的行为频率。

本书尽量少给具体的定级数字，以免被读者当成行业共识的衡量方案。不同团队有不同的业务类型、发展阶段和文化特征，会导致其优先采纳的敏捷措施差异很大。

下面尝试从这三个视角提供系列调查问题，让读者有一个整体印象，这些问题也是对本书前几章知识的精华回顾。读者可以参考它们来制定团队自己的成熟度调查问卷，也可以针对局部敏捷实践范围进行成熟度的度量改进，牵引出下一阶段如何提升的具体路径。但要避免僵化的指标考核，避免它成为团队间绩效比拼的工具。在第 15 章我们还会呈现这套思路，分别针对工程效能和精益需求设计来设计更具体、更聚焦的成熟度调查问卷。

4.3.1 管理视角

管理视角评估的敏捷成熟度体现在**自治理团队、沟通协同、快速响应**等方面。推荐的评估问题有：

- ❑ 是否具备跨职能的全功能特性团队（产品、开发、测试等），所有人是否全职参与迭代？全功能特性团队的规模是多少？推荐 7 ～ 11 人作为最佳规模。
- ❑ 团队所有成员是否随时可以顺畅交流？能否随时面对面交流，是否因为异地办公导致内部问题响应不及时？
- ❑ 团队和产品经理能否遵循迭代日历节奏，按时完整地进行各项关键迭代活动？每个特性团队是否有制定合理的迭代日历？迭代周期是否在 2 ～ 4 周内，且能固定保持？
- ❑ 团队各种会议是否富有成效，议程准备充分且聚焦，不拖堂，参与度积极？是否总是有清晰的会议纪要，达成指导下一步行动的成果。
- ❑ 团队各个角色的业务目标是否一致，每个迭代的目标是否明确，能否共担责任？团队是否承诺共同为质量负责，而不是个人对问题负责？
- ❑ 团队是否有效利用了看板机制，把各种管理信息透明化，能随时检视和调整？包括产品规划路线图、发版计划、迭代风险和改进事项。SM 是否在站会后更新了看板信息，记录了阻碍和风险，并在会后对其跟进，确保阻碍被移除？
- ❑ 团队是否共同估算工作量大小并承诺迭代工作范围，不会受到领导或外部专家的影响？团队根据自身实际情况和历史迭代速率制定可行的迭代计划，能否做到既不过度承诺，又不过于保守？团队是否已经形成持续改进的文化，制定了切实可行的改进措施，并明确了关键责任人？
- ❑ 团队的人员稳定性是否良好？团队的氛围是否灵活且积极，能够应对外部冲突？每个成员能否感受到自己的工作是有价值的，内部满意度高？
- ❑ 对于大型团队（由多个敏捷特性团队组成），是否存在高效机制（如 Scrum of Scrums）在多个团队中例行协调，保证干系人参加，成功管理关联特性的依赖和风险，对齐发布计划并成功实施？
- ❑ 特性团队或大型敏捷团队是否有例行的交流分享，及时传播重要的经验教训（每两周至少分享一次）？有价值的信息（产品、技术、过程等）能否及时有效地沉淀下来，而不是靠口头交流，成员获取信息非常方便？团队是否及时运用项目协作工具，准确更新项目信息？
- ❑ 团队是否有明确的 DoR、DoD 定义并形成共识？产品需求进入迭代开发之前是否满足了 DoR？迭代内所有计划应完成的故事（考虑风险影响因素之后）是否都能达到 DoD（通过了集成和验收测试）？
- ❑ 团队能否有意识地控制每个成员的并行工作量，避免频繁在多个任务中切换？

4.3.2 产品视角

产品视角评估的敏捷成熟度体现在**关注用户、价值驱动、可持续发展**等方面。推荐的评估问题有：

- 产品人员是否准时参加团队敏捷实践活动，例如需求梳理会议、站会、桌面检查、迭代结果演示和迭代回顾会议等？
- 产品经理是否通过用户故事的形式来定义需求，并给出详细的验收标准？用户故事是否总是符合 INVEST 原则？团队是否能清晰呈现用户使用产品的历程（比如使用故事地图等方式），让业务和开发对需求场景的理解能够准确对齐？
- 产品团队是否维护并及时更新了所有未完成工作的产品待办清单？其中包含新特性、优化特性、遗留缺陷和技术类故事等工作，并全部进行了排序。清单上的事项是否具备“越近越细，越远越粗”的特性？
- 近期的用户故事是否都已经拆分到了适合迭代开发的颗粒度（5 人天以内）？
- 产品设计是否为涉及界面的功能准备了原型（DoR 的条件之一）？原型验证阶段是否引入典型用户参与，获得真实可信的反馈？
- 团队能否在迭代中尽早将完成的故事展示给产品经理和干系人（尤其是客户），搜集反馈并进行调整。
- 新版本软件的发布周期是多久（从进入需求到全量发布）？
- 团队能否持续围绕产品愿景和目标，关注市场和竞品的情况？整个团队成员是否被清晰地传达了产品的愿景和可量化的目标？持续将洞察结果转化到产品规划和设计中，基于可量化的成功衡量标准进行监控并形成提升闭环，则可以获得高分评价。
- 团队是否已对目标用户进行清晰的分类和画像，对用户行为进行系统理解，针对其特征进行针对性的需求分析？能够具体阐述清楚服务对象和场景化的用户旅程，描述如何解决他们的诉求，能带来什么收益，并在整个研发工作中进行关联考虑，则可以获得高分评价。
- 团队是否会通过定性研究识别机会点以及背后的动机，将洞察结果注入产品改造过程中？是否会通过定量研究，通过采集用户行为和反馈数据，为产品假设提供数据论证，以便调整后继发展策略？
- 团队是否有完整的需求价值评估维度，能进行合理的需求拆解和优先级综合排序？对新需求是否有清晰的 MVP 定义和发布规划，能够及早验证想法？
- 团队是否整合了内外部所有的用户反馈渠道，且触达最终用户的成本足够低？能否尽早审核用户反馈并正确分类，将反馈数据的处理过程形成高效闭环？

4.3.3 技术视角

技术视角评估的敏捷成熟度体现在**设计简单、持续交付、质量保障**等方面。推荐的评估问题有：

- 是否存在知识和技能的单点瓶颈（即缺乏其他人备份）？团队各个职能可以互相备份技能，不会因为人员缺席导致进度被阻塞。
- TL 和团队是否针对所有技术故事的验收标准达成一致？应完整覆盖业务关心的功能、非功能性需求、业务规则和范围。
- 在实际编码之前，测试人员是否已经完成对完整测试场景的第一轮分析和设计？测试人员是否与开发人员对用户故事的测试场景达成了共识，避免理解歧义导致的返工？
- 开发人员在转测试之前，是否已给测试以及产品人员进行了当面演示（按照验收标准和验收测试场景）？
- 团队是否建立了例行的代码评审机制，并保证评审发现的问题能修复？最好的情况是，每天都有例行代码评审，但花费时间可控（1h 以内）。记录内容以共享知识为主，且记录的问题能回溯。
- 团队是否有经验丰富的架构师或者技术负责人作为特性团队的成员，参加团队关键研发活动，传递技术经验，并独立交付任务？包括贡献核心代码及评审把关，识别技术债务，优化测试策略，跟踪质量内建指标，推广合适的前沿技术，在技术风险和方案落实上和 PO 达成一致计划。如果架构师把精力过多投入到其他工作（人员管理、任务分工、非技术会议等），则评分会降低。架构师在代码方面的贡献应包括框架搭建或引入、技术难点攻关、核心业务逻辑实现、代码简洁化封装和风格一致化。
- 团队是否在新特性进入开发之前就完成了技术方案的概要设计？概要设计评审重点关注外部依赖、组件模型、数据结构和性能等因素，尽早识别技术风险。所有故事都能确认技术方案并归档。
- 产品与外部相关系统的依赖关系梳理完毕，能够独立编译、测试和升级。相关系统包括后台相关服务、第三方接口、调用公共框架和公共组件等。
- 配置管理是否统一，包括被测应用代码、单元测试、自动化测试脚本、数据库操作脚本和环境自动配置脚本，均存放在统一源代码库中？存放的目录应合理，保证一次性成功提交。

4.3.4 不同成熟度发展阶段的目标达成

敏捷团队从转型初始期到完全成熟期的发展并不是一蹴而就的。除了理解成熟度评估指标，敏捷团队也要分阶段把控提升的侧重点，逐步向高成熟度靠拢。

那么，在不同的发展阶段，敏捷转型应该关注的达成状态应该是什么样子？为此，我们应该做到的最重要的事情有哪几件？我们简单划分为三个阶段来阐述。

第一阶段，敏捷准备期（迭代 1 正式开始之前）

在敏捷真正启动运作之前，务必要关注这几件准备事项的落实：

- 划分好特性团队，规模适中，明确全职角色，尤其是铁三角（PO、SM、TL）的人员。
- 完成团队的敏捷基础知识和流程的导入培训。
- PO和TL带领团队清晰同步产品的愿景和中长期目标，梳理本产品和基础系统或其他产品的依赖关系，以及可能的重大风险。
- 团队协同工作的相关工具、平台、物资到位，比如研发全生命周期的工作平台和数据看板、知识库、物理看板、团队公共空间的各种信息布置等。
- 通过对历史的回顾，盘点之前的主要问题，明确可落实的改进行动项。
- 团队共创协同工作的准则，包括DoR、DoD规则，准入准出流程规则等。

第二阶段，敏捷启动初期（迭代1开始的多个迭代，时间约3～6个月）

正式启动的前期，目标是确保团队运作的规则形成，逐步养成迭代中的好习惯。

- 基于产品愿景，PO给出未来半年的路线图，包括里程碑。团队充分理解后，确认未来几个月的迭代交付和发布计划，保障交付效果可量化。
- PO创建了产品待办事项，整体梳理了产品需求列表，与团队进行了优先级排期和细化。TL也带团队梳理了能支撑技术架构和预研的技术故事。
- 迭代目标清晰，能够成功发布1～2个MVP版本，尽早验收价值。
- 基本测试策略和质量基线明确，并能逐步按计划落实单元测试和自动化测试等。
- 针对团队情况，确认代码管理和分支策略，成功搭建持续集成流水线。
- 团队搭建了适合自己的可视化看板，建立了关键指标度量的仪表盘。
- 每次发布后能梳理分析遗留Bug并制定修复计划，也梳理了技术债偿还计划。
- 能高效进行每日站会，能让工作项及时流动。

第三阶段，敏捷稳定成熟期（6个月以后）

敏捷运行稳定，开始逐步向着更高效、更成熟的组织形态稳步迈进。

- 形成稳定的发版节奏，团队对迭代速率的预测准确，验收标准严格落实。
- 定期更新团队学习成长计划，每个迭代结束都能做真诚的自我剖析，并准确找到下一阶段的改进痛点。团队能够形成产品业务全面视图，及时更新知识共享库。
- 所有用户故事都能进行充分的质量内建活动。需求颗粒度大小适中且流转顺利。
- 交付过程中的阻碍风险能够在极短时间被识别和处理。
- 干系人可以通过看板准确获取团队所有关键信息。团队成员能够被持续激励，主动协作。

4.4　本章小结

本章从质量保障工程师的困惑说起。传统研发度量体系一直有比较大的局限性，在敏捷团队中推动度量常常缺乏成就感。质量控制如果作为独立处罚型部门，难以产生推动质量内建的文化。基于敏捷价值观，我们需要重新梳理敏捷度量指标的价值牵引，警惕伪敏捷的虚假繁荣因素，让投入敏捷度量的成员能够真正获益。本章也推荐了整个研发生命周期各阶段的核心敏捷度量指标，介绍了基于团队敏捷成熟度模型的评估方案，从管理、技术和产品三个维度梳理出敏捷要点进行问卷评分，但每个团队还是应该根据自己的敏捷阶段和现状挑选合适的驱动指标。

看完了本章的论述，QA 可能还是会困惑，未来自己的具体工作风格该如何转变，以满足敏捷团队日益发展的需求，避免成为不大受成员欢迎的“监工”？难道自己的价值就是输出一系列度量指标并给出度量治理报告吗？

不用担心，本书第 15 章会给出思考的答案。

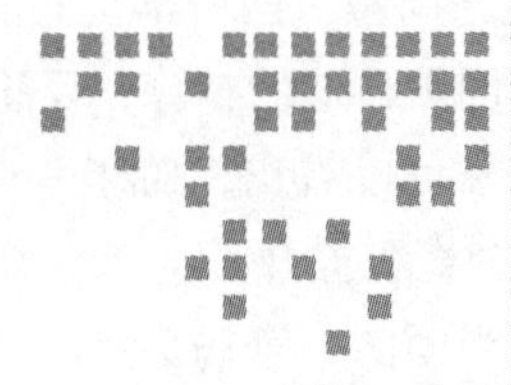

第 5 章 Chapter 5

敏捷文档与沟通

敏捷宣言告诉我们：与文档相比，沟通更重要。这并不是说只要及时沟通，就不需要文档了。本章就来深入剖析，测试团队如何做敏捷文档，以及如何高效沟通，两者不可或缺。

测试人员做出受团队欢迎的生动文档，能够有效传递专业价值，沉淀公司宝贵资产。再结合对敏捷概念的深刻理解，在沟通中传递关键原则，在汇报中提炼技巧，可以让影响力建设事半功倍。

5.1 敏捷文档的高价值

多年前，我曾在腾讯内部论坛提了一个尖锐问题，引发数百位工程师和管理者进行讨论：**敏捷宣言成了我们团队懒得写文档的遮羞布吗？**

下面列出的几种场景，在很多团队都似曾相识吧？

- 某产品经理忘了一年前某个上线功能的具体逻辑，找测试人员帮忙寻找和整理。
- 开发工程师要参加高职级晋升的面试，但是自己负责的软件架构没有一张拿得出手的架构设计图，正好测试人员梳理了逻辑覆盖的架构视图，借过来用用。
- 一个严重 Bug 在产品的不同模块发生过多次，修复 Bug 的开发人员在问题原因那里的备注只有一句话，此处考虑不周……
- 跨地域的分工团队，在接口联调时产生一堆 Bug，开会讨论面红耳赤，双方互相不清楚对方的内部详细逻辑。

- ❑ 公司业务调整，两个部门进行业务的交接，交接效率低，过程很不愉快，接手部门做好了回炉再造的打算，反正是公司花钱。

从很多例子可以看出，对于一个商业价值庞大，人员众多，且不断变换着的团队，文档的重要性也会直线提升。

一方面，当团队越来越庞大，产品越来越复杂时，文档是必不可少的，因为它可以让团队效率更高，产生更多有价值的成果。另一方面，低效文档投入也可能造成显而易见的浪费，不能给团队带来正向价值。

缺乏重要的文档，会导致一系列风险：新人无所适从，团队重复口头沟通，异地团队交流麻烦，业务交接效率低下，对外交付不过关，外部审计风险，等等。

所以，基于敏捷原则，我认为对文档的要求应该是**让团队的收益大于付出的成本**。我们应该弱化甚至抵制低性价比的文档输出，不惜修改相关“老规矩”。

测试团队经常是所有技术岗位中承担最繁多的文档输出和沟通任务的角色。根据行业调查，软件测试团队在文档建设的投入占比从 10% 到 50% 不等，我们可以认真审视，自我评估一下下列低性价比情况是否存在：

- ❑ 每周（月）的例行报告，有多少人真的看了？回复率多高？

每期报告是否传递了重要的新增信息，并引发关注？

- ❑ 花在例行报告的成本有多高？是否有专业模板可直接使用？
- ❑ 能否系统自动生成和发布报告？可行的化，是否值得尽快实现它？
- ❑ 对于预计花费测试人员时间多的新增报告，需求方的理由是什么？需求方是否会认真阅读报告并给出意见？如果没有，是否可以用其他方式满足其需求？
- ❑ 警惕需求方“**就是想看看咋回事**”这种随意要求测试人员写文档的理由。
- ❑ 测试活动产生的例行文档，是否体现了测试的价值，是否有利于团队的学习和继承？
- ❑ 基于“项目可跟踪性”而要求书写的文档，我们需要思考其必要性。例如，对于持续集成平台以及云端研发环境，系统天然就有可跟踪性，我们没有必要额外写跟踪文档。在外部审计时直接调用相关的系统日志即可。
- ❑ 很多被要求写的文档源自业界的传统质量规范和研发安全规范，这时我们需要知道规范的真正目的是什么，它实际上是对研发过程的改进提具体要求，我们可以用团队协作纪律和复盘改进来达到业界要求，并且要知道如何度量自己成功。而这些，并不依赖于写文档。

综上所述，我心目中的敏捷文档主要是能**提高团队认知水平的高性价比文档**，它可以包括以下内容：

- ❑ 复杂逻辑的可视化文档。
- ❑ 背景调研及数据文档。
- ❑ 知识产权相关的文档。
- ❑ 团队知识传承，经验和教训。

- ❑ 管理层汇报文档（尽量直接用研发过程文档或产品来汇报，而不是专门写PPT）。
- ❑ 已明确的对外交付物。
- ❑ 能澄清常见争议的规则。

5.2 敏捷文档优化实践

明确了敏捷文档的价值，针对现有的文档困境，具体有哪些简单易行的优化技巧可以马上实施呢？本节从真实案例出发，给大家一些启发，大胆行动吧。

5.2.1 文档描述简化

多年前我曾经参与过手机QQ新版本的用例评审，整个评审环节十分痛苦，长达10h，2000个用例被塞在一个巨大的Excel里，细节描述文字众多。而更痛苦的事在后面：具体执行用例的人员不是参与评审的人员，当执行人员拿到产品开始测试时，发现上百处产品规格细节和用例文档描述不符，测试执行到后来几乎崩溃……

冗长的用例描述文档是否物有所值？实际测试时真得依赖它吗？

我以前在通信行业做测试工程师，写过大量的用例文档，一个用例就需要写数百字（因为通信软件消息过程描述复杂，但是用例之间的重复内容很多），整个文档有时可达上百页！测试过程中，工程师并不会去看文档的用例细节，真正有用的反而是用例标题栏，每个标题有一二十个字，描述了该用例独特的（差异化）测试要点，一页就把几十个用例呈现出来，测试过程变得轻松很多，如图5-1所示。

QC TCID	Previous	TestName	Subs
PVRG00998	BCA21054	E911;CSR;Classmark 3 IE [12 bytes (815424)	LCS
PVRG00999	BCA23442	E911;ISUP IAM; 3G_BSMLC; MS (911)-] PET7IC ISUP, ELID=NCAS, WIRELINE_00, Table PSAPTEST datafilled	LCS
PVRG00999	BCA23445	E911;ISUP IAM; 2G_NSMLC; MS (911)-] PET7IC ISUP, ELID=NCAS, WIRELESS_62, Table PSAPTEST datafille	LCS
PVRG01000	BCA24090	E911;ISUP IAM; 2G_BSMLC; MS -] P7ICP, ELID=NCAS, ChgN=MSISDN, WIRELESS_61 (845492)	LCS
PVRG01000	BCA24093	E911;ISUP IAM; 2G_NSMLC; MS -] PET7IC ISUP, ELID=NCAS, ChgN=MSISDN, WIRELESS_62 (845495)	LCS
PVRG01000	BCA24095	E911;ISUP IAM; 2G_BSMLC; MS -] PET7IC ISUP, ELID=NCAS, ChgN=ESRK, WIRELINE_00 (845497)	LCS
PVRG01001	BCA24101	E911;ISUP IAM; 2G_NSMLC; MS -] 7ICIN-7ICOUT -] PET7IC ISUP, NCAS, Tandem, WIRELESS_61 (845503)	LCS
PVRG01001	BCA24103	E911;ISUP IAM; 2G_NSMLC; MS -] PET7IC ISUP, NCAS, Simless, WIRELESS_61 (845505)	LCS
PVRG01001	BCA24105	E911;ISUP IAM; 2G_NSMLC; MS -] PET7IC ISUP, NCAS, without MSISDN, WIRELESS_61 (845507)	LCS
PVRG01004	BCA24218	E911;TESTENABLER; 3G; MS (911)-] EISUP, Table PSAPTEST Empty, Phase 2 Call (845620)	LCS
PVRG01004	BCA24225	E911;TESTENABLER; 3G_BSMLC; MS (911)-] P7ICP, Table PSAPTEST datafilled 219 912 119 $, Dial `912` (84	LCS
PVRG01006	BCA24248	E911;TESTENABLER; 2G_NSMLC; MS (911)-] P7ICP, Table PSAPTEST datafilled 119 219 912 700, Dial `119` (	LCS
PVRG01006	BCA24256	E911;TESTENABLER; 2G_NSMLC; MS (911)-] P7ICP, Table PSAPTEST datafilled $ $ $ $ $, Dial `911` (845658)	LCS
PVRG01007	BCA24275	E911;TESTENABLER; 2G_NSMLC; MS (911)-] P7ICP, Table PSAPTEST datafilled 912 119 219 700, Multiband 1	LCS
PVRG01007	BCA24280	E911;TESTENABLER; 2G_NSMLC; MS (911)-] P7ICP, Table PSAPTEST datafilled 912 119 219 700, Multiband 0	LCS
PVRG01008	BCA24340	E911;MF-FGD; 2G_NSMLC; MS (911 Emergency)-] PMFE911SR, II=61, E911_MSISDN_FOR_MF_FGD=N (8457	LCS
PVRG01010	BCA24387	E911;MF-FGD; 2G_NSMLC; MS (911 Emergency)-] PMFE911SR, ESRD=121433, Table PSAPTEST datafilled $	LCS
PVRG01010	BCA24392	ESRK_Pooling; ESRK counter range increments to second value while first call is up (845852)	LCS
PVRG01011	BCA24396	ESRK_Pooling; TABLE LCSDATA - QTINE=Y causes further emergency calls to use phase 1 (845856)	LCS
PVRG01014	BCA24528	PLR MOBILE ID; E911_PH2; 2G_NSMLC; ADD_IMSI_IMEI_IN_PLR=Y; IMSI only sent in PLR messages during C	LCS
PVRG01014	BCA24535	PLR MOBILE ID;Simless E911(NCAS_PULL);2G_NSMLC;ADD_IMSI_IMEI_IN_PLR=Y ;IMEI sent in PLR (845995	LCS
PVRG01024	BCA24709	R99 COMPLIANCE;2G_NCAS_PULL_EMRG;SLR(Add-LocEst-Ellpsd Pt w- Alt) (846169)	LCS
PVRG01024	BCA24711	R99 COMPLIANCE;2G_CAS_PUSH(timeout)_NCAS_PULL_EMRG;SLR(Add-LocEst-Ellpsd Pt w- Alt) (846171)	LCS
PVRG01036	BCA57091	MSC-LCS; Incorrect format in the SLR MSISDN field (929934)	LCS
PVRG01036	BCA57092	MSC; LCS-E911; SLR Contains 10-digit MSISDN when IMEI Digits are used. (929935)	LCS
PVRG01036	BCA57802	LCS; CGLP parm incorrectly sent when ELID is NCAS_Pull (939242)	LCS
PVRG01037	BCA59124	Verify successful BOTH (PUSH and PULL) scenario (ESRD) (969870)	LCS
PVRG01038	BCA59130	Type 2 Emergency call, Failed CAS PUSH and Successful NCAS PULL but with error cause 'PositionMethodFail	LCS
PVRG01038	BCA59132	Type 2 Emergency call, ELID CAS PUSH, Call Abandon, IAM sent (969875)	LCS

图5-1 文档简化——用例标题清单

敏捷研发的前提是，默认团队中的每个人都熟悉产品特性，因为大家参与了产品需求评审，已澄清了疑虑。因此，当我们用一句话提示测试用例的具体场景时，大家都比较熟悉，只需要列清楚关键词（差异操作）即可。

我们以一个游戏的真实测试例子做示范，如图 5-2 所示。

测试步骤	期望结果
1）有超 Q 玩家进入并坐下，然后离开桌子，接着再次坐在该桌子的同一位置	超级 QQ 玩家进入时正确显示动画效果，玩家离开的动画显示正确
2）有超 Q 玩家进入并坐下，然后离开桌子，接着再次坐在该桌子的其他位置	超级 QQ 玩家进入时正确显示动画效果，玩家离开的动画显示正确
3）有超 Q 玩家进入并坐下，然后离开桌子，接着其他超 Q 玩家坐在该桌子的同一位置	超级 QQ 玩家进入时正确显示动画效果，玩家离开的动画显示正确
4）有普通玩家进入并坐下，然后离开桌子，接着超 Q 玩家坐在该桌子的同一位置	超级 QQ 玩家进入时正确显示动画效果，玩家离开的动画显示正确
5）有超 Q 玩家进入并坐下，然后离开桌子，接着其他普通玩家坐在该桌子的同一位置	普通玩家进入时不显示动画效果，普通玩家离开时不显示动画

图 5-2 用例描述——简化前

例子中的文字描述其实已经很简练了。如果用更少的文字去描述这些用例，且让参与评审的团队理解，可以怎么做？下面是一个更精炼的示范，如图 5-3 所示。

测试用例	结果
超级 QQ 玩家坐下	显示动画效果
超级 QQ 玩家离开桌子	显示动画效果
普通玩家坐下	不显示动画效果
普通玩家离开桌子	不显示动画效果

图 5-3 用例描述——简化后

这几个用例的本质就是，超级 QQ 玩家和普通玩家的效果不同，这里描述关键差异即可。

简化用例的目的是让相关团队成员理解，方便评审沟通，无须让路人理解。

我们可以用这样一个指标来度量用例描述简化的效果：**在不影响项目成员理解的前提下，每个用例的总字数能缩短多少？**

如果新成员（或者参与评审的同行）不是那么理解产品用例的背景和主要逻辑，进而不理解用例该如何执行和验收，那么我们首先要做的是提供产品功能和业务逻辑介绍供其学习，而不是在测试文档中传递相关知识。

5.2.2 交叉二维表的妙用

我们在设计具体用例时，经常会针对两个或两个以上的影响因素进行用例的排列组合，生成 $M \times N$ 个完整用例的列表。

举个例子，针对“网络情况”和“服务端配置情况”这两个条件的组合，为了验证不同的消息列表展示结果，生成了多个测试用例，如图 5-4 所示。

简化前的用例

编号	测试条件	操作步骤	预期结果
1	1. 服务器端对应默认源的消息数量大于 25 条 2. 网络链接正常 3. 设置后台，使其能正常响应客户端请求	1. 首次启动软件，等待客户端自动拉取默认源的消息列表结束 2. 点击“更多”按钮	1. 消息列表末尾有“更多”按钮 2. 点击“更多”后能从服务器获取更早几条消息
2	1. 服务器端对应默认源的消息数量大于 25 条 2. 网络链接正常 3. 设置后台，使其能超时响应客户端请求	1. 首次启动软件，等待客户端自动拉取默认源的消息列表结束	1. 给予“联网失败”提示 2. 消息列表页面没有“更多”按钮
3	1. 服务器端对应默认源的消息数量等于 25 条 2. 网络链接正常 3. 设置后台，使其能正常响应客户端请求	1. 首次启动软件，等待客户端自动拉取默认源的消息列表结束	1. 消息列表末尾没有“更多”按钮
4	1. 服务器端对应默认源的消息数量介于 0 到 25 条之间 2. 网络链接正常 3. 设置后台，使其能正常响应客户端请求	1. 首次启动软件，等待客户端自动拉取默认源的消息列表结束	1. 消息列表末尾没有“更多”按钮
5	1. 服务器端对应默认源的消息数量为 0 2. 网络链接正常 3. 设置后台，使其能正常响应客户端请求	1. 首次启动软件，等待客户端自动拉取默认源的消息列表结束	1. 消息列表末尾没有“更多”按钮
6	1. 服务器端对应默认源的消息数量为任意条 2. 客户端本机网络不可用	1. 首次启动软件，等待客户湍自动拉取默认源的消息列表结束	1. 给予“联网失败”提示 2. 消息列表页面没有“更多”按钮
7	1. 服务器端对应默认源的消息数量为任意条 2. 网络链接正常 3. 不启动后台服务器	1. 首次启动软件，等待客户端自动拉取默认源的消息列表结束	1. 给予“联网失败”提示 2. 消息列表页面没有“更多”按钮

图 5-4　交叉二维表——简化前

评审这些用例时，看文字描述的效率是比较低下的，难以看出多个因子和验证结果到底有什么映射关系。但如果我们利用交叉二维表的呈现方式，就非常清晰了。横轴是因子 A 的各种输入，纵轴是因子 B 的输入，交叉的格子是对应要验证的关键结果，如图 5-5 所示。

用 FIT 的 Column Table 精简后的用例

Casel，首次启动软件，客户端针对某一默认订阅源进行自动“拉取”消息列表动作，依据下表情况验证；不同条件下，该默认订阅源的消息列表的“查看更多”功能

网络情况	服务器上该订阅源的消息总数量	拉取成功与否	“更多”按钮是否显示?	单击“更多”按钮后的动作?
网络正常	> 25	成功	是	获取更早的小于或等于 25 条消息
		失败（服务器超时）	否（并且给予连网失败的提示）	n/a
	25	成功	否	同上
	>0 && <25			
	0			
本机网络不可用	n/a	n/a	否（并提示用户连接失败，同时显示联网失败背景图）	
服务器不可达				

图 5-5　交叉二维表——简化后

原本 7 个用例被这一个用例二维表替代，清晰简单，体现了产品逻辑的本质，是两个因素的共同作用。谁说一定要写 *N* 个用例覆盖这些不同结果呢？决定用例的品质并不只是描述细致度。

更神奇的是，这种表格可以称为 FIT（Framework for Integrated Test）表格，它能够很方便地通过 FitNesse 轻量级自动化测试框架来验收，该框架特别适合 ATTD（验收测试驱动开发）实践。简单来说每一个**交叉的格子**背后都关联了一个测试脚本（用例），用例的输入参数就是该格子对应的横轴因子 A 和纵轴因子 B，填写在格子里的值就是预期结果。脚本调用被测系统获得了实际运行结果，当预期结果 = 运行结果时，该格子会变成绿色，即对应的用例 PASS；当结果不一致时，则变成红色，即 FAIL。这样用例设计和自动化执行就无缝地关联到了一起，敏捷高效。欢迎大家踊跃尝试。

5.2.3 思维导图设计用例

很多团队都开始采用思维导图来设计用例，收益也挺明显，下面我们就来聊聊实践中的技巧和困惑。

思维导图天生适合复杂逻辑的梳理和评审，因为它本质是参考人的大脑神经元组织形式，思维导图工具 Xmind 提供了丰富的标记工具，配合颜色和形状，能够协助人员左右脑建立记忆链接，便于在评审中对核心知识或策略达成共识。

结合我的亲身实践，这里推荐利用思维导图设计用例的几轮操作，并给大家分享几个敏捷小妙招。

第一轮，熟读需求规格，按照规格描述和边界值设计测试用例，每个用例就是思维导图的一个叶子节点。

因为用例总数可能会很多，所以团队统一思维导图的层级定义比较关键，以避免导图的层级过深，便于用例维护和评审。比如从根（被测对象）出发，第一层是产品子模块（或者特性主题），第二层是需求 / 用户故事，第三层是测试点（故事验收条件），第四层是具体用例验收的关键词，包括输入的测试参数和输出断言。

我们也可以把特定系统测试类型的用例集中放在一起（如性能测试、兼容测试等），作为思维导图的一级子模块，便于安排集中测试。

敏捷 Tip1：思维导图尽量减少低价值描述或重复文字。如果一个测试点展开的多个用例的前置条件都相同，就在该测试点（用例的父节点）备注好前置条件，避免每个用例重复填写。

敏捷 Tip2：对于需求规格文档没有详细说清楚，还需要具体沟通的场景，可以在对应测试点打上“?”标签，便于提醒测试人员多和产品经理**沟通**。

敏捷 Tip3：对于逻辑交互复杂的测试点，不论用例写得多具体也难以避免遗漏，不如提醒测试人员在这里大胆**探索**缺陷，可以打上“!”标签，备注如何探索的关键词作为提醒。

敏捷 Tip4：针对不同的典型输入参数，没有必要绘制 N 个测试用例（叶子节点），在叶子节点写上所有被测参数即可，使用一个用例就能搞定。

以相册 App 测试为用例设计示范，如图 5-6、图 5-7 所示。

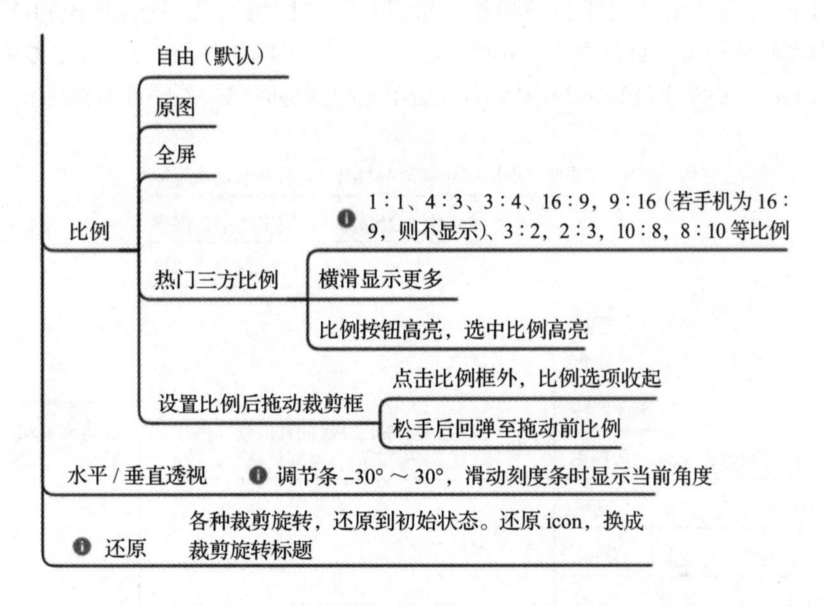

图 5-6　思维导图设计用例——局部 DEMO1

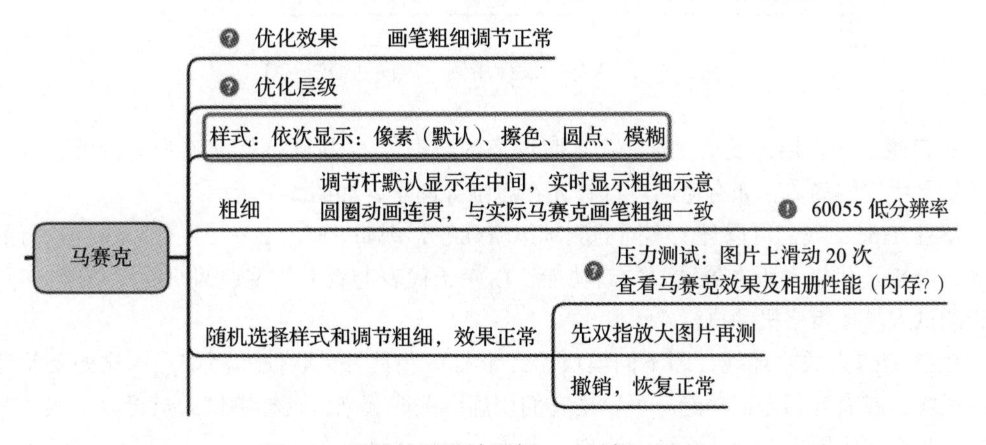

图 5-7　思维导图设计用例——局部 DEMO2

第二轮，仔细阅读历史测试用例文档，找到有参考价值的老版本需求测试信息，比如新需求文档没有明确的验收场景和条件，但历史测试用例提供了。在思维导图相应用例中补充有价值的测试信息（遗产），也保障了老功能的回归。有疑问可以和其他熟悉本业务的老员工讨论。

第三轮，盘点被测产品的历史缺陷库，找到各个模块的相关历史缺陷（为了节约梳理时间，每次提交缺陷到缺陷管理系统时，应标记好相关功能模块名），从中提炼值得关注的质量教训。如果思维导图中缺乏同类缺陷的拦截用例，建议补充。

敏捷 Tip5：在历史缺陷相关的用例，可以打上“！”标签，并附上 BugID 甚至链接。历史上的典型缺陷经常会重复发生（虽然场景不会完全一样）。如图 5-8 所示，❗后的 20201、111170、61456 等是发生过缺陷的用例 ID，便于工程师随时在缺陷管理系统中查阅。

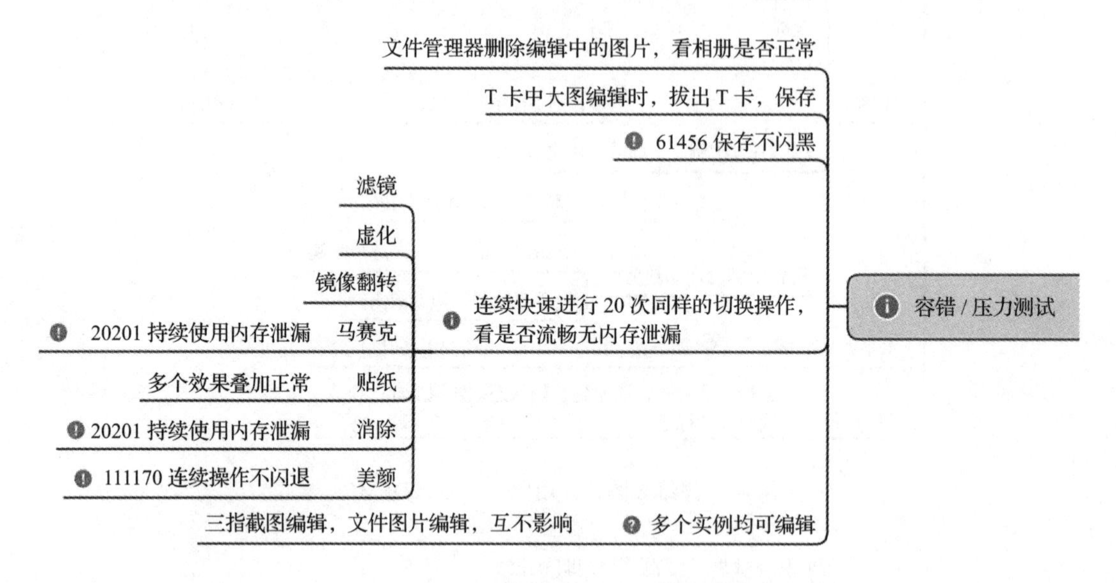

图 5-8 思维导图设计用例——局部 DEMO3

第四轮，分析用户反馈（通常在客服渠道的数据中），找到软件缺陷相关投诉，看看哪些场景是用户的痛点，如有遗漏可以补充在思维导图里，如图 5-9 所示。

敏捷 Tip6：我们可以打上不同的测试策略标签，例如“1”“2”“3”代表用例执行的优先级，红旗子代表本版本最重要的新功能，白旗子代表老版本的重点回归测试功能，等等，便于测试人员按策略机动执行。

敏捷 Tip7：关联虚线，即不同模块中经常有一些具有关联性的测试点，比如要验证相似的风险，或者互相印证功能。可以把它们用虚线关联起来，这样测试人员可以一次性完成测试，观察在不同模块有什么异常表现。

至此，用例设计大功告成！

整个团队共同维护这份用例思维导图，不论对于开发、产品、测试、运营还是客服人员都有好处，共享产品知识，共同探索质量风险，在用例评审时也能对着思维导图快速达成一致，远比使用 Excel 更高效。

也有测试人员发出这样的疑问：用思维导图做用例设计归档，不满足业务归档标准怎么办？交付给外面的团队，对方看不懂怎么办？

-03 12:03:55	其他问题 / 建议		10.6.2.1	缓存网页视频	27913
-03 12:01:32	图片不显示		10.6.2.1	图片不显示	18173
-03 12:01:06	书签 / 收藏 / 历史记录		10.5.1.1.	观看历史不能重看	78382
-03 11:59:58	其他问题 / 建议		10.6.2.1	恢复以前的软件格式。因为现在升级版不好	55328
-03 11:58:19	其他问题 / 建议		10.6.2.1	为什么一直保存不了图片？	99284
-03 11:57:05	图片不显示		10.6.2.1	不显示图片	18173
-03 11:54:45	卡顿和闪退		10.6.0.1	卡顿闪屏	13940
-03 11:50:22	其他问题 / 建议		10.6.2.1	泛娱乐垃圾垃圾	13874
-03 11:48:29	卡顿和闪退		10.6.2.1	总是闪退　只要一搜索就退	18198
-03 11:00:19	无法打开		10.6.0.1	10.1 签到活动，兑换支付宝红包的，打不开了，	13438
-03 10:53:31	无法打开		10.5.1.2	哈哈	77048
-03 10:51:22	其他问题 / 建议		10.6.2.1	一按返回键就回到主页	18206
-03 10:51:02	其他问题 / 建议		10.6.2.1	取消推荐	12961
-03 10:28:14	不良网站举报		10.6.2.1	最好不要出现或搜到博彩彩票网站，家人拿手机	13791
-03 10:23:49	不良网站举报		10.6.2.1	把黄色网站禁止了	17361
-03 10:17:14	网站视频 / 播放 / 下载		10.6.2.1	怎么在网页上开倍速，同样的网页，其他浏览器	28625
-03 10:14:20	系统操作类		10.6.2.1	站内视频怎么搜索的	13655
-03 10:12:23	系统操作类		10.6.2.1	怎么改成电脑版的	20832
-05 00:00:42	无法打开		10.6.2.1	最近总是弹出 404 宝贝回家页面	12418
-05 00:01:17	不良网站举报		10.6.2.1	在看浏览器网页时经常会插入擦播，要求安装这	18176
-05 00:15:05	新闻资讯 / 评论 / 回复		10.6.2.1	我一打开浏览器就看到了热门推见，烦，	13141
-05 00:37:58	产品建议类		10.6.2.1	1，首页宝箱下滑影响首页新闻刷新； 	18685
-05 02:17:33	卡顿和闪退		10.6.2.1	打开网页时闪退	80600

图 5-9　思维导图设计用例——局部 DEMO4

其实不用太担心，首先，可以通过简单工具把思维导图一键转录成 Excel，再导入用例管理系统（只需规范思维导图的层级定义即可）。其次，思维导图的使用贯穿研发全流程，这个敏捷收益是大头，如果对外必须使用规定模板交付，找个新人花点时间一次性改写即可。从简单的思维导图改写成规定的文档格式，难度低，耗时有限，还可以提升新人对用例的熟悉程度和表述能力，并不算浪费活动。

5.2.4　让文档更生动

下面再介绍几种让文档更生动的方法。

引入各类逻辑化的生动图表

除了二维表和思维导图，还可以用鱼骨图、时序图、状态迁移图、决策树等形式来呈现测试 / 业务逻辑。鱼骨图测试策略设计如图 5-10 所示。

思维导图中嵌入二维表

我们可以充分利用思维导图的表格嵌入功能，把 FIT 二维表嵌入合适的地方，进一步清晰展示复杂测试逻辑，如图 5-11 所示。

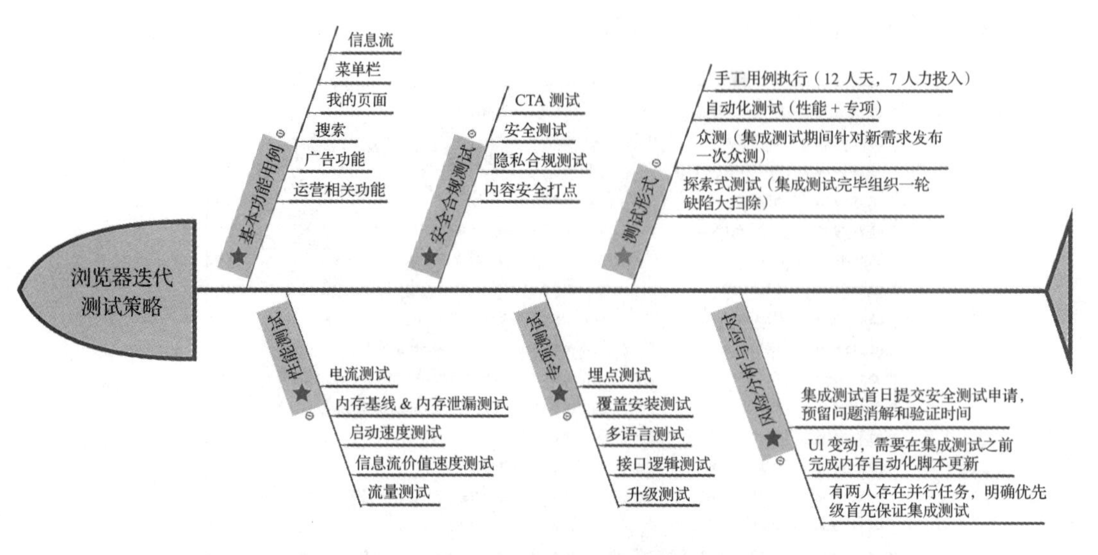

图 5-10 鱼骨图测试策略设计

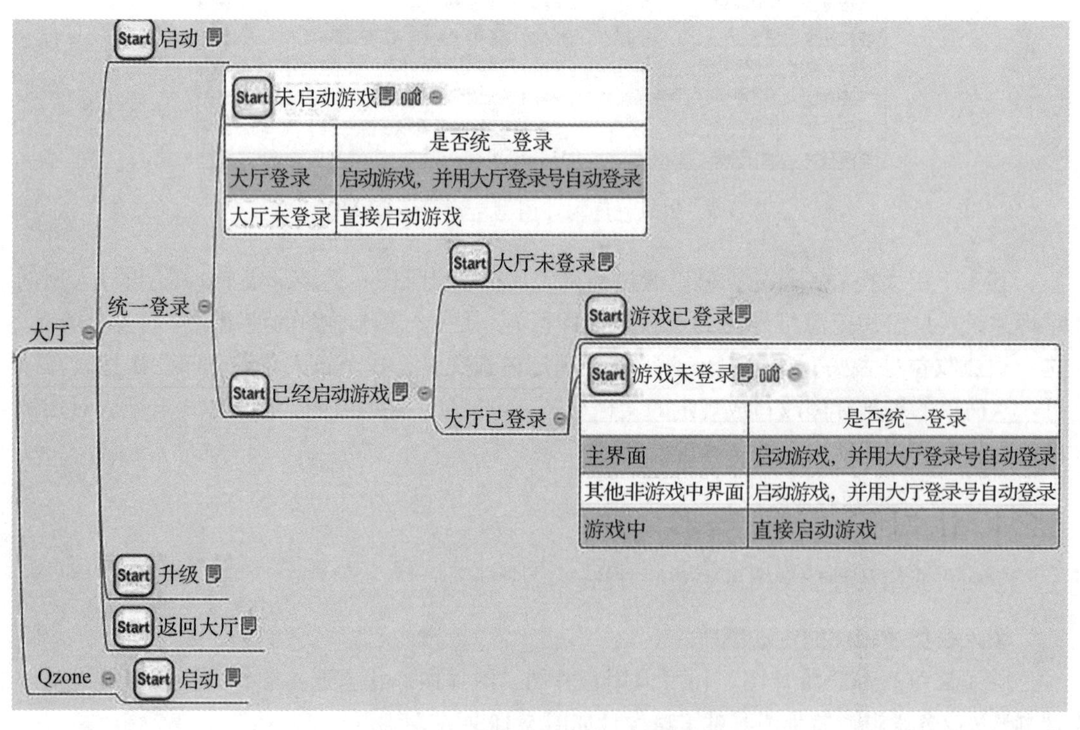

图 5-11 思维导图中嵌入二维表

即拍即得

我们沉淀在核心资产库的，难道只能是传统的代码、表格、数据和规范文本吗？为什么不能是白板照片、贴纸地图、音频视频、各种有趣的物品，帮助团队回忆现场？

例如，当我们完成用户故事地图讨论，在墙上贴满了各种五颜六色的贴纸，同时按照一定的时间顺序和故事类型来排列，涵盖了测试关注的风险点、优先级和限制条件，把它们清晰地拍下来归档是最直观生动的，不一定非要人工输入文档系统中。具体的故事规格描述可以在迭代中确认后，再由产品经理录入系统。

线上协同文档

维基百科就是历史上最知名的线上协同文档平台。这些年协同文档在企业的普及率越来越高，知名的有 Confluence、石墨文档、腾讯文档、语雀文档等。测试团队的很多文档都是需要动态更新、多人协作、多人评审的，所以使用协同文档做测试策略和用例设计，是提高效率的必然趋势。实时协作更新的同时，人员也在互相借鉴观点，在正式评审的时候可以更快速达成一致。

除了以上方法，本书第 3 章中介绍了需求和测试点二合一表格，这也是让信息更高效流动的好文档，确保产品、开发和测试的信息能够可视化对齐，对验收场景达成共识。

总之，**一切皆可为文档**，有利于加强记忆和共识即可。文档应为敏捷服务，让团队更默契、更自信。

5.3　沉淀知识图谱

研发测试及上线过程会获得大量的质量信息，而普通的专题分析和知识提炼是比较单一的，我们可以借鉴"知识图谱"的概念去绘制更有全局性、拓展性的归档图表，帮助团队宏观掌握问题的分类，或待改进的地方。我认为知识图谱是概括性最强的文档方式。

这里举一个实践案例——**绘制金融业务的缺陷分布地图**。我们看看从手头的数据中能够提炼出什么样的知识图谱。

某金融理财和借贷平台上线 2 年，业务发展飞速，研发和测试疲于开发新功能，并有多次业务重构，虽然测试投入巨大，但是线上反馈的缺陷数量并没有改观的趋势。因此，我花了数月的时间，对所有有效的质量问题做完整而深入的分析，希望找到核心改进措施，提升团队质量共识。

分析对象是近一年来集成测试阶段提交的 4000 个有效缺陷，以及近半年客服部搜集的上万条用户投诉。通过多轮颇费心力的梳理，逐步深入，形成了知识图谱之金融业务缺陷分布地图，总结了五类缺陷重灾区，且可以展开查看常见的典型缺陷，如图 5-12 所示。

最终产生的丰富收益，远不止地图呈现的这些关键信息，具体体现在以下成果。

1）**锁定了用户投诉最多的几类业务场景**，值得研发和测试重点关注，以便持续提升设计覆盖能力。

- 债权转让、提前还款、逾期还款，这几种复杂场景经常出问题，如果同时发生（如债权转让后提前还款），出现缺陷的概率很高。

图 5-12 知识图谱之金融业务缺陷分布地图

- ❑ 接口性能差，回调慢，甚至导致回调失败，遭用户投诉。
- ❑ 收益金额的计算规则与用户认知不一致，计算公式很复杂，需要重新梳理并同步给调用方。
- ❑ 参与优惠活动时经常踩坑，比如领取了优惠券，投资失败后优惠券也失效了。
- ❑ 短信提醒、合同等内容出现了描述不严谨，发送时机不合理等问题。

2）通过用户的反馈，识别出产品的安全风险设计不足，为补充相关安全指南提出了明确要求。比如：

- 通过微信购买理财产品，微信被盗如何处理？
- 安装 App 和注册账号的手机被盗了，如何处理？
- 投资或借款的银行卡遗失和更换，如何处理？
- 发生身份冒用（非本人借款），应该如何紧急寻求帮助？

3）在研发阶段，发现最多的错误类型是数据类型错误，包括：

- 字段处理缺乏异常场景考虑，如空字段、字段取值缺失。
- 计量单位呈现错误，如 App 展示出来的金额单位是分，实际应该是元。
- 前后端格式处理机制没有对齐，如有些 ID 应该设为字符型，却被误设为数值型，导致显示结果异常。再如浮点计算的误差导致金额结算差了几分钱，对账不平。

4）返回给用户的异常处理信息不友好，导致用户体验差。为此我们专门进行了一轮错误码文案的梳理。对用户呈现的错误描述要可理解、可指引、一致。比如：

- 将“返回值错误”修改为“银行今日业务维护中，请明日再试”。
- 将“投资状态值错误”修改为“本产品投资额度已用完，请购买其他产品”。
- 将因网络问题超时显示的“软件错误”修改为“网络不佳，请更换更好的网络”。
- 针对第三方服务暂时中止或者异常，影响用户的关键金融服务，可以在 App 上滚动小黄条提醒用户发生了什么事，什么时候会恢复，以安抚用户情绪。

5）相当数量的缺陷（约 15%）最终归因为测试环境问题，并非真实软件缺陷，导致测试人力浪费明显。故发起测试环境优化专题，从 7 个要素来治理环境问题。

- **代码**：及时更新，版本统一管理，防止代码被异常覆盖，保障回滚机制。
- **配置**：环境配置手册完整正确，修改配置时及时提醒，防止被人为误覆盖。
- **数据**：测试环境数据及时更新，避免脏数据遗漏，能自动恢复初始状态。
- **后台服务器**：监控运行正常，接口稳定。
- **对外测试接口**：设置为和真实环境一样。
- **人**：防人为错误，自动提醒风险操作，遵守测试环境规范。
- **测试脚本**：测试环境的脚本运行正常、及时、可恢复、可配置运行。

6）开发对缺陷分析备注质量太低，大部分都是无备注，或者一句话备注，典型的有“问题已解决”“设计错误”“代码被覆盖”等。这种备注态度影响质量教训归档和反思改进，我们应强化相关备注纪律：

- 开发不允许随意拒绝缺陷，只有确认无效的缺陷才能拒绝，暂时解决不了的缺陷设置为“延迟解决”。
- 备注要求可读性，说清楚缺陷产生的具体原因和修复方法。严重级别缺陷备注需要追加阐述，如哪些场景会发生这个问题，如何预防这个问题再发生。
- 对高反馈量的焦点问题进行分析与归档，虽然成本很高，但是回报也很大，符合对高价值文档的预期。

5.4 测试沟通中的热门概念

沟通在敏捷自组织团队当中非常重要，只要是拥抱敏捷价值观，基于敏捷原则出发，测试人员在沟通中就不会背离正确的方向。但是，沟通说服也需要个人进行长期的技巧修炼，而团队管理者更需要积累深厚功底，比如，掌握组织行为学，通过DISC模型来理解他人的性格特征，采用不同的沟通策略。测试人员在提高面对面沟通效果的修炼中，还可以获得有益的知识和启发，并在问题解决上达成共识。

本书不会对团队沟通技能展开介绍，但是会针对测试人员在沟通中经常遇到的困惑，聚焦谈谈经常引发争论的几个热门概念。它们困扰测试人员很久，在不同的团队都可能经常遇到。通过本节的阐释，希望可以让读者不再花太多时间纠结于此。

借用《个体与交互：敏捷实践指南》（作者是Kent Howard）一书中的一句话：把一群人放在一起本身就是冲突的根源所在，同时这也是激发进化的火花。

开发自测质量标准

测试对于开发抱怨最多的问题就是自测质量不高。对于开发自测的准出要求，需要结合团队能力现状和公司导向，集体确定标准。

通常而言，对于开发质量意识和能力比较强的团队，自测标准可以设置为单元测试覆盖率和通过率（100%）。对于持续集成比较成熟的团队，自测质量可以通过流水线门禁把控：代码扫描门禁通过，单元测试和基础功能自动化测试通过，甚至包括基础性能自动化测试通过。

如果团队尚未发展到这个成熟阶段，自测质量可以定义为需求的验收测试用例全部通过自测，并由产品经理最终验收通过。

从敏捷团队角度，鼓励开发和测试团队共建质量，而且要避免重复测试，那**自动化合作建设**就是最佳的方式，开发人员通常是愿意做自动化测试的，而且上手也很快。测试团队拿出自动化用例设计的清单，让开发人员挑选一部分比例的基础用例和短耗时用例作为自测，完成其自动化建设。开发人员提交了通过结果及自动化脚本，就相当于完成了自测准出。其他的用例由测试团队完成，所有用例由测试人员持续维护。

在开发自测完成，测试人员进入全面测试阶段前，也可以设置一个接受期（比如半天），如果发现低级的阻塞问题，导致后继测试工作无法保障质量，可以立即停止测试，将任务打回开发，并记录自测质量不过关的原因，在下个迭代重点改进。

测试团队也会在后期的缺陷分析活动中判断自测阶段应该可以拦截的基础问题的数量，纳入开发应该改进的措施。

有效缺陷

有效缺陷是测试团队成果里最常见的考核指标，也经常引发争议。

什么是有效缺陷？我认为从开发角度和从测试角度来看是不一样的，团队能达成一致即可，可以在不同场合使用不同的度量。

从**开发角度**（或者从软件价值增量角度），没有引发任何代码或文档修改的处理结果，都是无效 Bug。从**测试角度**（从激发测试人员积极性的角度），只要不是测试犯了专业错误导致误报 Bug，就都是有效 Bug。也就是说，只有需求理解错误、测试方法错误、测试工具 / 环境问题等少数几种原因才属于“无效缺陷”，而重复 Bug（只要不是用户场景重复）、评估不解、设计如此等原因都是有效 Bug。

重复 Bug 是从开发的白盒角度来看的，从用户角度看是不同的场景，不能判断是否同一个 Bug，但我们鼓励测试人员把疑似同样根因的缺陷场景关联在一个 Bug 单里。

设计如此，遇到这样的开发拒绝修复理由，测试人员要小心，避免这四个字成为质量疏忽的挡箭牌。真的不能够改善设计吗？从用户角度来看是有效的错误（除非产品有限制功能申明），那就有效。评估不解同样也证明缺陷是“有效的”。

谨慎拒绝开发人员随意地打回或关闭缺陷，是测试人员质量意识的体现。

缺陷定级标准

各公司对于缺陷的定级大同小异，我们可以认为基本分为这 4 种级别：阻塞、严重、一般、轻微。但是定级标准经常成为质量交付的争议话题，尤其在设计跨系统交付服务时，争吵异常激烈。如何制定缺陷定级标准？

推荐参考谷歌的缺陷定级标准，可以解释为严重程度 × 发现概率。发现概率可以简化一下，定义为高中低：高表示必现；中表示每 N 次（一般可定义 N=10）重复一定会复现至少 1 次；低表示重复 N 次都不能复现 1 次。我们可以根据严重程度的表现类型和出现概率的组合，用二维表映射出最终的缺陷定级，如图 5-13 所示。

出现概率 / 问题类型	必现（100%）	偶现（>10%）	低概率（出现一次很难复现）
导致系统死机	阻塞	阻塞	严重
应用 Crash/ ANR	阻塞	阻塞	一般
核心功能不可用	阻塞	阻塞	严重
核心功能可用但是有 Bug	严重	严重	一般
非核心功能有 Bug	严重	一般	一般
功能可用但提示错误	一般	一般	一般
界面显示错误	一般	一般	一般

图 5-13　缺陷定级的映射定义表格（示范）

通常，阻塞 Bug= 阻碍其他基础用例的执行或红线用例失败，且发现概率是中或高。严重 Bug= 后果严重级别或以上，且不会阻塞基础用例执行。

通常引发“纠纷”是阻塞或严重 Bug 的界定标准。我认为阻塞问题会直接影响产品口碑，导致大量投诉或卸载等恶果，因此，定级阻塞需要能举证具体后果，比如：①确实存在安全漏洞，或违反了现实法规；②主路径无法正常体验，无法绕过；③主打卖点功能无法正常使用；④金额显著损失；⑤其他会引发线上事故 / 运营损失的缺陷；⑥大量测试用例都因为这个缺陷无法通过；等等。没有达到举证要求，或者出现概率极低 / 路径很偏僻的严重问题，不应该纳入阻塞。

发布质量标准

敏捷方法体系适用于所有软件项目，不管是软硬一体的集成项目、操作系统软件、普通应用软件、云服务等，还是传统行业如金融、通信、航空、制造业的软件研发，都是可以充分实施敏捷的。对此观点提出质疑的人，其担心的其实是质量标准问题，而不是敏捷是否适用的问题。差异巨大的项目，使用的敏捷框架可以都是一样的，但质量标准可能大为不同。

敏捷框架并不排斥非常严格的质量标准，因为任何一条明确的质量标准都可以作为具体需求纳入迭代，逐步尝试逼近质量交付标准，最终达成，再进入发布周期即可。**质量标准即需求**。

既然是需求，就是可以协商调整的。常见质量标准可以包括下面几个要素，仅供大家灵活参考。

- 所有缺陷需要被 100% 处理响应，否则测试活动的产出就浪费了。处理的结果可以是：
  - 无效；
  - 有效并解决；
  - 有效但挂起（暂时无法解决）。
- 整体 Bug 挂起率（也称遗留率）不能高于 XX%。为了避免各种貌似合理的理由遗留缺陷，导致口碑下降，对于挂起率应该有完整的分析过程，并严格要求处理结论和计划。挂起通常有这些情况：
  - 随机发生，难以重现，应该观察数个版本再决定是否关闭。
  - 基于目前的架构能力没有很好的解决办法，或修复难度太大，经架构师评估可在一定时期内挂起。
  - 遗留到后面的迭代，作为缺陷需求纳入产品需求排期。
  - 第三方问题，有待推动第三方合作解决，等等。
- 严重 / 阻塞问题必须解决，或者缺陷 DI 值达标且阻塞问题必须解决。
- 以上任何一条无法达成，需相关方负责人和高级管理者书面确认，认为风险可控。**上线风险由团队共同承担**。

质量标准始终要在追求高品质口碑的同时，兼顾商业机会和成本。想获得高品质通常也是要付出昂贵代价的。

逃逸缺陷与漏测缺陷

为了提升产品交付线上的质量，我们对交付后的逃逸缺陷进行统计分析，给出改进计划，其中属于测试漏测的缺陷应该进行测试设计的改进动作，补充用例，沉淀教训。

何为逃逸缺陷？我们可以认为，经过了研发测试团队的质量保障后仍遗漏上线的所有有效缺陷，就是逃逸缺陷。它可以包含灰度阶段搜集的缺陷和正式上线发现的缺陷，有值得分析为什么遗漏的价值。众包测试平台发现的缺陷可以不算逃逸，这属于研发团队计划中的测试拦截手段之一。逃逸率即逃逸缺陷除以该版本产品被发现的所有有效缺陷之和。

何为漏测缺陷？我们可以从两个层面来分别度量漏测。

- 从追求拦截能力提升的角度，只要能在测试环境通过用例构造，在稳定概率下复现问题的缺陷，就应该属于漏测。这样非漏测的逃逸缺陷情形就很有限了，包括随机性问题（没有发现复现路径），现网发现的问题但是在测试环境难以复现，第三方未按规定提供服务，等等。
- 从测试人员追责的角度，只有在经过评审的测试覆盖范围内，相关用例遗漏了问题到线上，才算漏测。

对于敏捷团队，建议采用第一种漏测度量方式，持续改进测试人员的用例设计和探索缺陷的能力，尽量避免以处罚的态度对待漏测。当然，如果总是出现低级测试遗漏，管理者也能感知到需要进行反省了。

对于漏测缺陷，测试团队当仁不让要落实改进措施，对于非漏测的逃逸问题，测试人员也可以联合开发人员一起承担改进职责。依托开发的配合进行深入研究，或者通过大量录制现网真实接口流量进行模拟测试。因为用户并不会因为缺陷无法复现而原谅产品的体验缺陷。

逃逸和漏测的问题总是难以杜绝的，产生的原因种类繁多，有限的关注力只能聚焦在核心 TOP 场景上（二八原则，挑选出对用户体验伤害最大、损失严重或者抱怨次数最多的问题），聚焦改进。

5.5　提升质量汇报的效果

质量团队有很多汇报场景，包含测试结果汇报、质量数据和事故汇报等。汇报对象可以是业务部门或者管理层。从实际效果来看，很多汇报传递了团队很辛苦的感观，但抓不到重点，信息吸收率比较低。

作为质量把关者，很多人本能会在报告中塞入大量的措施和数据，还要做结果的校正，导致成本很高。那么质量汇报的效果该如何提升呢？

什么时候需要书面汇报？

写书面报告或邮件，通常都是重要但不紧急的场景，紧急的话就直接打电话或面对面交流了。

重要会议的行动纪要、精华总结、备忘归档，值得发邮件提醒收录。

求老板的重视，需要决策审批的场合，可以发邮件详细汇报清楚方案，尽可能提供备份选择。

发报告的频率，可针对重要的常规项目，按周期发布。针对领导点名关切的项目，或者公司级重点项目，可以加大汇报频率。自动化建设获得重大进展，以及突发质量事故，可以即时汇报，前者希望激励士气，后者希望引起重视，快速进行高质量回溯。

发报告的频率和内容也可以根据回复情况（受关注情况）进行调整，关注度低时可以降低文档投入成本。能够引发干系人重视和讨论的报告，更值得坚持投入。

汇报的内容

为了让干系人从众多邮件的列表中一眼关注到有价值的核心内容，我们可以在标题中突出关键信息：谁发的，关于什么项目，本次报告最突出的进展或风险是什么。

干系人和领导通常很忙，所以报告内容务必开门见山。

如果是发起大家不太熟悉的新项目，有必要说清楚为什么做这个项目。如果是已知老项目，重点汇报最新的进展和风险。

建议报告正文的编排模式是，先抛出核心结论，再解释主要原因，进而补充后继主要行动。最后可以附上详细报告供干系人按需查阅。

当报告比较长时，注意分区，利用子标题隔区，排版上利用整齐缩进和字体区分内容。

需要领导决策时

首先可以了解领导的风格，他 / 她是细节控、数据导向型，还是结果导向型或竞品关注型？根据风格对于汇报内容做适当调整。

其次，既然领导都很忙，在需要领导关注和决策的地方，一定要说清楚：不做决策的后果或风险是什么？

可以利用字体颜色进行突出，例如**深黑色**，表示强调有重点事件，关注即可；**红色**，强调有风险，需要严肃给出意见，紧接着会附上自己的对策，如果提供了可选择的方案（至少两个）则效果更佳；**绿色**，强调里程碑达成，进展顺利，甚至效果超出预期，请领导对团队表示激励。

如何否定领导的建议

可以用三部曲来应对。首先，肯定领导的出发点，站在他的角度理解需求。其次，从多个层面剖析他提出的建议不可行的原因，可能涉及程序规范、人力、花费、风险等方面。最后通过深思熟虑给出替代方案（没有这一步，感觉就像在给领导“找茬”）。

汇报十件杂事，不如汇报一件高价值的事

质量团队经常习惯汇报一大堆特别繁杂的事务，但辛苦并不代表有价值，也不代表是符合管理者期望的产出。

高价值的产出来自哪里，关键还是看从“我们做了什么”到“客观收益增幅”的因果关系，我们可以从四个方面来呈现工作产出的价值。

- 现在与过去，我们在策略打法上有什么变化，在过程改进上有什么动作，导致相关效率或品质口碑有什么改善？
- 我方与竞品团队，我们的人力结构、人均产出效率指标、发现问题的成本，对标主要竞争团队，有什么优势？哪些地方有实质的改进和反超，哪些地方仍然要正视不足。
- 收益与成本，收益是否可度量，增长趋势是否良性，成本是否不断下降，好的趋势是因为我们做对了关键的改进措施吗？
- 干系人口碑，协作角色对我们质量工作的看法如何，是否有自发的赞赏，愿意主动配合？

传统质量工作本质上是不产生产品增值的，在很多人眼里属于“做了是应该的，出了事要背责”，敏捷质量团队可以强调价值的突破思路，即通过新引入的质量工作，获得了多少对产品品质的新认知，推动产品提升了多少可量化的满意度。

报告的闭环收尾

收尾检查，对于汇报提及的后继措施，是否考虑周全，真的能预防事故不会再发生吗？

强调未决事宜、交付时间、责任人，以及下一次汇报的预期目标（价值）。

发送前快速检查：语句是否有误解，表述能否更简洁突出，数据是否有矛盾，排版是否清晰整齐，最后别忘了附件。

PPT 演示关注项

很多汇报场景是在播放 PPT 的同时表达质量观点和动议。在 PPT 汇报过程也有不少雷，特此梳理了一些可以快速提升信息吸收效果的关注项。

PPT 的呈现形式，**一切都是为了目的服务，标题就是观点**。

1）正文最好 10s 就能看到核心打法，因此字体不能小，要让整个会场看清。切忌密密麻麻放一堆工作项和数据。

2）每一页只有一个主题，前后页之间要注意逻辑的连贯（顺序或递进等关系），逻辑思路是 PPT 演示的灵魂。如图 5-14 所示，上半部分的示例就明确表达了主题，而下半部分让人不知道想表达什么观点。

3）如果页面正文有多块内容，需注意引导对齐的视线（利用箭头、缩进等图标）。

4）文不如图，图不如表。一页 PPT 里最好只有一张图表（或者两张图表的对比），切忌将两张不强相关的图强塞在一页。

5）注意图表中的数字单位统一，上下对齐。

6）建议不要用动画，不要过于花哨。成果汇报并不是互动式授课。

7）不重要的页面可以设置为“隐藏页”或者放入注释中，按需使用。

8）图表中的关键数据，用不同颜色表示不同的关注倾向：**红色**表示数据存在风险，**绿色**表示该数据进展顺利。

研发流程反馈问题总结：提测信息同步

- 提测相关信息同步不到位，影响测试排期（北京）
  1）运营活动类比较突出，方案没想清楚，评审时间太长，重新部署导致测试延期。目前已优化 – 增加一轮内部评审
  2）老项目（催收 /RC 等）部分提交代码没有经过测试，据称因业务方需夜晚上线功能，开发自测且负责监控上线
  3）测试提出缺少代码访问和主备库访问的线上账号，开发侧原因是敏感数据有待脱敏，可提供个别账号

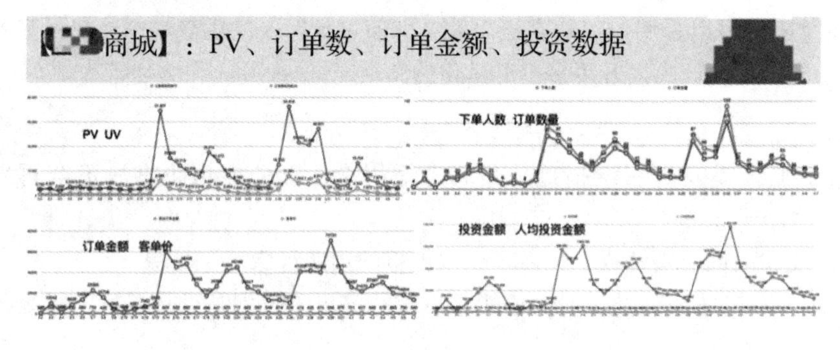

图 5-14 示范——PPT 每页要有一个主题

5.6 构建敏捷研发质量体系文档

发展到了较大规模的研发团队或者质量部门，往往需要构建易于落地的体系化质量规范，用于指导各个专业角色的输出、协同流程、纪律、安全发布，排除历史上发生过的雷。这个系统规范也是技术大部门对外呈现专业度和运营健康度的需要。

基于真实的实践经验，本节将介绍如何快速构建符合敏捷价值观的体系化质量文档集，指导测试团队以及其他研发关键角色共建质量，减少争议并提高效率。这也是质量（测试）负责人应该承担的职责。

传统质量规范体系的问题

传统的质量规范体系往往喜欢把质量标准和流程一刀切，具有“大公司病”的特征，把各个不同业务类型、不同发展阶段的团队，按同样严格的条件去约束，强调执行和处罚。

反之，如果每个业务团队自行定义质量规范和标准，没有统一的理解，也容易让外部感觉公司的质量制度不靠谱，在合作时产生质疑。

- 无趣的规范文档，只强调执行和后果，并未传递有价值的知识和原因（为什么会形成这个规范，来源在哪里），死记硬背使得传播效果差，而且处罚意味太浓，也让年轻人感觉不舒服。
- 规范文档发布形式虽然很正式，但是死板，阅读量低，缺乏深入讨论，更新一个版本的成本也很高。

听听用户的声音

好的规范体系就像一个好产品，易用，能快速找到自己想要的具体资料。我们要想建设长期使用的规范，就必须考虑使用者的意见，比如下面这些就是文档使用者的期望：

- 希望规范文档可以在线预览和更新，简洁易懂，可靠性高。
- 满足不同相关岗位的需求视角，可以做成一个工具箱，按需使用。
- 新人需要的是快速指导文档，老人希望规范不要增添目前的工作量负担，而老板的诉求就一条——保障落地！
- 规范要有专业度，能参考行业领先水平，但不要山寨复制，要能解决本公司实际的质量困难。

敏捷质量规范体系应该是什么样子

它应该是一个协作型的在线聚合文档，可以让读者在具体文档下互动、提问、交流、补充背景信息，而不是冷冰冰的告示板。规范负责人可以随时补充和修改不足。

它应该是宝贵质量知识的沉淀，共享历史事故教训，并且让新员工快速上手，借助文档的指引快速展开工作。

它应该在流程和组织中传递敏捷价值观，推荐优秀做法，同时明确纪律和法规的红线标准，强调对一线员工声音的重视，积极应对和改进。所谓规范，就是“知识 + 经验”的共识提炼。

完整的规范体系应该贯穿产品研发生命周期的所有质量活动，可以按周期的时间顺序找到对应阶段的流程规范和模板，如图 5-15 所示。

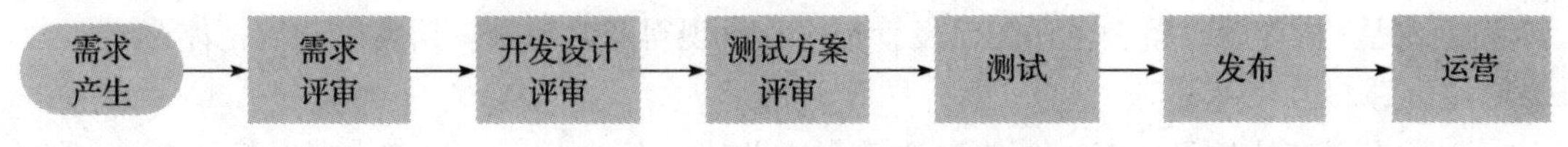

图 5-15　贯穿产品研发生命周期

整个规范体系文档的立项、建设和发布落地的完成里程碑，如图 5-16 所示。

规范体系文档的分类与命名

因为围绕整个研发上线流程的各环节规范文档数量很庞大，我们需要有一个命名指引，让不同专业岗位的人员可以清楚如何“拿来主义”。

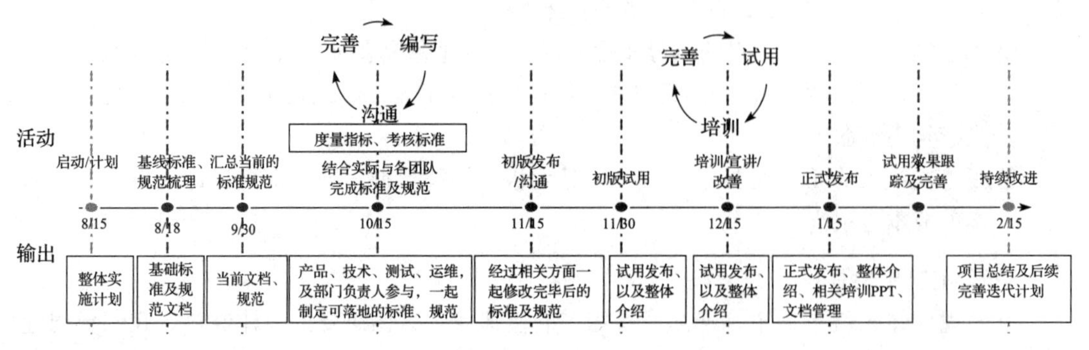

图 5-16 规范建设细化——完成里程碑

例如，每个规范文档的命名可以设置为：XY（公司名称代号）-RD（指研发部）-S/G/T+ 版本号。

S 系列是强制性规范，用来约束流程或通过标准，要求必须这么做，当然文档内可以标注能裁剪的局部流程和可选标准。

G 系列是指南，对这部分工作没有形成成熟的规范纪律，但是有专家推荐的优秀实践，值得大家大胆尝试，实践效果好则会成为标杆。

T 系列则是模板，是方便员工快速落地的道具，以减少重复设计。

质量规范体系的收益

从整个产品研发到上市的生命周期，所有角色共同为质量负责，因此质量规范的宣导、运行和度量改进，也是集体学习敏捷质量共识的过程。每类岗位都能够清楚自己该怎么做，也能够从具体文档中收获便利（专家指南和明确规则）。不同业务团队（部门）也对齐了业务系统级的质量流程和标准，对质量保障规范达成共识。

所有上线曾出现过的事故，其预防措施都提炼成了具体的检查清单，纳入发布前的检查规范中，再一次从组织层面强化了持续改进的成果。

以我在金融科技公司主导的研发管理规范体系为例，一共梳理了面向 7 种角色，9 个类别，80 多份文件，号称“价值 1 个亿”的文档，放在公司研发平台的 Wiki 上供所有员工访问和提意见。梳理后，整个公司的研发管控过程呈现得非常清晰。研发管理规范体系文档参考形式如图 5-17 所示。

令我感到意外的是，对于处于融资和上市阶段的技术公司，这套完整的研发管理规范体系属于投资方和行业监管方的最重要考察内容，体现在商业回报上，就是帮助公司融资成功，获得政府的创新企业奖励。这说明，在很多时候，文档并不是“不得不做的形式主义”，是可以直接产生企业收益的。

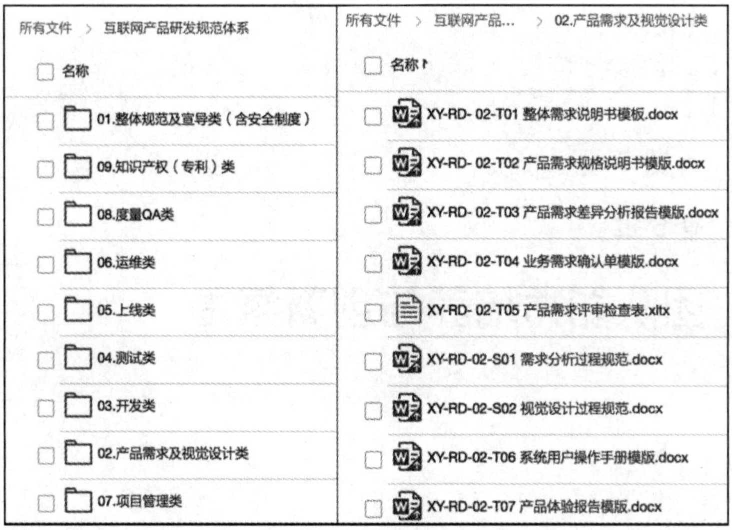

图 5-17　研发管理规范体系文档（示例）

5.7　本章小结

本章重点介绍了如何构建敏捷测试文档，以及高效地进行沟通和汇报。文档和沟通都能推进质量团队的价值输出。高价值文档对敏捷团队的健康发展至关重要，对效率提升利大于弊。但是我们要让文档生动有趣，充分利用思维导图、二维表、WIKI 等多种形式沉淀知识，形成自己的知识图谱，进而掌握更高维度的改进视角。在沟通方面，测试人员要正确理解质量概念的本质，避免反复纠结；在工作汇报时注意关键信息的呈现，讲清楚质量措施和成果的关系，而不是强调工作的繁复。

作为团队管理者，既要能够带领大家构建基于敏捷的质量规范体系，提供专业快捷的工具箱，也要鼓励团队进行高效沟通的技巧修炼，对令人困惑的质量概念进行统一澄清。

Chapter 6 第6章

团队能力培养与创新氛围

敏捷三大要素中的能力培养，是团队负责人应该持续推进的核心，只要成员拥有出色的测试核心能力，那么敏捷转型的各种措施实践就会事半功倍。

本章将聚焦分享团队专业能力如何规划、识别和培养，进一步探讨如何建设团队的创新氛围。我认为，优秀的团队很多，卓越的团队却很罕见，后者的特质就是能持续不断地创新，打破边界。

6.1 技术战略规划——识别核心能力

作为团队的管理者，如果看到的只是眼前的困难，那么想牵引团队能力发展，必然有很大的局限性。所谓技术战略规划，就是技术领导者要面向未来2～3年，甚至更长的周期，思考什么是团队技术最需要发力的方向，要达到什么样的能力水平，再针对规划能力安排短期和中期的研究实践。

技术战略规划可以按照下面这几个步骤来制定。

业务方对测试团队的痛点是什么

通过与业务核心角色的访谈交流，了解哪些品质和测试效率问题属于老大难，一直没有得到很好地解决？业务团队对测试的核心改进诉求（即使比较理想化）是什么？从这些交流中可以锁定一些高价值的提升方向，以及希望达成目标的量化指标。例如：如何一劳永逸地降低现网中同类型质量事件的发生概率？如何构建与竞品的全方位对比指标监控？如何借助自动化和持续测试，从整体上缩短需求验证周期？

测试领域有哪些新的技术发展趋势

当我们抬头看路，了解了最新的测试技术如何发展以及是否已形成良好应用场景之后，我们就能更坚决地投资新技术，或许也能改变枯燥的工作现状。

团队管理者和技术骨干可以调研工业界本业务相关领域的最新成果、国内外一线厂家的技术投资主题、最新技术实践的大会分享专题等，关注成果的实践阶段，例如是否已经在产生新的生产力，是否适合自身所处的业务形态和团队组织分工结构等。

除了工业界，学术界更是新技术孵化和落地探索的主阵地，我们也可以关注哪些产学研合作项目取得了学术和工业的双赢，对本业务的联合研究模式提出更多的可行性。

锁定了具体的技术趋势，如果它可行（并非水中楼阁），能解决本公司的痛点，那它就可以成为技术战略分析的重点。

分析本团队和竞争团队的优劣势

对标知名的同行团队，研究和学习对方做得好的技术建设方案和效能创新成果，分析自己与对方的技术差距以及未来的变化，可以牵引技术战略尽快把主要差距抹平，甚至给出超越时间表。

对标一线竞争团队，冷静看到关键差距，而不是盲目复制对方，再通过内功建设实现技术规划，既可以把自己团队的劣势变优势，又可以让团队的骨干得到自己变得更强的客观证明。

分析优劣势的成果也需要聚焦，不求全面赶超，而是**锁定潜力最大且成本可控的技术提升方向**。

综合取舍，制定技术战略规划，并达成共识

结合业务 / 客户的诉求、技术成熟度和发展趋势、主流竞争团队的分析这三者的综合考虑，得到候选的技术战略机会点（待投资的技术项目）。再根据上级管理者的输入观点、团队当前的实力水平等因素，挑选出 2 ～ 3 个优先的机会点，作为年度技术战略规划的优先实施项目来立项，设立落地里程碑，投入精英技术人员攻关。

面向未来的技术战略项目，第一年的重点是预研方案（可行性）和试点项目落地，探索更适合本团队的关键实现路径。如果发现产出成果难以满足预想目标，而行业已经有开源或者商业平台提供更好的服务，可以果断采用开源方案或者购买商业平台服务，这是减少试错成本的更佳选择。通过与具有多年相关技术积累的公司有偿合作，能快速证明这个技术是否可以给本公司带来真实的价值，也能吸收该领域的业界高手的知识和教训。

反思团队能力的短板在哪里，通过人才招聘和培养补齐

知道了我们的技术突破口在哪里，就需要正确评估自己能力的不足，现有成员是否能够被培养起来，或者在压力下磨练起来？招聘时是否定向（按照关键的缺失技能）物色人才？

我会根据团队需要的关键技术能力绘制人才能力分布视图，看看为了达成长期技术成

果，哪些关键技术能力是空白的（没有人真正掌握），哪些关键技术能力是薄弱的（只有少量人掌握，或者掌握深度不足）。能力掌握的成熟度可分为5个档次：0表示不了解，1表示知道但没有独立掌握，2表示能独立实践，3表示精通，4表示专家。然后针对这个能力视图提供相应的招聘牵引，补充相应的培训课程，围绕关键能力补全来安排骨干员工的挑战型工作。

6.2 测试工程师能力模型

不同的公司对于测试工程师的能力及发展要求有一定的差异，但整体而言差异不多，测试主管只有深入理解这些能力的定义和发展阶段的要求，才能更好地帮助团队提升基础下限，并寻求更高级别的上限突破。

图6-1列出了测试工程师的核心能力，下面针对测试核心能力的具体理解，以及如何识别和培养，给出一些可借鉴的思路。

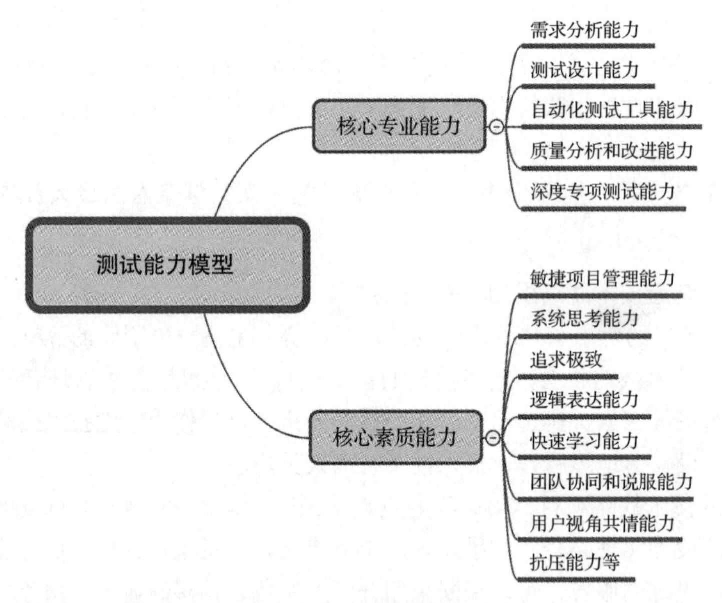

图6-1 测试工程师的核心能力

6.2.1 测试核心专业能力

测试核心专业能力，是指本专业岗位需要的“硬能力”，具体来说，包含需求分析能力、测试设计能力、自动化测试工具能力、质量分析和改进能力、深度专项测试能力等几个方面。

需求分析能力和测试设计能力

测试工程师的本职工作，是确保深刻理解被测需求，包括它的起源、背后的用户特征、用户使用场景，有丰富的输入才能进行完善的测试分析；明确测试策略（用有限的精力覆盖最多有价值的验证点），利用多种方法设计完善的用例场景；在执行过程中还要不断自我审视和调整下一阶段的执行策略。

这一部分的具体内容在第3章和第8章有详细介绍，这里不再展开。

测试工程师只有被人信任其设计能力，不会轻易遗漏重要用户场景，及时抓住主要风险，才能获得向上晋升的影响力。

类似的，**架构理解能力**也是需求分析能力的拓展，工程师只有充分掌握产品业务的架构、软件前后端的架构，才能具备全局视角，规划策略中的测试重点，避免遗漏跨模块边界。

测试工程师的一个职业发展歧路，就是变成半吊子项目经理，没有花足够的精力分析客户需求，没有时间进行测试策略和用例设计，甚至把这些工作都安排给其他执行人员，自己成了甩手掌柜，不了解关键的技术背景，也不能对遗漏风险做靠谱的把控。

自动化测试工具能力

这并不是只考察原创工具平台的开发能力，要避免各个工程师仅仅为了晋升而做新工具、新平台。我认为即使不是一个优秀的测试工具开发者，也可以获得专业度上的高度认可。

自动化测试落地的调研思考和最终效果体现在这几个方面：

- 是否充分了解测试工具用户的诉求（用户可能是开发用户，也可能是需要低代码平台的外包工程师）。
- 能否不开发新工具，而是完全复用开源平台？判断是否准确？
- 决策使用自研平台而不是采用商业平台的理由。比如基于对各种行业工具框架的选型分析、实践案例分析做出选择。
- 是否成为制定工具/平台需求的优秀产品经理？是否有良好的工具体验洞察力，以及平台长期规划能力？
- 是否成为工具建设和交付的项目经理？是否善于在团队落地新工具，数据成效斐然？

质量分析和改进能力

能否从测试过程和交付效果的表现中敏锐地找到要改进的地方，并采取专项行动，落实改进措施？

典型的能力表现证据列举如下：

- 对现有研发质量相关的流程，能否识别浪费或低效的地方，实施改进，并真实地提高了效能。
- 对阶段性的版本交付上线，能否周期地进行缺陷分析、科学分类，抓住可重点改进的预防措施。

- 基于整个研发流程的测试活动产生的度量数据，能否敏锐地发现不足？
- 所有改进的效果是长期性的、经验可复用的，还是暂时性的、局限单一问题域的？如何用数据证明？

我看到过很多工程师的质量总结仅仅满足于抓到了多少个问题，而没有系统分析聚类，没有试图抓住问题的共性规律，也没有逐层深挖。对高级别工程师来说，这种总结难以充分展现专业水准。

另外一个极端反例是，针对单个质量事故给出大而不当的解决措施，动不动要“提高开发自测质量”“要做好架构评审活动”“不能夹带代码发布”，这些都是“**正确的废话**”，泛泛而谈就违背了事故分析的初衷。质量改进一定是抓住每个事故的本质原因来改进的，所有措施都需要在现有资源下持续地进行，同时执行者需要清晰地知道“怎么做”的步骤。

深度专项测试能力

测试领域博大精深，测试团队规模通常不大，具备深度专项测试能力的人才往往是很缺乏的。我们可以在招聘和人才培养中，有意识地识别具备专项测试发展潜力和强烈兴趣的人。

特定时期下，专才对于团队的价值是非常大的，能弥补团队短板，满足业务特定方向的需求，值得投入更多招募或培养成本。为了让专项测试人员顺利成长，除了在能力模型中可以加以引导，在工作安排和考核上也可以进行聚焦及倾斜，把这类人才从繁复的业务测试需求中抽离出来，专心向自己擅长的领域深入挖掘和实践。

主要的高价值专项测试方向有终端专项性能分析或工具开发、服务端性能测试分析或工具开发、安全测试、AI 评测、大数据测试、中间件 / 组件测试、协议测试等。

6.2.2 测试核心素质能力

素质能力，也称为“软能力”或“通用能力”，即不同岗位的成功都可能要依赖的重要能力。

敏捷项目管理能力

这是前面几章重点阐述的知识内容，这里不再赘述。只有深入理解敏捷原则，在测试活动中身体力行，同时掌握项目管理的基本知识和推动技巧，才能保障测试交付的目标顺利达成。

系统思考能力

测试角色在复杂项目中既要坚守质量标准，捍卫用户价值，又要取舍和平衡，按时输出报告，面对不同角色的压力和各类突发状况。因此系统思考能力非常关键，避免陷入越忙越乱，吃力不讨好的境地。

所谓系统思考，就是观察事情被阻碍（或者被加速）背后的闭环是如何形成的，找到关键抓手。复杂问题背后甚至可能有双重闭环互相影响，有兴趣的读者可以参阅彼得圣吉的书——《第五项修炼：学习型组织的艺术与实践》。

以“**如何提升外包同学的工作效率**”话题为例，抛出话题的工程师本能想到的解决思路是提供更专业的外包培训和更耐心的辅导。但是如果我们深入理解外包效率不高的成因，会发现是因为内部工程师自己的工作安排不过来，也不清楚如何让外包的工作更加丰富而有价值，外包人员在单调重复的工作中难以提升，产出成果缺乏变化，进一步削弱了内部工程师分派工作的积极性，这就是一个负向循环。

因此，正确的做法应该是**提升内部工程师的测试体系化水平**，掌握更丰富多彩的任务类型。当手中有丰富的测试任务类型时，就可以把流程成熟的、易于传播的任务给到外包团队进行尝试，外包人员也有更多的机会学习新东西，最终找到产出效率最高的任务模式。如图6-2所示。

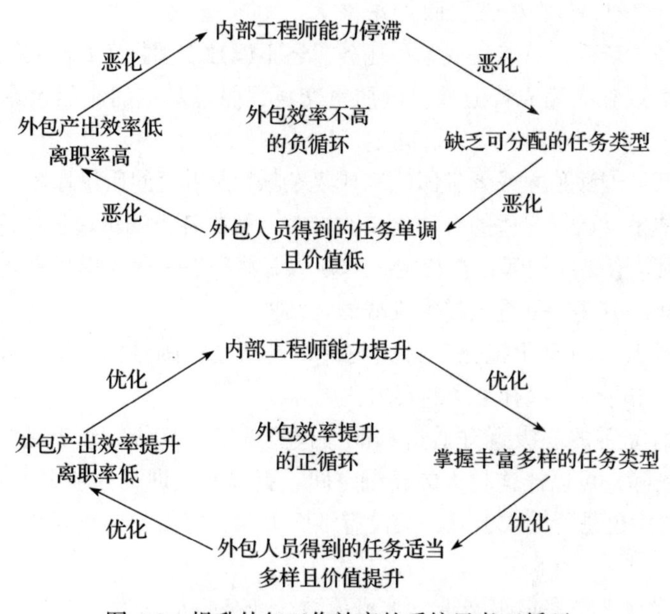

图6-2 提升外包工作效率的系统思考正循环

追求极致

这听起来像是产品经理的价值观，但是对于一个优秀的测试工程师，这是值得追求的职业态度。追求极致可以有几个不同的追求方向，第一个方向是勘查被测试场景的蛛丝马迹，包括用户描述、环境和设备信息、消息、日志、内部状态，哪些可能导致缺陷的出现，如果隔离掉，缺陷是否会消失。

第二个方向是不断追问失效的本质，是什么导致了问题的发生，以及过往为啥会忽略，从开发层面追问这个失效是如何引入的，为什么需求设计的时候没有想到。类似的优秀表现还体现在性能问题的调试分析上，比如5MB的内存空间泄漏或者10帧的流畅度损失，是由什么原因和什么代码引起的，什么改进措施是最佳做法，进而总结出共性的调优技巧。

第三个方向是不断学习关联模块知识。面试时经常遇到测试人员针对某个事故的成因回答："这是其他团队负责的，我不太清楚"。经典软件事故是最好的老师，从中可以学到模块边界和协同工作的知识，也可以理解业务风险的整体视角。虽然我是测试人员，但是有义务理解背后的技术原理、开发实现的思路和遇到的麻烦，不能局限于自己负责的测试模块，限制自己的成长。

除此之外，**用户视角、逻辑表达、细致敏锐、快速学习、抗压能力、方法论提炼、团队协同和说服**等通用能力也非常重要，这些在后面的章节还会有具体的案例展现。

6.2.3 职级晋升辅导

工程师按照能力可以简单地划分为四个主要级别，抽象地定义不同级别的关键词，便于不同部门、不同细分岗位在框架层面对齐。

- **初级工程师**：新手，只能完成单一任务，还不能独立承担正式项目的交付质量职责。
- **工程师**：可以独立完成普通项目的质量交付，熟悉基本的流程，熟练掌握基本的方法技能。
- **高级工程师**：能够独立或者带团队完成复杂项目 / 平台的质量保障，能够对复杂产品梳理测试体系，运行合适的自动化实践方案，解决各类测试过程中的典型难题。
- **专家工程师 / 资深架构师**：在特定技术领域能够独当一面，提供具备行业领先性的测试理论和解决方案，是重大技术挑战的终结者。

随着级别的提升，对于所担任项目的规模、复杂度、困难深度和广度、理论原创性、方案适应性、行业先进性，都有更高的要求。

各大公司都有完善的职级晋升通道和能力模型要求，高级别晋升还要通过专家面试。晋升的好处非常实际，可以挂钩更大的薪酬空间、更多的培训资源和更大的职场挑战机会。通过晋升认证的难度也是阶梯式上升，远没有纸面上那么容易，毕竟高级别的人才梯队呈现金字塔形。

有些测试工程师工作一年很辛苦，加班无数，业务也成功发布了，但在高职级晋升考核时铩羽而归，甚至会产生转岗或离职的想法。因此，如何辅导测试工程师通过高级别的晋升考核，也是测试主管非常关注的问题。

不论你是甄别工程师能力层级的面试官，还是辅导工程师参加专业晋升答辩的"导师"，下面这些指导经验都会给你带来益处。有效的辅导可以给工程师更大的信心，对专业修炼能建立正确的方向和态度。

储备优秀的 STAR 举证

STAR 是最常用的能力面试方法，意指通过追问得到一个真实完整的能力展示案例。S 表示案例发生时的背景 / 情景，T 表示候选人承担的任务，A 指候选人具体做了什么动作，R 指得到了什么真实的可量化的结果。优秀的 STAR 一定是真实发生的项目事件，能与个人努力动作相关联的成果，体现了特定的专业素养。

我们在能力面评时经常会觉得可惜，员工明明有很好的技术，但是举的案例缺乏展示能力的代表性，或者解决的方法简单直白，不能展示更高级别的能力。因此在日常项目中要经常储备能体现深度挖掘难题或系统化解决复杂问题的案例，并在团队中正式分享刚完成的技术案例，接受同事的技术评议，如此才能在正式面评中游刃有余。

业务成功和自己的关系

商场上有句俗语：如果你能证明商业成功与你的关系，那你就是高工资！

我看到不少测试工程师把自己参与的业务上线后的成功数据来佐证自己的专业成就，这里通常是比较牵强的。一个新产品受用户欢迎，活跃度高，不一定是因为品质保障做得好，也不一定是产品经理设计得好，可能是因为用户习惯已经养成，或者某个热点事件推动了用户的兴致。

我们需要通过洞察分析，找到业务成功的数据与自己核心工作的关系，这个并不是邀功，而是抓住“做了什么事最有价值”的本质。

比如，有的测试工程师在做稳定性测试专项时，会把测试优化后版本的崩溃率每日监控曲线与用户相关投诉数据做对比，证明相关满意度确实有一定的提升。类似逻辑虽然不能严格证明因果关系，但是这种求证态度是被认可的。

收益的量化

虽然是针对技术能力的考察，但是能力如果不能变成真实的收益，那就没有办法贡献价值。我也经常看到工程师分享技术原理时眉飞色舞，但是说到团队落地的效果时却顾左右而言他。对于企业的人才认证，能够对成果量化并让人信服是很重要的。收益的量化，不但要看效率，还要看满意度；不但要看现在，还要看未来。

以新测试工具的开发为例，需要关注的内容包括为什么要进行这个开发（投资），能不能不做？哪种开发方案回报最大，从什么角度分析？目前的收益如何，如何度量收益，用户评价怎样？未来随着产品的变化，工具的收益能否持续？在第 9 章，我们会详细讨论这块内容。

本人不赞成为了在晋升中体现技术能力而花大量精力创新测试工具，但实际上并不打算长期使用，且团队也没有采纳该工具的意愿。如果用现有的开源或商业平台工具就可以解决问题，就没有必要开发全新工具。

打动面试官的细节

对于工程师的高级别晋升，如果你想要从众多候选人中脱颖而出，就需要在同级别的工程师中棋高一着，仅依赖常规成果是不够出彩的。如何找到亮点，说出打动人心的细节，是辅导者可以多关注的。

越高级别的晋升，打动别人的细节要越硬核。

这种细节可以是想方设法降低大家习以为常的昂贵设备成本，也可以是出乎意料地解决了困扰已久的难题，还可以是主动承担边界难题，推动其他角色执行了“老大难承诺”。

抬头看方向

资深技术级别的工程师（专家）应该具备前瞻的行业技术视野，思考适合本业务或者本团队的前进方向。在面评时，专家工程师能主动论证自己成果的含金量，反客为主，而不是等着被质疑。

例如，我主导的效能提升方案在行业内是什么水平（有数据对比更佳），为什么我没有借鉴XX公司的做法，我的信心是来自于什么理论和什么项目经验，等等。

看方向这个习惯肯定要在早期养成，包括与同行优秀团队交流、定向参与行业大会、学习相关论文、拜访高校老师、研读本领域的行业咨询报告等。

聚焦一个案例

通常面评的时间非常有限，要在很短的时间让评委认可自己的岗位能力，最好的策略是主打一个核心案例。尤其对于高级别的工程师来说，一堆不出彩的案例，不如一个聚焦攻关并产生可观价值的案例。好的案例可以充分体现被面试者锲而不舍的专业精神和严密的系统逻辑，所以在面试时，要充分地把这个案例的背景、价值、上线数据、个人主导内容说清楚。

针对其他可能引发面试官兴趣的个人能力，可以准备次要案例简单介绍，如果被追问，再详细展开。正如个人简历中所有写上去的内容都应该是有过实践甚至深入思考的，如果不是，建议不要写，否则被追问起来可能会给面试官留下负面印象。

一线管理者的面评准备

有些一线管理者参加专业晋升面评时会遇到尴尬的情况，技术工作都有参与，但是都没有深入了解，因此拿管理层面的工作产出说事，反而会体现专业上的心虚。有经验的评委会把“我们”做了什么和“我”做了什么区分清楚，管得井井有条不代表技术过硬。

对于一线管理者，我认为还是要实打实地承担具体技术项目的责任，有意识地提升特定的专项技术能力，注入自己的深度分析，并保障足够的投入。技术实力不足的债，在未来的职业生涯中还是要连本带利偿还的。

各大公司提拔一线技术经理时都会把较高的专业职级作为硬门槛，我深以为然。不鼓励为了让管理者能顺利任命职务，而在专业职级上放水。但是管理者举证技术能力的视角可以高一些，比如放在技术模型、行业工具选型、架构合理性分析等方面。

类似地，承担项目经理工作的人参加工程师晋升面评时也会遇到同样的尴尬情况，在这种情况下首先要判断：我到底适合走项目管理通道（和人打交道，擅长推动目标达成），还是走技术通道（喜欢钻研技术，搞定技术问题）。

“曾经失败”

这里打“引号”的意思是，参与晋升考核这件事没有真正的失败，该机制是让每个专业岗位的员工都能够对专业积累做提前的规划，做精心的价值总结，甚至有机会与公司专家进行面对面的技术沟通，得到职业发展的中肯建议。

如果晋升评定没有通过，首先不要陷入自我怀疑，本身高级别的专业职称竞争就很激烈，有限时间内的个人发挥也会影响晋升评定，专家自身也不会那么精准客观，当然评审组织者通常会尽量减少非专业水平因素的干扰。

但是，确实有必要做一些个人发展的反思，下一次再接再厉。特别要对比上一次的"失败"，我又获得了什么可视化的新成果。

我面评过两次甚至三次参加同一等级的高级工程师，大多数都最终通过了，而且体现的进步令人刮目相看。如果因为这个工程师绩效高、主管评价高，就放水让他通过职级认定，反而不是好事。

其他

其他可以列举，但在专业面评时可能一笔带过的信息有辅导人员情况、主导流程规范、项目管理和人才管理的心得、分享课程、认证 / 专利和奖励信息等。这些可以加印象分，如果完全没有提及，可能会在某个能力的认可度上受质疑。

特别强调的是类似分享课程的举证，可能在某些岗位的高级别晋升上是必选项。即使是技术优秀的个人贡献者，如果不能通过系统梳理，把完整干货讲出来给大家听，影响足够的人，对组织而言也是颇有缺憾的。

还有部分公司会将高职级人员的举证门槛设置为培养过一个成功晋升的徒弟，这块也需要尽早与领导沟通安排，尝试做一个靠谱的导师。

最后就是面评材料的展现形式，我的建议是不要受限于 PPT 模板，尽可能展示真实界面，尽可能用图表可视化形式，标注准确的关键数据，对着清晰的架构图或逻辑图来讲解技术思路，而不是靠语言干讲。

重要面评之前，可以邀请自己的主管或者专家，做一个模拟演练，这样有利于发现整个过程中的疏忽，及时调整。你的主管和专家对你的亮点、看法，可能与你自己以为的不一样，这是一个很好的对齐机会。

总之，没有临时抱佛脚的秘籍，功夫还是放在平时，日常多表达自己的思路，勇于拿出深思熟虑的方案，建立个人影响力是最关键的。

6.3　创新氛围建设

大家对于测试团队的看法，通常离"创新"比较远，认为测试一般是严谨保守的，以求稳为主，没有必要强调创新和变化。我的观点正好相反，测试 / 质量角色更应该鼓励创新行为，提供容忍创新失败的"土壤"。严谨保守的工作习惯往往带来更多不必要的浪费，这在日新月异的研发效能进化时代是挺危险的，一旦公司盈利形势严峻，必然要从测试成本开始削减。这也是本书的主旨，测试要有危机感并积极开始行动，而创新机制保障和相应氛围激励就是需要努力去做的。

持续创新、改进的能力，也是区别卓越团队和优秀团队的分界线。

6.3.1 健康的创新机制

当然，健康的创新并不是经常脑爆，自由尝试各种想法。想法本身并不值钱，而团队的试错时间成本往往是巨大的。我认为健康的创新氛围建设包含这五点：打造研究型团队，创新项目管理，发挥个人意愿并与 OKR 挂钩，能力组合创新，营造安全和幽默的创新氛围。

打造研究型团队，理论和实证并重

空想和科学创新的差别就在于此，一个宝贵想法稍纵即逝，即使把它公开提出来，距离产生确定的价值还非常遥远。如果团队能够通过广泛学习相关理论和公式，对“想法”进行合理推导，并在具体项目活动中做对比实验，证实结论，那就可以有底气去普及创新的成果，并获得更多的资金支持。具备领先力的理论水平非一日之功，需要长期的体系化学习和集体的思考碰撞。

对于一个潜在可以投资的好“想法”，我们都要追问，有没有做过相关的理论调研和用户调查？对于打算投入人力的创新项目，我们也要追问，如何保障我们的理论是扎实的，团队如何提升相关的理论素养？哪些客观数据将证明创新的成功（足够吸引投资人）？

本书第二部分介绍的一些创新测试方案实践，都是经历过理论分析以及大量项目实战的数据对比并证明是行之有效的。感兴趣的读者可以自行查看相关内容。

创新项目管理

创新项目与常规开发项目略有不同，它更能从敏捷项目管理的优点中受益。虽然公司和老板都是鼓励创新的，但是一旦创新机会窗口过了，或者业务压力突增，创新项目都是最容易被推迟或者中止的，因为它往往不在公司业务目标内（战略创新项目除外）。

如果我们集体认为，这个创新方向值得投资，值得作为项目运作，那么我们可以参考敏捷项目管理立项的流程，严肃立项，同时承诺提供一个大胆尝试的安全环境。

创新项目需要制定交付里程碑，比如什么时候可以展示 MVP（最小可交付价值的产品）或者初步技术方案，什么时候完成项目试点，什么时候全面推广，等等。

创新项目管理的上级干系人需要定期参与成果演示会，提供专业建议，对高潜力高 ROI 的项目给予充分支持（可以追加资金和人力），对高成本低收益或者缺乏理论和数据证实的项目给予驳回。对于部门重要的创新项目，还需要邀请技术委员专家们进行评审，给予帮助。

发挥个人意愿并与 OKR 挂钩

越是创新项目，越是进程要快，证明不可行时就快速换方向或者暂时放弃。

因此，参与创新项目的人，一定是要有强投入意愿的，最好有相关的技术 / 经验基础，因为创新的成功概率很低，远低于日常业务中投入的成功概率。如果完成本职工作都倍感吃力，就不适合参加创新项目。

既然创新成功的概率这么低，为什么我们还鼓励大家勇于参与创新活动，并纳入相应 OKR？因为个人能力在创新活动中是提升最快的，团队创新更是如此。很多项目会失败，但是相关的专业见识留在了团队之中。

谷歌的工程师文化就是把 20% 的工作时间由个人支配，完成本职工作以外的创新目标。这个机制成功地孵化了大量著名的产品和工具。因此，管理机制的支持是保障创新氛围的基础。

针对员工 OKR 的内容，我会重点关注创新类投入的具体描述，不能只是空想，而是有具体做法和难度拆解的，可敏捷验收的——远期目标相对粗略，近期目标更加详尽。

能力组合创新

创新想法之所以没有被其他人实现，往往是因为有门槛，而且是复杂的门槛。一个工程师形成单点的微创新已经不容易，要实现更大的创新成果，通常需要找到 1+1>2 的突破口。这时 6.1 节介绍的能力分布视图就可以派上用场了，比如通过视图可以找到团队中什么人员可以火线调配，与现有人员进行能力组合创新，实现需求。例如：让自动化测试框架的高手与懂 AI 技术的工程师合作，做基于 AI 的自动化测试方案；或者让精通协议和日志分析的工程师与平台设计工程师合作，打造更易用的协议测试分析工具。

营造安全和幽默的创新氛围

安全和幽默看似是不搭界的两个词，但在创新氛围营造中可以起到持续促进的作用。

安全是指鼓励员工大胆提出“不靠谱”甚至“大逆不道”的想法，从中找到创新的更多的可能性，并鼓励员工对创新采取额外的行动，允许一定程度的失败和损失。创新成功是建立在大量失败的基础上的。

幽默，对于通常工作繁重和缺乏成就感的团队特别重要，让工作流程生动有趣，让员工保持心情愉悦，也是重要的创新，还能改变外界对质量团队的刻板印象。

测试团队检查产品质量的态度是很严谨的，但不代表我们不能理解产品取悦用户的“幽默”，可以一件一件地处理。比如，搜索某个不存在的日期的星座预言，就一定要返回“输入错误”这种死板提示么，采用幽默的预言结果未尝不可。

6.3.2　培养创新思维

创新思维是一种新想法或者新发明的概念化过程，这种思维是可以被刻意练习的，我们可以从下面这些角度来有意识地培养。

纵向思维和横向思维

纵向思维，是面对既定问题，先专注寻找答案，找到最合适和最正确的方法。

横向思维，是对现有的问题换一个角度进行反思（改变焦点），找到其他更合适的问题，产生新的解决思路。

举例：目前的问题是测试执行的周期太长，如何引入高效的自动化测试方案？

纵向思维：有多种方法。找到更合适团队落地的高效测试工具，提测和执行等流程 OA 化，针对 DIFF 代码差异内容做自动化测试，接入高效的持续集成平台测试，等等。

横向思维：**改变问题**，即是否有必要完成当前要求的所有测试交付项，是否可以根据优先级允许有损发布？部分没有完成的测试项是否可以发布后继续测试和修复，在下个版本再发布？

找到不同干系人关注的焦点

分析干系人的关注焦点，主要看 WHERE（关注的范围）是否可以放大或者缩小，看 WHY（关注的目的）想法可以达成什么样的目的。

举例一：浏览器的合作站点测试，产品运营组要求把日常测试站点数量提升三倍。

测试团队的关注焦点：任务优先级比较低，投入人力很有限，只能覆盖有限的网站层级（不超过 2 层），内容能正常打开，有限的运营商网络（三大运营商），有限的访问终端（TOP 3 用户量最大的手机），用户活跃度最高的时段网站基本操作类型正常工作，等等。

产品运营组的关注焦点：不能有黄赌毒和敏感信息，测试响应的时间越短越好，覆盖的站点数量越多越好，内容能访问就行。

对齐干系人关注焦点后，创新测试策略如下：引入众测用户进行内容众测，对各大合作站点进行不良内容举报，产品运营提供不良内容清单，清晰的分类定义，保证及时处理。内部测试团队大幅减少测试项和访问层级，聚焦访问接口可用性监控。

举例二：手机对战游戏的玩家投诉充值强化能力的效果不满意，有坑钱之嫌。

游戏数值平衡是产品策划人员精心调整的，测试团队要从用户视角思考，为什么用户会投诉？有没有快速评估的简单模型，道具收费升级的效益是否合理？

通过测试组的多次脑暴，我们把用户关注的焦点简化为：花 100 元（升值某项技能），测试是否能带来对战胜率的合理提升？因为早期的手机对战游戏画面比较粗糙，也没有那么大的社交影响力，所以玩家充值的主要目的并不是炫耀道具本身，而是提高胜率。

于是，我们根据 100 元充值放在每个不同的能力项上，也开发了模拟对战的自动脚本，统计前后的胜率变化；再搭配两个不同能力的充值，来对比胜率变化，绘制胜率对比的趋势图，最终代表用户给出结论：这个能力提升概率应该是正向的，而且不存在某个技能的充值效果过于无用。

寻找替代方案

当你只有一个点子时，这个点子再危险不过了。

从现存的解决思路中，进行可替换方法的发掘，可以得到更多的解决手段。我们以“如何做账户安全测试”为例，看看可以找到哪些可替代方案，如图 6-3 所示。

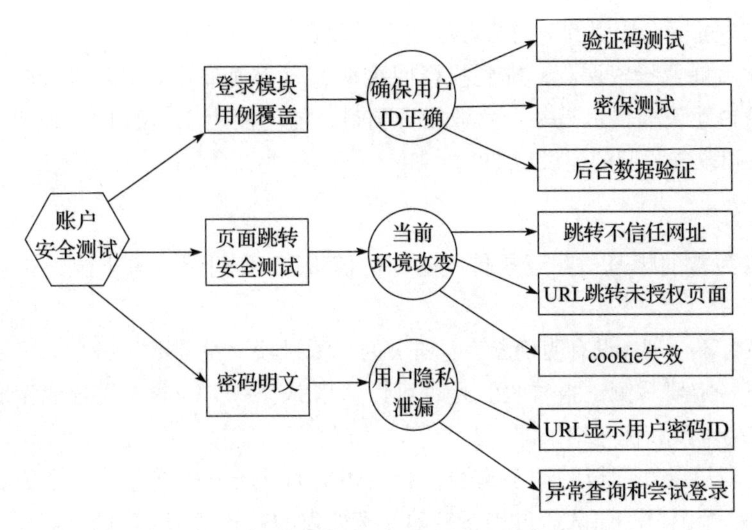

图 6-3 “如何做账户安全测试”的可替代方案

质疑

质疑不是批评。

对于团队的例行做法、习以为常的目标，需多多思考：我们一定要这么做吗？当初这么做的原因是什么？当初的原因仍然有效吗？有其他的方法满足这个目的吗？

用这种精神，审视手头的工作，可能会找到很多浪费或者低价值的地方，也会增添弹性交付的手段：

- 专职测试前必须完成开发的自测吗？是否可以通过产品演示会来替代自测？
- 功能自动化测试都是由测试团队负责吗？是否可以由开发和测试团队共同完成自动化测试覆盖，并取消自测环节？开发交付合格的自动化脚本，测试做统一维护和将来的回归。
- 发现了缺陷一定要录入缺陷跟踪系统吗？我们在缺陷跟踪系统的大量填写工作，真的能带来足够的收益吗？是否会让开发疲于应对，而忽略最重要的风险？

随机联想

作为一个学习型的组织，我们需要有例行的集体学习交流时间，内容不限于本业务内，可以是其他业务，其他技术领域，其他公司和行业，历史的经典案例，等等。

当我们在跨领域学习时，我们可以随机地联想到是否可以和当前工作的痛点发生化学反应，扩充我们的理论体系之树，这样我们也会获得惊喜。

例如，当我在学习架构师课程“海量服务之道”，在资源严重受限需要提供有损服务时，就会联想“测试品质为什么不能（在一定前提下）有损交付？”，测试通过标准并不需要是雷打不动的。

当我在学习产品和设计课程，强调不要“过度设计”时，就会联想到测试设计也是一种设计，我们“过度设计用例”的情形经常会导致资源难以支持。

当我在学习商业投资课程，提到投资回报率、商业画布等知识时也会联想到，我们所有的自动化平台建设项目也是一个商业投资项目，能不能用成熟的ROI公式和商业要素分析理论去评估和改进我们的建设规划？

大胆假设

对于习以为常的规范，甚至是传统的“价值观”，我们是否勇于假设：它并不总是正确的？

我们可以对不合理（没有明确断言标准）的“测试项”说“不”吗？

测试人员一定要写测试报告吗？是否可以“培养”一个机器人代替他完成这些基础工作，工程师只用于预和优化结果即可？

持续的创新思维和积极的动手实践，会让团队的气场发生变化，这个说法一点都不夸张。下面分享一个测试小团队通过创新打动专家评委的精彩案例（案例共同作者袁建发，项目参与人员覃冰锋、吴景等）。

6.3.3 创新案例：自制400元的硬件电量仪

创新不一定是提供了更新的技术，制定了更有效的流程，也可以是在有限的投资下，显著降低了成本。

为什么要做电量仪？

所谓电量仪，就是为智能设备（尤其智能手机）的电量功耗测试提供的专业硬件测试仪器，在很多手机和应用的测试项目中，电量测试是必须达标的。

通常测试电量有软件方法和硬件方法，软件方法需要的统计电量API始终无法达到结果精准的要求，它的统计本质是统计各个设备元器件消耗的总电量值（平均功耗 × 使用时间），因为元器件型号不同，加上设备老化的影响，电量会存在较大误差。

硬件仪器的测试方法是统计一段时间电池放电的平均电流值，这个结果更容易被项目组认可。但是专业硬件设备非常昂贵，4万～10万元人民币不等，而且多个项目测试可能在不同城市同步展开，无法共享硬件设备。作为预算有限的小团队，我们就萌生了自己研制一套小巧便宜的电量仪的想法，目标是批量生产，价格尽可能便宜（数百元）。最终成品如图6-4所示。

图6-4 电量仪与手机的实物对比照

第一次尝试

我们只需要基本的电流和电压数据即可，过高的精度和其他专业设备功能对我们而言是大材小用了。电量仪实际上就是一个电流表，所以我们一开始想：采购相关的零部件，然后自己写驱动程序读数据，是否就可以搞定了？

我们在某宝上采购了一套可编程的电流表以及可变电源，自己组装电路，实现了一套能测试电流的设备。同时我们也发现了一个严重问题，一秒一次的采集频率无法实现对读取电流的精度要求，第一个版本的电量仪根本没法使用，如图 6-5 所示（由 COM 串口可编程电流表实现）。

应用程序在一秒的时间内可以做很多事情，而电流变化无法在低采样率机器上体现出来，所以我们只好另想办法。通过分析确定电流仪的最低指标采集频率不得低于每秒 20 次，这样才能抓到接近真实的电流场景数据。

第二版，自己设计

然后我们就开始经常往电子市场跑，认识了一些做芯片解决方案的厂家，在了解硬件相关的知识后，通过前期反复和厂家沟通，终于在 2 个月后做出了我们自己设计的电量仪产品。尽管是首版自制样品，但采集频率可达到 50Hz，电流精度可以达到 0.0001A，电压精度为 0.01V，基本满足了我们的日常测试需求。更重要的一点，体积居然只有手机那么大。

为了省成本，我们也做了很多妥协，例如使用 COM 串口，没有使用 USB 口读取数据，且芯片通过单独的 USB 口来提供工作电压。这样不需要使用被测对象的电源，让测试数据更精准。

通过与专业仪器测试进行对比，发现数据误差在 5% 以内，即在可接受范围之内。

第二版在实际使用过程中也发现了一些问题，例如电压过高时测试数据不准等，也逐步解决了。电量测试仪第二版首版实物图如图 6-6 所示。

图 6-5　COM 串口可编程电流表

图 6-6　电量测试仪第二版首版实物图

第三版，支持自动化测试的电量仪

电量的自动化测试，是不是也可以通过我们的电量仪来完成呢？

答案是肯定的。电量自动化测试时需要脱离 USB 线，否则 USB 供电会影响电量结果。

但矛盾问题也来了：脱离USB线后，PC脚本无法控制手机的运行状态以及测试数据，满足不了完全自动化的要求。

这个困难可以从软件突破。Android系统上开发了一个读取电量的应用PowerStat，可读取Android手机从最近一次拔下USB线到当前时间的电量消耗。

根据这一特点，我们在Android手机上面实现了一个代理服务，测试前将测试任务下发给代理服务，在启动测试任务的同时也启动PowerStat电量统计。等到测试结束，代理服务通知PowerStat结束电量统计，这样就可以得出本次测试的电量数据。

但是这种方式里PC侧仍然无法控制手机的连接状态，于是在进行硬件设计的时候，我们开始考虑如何实现完全的自动化测试。

既然电量自动化测试的关键在USB线，那么我们**是否可以在电量仪和PC端之间串联一个USB线，将USB中的电信号去掉，只保留数据通信的功能？**这样就不影响手机的放电状态和电流采集了，同时也保证了PC端和手机正常adb通信。

通过实际验证这个方法是可行的。我们完全实现了电量测试的自动化，还可以通过COM串口指令动态实时切换电量测试开关。电量自动化测试时序图如图6-7所示。

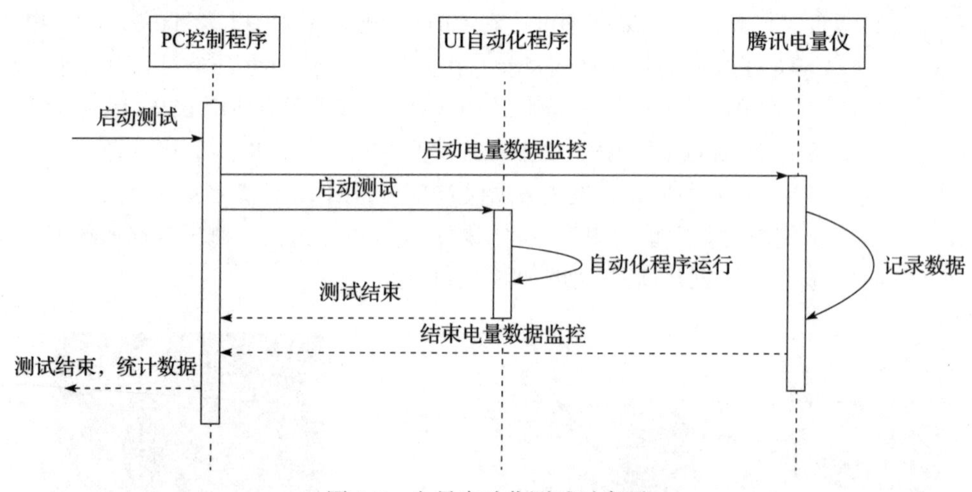

图6-7 电量自动化测试时序图

做硬件和做软件最大的不同是什么？

通过这个案例，我感受最深的就是做硬件产品迭代的周期很长，一个版本最少需要两个月的时间，还需要找到比较熟练的解决方案商，如果硬件产品复杂度高，可能需要更长的时间。

一开始我们以做软件的思维方式运作，导致第一版电量仪没考虑到许多重要功能，也致使第二版迭代时要重新做PCB板，中间还重新换了方案解决厂家。所以做硬件的团队一开始就要把核心功能的设计考虑进去，尽量减少硬件迭代次数。

其次，相关专业知识非常庞大，涉及如 PCB、CNC、A/D 转换器、贴片钽电容等专业概念，重新学习并掌握这些知识和工作原理，才能支撑自己做方案设计的想法。

我们经常实地去电子市场了解各硬件物料的价格、磨具加工流程、外包装制作等。做硬件涉及的环节比做软件多很多，我们仅仅做一款非常简单的仪器就这么麻烦，很难想象做手机这种类型的产品有多复杂。

硬件的平均成本价格与销量有密切关系，其中开模费用、磨具生产费用、物料采购费用等都与采购数量有关。一开始不要以竞品的智能硬件价格来对自己的同类产品成本进行评估，这会产生很大的误差，数量越少，单价成本就越高。通过与硬件方案提供商、包装商、店铺老板们"斗智斗勇"，一百台电量仪终于进入量产阶段，平均成本价格在 400 元以内。

6.3.4 测试专利申请

前面说了那么多创新的重要性和团队如何创新，那如何对外客观证明自己的创新实力，并保护高价值的成果?

申请发明专利就是一个值得鼓励的动作，测试技术团队虽然很少产生商业排他性的专利，但仍然可以通过发明专利证实自己的创新价值。

这里简单解释一下，专利有三种类型：发明专利（保护期 20 年），实用新型专利（保护期 10 年），外观专利（10 年）。技术团队主要申请发明专利，这也是本节介绍的重点。而有些重点产品为了保护自己的外观和界面交互不被抄袭，也会申请外观专利等。

发明专利申请的原则如下。

- 新颖性：市面上不能有已知公开的同样的专利设计。
- 创造性：需要有新的实现方案，而不是单纯依托人为指定的规则达到目的。
- 实用性：专利本身是可以带来具体的价值的。
- 非显而易见性：不能简单从已知逻辑推导出结论，中间需要有智能创造。
- 适度揭露性：专利文档需要在一定程度阐述专利的工作原理等信息。

专利申请以后，可以在国家知识产权局检索目前专利的申请信息，等待后继授权结果。专利只能在授权国范围内生效，如果要在国外产生效率，需要申请国际专利。

下面是一个著名的专利公开信息，**迈克尔·杰克逊的神奇舞鞋**，可以实现舞台上演员身体倾斜 45 度，如图 6-8 所示。

从上述例子可以看出，专利保护的是具体实现特定效果的特定方法，而不是特定效果本身。你要是有完全不同的创新方法实现在舞台上身体倾斜 45 度，仍然可以申请新专利。

专利可以给我们带来什么价值?

专利，顾名思义，是可以行使独占权力，要求其他主体不得擅自利用涉及专利的技术方案生产产品，或者从授权使用中得到专利授权费，当然也可以发起诉讼要求索赔。

专利诉讼通常不会轻易使用，但是在关键时刻可以起到保护自己的作用，尤其是大厂对抗时，专利的含金量对商场争夺非常关键。

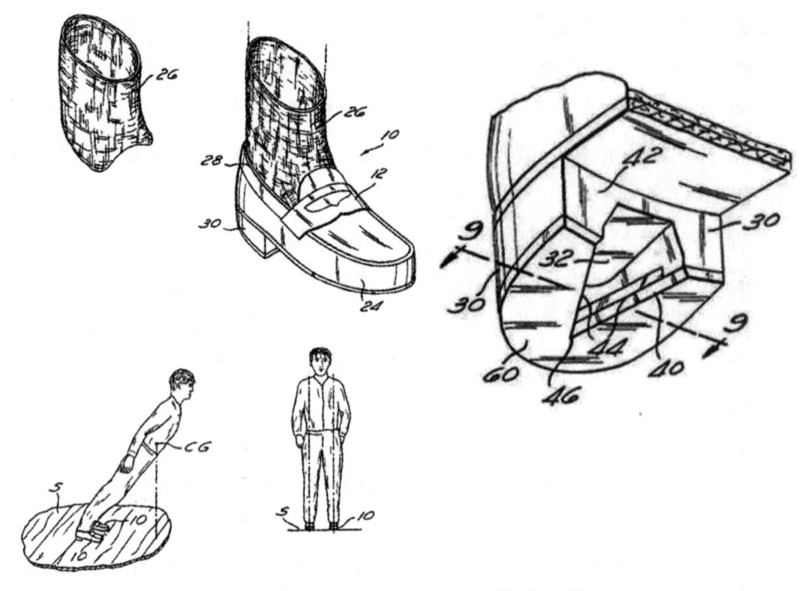

图 6-8 迈克尔·杰克逊的神奇舞鞋

作为一个技术企业或者技术团队，构建便捷的专利申请流程以及吸引人的专利激励制度，可以有效地促进创新氛围。拥有大量专利价值能直接提升企业的信誉和估值，也会得到政府和行业机构的认可，对商业成功的助力非同小可，对个人的职业发展也可增添浓墨重彩的一笔。

从 CTO 和法务管理层视角来看，可能每年都会审查专利布局，以确保公司的核心技术成果能够得到完整的保护，同时避免关键技术被竞争对手恶意抢注。

申请专利的困惑

这里提供一些测试团队申请专利的困惑答疑，也是一些冷知识。

1）我的专利应用到的产品还没有正式发布，可以申请吗？

可以，专利申请越早越好，如果被其他发布体现同样创新方案的产品抢先，申请很可能就失败了。

2）我的专利技术似乎只是一个局部微创新，并不是全新的工具或者技术方案，可以申请吗？

可以，微创新也是可以申请专利的，只需要说清楚你的微创新依托于什么已知的技术方案，微创新本身的价值是什么。比如我们把只能调用文件处理查阅的日志直接解析在终端设备上查看，就是有价值的微创新（提高了老工具的分析效率）。

3）我的创新方案只是在脑袋里面思考清楚了，但是还没有来得及编码实现，可以申请吗？

可以，专利保护的是创新方案的具体描述逻辑，并不需要真实的编码实现成功，完全可能有专利但没有产品，只需要创新方案的实现逻辑上是自洽的。

对专利小白的提醒

1）依据专利组提供的模板大胆提交专利即可，锻炼创新思维。如果公司没有专利组，也可以联系律师事务所协助办理专利申请流程，甚至直接上国家专利局官网尝试提交申请。

2）不要为了写专利而写，聚焦独创性价值，提高含金量。

3）通过专利局公开资料的搜集和分析，可以理解行业和竞争公司在创新方面的布局和可能推出的新成果。

4）注意专利描述，合理补全保护范围，避免被轻易绕过和恶意抄袭。专利内容通常包括这几块内容：提交人信息，与本发明相似的现有方案，现有技术方案的缺点和本发明能解决的问题，本发明技术方案的详细阐述（完整公开的程度以本领域人员不需要创造性劳动即可实现为准），是否还有其他的替代方案，本专利欲保护的关键点，附件（如名词解释和参考文件），等等。

5）从发出专利申请到专利局接收专利申请，时间很快，但是从专利局受理到正式授权，可能会长达 1 ～ 2 年的时间，需要耐心等待。因为受理时已经能在官网查询专利了，所以没有正式授权也不影响专利保护的法律行动。

6.4 本章小结

本章重点介绍了如何培养团队成员的专业能力，并营造健康可持续的创新氛围。首先，作为团队的负责人，需要对未来数年的技术发展进行战略规划，从业务痛点、行业技术趋势和竞争对手优劣势三个方面做深入分析，最终给出可落地的技术规划，并针对近期高优先级的技术机会制定项目目标，在人员培养和招聘中进行匹配。针对测试人员如何修炼宝贵核心能力，包括核心专业能力和核心素质能力，本章基于过往经验进行了剖析和举例，并对如何辅导工程师进行晋升给出了指引技巧。最后针对测试团队如何培养创新思维和建立创新机制，给出了完整的实践思路和优秀案例，也分享了提交专利的制度和高效技巧。

Chapter 7 第7章

外包测试的高效管理

测试工作繁重，在业务快速发展的同时，把部分测试任务外包出去，既可以降低管理成本和快速扩张的风险，又可以快速承接任务，同时让核心成员专注做更有价值的工作。

测试团队通常是企业外包实践的主力部门，基于多年的实践经验，本章会展开聊聊外包的分类和价值，以及如何选择合适的外包敏捷管理模式，提高交付效率，满足商业目标。

7.1 外包的分类和价值

外包的本质是让工作和资源更好地匹配，对于部分非核心工作，或者不擅长的专业类工作，花钱让外包供应商承接，这样可以让公司内部更加聚焦。

招聘和培养内部员工的周期很长，如果员工在非核心工作上陷入忙乱和没有成就感的状态，很容易就离职了。

外包分类

外包类型主要分为三类，项目外包、计件外包和人力外包。

（1）项目外包

约定合同中的交付内容和质量，按要求及时履约即可，甲方主要承担前期沟通和后期验收的成本。项目外包需要对合作方的专业资质和交付品质有比较高的信任，这样才能尽可能降低甲方的管控投入。

典型的测试项目外包任务形态为：针对特定产品，承包所有指定测试类型的交付，如一定数量版本的功能测试、基本性能测试、主要平台的兼容测试和专项测试、上线前后验收等。甲方可以提供基本的用例管理，交付件检查，提出改进要求。当然，甲方也可以做甩手掌柜，由外包方按产品规模和合作时间收费，自行设计、管理和优化测试用例。如果发生违反合同明确规定的规范问题，甲方可处罚外包方相应费用。

项目外包，通常不会严格约束外包方要投入多少人力完成测试工作，外包方的项目经理可以做一些动态调配，提升团队的主观能动性，但是也需要展示投入人力的具体信息，以及完整的执行报告和结果。

指定产品的测试项目交付，不一定都是全生命周期的测试保障，也可以是特定阶段（集成/系统测试）的集中测试交付，这种方式适合内部研发完成后交给外部集中测试验收的情况。

（2）计件外包

按被测产品数量或覆盖测试设备数量收费，比如针对应用商店的 App 人工测试审查，按产品款数和测试轮数收费，满足质量检查清单要求；再比如针对机型兼容测试任务，按照覆盖的机器数量收费，要求跑完指定用例集。

（3）人力外包

这是最常见的一种外包合作模式，尤其适合初期合作。人员跟随内部团队一起工作，对现状影响最小。根据工作量和技能要求，雇佣一定规模的人力完全为我所用，工作安排比较自由，但相对而言，甲方的沟通和管理成本会高一些。

随着公司雇佣外包人力规模的不断扩大，出于安全和管理的需要，很多公司会倾向于建设 ODC（Outsourced Development Center，外包发展中心）集中管理外包团队，这时外包员工日常就不一定坐在内部团队身边了，可以集中远程办公。

从跨国公司的角度来看，离岸外包就是把外包工作跨国家完成。而国内说的外包 ODC 通常按地域分为场内（在甲方公司驻场）、近场外包（在甲方附近的办公地点）、异地外包（外包团队在其他城市）。

因为制约团队发展的主要因素是公司的编制预算（Head Count，HC），采用外包解决内部编制人力不足的难题，自然是各大公司的本能选择。

外包的价值

采用外包模式具体会给甲方带来什么价值？以下是我的一些总结。

- 内部团队专注打磨核心知识技能，让专业的合作伙伴补足缺失的能力。
- 通过与更专业的外包公司合作，学习对方的技能和管理经验。外包公司对人员的招聘、培养和管理也有一套成熟的机制，值得学习。
- 用金钱换时间，省心。目前还没有能力消化那么多明确的任务，需要大量借助外部团队，但未来可能业务发展速度会降下来，或者内部团队能够消化这些工作了，那就不再需要雇佣大量外包资源了。外包雇佣模式可以避免团队的激进招聘，显著减少了团队收缩时的处理成本和对公司氛围的伤害。
- 充分利用不同地区的人才资源，比如二三线城市有丰富的基础人才，却缺少有挑战性的新鲜的工作内容，当地 ODC 的员工的工作积极性和稳定性都是比较高的。

- 减少运营费用，比如可以显著减少外包办公场地的费用。二三线城市或者部分国家的工程师薪酬费用更低。
- 通过多家外包供应商的竞争，可以找到服务满意度更好、人才专业度更强的供应商。

总结： 通过外包合作，实现更快速的、高质量的交付，提高公司在行业的竞争力。

外包实践中遇到的常见问题

下面是我在大量外包实践项目中遇到的常见问题，本章后面的内容会给出解决这些问题的推荐方案。

- 不知道如何选择合适的服务商。
- 对外包方管理者的服务不满意。
- 外包团队越来越大，但效率比较低，发现的缺陷重复率高，价值低。老板不满意。
- 外包员工抱怨工作单调无趣，无效加班多，技能成长很慢，离职率惊人。
- 经常发生一些安全违规事件。
- 不知道如何考核外包的产出，不清楚外包工作的饱和度和真实效率。盲目塞任务给外包团队，把表面的工作量填满，外包人力被滥用，完全不考虑投资回报率。
- 甲方负责外包管理的责任人缺乏自我成就感，晋升困难，不知道如何推动外包交付效率的提升。
- 对远程工作的外包员工和外包项目不放心。

7.2 测试外包团队的组建

想清楚了外包的价值，梳理了外包需求，得到管理层的认可，就可以开始组建外包团队了，我们通过下面几项工作来有序展开。

确认外包预算

从外包人力综合费用（薪酬，相关办公和管理费用等）来看，对于大公司而言成本有明显的降低，但是，低成本并不是外包的主要目的。评估外包预算，需要分析未来一段时期的缺口测试任务的工作量，给出估算依据，例如该工作的优先级，工作量增幅趋势，以及要求人员的能力和资历级别。如果是项目或者计件外包，需要参考行业的报价情况。

招标

招标可以分别从商务和专业度（技术）上来进行评分。可以挑选数家供应商进行陈述和答疑。可参考的评分维度列举如下：

- 公司资质。是否有软件工程领域和业务相关领域的认证，比如软件工程领域的认证、员工在敏捷领域的认证情况等。是否有类似规模项目的成功承接经验，合作伙伴和口碑如何。注意，虽然知名外包公司都有 CMMI 等级认证，但这个不是敏捷团队看重的。敏捷研发项目，更看重外包公司在敏捷项目的培养机制、实战改进和教练情况。

- ❑ 人才和专业储备。是否有足够数量的人才供应，人才相关经验是否符合要求，能满足测试项目的快速交付需求。在本业务领域是否积累了足够的业务承接经验，关键人才情况如何。如果承接金融项目，有多少人具备金融领域的测试经验，时长如何。
- ❑ 团队纪律管理水平。是否有基础的日常管理、项目交付管理、落实安全制度等。管理机制能否与未来的敏捷工作原则兼容。
- ❑ 氛围和员工满意度。是否有成熟的员工沟通和激励机制，员工的稳定性如何。基于敏捷管理的 Go See（实地查看）理念，如果能够现场考察工程师的代码情况，考察团队的工作机制和互动氛围，就能对其承接敏捷项目的成功概率做出评价。
- ❑ 办公软硬件。是否有符合安全规范要求的办公场地，能否按甲方需求快速采购测试设备。是否有适合敏捷活动的空间和设备，比如大量的白板、公共信息化空间、远程视频会议系统和协作文档管理系统等。

商务合同

通过招标，最终选出一家或数家供应商，签署商务合同。合同中会约定外包项目的工作范围、金额、支付方式、测试设备费用、验收要求、处罚条款（违约或者出现低级问题等）、合同中止条件等。

对于敏捷研发项目的商业协作，合同强调的是如何围绕风险建立积极协同的机制，增加项目透明度，放宽限制，强调“客户协作高于合同谈判”的价值观。另外，敏捷项目的外包合同也要匹配交付的灵活性，不应详细定义交付的具体内容和任务频次，而是以可持续工作的负荷为基础，以项目的价值成功指标为中心，灵活定义合同内容。尤其不必强调交付的详细文档清单，而是关注交付可工作的软件或脚本。

敏捷产品的增量发布会带来商业决策的快速变化，所以好的合同也应合理支持项目变化和提前终止，可变合同有利于外包方聚焦提升交付效能，而不是过度承诺交付总量，降低工作质量。

团队招募

按照工作计划进行人员的招募，可以从外包供应商已有相关工作经验的员工中进行挑选，也可以让供应商提供新的合适人选，由甲方项目经理或接口人进行面试。大体量的供应商针对不同的业务线可能都有相当数量的候选人储备。我在面试外包伙伴时最看重的品质是沟通逻辑清晰，做事细心尽责，学习改进的意愿强，能够并习惯于独立交付任务，有扎实的脚本代码能力更佳。

明确管理制度

把日常工作和产出流程化、制度化，尽可能减少甲方干预过程的必要性。

主要的制度包含新人入职培养，系列技能和业务知识培训，安全红线，日常工作交付流程，日报和周报，考核指标和激励制度，晋升制度，等等。制度依靠外包管理 OA 系统来数字化落实。

运行和定期回顾

通过日常运作，随时从管理系统得到关键指标的可视化结果，定期进行改进，必要时甚至可以修改合作方案。针对外包项目组、责任人、成员，可以根据主客观的评价进行激励和晋升，或者要求整改，甚至进行人员更换，最终找到一个稳定舒适的合作模式。

合同中止

当项目完成或者中途中止时，需要完成合同约定的退场条款，并且做好资料的归档交接，销毁敏感信息，回收相关人员的权限，等等。需要达成的共识是，敏捷项目的提前终止并不代表项目外包的失败，反而可能预示着迭代交付给出了积极的结论。因此，我们应该尽可能减少项目合同中止时的罚款内容。

整个基础运作的简单流程如图 7-1 所示。

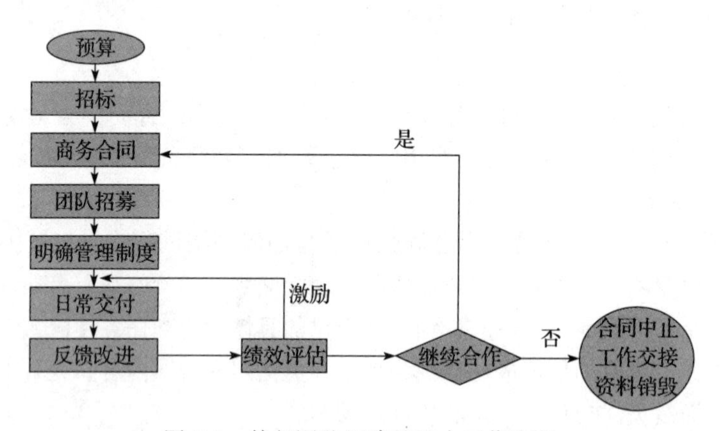

图 7-1　外包团队组建的基本工作流程

7.3　外包管理的提效实践

外包团队的建设和管理虽然看着比较简单，但是实际运作时还是会感觉效率不高，经常出现一些意外问题，甚至让投资外包的公司管理层不甚满意。

业务快速发展时，不采用外包会阻碍发展速度，但是当内部团队对大量外包投入习以为常时，很容易成为甩手掌柜，加上质量需求的各方本着“有人力不用白不用”的心态，很容易带来人员加班多且效率低下的后果。

基于以往的实践心得，我整理出以下提效措施，供读者在公司实践时参考。

7.3.1　关键角色与风险控制

随着外包规模的扩大，相关预算金额越来越大，关键角色承担的风险控制责任也会很大。首先我们要明确外包交付项目中的几个常见核心角色，这是外包效能保证的关键。

- 内部（甲方）：外包管理负责人，从甲方角度确认预算，也是合同交付的最终验收责任人，对外包团队的升级、扩大招聘、组建方案、定级和激励方案等也都有决策权。

- 内部（甲方）：测试接口人，负责任务发包和效果的监督，对外部交付效能进行评价，并干预外包管理不善的情况，也可以对外包人员的绩效进行确认。为了实现敏捷外包管理的目标，测试接口人应该具备敏捷测试管理的知识，基于敏捷价值观推动外包团队的改进，而不是制造反敏捷的障碍。
- 外部（乙方）：测试项目经理，负责外包内部各种管理机制的落地，提供省心服务，按甲方要求进行优化改进，及时处理资源冲突或向上升级风险。
- 外部（乙方）：测试组长，负责具体测试执行团队的内部管理，理解任务，合理分工，汇总报告，新人培养和业务培训，一线员工评价，等等。

外包乙方的这两个关键角色的选择非常重要，内部外包负责人 / 接口人要对其人选进行面试，确保双方在管理目标和风格上能充分协同，尤其主动性和责任心能满足交付要求，人选不合适则需要尽快更换。采用外包模式的核心目标之一就是降低内部管理成本，如果外包方关键角色不够给力，有可能出现管理成本不降反升的情况。

优秀的外包项目经理和组长有这样一些特征：

- 理解基本的敏捷知识，能够配合甲方敏捷迭代的机制，支持一线员工获得特性团队的关键信息，采用低成本方式消除和甲方的沟通障碍。
- 管理制度完善，执行干练，主动把运营产出数据呈现给甲方。
- 遇到项目运作的麻烦，在合同约定或力所能及的范围内直接搞定，尽量让员工不因为制度僵化导致无法顺利完成任务，如手机采购不到，加班和出差批准太慢，等等。但是出现较大风险时，能主动拉甲方负责人确认解决方式。
- 未雨绸缪，储备了足够的后备人才并安排培训，甚至针对业务类型精准匹配了相关经验人员。一旦发生离职就可以迅速补上。
- 有与一线执行人员以及接口人的及时沟通机制，能够及时发现对项目运作或团队管理的吐槽，更快进行处理。

整个外包项目运营中的风险有如下几类，我们分别看看如何把控风险。

1）**财务风险——预算超支。**

这类风险是指当业务任务需求繁重时，人员招聘猛增；或者市场合适人才有限，需要提高工资水准，导致超支。这类风险需要梳理好业务测试的需求和工作数据，让业务方配合提出外包资源的追加需求。相对于业务高速发展的价值，增加外包预算通常是值得的（当然，前提是历史运作效率是合格的）。

另外，外包招聘是找最合适的供应商和人才，并不是越便宜越好，外包负责人可以根据面试定级、市场价格调研、高级别外包角色的必要性等，进行追加预算申请。尤其对于敏捷研发而言，一个优秀的专业测试人员大于多个只管执行的普通测试人员。

外包项目的管理责任人，要定期回顾效能数据，结合财务花费，判断预算花得值不值，项目的干系人真的关注这些产出吗？不要等着管理层来做“无情”的裁减决策。

2）**信息安全风险。**

信息安全和工作便利性总是发生矛盾的，工作不便利也会导致外包效率大幅下降。从我的角度来看，只需要把控好合同红线，外包的信息权限还是应该尽量放开，基于“**信任**”来管理团队。

合同上约定的红线和公司内部信息安全红线一致即可，项目无关或工作不强相关的资源按需申请。不建议内外部采用不一样的信息安全标准。外包公司自身都有完善的客户信息安全培训，也会承担信息泄露风险的追责。

应该把外包的信息安全管控精力放在外包管理 OA 系统上，比如访问权限是否有审批，下载内容是否违规，敏感报告是否按要求加密，等等。

3）**人员流失风险。**

外包行业的流失率通常比较高，有些项目的流失甚至达到很夸张的地步。本章分享的效率提升经验，就是为了间接提高外包人员的稳定性。将心比心，要让外包人员工作意愿更持久，核心要素就是这几点：**工作有意思，做的事有价值，能学到东西，工资有竞争力，被信任，被尊重。**

反之，人员流失严重的典型原因就是上述要素的反模式：**不被信任，不被合作方尊重，加班压榨明显，不懂的没人教，不知道做的事有什么意义，工资和能力不匹配，**等等。

4）**项目交付风险。**

所有的严重问题最终都会导向项目交付风险。因为外包方的工作来自甲方的约定，项目交付风险在很多情况下是甲方也没有想清楚的突发状况，这需要甲方来更新项目对策，外包方积极配合执行。对于已约定好的项目进度，只要关键角色及时预警处理，并把迭代中看到的评估不足教训反馈给内部核心团队，通常不会累积更大的问题。

5）**知识转移风险。**

外包团队会承接他们之前没有相关经验的项目，为了确保知识转移的落地，通常的模式是甲方安排精通需求的专家来外包团队进行赋能，也有可能是外包团队安排骨干去甲方或客户公司进行需求理解和测试设计。需要警惕的是，这个专家或骨干“中间人”不应该成为项目运作的瓶颈，他应该努力为两边建立直接沟通的联系网，让外包方的工程师和甲方协作工程师或者客户直接沟通。

7.3.2 内外部团队适合的测试类型

内外部测试团队协同工作要进入一个稳定的状态，那么团队负责人需要思考清楚一个问题：内部和外包各自做哪些测试类型的分工是最合适，且最有利于各自长期发展的？

正如第 6 章介绍测试能力时提到，**只有内部工程师掌握的测试技能足够丰富多彩，才能让外包测试团队逐步发展，进入价值贡献的正循环。**

从过往的实际经验来看，结合核心能力的培养周期和关键职责，我们可以这样划分测试类型，仅供读者参考。

内部工程师主要负责：

- 业务需求和架构分析，测试方案制定和用例设计，评审把关。
- 自动化工具选型，完善核心的自动化覆盖。
- 白盒 / 精准测试。
- 安全 / 服务端性能等专项测试。
- 测试技术预研项目。
- 质量改进方案。

外包工程师主要负责：

- 测试执行，测试用例完善，基础测试报告。
- 方案成熟的自动化测试覆盖，性能测试任务。
- 探索式测试，组织众包测试。
- 线上反馈问题分析，缺陷初步分析等。

当然，这个让内部工程师聚焦核心工作的分工指南不是一成不变的，永远不要约束个人的专业贡献意愿，有些外包成员在专项领域的沉淀是远超内部人员的。这里更要强调的是，如果不是彻底的项目外包，内部工程师一定要把控好核心交付方案，并持续聚焦深度能力。一旦这个能力实操过程的成熟度适合普及，那么外包团队就可以迅速承接。

另外，上面的所有分工都需要独立输出交付结果，执行过程不要让内外部一线员工之间形成彼此的交付依赖，这样不便于各自考核和感知低效。

在以往的真实实践中，外包团队承接更丰富的任务，在自我提升的同时也经常会带来惊喜，管理人员也会公开鼓励这些成果。以下这些值得表彰的例子可供大家参考：

- 外包人员参加需求澄清会，把测试设计思维导图转化为完整用例，并通过实践完善用例集，提交大量用例优化建议。
- 通过对灰度和线上缺陷的初步分析，给出缺陷类型和主要的漏测原因。
- 独立承接固化场景和稳定方法的性能测试及接口测试。
- 补充和维护基础的 UI 自动化用例集，并积极试用最新的低代码 UI 自动化或智能 UI 自动化平台，降低编写成本，同时推动新平台在公司的普及。
- 参与内部测试探索项目，外包人员分为两组做效果循证尝试，对比采用和不采用新方案的收益，量化分析后得出结论。我曾借此模式在业务部门落地了缺陷大扫除、探索式测试、代码覆盖率测试、AB 体验测试等多种新技术方案。
- 帮助内部团队组织管理外部用户的众包任务，确认问题后录入缺陷管理库，与反馈缺陷的用户积极互动，提升用户对公司产品的推荐度，等等。

7.3.3　外包管理系统与度量

对于大规模的外包团队，我们需要一个易用的外包管理 OA 系统，以提高日常交付效率。基于这个系统的度量，我们可以随时获得改进效率的启示。

首先，外包管理系统最好是内部研发人员系统的子集，或者特殊配置版，没有必要单独做一套独立系统，除非外包方已有成熟的管理系统。

另外，对于驻场办公的人力外包，他的工作视图和内部项目成员基本是一样的，只需要申请合理的权限账户即可。对于项目外包或者计件外包团队，可以在 OA 系统定制的工作区交付结果，不一定需要大量访问内部系统。

那外包管理 OA 系统如何保证人员效能的可视化与提升？我认为需要在下面这些系统模块进行软件体验的打磨。

团队须知模块

尽量降低新人融入的成本，并把团队各环节的工作流程规范化、简单化，知道有问题上哪查阅须知，知道找谁（导师）咨询问题。

具体模块可包括新人入职指南，纪律 / 规范要求，业务必备培训和上岗考试，工具平台上手手册，项目专区，导师 / 对接人名单，等等。

项目 / 个人工作视图模块

不管是哪种外包管理方式，交付工作都是与具体项目关联的（项目可能隶属于某个产品 / 产品线）。外包管理者 / 接口人需要在管理系统看到具体项目的进展，以及相关测试报告 / 缺陷的链接。

从个人 / 小组维度，系统可以按日、周或月的视角查看工作产出，也可以自动导出对应时间段的产出和量化数据，还可以对团队每个人的交付数据进行汇总和排序分析。

因为很多人员的部分工作并不是和已知项目强相关，比如培训、沟通会、测试准备等工作，系统应该允许外包人员填入这些特殊任务的参与时间和产出内容。

这样，外包效能的关注者就可以从系统查看并感知敏捷程度，如：人员被工作占用的饱和度是否合理？各类任务耗时是否合理？是否存在任务等待、被打扰、被阻塞的情况？

高效的表现就是工作饱和度刚好（工作耗时中要包含一定比例的自我提升投入），各类任务均有价值且耗时符合预期，无长时间空耗等待，交付任务的独立性明确。

工作全流程管理模块

当个人 / 小组分配了具体任务，按照研发过程启动需求评审、提测、测试执行、回归、完成汇报等环节。尽可能利用系统推动各个环节往前走，降低内外部员工催促的成本，必要时系统也可以提供直接沟通方式，并把讨论对象（如缺陷）的完整信息一键推送给相关人，甚至自动拉群讨论具体某个问题。

考核激励模块

这个模块对于提高管理者的效率很重要。基于项目个人产出的数据，以及相关负责人 / 接口人的主观考核，需要有相应的考核模块辅助人员绩效管理工作，包括考核结果评价，然后针对结果进行对应激励，如晋升等级等。必要且即时的激励（金钱和荣誉都需要），对提升外包人员的稳定性都是很有帮助的。

度量模块

外包度量可分为人员度量、项目度量、供应商度量三个维度。

人员度量就是前面提到的关键产出的量化，以及相关耗时 / 工作饱和度等。关键产出包括有效缺陷、用例执行条数、用例优化条数、自动化 / 专项测试用例执行数等。耗时度量关注日均用例执行条数、测试等待耗时、测试环境阻塞耗时等。

项目度量是从项目整体情况看执行进度是否符合预期，可具体分析问题出现在哪里。包括中间各个环节被推迟的时长和原因、项目交付达标率、遗留问题数量和严重程度、人力投入数据等。

供应商度量是指如果存在多个供应商，可以度量各供应商的整体情况，便于良性竞争，与其中的优秀供应商构建更稳定的合作关系。这方面可以度量员工稳定性、级别分布的健康程度、新招员工到岗速度、外包员工满意度和甲方满意度、整体交付效能数据、管理事故数量等。

7.3.4　交付对接模式和高效运作

纯人力驻场办公模式比较简单，就不展开了，外包人员跟着内部员工全职工作，接受调配即可。这种模式很直接，但弊端是把外包人员当作内部员工，导致分工职责不清，内部员工专业精力被分散（变成了管理者），随着外包规模的扩大，效益难以把控和提升。纯人力驻场办公模式如图 7-2 所示。

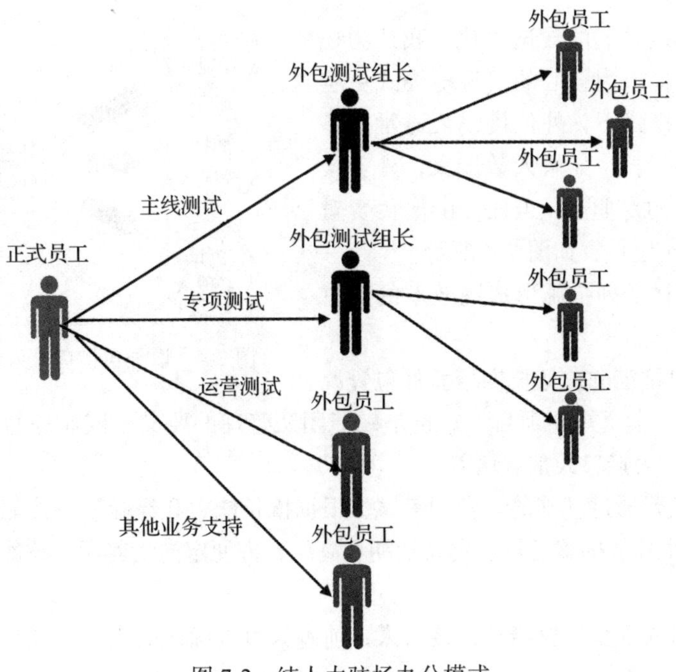

图 7-2　纯人力驻场办公模式

对于项目外包团队或者其他常见的任务发包模式的对接关系通常如图 7-3 所示，几个关键角色承担着中枢作用，对于效能提升实践非常关键。

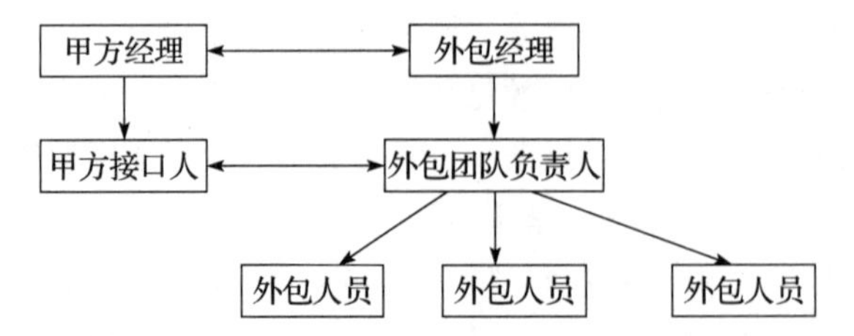

图 7-3 项目外包团队或者其他常见的任务发包模式的对接关系

内部大量的测试需求汇聚到甲方接口人，被梳理成测试任务（或者测试项目计划书），发包给外包经理以及组长，然后在规定时间按质量标准交付报告。如果规模足够大，甲方经理或接口人可以专职投入，确保外包项目交付出可观的效益，这个投资回报肯定是值得的。

在实际运作过程中，经常发生外包资源利用不充分的情况：

- 任务潮汐现象，即有时任务集中，加班加点，有时任务数量不足，人员闲置。
- 项目成员割裂，跨地域完成测试项目，协调时间长，技能跨组提升缓慢。
- 复杂任务较多，外包难以独立接手。比如需要前后端配合的测试用例，难以直接通过 UI 验证，需要借助陌生的工具，且需要专人培训。

通过多种对接模式的尝试对比，我认为还是以专职外包接口人为核心的资源池模式更容易操作。在这种模式下，外包接口人通常就是独立交付的外包组长，如果人数庞大，外包接口人由经验丰富的专职 PM 担任，由他负责对接各个测试外包小组长，如图 7-4 所示。

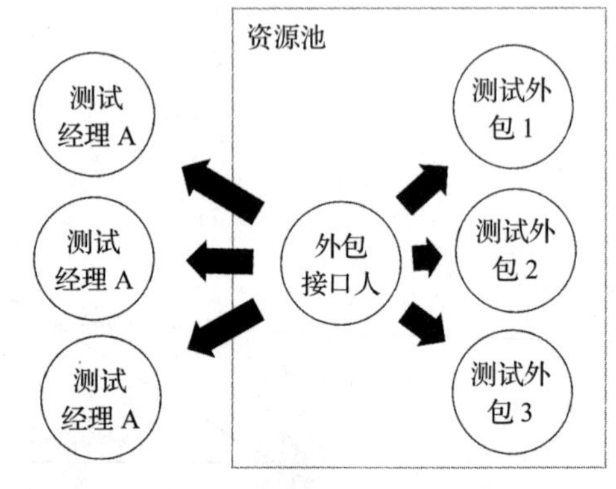

图 7-4 以外包接口人为核心的资源池模式

我们可以通过下列措施形成高效率的交付合作：

1）面向相对稳定的业务长期培养外包资源池，而不是面向一个个短期项目，这也是敏捷团队管理的要义。该业务的所有外包人员入池，把外包组长作为接口人重点培养。

2）入池人员要通过基础的培训和考试，根据擅长能力和经验赋予技能标签，以便于任务的指派。同一个技能标签还可以定义初期和高级，方便定向培养深入技能，并为合适的人安排复杂任务。

3）甲方接口人逐步放权给外包接口人，前者只负责确认效果满意度、确认考核和激励结果，后者负责任务的估算、分工和人员日常管理。

4）外包接口人的关键职责：

- 管好事。流程统一，任务时间视图安排得当，人员分级执行任务。关注异常的缺陷趋势和每日进展，最终输出完整测试报告（包括方法总结）。
- 管好人。成员工作饱和度透明、均衡。团队人员的技能图谱逐步清晰，并逐步扩展能力范围。快速培养新人，并识别和淘汰不合适人员。
- 搜集团队内部无法解决的麻烦，定期与甲方负责人沟通协调解决。

5）每个外包人员都能明确个人独立交付的业务特性范围，评估其贡献专业价值的相对大小。

7.4　ODC 建设与远程管理

随着外包团队规模的扩大，以及安全和效率管控的需求，越来越多的外包项目采用 ODC 场地办公模式，ODC 通常不和甲方团队在一起办公，甚至不在一个城市。

在 7.3 节介绍的外包高效管理经验之上，我们进一步阐述如何让 ODC 远程管理更加完善。

近几年，在家远程办公也成为外包合作的常见形态，员工越来越多地通过分布式在线协作完成工作，而不是在公司场地集中办公，所以远程办公管理的提效也成为非常重要的议题。

本节的相关经验也适合多地联合研发团队的敏捷管理。

7.4.1　敏捷建设思路

敏捷研发的本质是尽可能让“团队在一起”，而 ODC 这类远程团队难以实现这一点，我们的管理逻辑一定是**交付目标清晰可量化，沟通信息充分且成本足够低**。

1）参考上节内容，确保 ODC 的建设和入驻符合公司系列安全规范要求。办公环境、测试环境和测试设备满足要求，不会阻碍工作效率。

2）完成 ODC 承接任务类型的优化。从适合当前 ODC 团队能力的测试种类中，选择适合远程交付（验收标准容易判断）的内容。具体来说，下面这些特征的工作适合远程独立完成。

- 工具成熟，使用方法稳定，掌握难度比较小的自动化 / 手工测试。
- 任务成果容易度量，工作容易拆解到个人完成交付。但如果外包组长评估工作复杂度的能力够强，可以不要求任务容易拆解，通过团队总产出来判断效益即可。
- 产品逻辑梳理比较明确，参考文档完整清晰。日常不依赖甲方人员频繁讲解需求规格。

- ❑ 对于要上报的故障有清晰统一的描述指南或规范，不容易发生个人理解偏差。

3）建立远程管理的双向沟通机制。

甲方外包负责人（包括接口人）定期去 ODC 现场办公和走访，参与例会，观察远程团队工作状态是否积极健康。可以安排负责人和员工代表进行面对面沟通，对发现的问题讨论整改，搜集远程团队的满意度诉求，现场答疑或提供后继支持。

外包方项目经理和组长，定期去甲方团队参与关键例会，熟悉甲方工作流程和关键业务信息，并将了解到的内容传回 ODC。

双方关键角色或代表可参与对方团队的团建活动，加深团队互信。

4）建立简单高效的培训机制。ODC 的培训模式应该是逐步实现自我培训。甲方提供初期培训（现场或远程都可以）、课程刷新和专家答疑。ODC 选择合适的骨干人员，通过培训和实战认证后，成为内部讲师，负责内部新人的相关培训和辅导。

甲方也可以安排专业骨干在 ODC 进行现场办公，时间为一个或数个迭代周期（具体由团队自行决定），受训新人跟随他一起工作，观察他的实际操作，解决问题的思路。迭代完成后，受训者要写总结心得，或者完成测验。这种现场实战培训效果更加明显。

对于 ODC 新人众多的情况，还可以安排脱产集训，精选出基础课程系列，集中封闭授课和考试，成效也非常明显。

尽可能避免外包新人加入团队一脸茫然。用最短的时间就能开始工作，也就同时提高了稳定性。

5）信息充分互通。ODC 测试产出数据有时不太理想，分析根本原因不一定是员工的水平或态度问题，而是缺乏需求研发的上下文信息。干巴巴的有限文档无法还原足够的信息，远程询问信息又不太方便，对内部人员也会有一定的打扰。

敏捷的本质就是频繁沟通和团队探讨，虽然我们尽可能把直观且独立的任务发到 ODC，但是相关需求背景信息仍然是多多益善的。甲方负责人有义务保障信息互通的高效性：

- ❑ 任务发布给 ODC 前，是否所有需求文档都在线更新了？对于大型需求或产品版本，是否组织了需求答疑？
- ❑ 是否存在影响测试验收的信息没有同步 ODC 人员的情况？内部团队要将已知的用例失效场景、内部遗留缺陷、用户答疑等关键信息及时上传到任务须知里。
- ❑ 提高文档的可视化。归档能帮助人员理解架构的视图、业务逻辑时序图、缺陷操作视频或截图等。
- ❑ 如果工作交付依赖甲方人员的协作，那么双方管理者要尽快建立双方员工的直接沟通机制。

7.4.2 高效 ODC 建设的真实案例

下面用一个真实案例来说明我们如何思考和提升 ODC 测试管理效能。

某外包团队（100 多个人员）负责集团所有互联网软件的手机内置适配测试项目，总计 20 多个 App 产品，统一划归到我这边进行管理。现状是，这个团队人力零散分布在手机系统测试部门的多个城市的 8 个外包 ODC 中，跟随手机上市计划进行互联网产品的适配测试。所有人员都纳入人力资源池，按手机项目排期和对应用例集安排工作，人员没有特定能力标签，有什么待测产品分过来就测什么。

当前的外包使用模式效能一定比较低下，原因显而易见：

- 没有专职接口人对这么多人员的分工和产出效果进行整体把控。
- 团队分散多地，无法沉淀测试知识和业务知识，没有团队归属感，技能树无法建立。
- 手机系统测试的节奏、质量标准、会议频率，与互联网测试的模式差距甚远。互联网软件发布更快速，可以自动更新，质量要求不需要像底层软件那么高，也不需要遵循那么繁重的评审流程。大量人力耗费在跨系统的会议和讨论上。
- 一个互联网产品通常先完成主线研发和测试，上线应用商店，再内置到手机中发布。而该外包团队脱离了互联网产品研发团队的日常工作，除了被测产品的用例，没有获得多少业务信息和测试背景知识，更没参与过需求评审会。因此团队对功能的理解度低，与开发沟通处理的效率也很低。
- 这种工作模式还会带来更多问题：人员成长慢，流失率高，分派任务简单粗暴（按用例数量而不是复杂度），机器到位慢带来无谓等待，等等。

通过对症下药和不断优化管理模式，我们组建了全新的 ODC 团队来完成原有的工作，并将团队人力分批缩小到原来的三分之一，但各项效能指标还提升了。核心措施有下面这些：

1）建设一个集中地点的全新 ODC 专门负责互联网内置适配测试，放入现有地点的成员。缺口人力按编制从其他 ODC 置换过来。因为原本就是单纯的人力池，置换比较容易。

集中在一起管理，为后继的组织效能提升迈开第一步。

2）按互联网业务的真实研发架构重新分组，每个互联网研发部门（对应负责几个联动密切的互联网产品）对应一个内置适配测试小组，小组长和成员则尽量固定下来，如图 7-5 所示。

相应互联网产品的内部测试接口人（适配 TE）也就固定下来了，他有责任传递内置测试需要知道的所有关键产品信息，以及负责更新适配用例。组长和适配 TE 在项目中不断完善成员的能力标签并安排相应培训，让未来的任务分工更有弹性。

3）ODC 运作效率要想达到显著提升，两个专职的内部关键人员不可或缺，一个是互联网内置测试的 PM，一个是内部适配 TE 的负责人。

前者负责挡住系统侧的过度测试要求和不必要的流程，简化互联网测试各阶段完成标准，由互联网团队承担内置事故的后果，明确开发修复缺陷的时效纪律，以及上市后的观测指标。

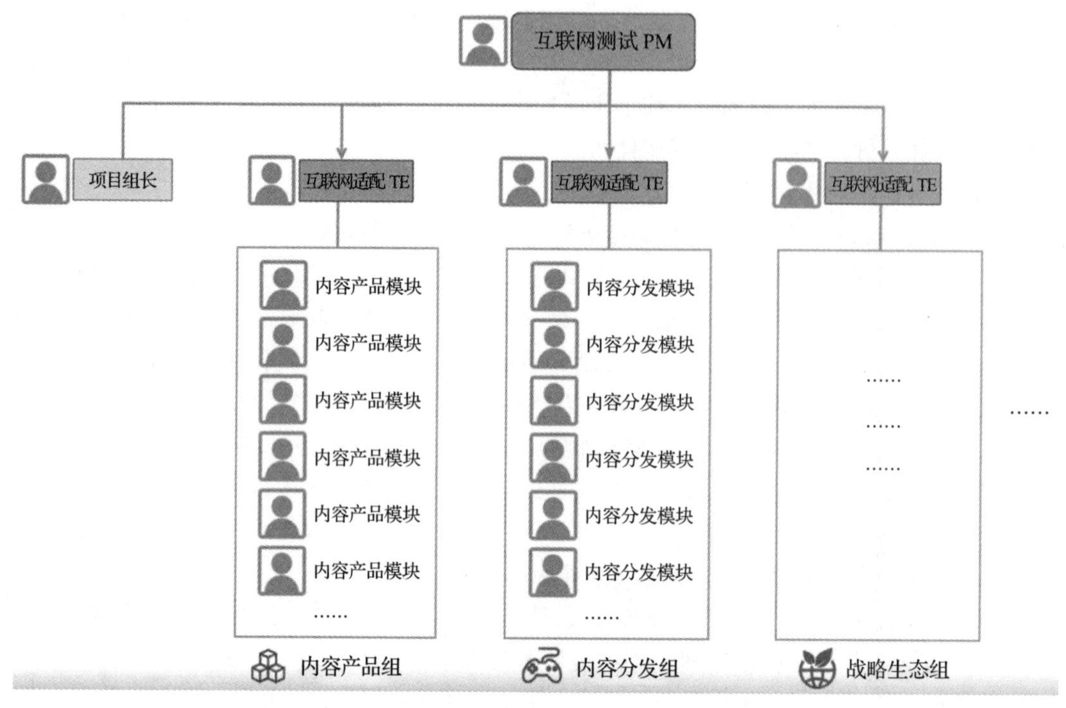

图 7-5 新 ODC 按互联网各业务部门分组

后者负责 ODC 运作效率的观察、考核和改进，并引入成熟的进阶任务类型。比如：挤出日常人力分工的估算水分；控制不必要的加班；缩短过长的培训周期；引入主线测试任务、探索测试 / 众包测试任务，来填充任务等待期的工作安排。

4）打通互联网产品主线研发测试和 ODC 内置测试的信息渠道，要把因为信息没有同步造成 ODC 无效测试的事件减少到最低，甚至通过尽早帮助主线研发做非内置的机型测试获得对产品需求的理解，等到内置测试时就轻车熟路了。

5）团队在负责人的带领下定期更新和精简内置适配用例集，通过驱动主线开发人员做耦合分析，识别在哪些场景下 App 会调用 OS 控件或系统第三方的组件功能，然后将这些场景用例作为适配重点，而产品本身逻辑功能只测试最小集，主体质量由主线研发团队保障。

结果就是内置适配用例总数在 App 不断更新的情况下还持续下降了。

最终，ODC 运作的人均效能在一年半的时间内提升 2 倍，团队人数大幅下降，同时交付了更多的任务成果，加班情况也比其他外包团队少很多。

7.4.3 多地联合研发的建议

针对远程团队外包交付，或者多地联合研发的项目，本书介绍的敏捷测试理念和实践方法都是适用的，下面是给这类项目团队的提效建议汇总。

1）如无必要，尽可能减少研发的地点数量，据行业数据统计，多地联合研发项目的平均效能是单地点研发效能的一半。

2）迭代规划一定是围绕产品的增量交付，而不能为每个联合开发的地点单独安排迭代。这时本书介绍的持续测试和验收测试驱动开发等实践就能发挥关键作用。所有团队聚焦在最高优先级的待办条目上，这样的投入产出效率是最高的。

3）每个地点的研发团队最好是一个或多个相对独立的特性团队，分而不散，尽量减少彼此的交付依赖。

4）尽可能不要按职能来安排各地点的研发分工，比如把测试团队安排在地点 A，把开发团队安排在其他地点；也不要把公共基础组件放在单独的地点。这种安排会让团队之间的沟通协作变得极为错综复杂，如果团队隔着多个时区，更会陷入低效的噩梦状态。各个团队尝试和其他地点的专家结对学习和远程视频技术评审，逐步掌握原先不熟悉的测试工具和能力，真正具备独立工作的交付水平。

5）当团队不得不分散时，每个地点配备好加强彼此沟通的设备、流畅的网络，在多个会议室布置便宜、易用的视频设备和软件，所有团队在共享 Wiki 上记录和更新有争议的内容。尝试着在初期让所有团队飞到一个地点一起工作几个迭代周期，建立真正的信任关系。在迭代的回顾会议上可以增加不同层次的回顾内容，比如按地域进行回顾：针对某地团队的工作环境和资源情况回顾。

6）多地点团队交流时，可以通过共享的词汇来创造共通的团队文化。尝试在大型项目开始前组织一场"产品愿景研讨会"，绘制共同的业务领域视图，一同认知产品未来的发展蓝图和重大特性。

7）不建议盲目购买昂贵的商业敏捷工具用于多地联合研发，尽可能挑选简单的免费协作软件。商业工具可能会拖慢多地研发，因为要频繁申请预算，购买许可和远程认证，不利于团队发展的频繁需求定制和本地化部署。

8）把远程的用户卷入研发之中，让他和工程师及产品经理可以直接建立联系，清晰地知道我们敏捷研发运作的机制。可以邀请客户参与迭代重要会议和验收测试，增加他对远程项目的信心。

9）多地研发团队建立健康平等的合作关系，切记不要"某地负责管理，其他团队负责远程开发"。如果是跨国团队协作，开多地会议时不要安排在某个团队不方便的时候，要关注彼此的公共假期。尽可能把一整套以客户为中心的完整特性让一个单地域团队承担，但是接近客户的其他团队可以帮助其进行详细的需求分析。

10）鼓励远程外包团队说不，当团队发生问题时，甲方应过去拜访合作伙伴，实地寻找根本原因，而不是依赖所谓的"质量规范"粗暴要求其整改。

关于本节的拓展知识阅读，可以查看 Craig Larman 和 Bas Vodde 所著的《精益和敏捷开发大型应用实战》。

7.5 本章小结

本章重点介绍了外包测试管理如何敏捷交付，满足管理层预期。外包项目主要分为项目外包、计件外包和人力外包，能给公司带来运营成本下降、补充重要技能、缩短获取市场的时间等多个好处，但是带来的严重问题也很多，比如技能有限，人员流失快，效率较低，管理事故，等等。本章从外包项目和团队的建立过程与管理机制开始简单介绍，然后重点分享了提升测试管理效能的实践经验，如关键角色和对接模式、技能类型分工、外包管理系统及度量、风险把控等。最后，针对 ODC 建设与远程管理，本章给出了组织及能力层面的敏捷改善心得和真实范例，这些也适用于多地联合研发的敏捷管理。

第二部分 Part 2

修炼敏捷测试技术

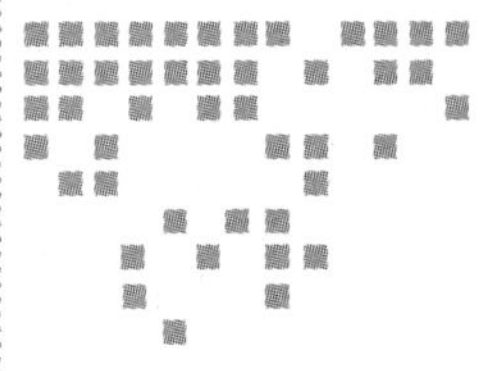

Chapter 8 第8章

测试分析与设计基础

测试行业的现状，就是普遍很重视自动化工程建设，但轻视测试工程师的基本功建设。事实上测试工程师的分析与设计能力才是保障内建质量的基础，而自动化更多是回归测试的效率保障。只有先培养出专业的测试工程师，才有进一步敏捷转型的可能。

“能力”是敏捷三要素的长效因素，必须优先把测试分析设计能力打磨好。假设测试效能满分是100，那么可以认为，测试分析与设计能力是分数前面的1，自动化建设能力是分数后面的0，没有测试分析与设计能力，效能建设就是镜花水月。

测试分析主要包括需求分析、测试策略分析、缺陷分析、策略改进等，贯穿产品设计到研发再到上线的闭环。而测试用例设计也需要随着分析过程持续调整优化。分析质量高，测试设计的效果就水到渠成。本章将聚焦全流程的测试分析基本功，阐述适合借鉴的经验和方法。进阶的精准分析和测试设计建模等内容可以参阅第12章。

8.1 测试分析，重中之重

本节着重阐述为什么我会想写本章内容。

现实中我接触到的测试团队，其管理者对工程师的培养很容易走向两个极端，一个是把精力都放在自动化工程能力建设上，另一个是把所有精力放在培养独当一面的测试交付项目经理上。这二者的成功都依赖基础的测试分析判断和设计能力。从测试分析师出发成长为测试架构师，才是底盘扎实的成长路径。

经常见到一个优秀的测试新人还没打磨好分析能力，就被提拔成测试经理，或者被安排去做专职的工具平台开发工作的情况，这样揠苗助长并不利于测试专才的沉淀，容易导致他在未来的晋升挑战中受挫。

没有细致和完整的分析，场景遗漏就在所难免，而自动化测试通常是基于事前规定覆盖的场景，容易遗漏高价值场景。另外，测试人力通常都是紧张的，而测试用例可以无限膨胀，如何通过实施精简策略和用例优先级限制，保障测试的投入产出在最佳范围，是一个依赖专业经验和方法的重要决策问题。

看到测试团队吭哧吭哧地加班完成系统测试后，我曾仔细询问过为什么这么制定测试策略，为什么用例覆盖范围要这么庞大，收到的答复是全凭某个年轻工程师的直觉经验来制定。也就是说，团队对风险判断近乎拍脑袋，没有测试架构师进行分析把关，也没有团队进行策略评审。

从一个初级测试工程师成长为高级测试工程师，需要长期的刻意练习，也需要专业课程研习。无论在任何专业领域成长，最终能形成高壁垒，都需要经过这个过程。而技术行业对于测试经常会有误解（甚至轻视），有的公司甚至认为测试团队不属于研发或技术部门，原因在于：大学里很少有软件测试的专业方向，这个职位缺乏大众知晓的官方能力认证，更缺乏行业标准的系统培养课程体系。很多从业者可以半路出家，入行很容易（尽管成为牛人很难），因此外界充斥着误解也就不奇怪了。对标企业里的软件开发工程师、算法研究工程师、交互设计师，大学里都有相关专业科目和考试；而安全工程师，有高规格的 CSSIP 认证；项目管理经理，则有一系列专业认证，如 PMP、PMI-ACP、CSP、SAFe 等。

测试工程师的标准能力培养还是要从最基础出发，即测试分析和设计能力，这是在业务伙伴面前呈现专业度的第一步，也是交付质量的基础保障，更是自动化建设成功的根基。例如，业务测试工程师（测试责任人）能否说清楚：测试计划的时间如何计算的，价值优先级是什么；如果时间不足而取消部分测试，可能带来的漏测风险是什么？

纵观现有的测试分析培训课程，我有比较大的遗憾，大多数课程都是讲授测试流程和标准，或者测试管理平台指南，又或者单纯讲几种用例设计方法。上完这些课程就能转为大家信服的专业工程师吗？没有那么容易！它们无法引导测试工程师在整个研发生命周期的完整设计实践，更加难以闭环改进（此乃敏捷测试的精髓）。

因此本章希望聚焦陈述的内容，从产品研发生命周期的最开始出发，让测试分析和设计改进贯穿闭环（需求分析—策略分析—用例设计—风险防范—执行反思改进），但不会涉及具体业务的测试规范操作要求，授人以鱼，不如授之以渔。

自动化测试作为最关键的实践手段，也需要完整的分析、设计和效益改进闭环，具体将在第 9 章详细补充，本章不再深入陈述。

8.2　需求可测性分析

需求分析和测试设计紧密耦合，难以完全分割。第 3 章针对测试人员在需求评审环节可以提前进行哪些工作，以便在开发设计之前就暴露风险，已做了基本阐述，本章将针对需求可测性分析详细展开。

注意，在对需求进行可测性分析之前，首先要摸清楚需求的背景。产品经理为什么认为这个需求有价值，为什么设计成这样的交互模式？测试人员知道的越多，越能锁定测试的重点范围，越能排列好不同需求的测试优先级。磨刀不误砍柴工，如果只是简单了解需求内容，就开始做测试策略，那么单薄的输入会让分析效果大打折扣。

8.2.1 需求可测性澄清

在需求评审环节，测试最关注的目标就是要与产品经理澄清用户故事的可测性内容，以保证与业务团队理解一致，尽可能不要遗留明显的矛盾冲突逻辑。

需求澄清的完成标准可以用口诀来概括：**测试成本可控，价值验证目标明确，边界范围明确**。

什么叫不可测？

举一个多年前的有趣例子，游戏开放平台给合作方测试团队提出了一个测试必过标准——“被测游戏严禁出现违规内容”，但测试人员实际执行效果五花八门。我们具体了解后发现：大家对是否“违规”的判断尺度不一，甚至男测试人员和女测试人员的判断也有很大差异。

因此我们建议，可以重点参考政府官方政策规范，规定非常详细。此外，也可以由公司的内容审核委员会提供具体定义指南，或者借助集团的自动识别软件来判断。这个例子告诉我们，**测试前澄清业务规范非常重要**。

总结一下，我们可以从下面这些角度进行需求质量澄清，大家达到共识即可，不一定要都写到需求文档里。

- 用户故事的验收测试场景和条件是否具体明确、可执行？
- 本需求是全新开发，还是基于现有功能的强化，哪些原有的功能会被替换？这会直接影响已有测试资产的利用和兼容回归策略。
- 需求支持范围是否有明确的限制？暂不支持的输入范围，是否会有提示信息？是否有遗漏分支情况缺乏必要描述？需求的异常处理逻辑是否有明确定义，涵盖了各种异常？
- 针对本需求涉及的用户的各种典型操作（输入），系统是否都有明确的输出结果？
- 各个需求的优先级是如何定的，可以了解产品负责人制定优先级的背景信息和思考，作为调整测试优先级的参考。最终测试优先级由测试负责人在策略中确认。
- 性能规格是否有明确定义？如果本次针对性能做了优化，一定要澄清性能验收的场景和预期（最低）指标。如果没有针对性优化，默认不低于基线值（或者上个版本性能）。千万不要出现含糊的措辞，如本版本核心性能提升 50%（缺乏具体操作场景和具体性能指标）。
- 需求逻辑在哪一侧实现？是前端保障，还是后端实现，或者是第三方实现功能？测试需要准备好可验证范围和开发对接方。如果是第三方实现逻辑，对方是否支持联调？

- 对业务数据的处理，往往在产品规格中被忽略，而它也是待测试验证的一部分。需要澄清数据处理机制，包括存储在哪，缓存和清理机制是什么，埋点数据定义是什么等。新功能对老版本产生的数据，是否会有处理风险？
- 为了将来系统验收测试的顺利进行，当前需求描述是否暴露了下列类型问题：
  - **易用性问题**：比如不必要的操作步骤，让人摸不着头脑的必填项和选填项等。
  - **安全性 / 隐私合规类问题**：敏感信息传输是否加密，用户私人信息是否默认打码，产品的用户可视内容是否需要登录才可见等。

最终，我们可以基于需求应澄清的历史经验，总结出一个产品需求质量评审检查表，如图 8-1 所示，以便测试人员参考，查漏补缺。其中部分信息可能有待开发人员在设计过程中进一步澄清，在需求评审环节可以暂标注待定。部分评审项在本需求可能不涉及。需求未提及的产品功能应和老版本无差异，但不代表不需要进行系统回归测试。

产品需求评审检查表					
序号	**需求特性**	**检查项**	**评委**	**检查结果**	**备注**
1	兼容性	新需求是否影响系统的兼容性？	架构师、开发		必选
2	无二义性	需求是否都以清晰、简明、无歧义的语言进行描述？	所有人		建议
3	一致性	产品需求与业务需求是否一致？需求之间是否一致没有矛盾？	业务方		必选
4		需求涉及其他部门时，是否已和其他部门沟通好？	PM、开发经理		必选
5	完整性	需求的边界是否明确、具体，没有遗漏？	测试、开发		建议
6		验证失败的信息是否都有明确的错误描述？	测试、开发		建议
7	可行性	新需求对系统的老数据是否有影响？是否需要运行确认？	开发		必选
8	依从性	BRD 是否得到业务方的确认？	业务方		必选
9	健壮性	是否合理地确定了安全与保密方面的考虑？	架构师		建议
10	可扩展性	需求是否具有良好的可扩展性，是否能灵活应对可能出现的变化？	开发、架构		建议
11	易用性	需求是否考虑了用户操作的易用性和可用性？	UED、测试		建议
12		界面操作，用户是否清楚知道哪些是必填项，哪些是选填项？	测试		建议
13	标准性	是否遵守了项目的文档编写标准？			建议

图 8-1　产品需求评审检查表

8.2.2　深入需求的技术设计方案

需求规格明确后，进入开发主导的技术实现设计阶段（该阶段会输出概要设计或详细设计）。测试人员通过参与技术设计方案的评审，以及与开发人员交流学习，可以进一步从系统内部明确可测性，包括系统架构不同层次的接口如何测试，外部界面如何测试等。

重点可以从以下几个方面展开分析。

- 对于新需求，完整理解其实现逻辑，获得关键知识图表并认真学习，包括时序图、逻辑流程图、产品架构设计图、接口定义表、数据库设计图等。如图 8-2 所示，是一个理财投资需求的业务逻辑流程图。即使开发人员没有更新完整图表，测试人员也可以根据原始需求和开发人员当面沟通，自己动手绘制完整的业务流图，这也有助于提高自己的业务理解深度。业务流图要能覆盖产品侧的需要，包括功能和埋点。

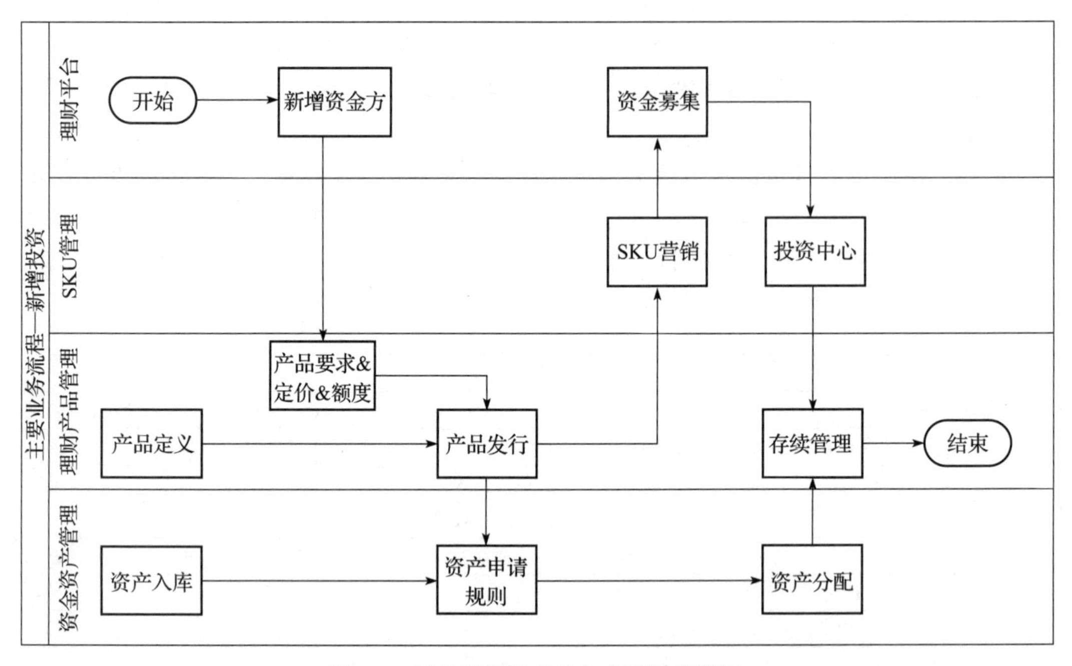

图 8-2 理财投资需求的业务逻辑流程图

- 针对变更型需求，进行差异分析和老产品影响分析：
  - 原系统描述在哪里？目标系统设计方式修改为什么样子，解决了什么问题？
  - 新老版本的差异总结，包括界面、流程、功能、性能、数据、指标 / 容量等。明确列出哪些特性不受影响，哪些特性被强化或改变。
- 基于业务流，对每一个需求，思考测试如何分层保障最适宜，作为后面测试设计的导入，如有疑问及时抛出来。具体如下：
  - UI 层如何验收？动画如何变化，关注什么界面要素？
  - 系统功能层如何验收最终结果？如果发生异常，日志会反馈什么信息？功能完成后，相关的业务数据存储在哪里，存储机制是什么？如何查看业务执行后的数据结果，并判断其正确性？理解日志和内部数据的设计和定义，便于利用简单统一的日志系统确认测试过程没有抛出异常。
  - 接口层如何验收？接口规范如何定义？不同的接口参数代表什么含义？异常场景

对应的接口消息应该是什么样子?

- 需求关联（上下游）分析：本需求的业务交互边界在哪，依赖谁提供输入，输出会影响什么业务，应遵守什么业务规则？是否涉及第三方的服务依赖，具体的服务接口文档是怎样的，异常情况如何处理?
- 针对用户的各种可能的输入操作，系统是否都有充分考虑和合理响应？需求的异常处理逻辑是如何实现的？处理方法背后的代价和风险是什么?
- 系统是如何通过配置平台管控运营人员的输入，以及给用户呈现不同的关键界面信息的？配置平台设计是否考虑到了错误的人为配置行为?
- 检查设计文档是否存在前后矛盾的地方，包括金额单位、协议版本、编码格式、命名规则、状态转换定义和异常处理规则等。

关于如何进一步分析代码变更范围、提高测试的精准覆盖效果，以及利用测试建模工具等，可以参阅第 12 章的相关内容。

8.3　制定测试策略

说到软件测试策略，很多团队对它的理解比较含糊，往往把测试策略、测试计划、测试用例设计等几个概念混为一谈。

这里把策略定位为“最佳测试方案”，即确认测试对象、核心价值，以及如何展开测试的过程，明确优先级及风险应对。因为测试资源永远不足，所以策略一定是受各种条件限制的，类似看板上的 WIP（在制品限制）。我们希望在有限的人力和时间下，基于当前团队的能力和成熟度，发现尽可能多的对业务有价值的问题，最终达到一定的质量标准即可，而不是测出的问题数量越多越成功。

测试计划是在明确策略后给出的具体执行步骤、分工责任人、完成时间和关注风险等，可以作为策略的补充说明。测试计划主要是管理层面的呈现，而测试方案和用例设计等则是技术层面的呈现。

在测试策略明确后，梳理出应该覆盖的测试点，再生成详细可执行的用例。测试点可以对应一个被合理拆分的用户故事，可以用一个测试用例完成基本验收，也可以用多个用例完成测试验收。

8.3.1　测试策略的内容

制定测试策略的目的是澄清测试的重点、风险、分层手段和涵盖范围，其具体内容包括以下几部分。

测试对象和范围

这即 8.2 节被分析的需求主体，以及在交付前应达成的质量目标。被测对象已经在上节中做了详细的可测性分析，分析结论就是策略的输入。关于**质量目标**，根据软件产品质量属性的行业定义，可以将其细分为以下几类。

- **功能性**：包括需求实现的准确性、互操作性达到设计要求，安全性符合规范等。
- **可靠性**：产品运行多次结果始终可靠，具备一定的容错性，甚至能自我恢复（按设计规格评估），尽量减少单点故障带来的全盘的系统化失效。
- **易用性**：产品界面和操作容易理解和学习，能吸引用户轻松顺利完成任务。
- **性能/效率**：时间特性和资源利用率，比如启动速度、任务完成时间、CPU 占用、内存占用、其他服务端性能指标等。
- **可维护性**：故障日志可分析定位、可修复、可通过测试来验证等。
- **可移植性**：适应不同的支持平台，安装卸载和升级正常顺利，容易被替换，与其他软件共同工作无异常，等等。
- **安全性**：产品是否满足行业的安全规范要求，包括用户的数据隐私是否有必要的保障，可以通过场景测试来审计；是否存在安全漏洞给公司带来潜在的商业损失，可以通过必要的访问权限控制、对恶意攻击的防范等来预防。

基于敏捷原则，当测试人员分析以上质量属性的验证方法时存有疑问，则需要尽快和开发人员进行探讨，了解更多背后的技术处理过程。比如，深入了解开发人员是如何保障可靠性的，在出现故障时是如何缓解风险的，在数据库被破坏时如何恢复异常数据，以及产品和数据的安全保障机制是什么。通过这些探讨，测试人员对测试策略的落实就能有进一步的把握。

测试优先级：明确重点

需求测试的价值优先级由产品需求本身的价值、质量目标、历史测试情况和需求类型共同决定。那些对业务或用户价值越高的需求，越基础的质量目标，历史上越经常出现的严重问题，其测试的优先级就应该越高。

测试人员定好优先级后，可以在策略/用例评审中进行同行确认，或者业务产品/开发确认。

根据需求的优先级，以及人力部署限制，可以采用不同力度的质量标准策略。比如，高优先级需求有严重级别缺陷遗留则不能发布，中优先级需求可以有一定数量的严重级别缺陷遗留等。

测试深度：技术分层

根据测试分层理论，在不同的层次上验证质量的具体实施策略，明确要达到什么质量标准。

比如在单元测试层，明确满足多少代码覆盖率才能通过，并允许进入接口/模块集成测试；在接口测试层，明确要覆盖多少接口的自动化测试，到达多少通过率，才可以交付到系统验收测试。

测试难度及风险

指明本需求的测试策略中的落地执行难点在哪里，需要考虑什么风险，是否有应对措施。

难点可以体现在这几个方面：并发进程难以构造，测试环境创建复杂（如关联服务太多、配置项复杂），测试数据难以构造，异常 / 边界场景难以模拟，缺乏合适的便捷工具，等等。

8.3.2　不同阶段的测试策略

贯穿整个研发生命周期的测试活动通常有多个测试阶段，针对不同阶段可以灵活地设计测试策略，发挥敏捷的优势，达到快速暴露基础问题的目的。我们还可以针对每个阶段的执行结果做分析，判断测试计划和实际的偏差，以备后继改进。

请注意，测试策略通常还可以约定自动化测试的实施策略，以及使用探索式测试的灵活策略，具体会在第 9 章和第 10 章讲解，本章从略。开发主导的单元测试策略也不在此展开。

冒烟测试策略

冒烟测试，据说最早出自传统行业的基本质检，如硬件电路通电后，看是否会冒烟。也有说是来自建筑行业，管道接通后，从一头导入浓烟，如果有地方渗出烟来，则证明管道的密合度不足。对于软件行业而言，冒烟测试就是最基础的功能验收测试，如果失败，这个工作流就要暂停（类似精益的拉绳思路），必须解决问题后再继续进程。

在持续集成环境中，开发人员提交的每日可测版本都会进行冒烟测试，通常是自动进行的。但是也可以安排人工进行冒烟测试，快速体验反馈问题，频繁修复，尽早修复。

冒烟测试不一定只能在每次新版本打包好后自动进行，也可以在开发人员交付给专业测试人员后立刻进行，还可以在新一轮的回归测试开始时进行（确保上一轮的修复质量高，没有引入基础的新问题），甚至可以在灰度发布初期进行（确保灰度发布阶段不遗留低级问题）。

迭代并行测试策略

大家都知道，敏捷研发迭代中强调测试先行，开发人员一完成自测，测试人员就可以马上验收，或者由流水线触发自动化验收测试，因此我们可以称之为并行测试。测试人员不用等到迭代后期的功能验收阶段再介入测试。

针对并行测试的策略，可以强调根据每个迭代制定一个非常简洁的计划，不用长篇大论，说清楚测试要点（覆盖优先级、采用哪种测试方法、重点排查范围等）即可。

建议并行测试包含至少一个端到端测试场景，能快速验收业务逻辑，服务流程通畅，避免到后期暴露出基础问题。

集成测试策略

本节的集成测试是指该软件迭代的所有关联（依赖）需求完成测试，并非灰白盒的模块集成测试（这通常由开发团队保障）。先将迭代中提交测试通过的代码集成在一个分支上，再进行批量测试验收的活动，关注特性实现的完整性，以及产品各实体之间的交互正确性。

因为单个用户故事的验收通过并不代表整个产品特性能够良好地工作。

集成测试主要考虑的策略要点如下。

1）梳理新需求涉及模块与其他模块耦合的用例场景，评估该改动是否会对它们产生影响，应该采用多大的覆盖验证力度。

2）梳理该版本所有新需求对应的功能模块，如果业务代码模块解耦做得比较好，覆盖核心场景的功能回归测试即可。

3）如果评估架构改动比较大（如整体重构）或者耦合严重，可能集成测试需要做核心用例回归。如果只是对部分模块有影响，可以根据开发历史改动引发 Bug 的占比情况，结合用例级别（通常要包含最高优先级用例），调整该模块相关用例的回归比例。

系统测试策略

从敏捷研发流程角度，系统测试是指准备对外发布前的完整验收测试，包含质量目标各个维度的测试类型集合，以保障达到外发的各项质量标准。不同软件行业发布质量标准应包含的测试类型项数量和通过指标会有较大差异，但并不影响敏捷研发的质量运作流程。敏捷框架适合所有产品开发（包括硬件），但其质量标准尺度可以不同。

测试团队和业务方（包含客户）对齐哪些质量目标是交付前必须验收通过的，以此为基础规划系统测试的具体策略。

常见的系统测试验收类型有能力、容量、强度、可用性、安全性、存储、配置、兼容、安装、可靠性、可恢复性、服务可维护性、文档测试、操作过程标准化等。我们以安全 / 合规测试验收为例进行说明，其他类型暂不一一阐释。

安全 / 合规测试的质量目标是通过不同的测试方法发现安全漏洞问题，这些问题可导致攻击者在未经授权的情况下访问或破坏系统。在制定具体策略时，需要涵盖以下几类安全需求的测试。

1）数据安全需求，包括系统数据的机密性、完整性和可用性需求，应提出重要业务数据的保护机制。

2）业务数据的访问控制需求，如针对不同用户角色分类，访问权限如何控制。

3）交易安全需求，包括系统中交易的完整性、机密性、可用性、不可抵赖性。

4）审计要求，明确信息系统中需要被审计的事件和内容，保证可由授权人员按要求获取，完成审计规范。

由此可以看到前期“**需求分析及澄清**”的重要性，安全 / 合规需求如果很早得到确认，并纳入开发考虑，那么在最后的系统验收阶段就不至于被动，避免因为不符合安全红线而推迟发布的后果。

8.3.3 测试策略案例：机型兼容测试

因为系统测试涵盖范围非常广，我们分享一个移动互联网的典型“痛点”案例，来说明如何通过不断优化策略来保证具体质量目标，同时尽可能控制测试人力投入。

在移动互联网时代，App在不同机型的兼容性保障是研发和测试团队最大的痛点，尤其针对Android平台。如果一个App没有针对特定手机做适配开发，那么在该手机上遇到新的严重体验问题的概率将高达70%。因此各大互联网厂商会投入巨资和人力进行机型兼容测试覆盖，而且投入和产出往往不成正比，所以测试策略是否最优（平衡投入产出），成为重中之重。

因为Android的碎片化，不同的Android手机厂家对自己的操作系统（OS）都做了一定程度的定制，而硬件的差异加剧了各种奇葩适配缺陷的发生。总结一下，影响App兼容质量的部分因素包括如下方面。

- 手机芯片型号，如高通845、MTK6755等，主要考虑ARM架构区分和不同的精简指令集情况。
- Android原生版本兼容性，如Android 10.0、9.0、8.1等。
- 手机分辨率，如2340×1080像素、1520×720像素、1920×1080像素等。
- 厂家定制OS版本的兼容性，如ColorOS 7.0、6.0等。
- 网络环境，如Wi-Fi、5G、4G、不同运营商网络（移动、联通、电信）、弱网络环境（拥塞、丢包）等。
- 多端交互兼容性，如手表与手机App交互。随着万物互联的发展，这种兼容场景越来越多。

基于以上经验分析，并参考产品上市的真实用户机型覆盖占比，我们制定出以下基本的兼容测试策略。

1）挑选App活跃用户使用机型占比排行前10的机型，作为要求覆盖的测试机器。

2）同理，挑选活跃用户使用占比排名前5的OS版本。

3）挑选交叉覆盖高占比的机器和OS做兼容测试，保证主流分辨率下功能正常。

4）通过云测试平台自动覆盖主流机型。

5）上述测试完成后如果还有人力，则针对次重要机型进行核心功能覆盖。

仅通过上述简单策略，还远远不能建立我们的兼容测试知识库。对兼容问题本质的认知不足，会导致策略专业水平非常有限。因此，我们需要持续地“啃硬骨头”，从大量机型兼容缺陷中寻找常见问题，分析根因，总结出最容易发生兼容问题的场景，把相关典型用例打上“适配测试高优先级”标签，作为策略重点，如图8-3所示。

具体分析几个其中的例子。

（1）App权限管理

App开发者和手机厂家一直在权限管控上“明争暗斗”，App开发者希望获得更多的访问权限，提供更丰富的服务可能性，更活跃的在线时长，搜集更多有价值的用户数据。而手机厂家要保证用户不频繁被App打扰，不让安全隐私受威胁，否则会降低用户对手机的购买意愿。因此权限兼容测试自然会放在台面上，尤其是对开启悬浮窗、短信通讯录读取、位置信息等权限的测试是重点，确保勾选“不授权”时，不会影响基础功能的使用。

图 8-3 兼容性测试策略关注点

（2）双卡双待

这是运营商主打的手机特色功能，方便玩家用不同的号码使用手机。但是很多 App 在调用短信和通话等功能时，经常因为双卡双待场景发生奇怪的问题，值得细心挖掘，比如 4G 联通和 5G 移动 SIM 卡装在同一个手机里。

（3）厂家定制 ROM

主流手机厂家都会推出定制 ROM，因此需要分析 ROM 与 App 应用的耦合场景，在基本 API 调用上可能会有特殊的名称修改、参数变化（增删改），内部数据库也可能有特殊定制。主流厂家 ROM 的新版本特性值得认真研究，它们在方便用户体验的同时，也会给 App 的使用增加变数，比如系统的暗色模式会在很多 App 界面的体验上带来大量问题。

（4）独特硬件

手机厂家为了获得更多市场红利，会在独有硬件配置上下功夫。

屏幕有异形屏（水滴屏、刘海屏）、折叠屏、瀑布屏等各种类型，涉及各种打孔位置，也有不同的屏幕大小、分辨率和高刷新率，等等。配合分辨率的系统设置变化，在屏幕适配上通常可以发现不少 UI 显示问题。

摄像头前置和后置、广角、微距，配合软件算法，在 App 驱动摄像头的场景设计上需要针对性覆盖。拍照后的存储照片质量、位置、格式等、也是需要保障的。

各类传感器越来越多，如重力加速感应、位置感应、姿态感应，需要结合 App 特定场景功能在主要机器上覆盖测试，屏幕自动旋转场景有时会让用户抓狂。位置传感器的数据还会和部分 App 场景产生联动，如天气、导航、地域相关软件会根据用户所处区域来呈现具体结果。

麦克风，在多媒体和智能类 App 中是重要的输入设备，它的敏感度直接影响用户感受。

（5）系统默认工具软件

在使用某些 App 时默认会调起手机系统的内置工具软件，比如内置浏览器、内置多媒体播放器、内置文件阅读器等，此时需要关注端到端的体验，以保障对应内容的存储功能（存放路径）正常。

可见，制定机型适配的测试策略时需要非常丰富的实战经验，需要很长时间的分析提炼，才能在成本可控的前提下，真正降低适配遗漏风险。

8.3.4 测试策略的全局设计

测试策略最终是需要高度提炼的，如果仅仅是基于各种技术信息陷入大量细节思考，则会像“只见树木不见森林”，让成员迷失重点。

因此，我们有必要从全局视角来看，根据被测需求的类型，明确策略的重心是什么，说明如下。

- **新需求**：区分客户端、Web 端、服务端的需求内容，针对各方联调的结果做覆盖。
- **继承需求**：原有需求部分不能被影响，一定要明确哪些老需求需要回归保障，覆盖怎样的力度（如覆盖上版本的 S 级用例即可），遗留缺陷用例是否要专项覆盖。
- **优化需求**：针对体验优化（UI）类需求，可以安排探索式测试或者众测；针对数据上报类需求，可以由开发自测，测试参加评审，并在已有用例中检查；针对运营优化类需求，尽量利用自动告警配置。
- **技术需求**：要求开发提供详细技术方案，便于测试完成详细测试分析，同时可引入代码覆盖率进行把关。
- **Bug 修复**：开发人员修复 Bug 后保障自测没有问题，测试人员参与解决方案评审，纳入回归测试集。
- **隐含需求**：主要指默认的行业规范、法规需求、安全规范或者公司内部的规范需求，通常都是本业务必须满足的约束性要求。针对这类需求，可以做专项检查，也可以纳入高优先级用例集。

随着产品功能模块不断复杂化，跨功能、跨系统层 / 硬件特性的交互更加复杂，而且系统测试要保障的质量目标类型众多。因此，针对耦合交互的风险点给出一个测试覆盖全局视图，会非常好用。

我们鼓励采用**功能交叉二维表**去呈现耦合分析关注点，凸显敏捷文档优势。几类主要使用场合列举如下。

1）应用软件与系统环境（OS/ 底层框架软件、第三方服务接口、硬件调用接口）之间的耦合分析。

以 8.3.3 节的兼容测试策略为例，我们用纵轴依次列出被测软件的主要特性（以手机浏览器 App 为例），用横轴列出可能产生软件交互风险的 OS 软件 / 系统硬件，画出一个完整二维表。如果功能特性与某个 OS 软件或某硬件有耦合风险，值得深入测试，那么就在对应交叉的格子打一个 ×，还可以备注具体的测试场景描述。

如此梳理一轮形成的表格，就可以成为测试用例设计或探索式测试的指南，积累完善后还可以成为团队的知识库，提升全组的设计能力，降低相关漏测风险。功能交叉二维表示例如图 8-4 所示。

功能模块 / 耦合特性			启动 / 退出			主页功能				菜单栏				小说				我的				下载
差异大类	差异类别	差异项	闪屏	外部调起	桌面快捷菜单进入	天气	语音搜索	二维码	下拉二楼	设置 - 屏幕旋转	设置 - 视频自动全屏	自定义皮肤	添加书签	云同步书签	新增历史记录	小说详情页	小说工具栏	账号	积分	页面展示	发送评论	下载文件
手软 / 硬件层	硬件平台	平台类型																				
		SIM 卡																				
		相机						x				x										
		麦克风					x															
		NFC																				
		线性马达																				
		位置传感器								x												
		重力传感器																				
		加速度传感器																				
		陀螺仪																				
		光线传感器																				
		距离传感器																				
		磁场传感器																				
		指纹传感器																				
		多媒体播放																				
		处理器和内存配置																				
		耳机																				
	UI 显示	屏幕分辨率 / 宽高比	x																			
		屏幕形状	x								x											
		屏幕边界触屏灵敏度																				
		系统字体大小																		x		
		系统显示大小																		x		
		系统语言														x				x		
		沉浸式状态栏										x										
	按键类型	实体 / 虚拟按键															x					
		导航手势																				
		音量键																				
		关机键																				
OS 层	系统版本	机型信息																				
		Android 版本			x																	
	系统权限	静默安装权限																				
		组件安全权限																				
		存储空间权限											x	x								x

图 8-4 功能交叉二维表——App 兼容测试耦合分析

2）产品的各项功能特性的耦合分析二维表，表的横轴和纵轴各自列出主要功能名称，如果两两功能之间有耦合关系，则打一个“ × ”，重点测试覆盖，如果有耦合可能性（但不确定），打一个“I”，简单覆盖，提醒后继的用例设计环节可予以体现。

我们以手机 QQ 当年新增的群功能为例，分析哪些已有功能和该功能可能有耦合关系，哪些需要重点覆盖。

显然传输功能是直接耦合功能，需要重点验证——因为以前发给一个人的文字、图片、音频、视频、提醒动画要变成发给多个人。类似，取消传输、添加好友、删除好友、关闭对话框等，都需要重点关注。而在群列表中进入好友资料查看等功能，也有一定的耦合风险，可以简单覆盖。

大家可以拿自己的产品做一下二维表，思考类似的耦合场景及风险大小。

3）针对系统测试各种质量目标的覆盖策略，我们也可以使用类似的交叉二维表，纵轴是产品的每一个独立特性，横轴是一个个系统测试细分类型，包括功能测试、配置测试、安全测试、前端性能测试、服务端性能测试、稳定性测试、压力测试、机型适配测试、文档测试等。如果该功能特性在对应的测试类型有比较大的风险，应该纳入测试覆盖，那么我们就做上标记，或链接到必须覆盖的具体测试场景，如图 8-5 所示。感兴趣的读者可以自行绘制，用一张表格把复杂的系统测试策略尽收眼底！

产品系统测试	功能测试	配置测试	安全测试	前端性能测试	服务端性能测试	稳定性测试	压力测试	机型适配测试	文档测试
功能 1	×				×				
功能 2	×	×		×			×	×	
功能 3	×		×	×				×	
功能 4	×			×	×	×	×	×	
功能 5	×	×							
功能 6	×		×		×			×	
功能 7	×		×						×

图 8-5　特性功能——系统测试交叉二维表

8.4　测试用例设计基础

测试策略描述完成后，接下来开始详细编写具体的测试点和测试用例。测试点可以认为是一个概括验收重点的关键词描述，如“账号正确但密码错误”。测试用例则是包含完整内容的操作和验证文档，通常包括前置条件、操作步骤 / 输入数据、断言、后置条件等。

测试用例设计的基本方法大致分为两类：基于输入分析（等价类划分法、边界值分析法、错误推测法等），或基于过程分析（场景法等）。网上相关资料很多，本节仅作简单介绍。

等价类划分法：将系统的输入域划分为若干部分，每个部分选取少量代表性数字。等价类可以划分为有效等价类和无效等价类，设计用例时都需要考虑。通常，多个有效等价类可以用尽量少的用例覆盖，一个无效等价类只用一个用例覆盖。

边界值分析法：大多数错误都发生在输入输出边界上，如果边界附近取值不会导致程序出错，那其他取值出错的概率也会很小。边界值分析法是指通过优先选择不同等价类的边界值覆盖有效等价类和无效等价类，来更有效地进行测试，因此该方法应该和等价类划分法结合使用。

比如假定浏览器最多保存 1000 个书签，那我可以设计测试用例中的书签数量分别是 0、1、2、500、999、1000、1001，这个选择法通常也被称为“7 点法”，即选择 0、最小值、最小值 +1、中间某值、最大值 –1、最大值、最大值 +1 这 7 个测试数据来覆盖。

错误推测法：测试程序时，根据经验或直觉推测程序中可能存在的各种错误，从而有针对性地编写检查这些错误的测试用例方法。

场景法：通过用例场景描述的流程来执行路径，从流程开始和结束来遍历这条路径的所有基本流和备选流，如图 8-6 所示。

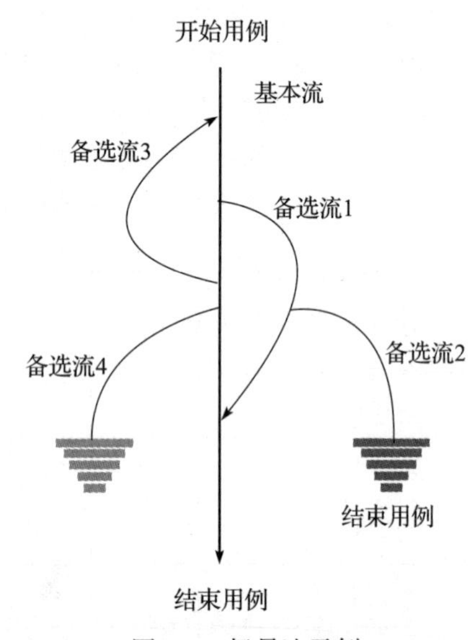

图 8-6 场景法示例

我们通过**异常场景和边界场景**的分析，逐步累积探索这些问题的经验库，在用例设计过程中可以事半功倍。经过统计，在所有测试遗漏案例的分析中，缺失异常场景或边界场景的案例占了一半以上的数量。注意：这里的边界场景不只包括输入控件里的值，也包括所有能传递给被测对象的输入量的“边界”——菜单、手势、语音、文件、位置、系统设置。

我们以移动 App 为例，看看能梳理出哪些异常场景和边界场景，如图 8-7 所示。

需要注意的是，为了避免场景过多导致用例爆炸的情况，可以把一些测试点纳入探索式测试场景（详见第 10 章）和已有用例设计方法互相借鉴。效果突出的探索式测试方法可以在本场景快速进行测试，可以给来不及梳理的用例专门安排有限的探索测试时间。

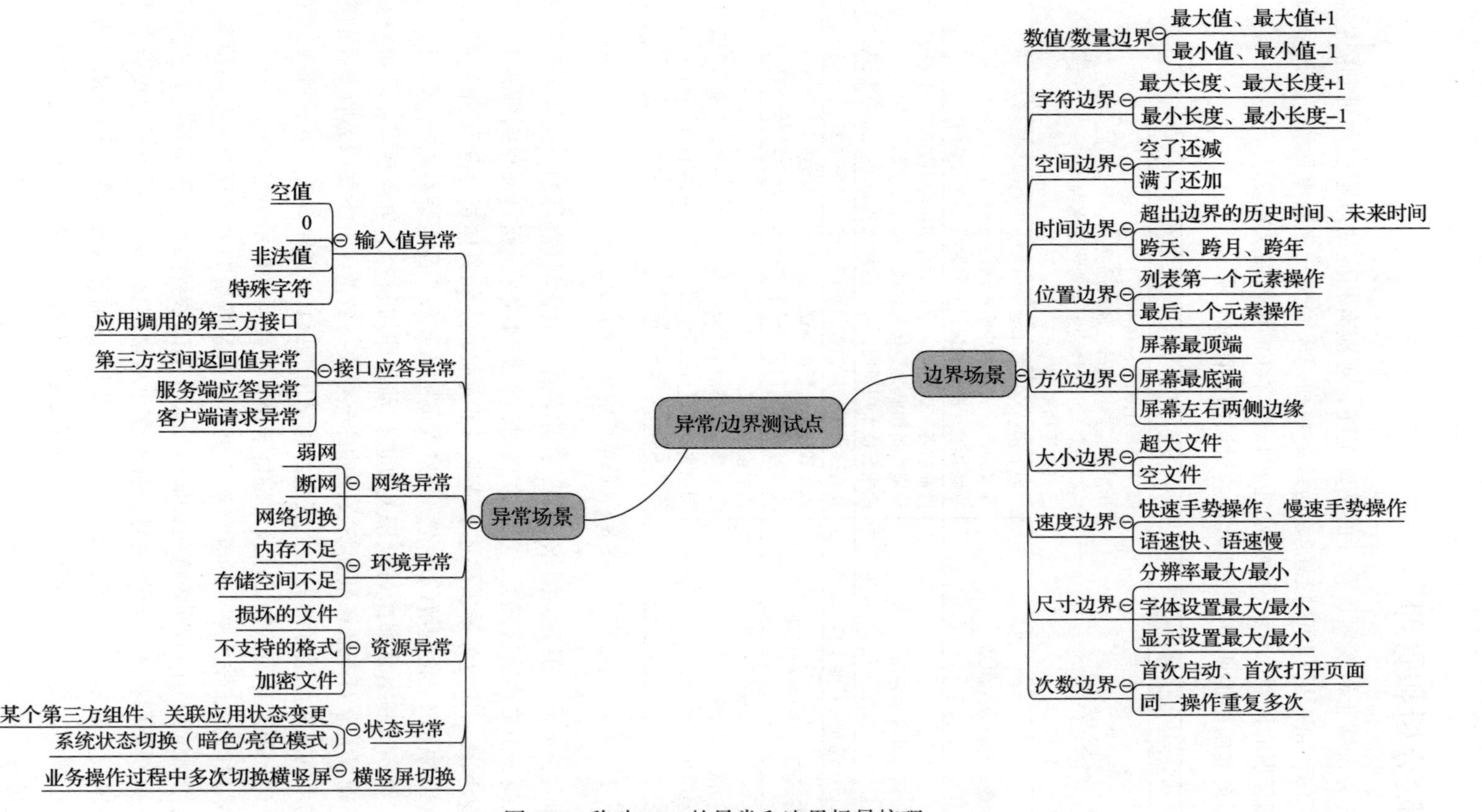

图 8-7　移动 App 的异常和边界场景梳理

8.5 风险分析和管理

测试任务隶属于研发项目管理的活动范畴，理应有相应的风险应对机制。它体现了测试负责人员的丰富经验和审慎态度，为最终顺利完成测试任务提供保障。这个测试风险分析、应对和管理的计划（或者说预案）也可以包含在测试策略文档之中。

测试活动实施中常见的测试风险和应对措施如图 8-8 所示。

可能的风险	应对措施
需求提测延期	调整项目计划和人力 开发一起参与测试，加快进度 延期如果严重，改为下个迭代版本合入 适当安排加班
提测功能发生阻塞	开发提测前完成基本功能自检，提交结果链接 开发最高优先级解决阻塞问题 协调其他开发和测试，一起验收，降低延期
测试环境不稳定	提前准备测试环境，定时跑自动化用例提前暴露问题 环境支持团队紧急优先解决问题，达到服务 SLA 使用其他备用环境，如灰度环境或 mock 工具模拟数据测试
人员中途安排其他工作	及时确认工作优先级，协调其他人员来完成
工作量评估不准导致延期	协调其他人员帮助测试，或适当安排加班 项目经理适当调整测试发布计划，并把问题分析改进纳入迭代总结
测试工具协调不到， 如性能测试仪器	提前预约好仪器 考虑其他同类测试工具或方法，能初步评估是否有问题 调整测试步骤或优先次序，待设备到位再进行测试 紧急采购（不做太大期望）

图 8-8 测试风险和应对措施

整体而言，风险一般分为需求风险、技术风险（包含环境风险）、流程与变更风险、人或团队的风险、历史事故这五类，下面我们对这五类风险一一进行简单剖析。

1）**需求风险**：如业务场景描述不清晰、不完整，不能具体指导开发和测试团队的工作等；缺乏充分的需求讨论理解的环节，开发人员的认知和产品经理有差异。

对策：第 3 章和本章都探讨了相关改进行动，即加强各个角色在需求评审中对业务场景的讨论，确保大家对产品场景和验收条件的理解是一致的，开发要以验收条件的完全达成作为开发结束的基准。最好的方法是产品经理拿出低保真 / 高保真的交互设计 DEMO，或者直接绘图，让大家有直观认知，涉及的性能规格也需要明确标示出来。

2）**技术风险**：如技术平台的升级或变更，或产品模块的设计复杂度超出预期，导致开发人员交付给测试人员的时间被拖延的概率很大。测试依赖的环境风险也需要重点考虑。

对策：分析不同技术平台的差异，针对变化尽早测试。明确一个开发设计负责人，由他负责对技术设计架构图进行清晰的可视化，在团队面前评审和讲解，同时明确梳理接口开发责任，在提测前认真自测验收用例。如果开发复杂度高，该负责人还需要和项目经理确认是否按迭代部分分期完成。

在环境方面关注测试依赖的硬件资源和软件资源。前者要考虑服务器、客户端、网络设备、测试仪器和辅助设备，包括硬件配置的性能要求；后者要考虑被测对象运行时依赖的操作系统、数据库、第三方软件或云服务等。注意版本要求。

3）**流程与变更风险**：如开发没有按要求进行充分的自测；需求总是在迭代中期增加（很多是来自老板的“突发”需求）。

对策：开发人员给出详细的自测报告和完成基准，测试人员对开发人员使用的自测用例提出优化要求。所有变更需求需要项目经理拉关键角色集体确认，按价值重新排优先级，相应被影响的迭代功能可能会被降低优先级或挪到下一个迭代。如果插入的需求总是非“最高”优先级，想想是否要约束需求来源？很多“紧急”变更需求的理由，对于大团队来说并不紧急。

4）**人或团队的风险**：测试人员自动化能力不足，工具支持不够，测试设计的遗漏很多，等等。

对策：正如本章重点介绍的，努力提升测试人员的分析及设计能力，简单梳理测试设计经验库，在团队共享优秀测试用例设计的例子。测试骨干 / 架构师参与策略和用例评审，直接指导人员的设计方法。在自动化方面，测试人员要与开发人员共建自动化测试活动；考虑部署外部的易用自动化测试平台或者其他替代工具。

5）**历史事故**：上个版本遗留了很多已知问题，它们在新版本衍生出更多新问题。开发人员在修复老问题时也引入了不少新的缺陷。

对策：针对每个版本的遗留问题做缺陷分析专项（详细方法见 8.7 节），找到哪些测试手段能避免这些缺陷的遗漏。如果是人、环境或者流程的问题，再相应地专项跟进。针对开发的问题修复率和重打开（reopen）率提出明确的纪律要求（作为产品发布前的标准），观察每个版本的遗留缺陷改善情况。

最后，推荐大家组织**风险大脑暴活动，结合历史上发生过的真实案例**，针对被测产品，碰撞出哪些具体风险事件可能会发生，然后集体划分其优先级（按发生概率 × 损失排序），最后把匹配的风险对策添加到团队备忘录里。类似这种灾难预测的活动在本书数次出现，对团队提升质量觉悟颇有效果。下面是一些经典的质量风险事件：

- 用户隐私被泄露，公司收入因安全测试不足而受到损失。
- 测试进展被其他依赖项目影响（或者严重影响了其他项目），导致延期。
- 遗漏了无法手动恢复的异常场景用例。
- 服务水平协议和性能规格未达到标准就发布了。
- 产品使用的组件频繁发生故障，最终需要重构。
- 数据库迁移，系统测试开始后才确认和准备好测试环境和被测数据。
- 向后兼容测试缺失，导致服务端升级后，老版本客户端功能失效。
- 升级测试不足，导致特定客户端或者组件升级失败，或者升级后崩溃率提升。

针对可以通过测试用例拦截的风险，在场景明确且用例工作量可以承担的情况下，补充相应的用例，并根据风险大小设置用例的优先级别。

8.6 策略执行的复盘与调整

根据测试策略在各个测试活动阶段的指导描述，测试负责人在具体执行过程中把控风险，处理突发问题，输出测试结果。从敏捷的角度，建议在每个测试阶段结束时进行快速复盘，判断策略是否合理，是否需要及时调整，以便下个阶段做得更好。这一节我们重点阐述如何分析测试结果和调整策略。

8.6.1 测试活动应该何时结束

根据行业的普遍观点，测试活动结束的主要标志有两个：

- **指定测试内容有没有完成覆盖**。计划内的测试用例有没有完成执行，测试报告 / 归档有没有完成等。
- **发现缺陷的处理有没有达到指定标准**。所有缺陷是否被处理，严重级别缺陷是否都被解决和关闭，未解决缺陷（挂起或转需求）数量不超过设定阈值。工业界有时会采用 DI 值的标准，即 DI 值低于一定分数才算做测试通过。

如果我们进一步思考，还存在很多有趣的测试终止参考规则，值得尝试。因为测试的本质是让大家获得关于产品的更多信息，从而对产品的发布质量更有信心。测试真的充分了就可以结束，而不是完成原计划工作再收工，这与敏捷价值观是更为契合的。

我们可以从下面几个维度来探索测试终止的条件。

- 从缺陷数据趋势看：每日新增缺陷数据曲线和遗留缺陷数据曲线应该整体是不断趋近于横轴（即下降趋势）。只要缺陷曲线稳定，且低于一个指定的值，就可以让测试终止了。反之，如果每日新增缺陷 / 遗留缺陷数据仍然不稳定，波动明显，那么建议继续进行测试活动。
- 从缺陷密度来看，我们可以假设开发人员的质量水平保持一定，那千行代码缺陷密度应该是一个比较稳定的值，如果本次测试活动发现的缺陷密度，对标上次版本同样阶段的结果，大幅减少，那很有可能是测试手段还不够深入，覆盖范围不够广，可以继续追加测试投入。
- 从种子缺陷采样来看：在测试之前，请开发人员在源代码中人为植入一定数量种子缺陷。在测试活动中观测有多少比例的种子缺陷被发现，到达一定比例以上则认为测试充分了。
- 从对比效果来看，假设我们有两个测试小组（或人员）独立地进行测试，彼此信息不共享，监测两个组的共同缺陷率，超过一定比例的时候可以终止测试，此时漏测的风险比较低。
- 从探索测试结论来看，测试活动后期组织一场缺陷大扫除活动，让外组成员随意探索产品，看看能发现多少遗留缺陷，根据严重缺陷的数量判断测试是否可以结束。
- 从测试人员的收获来看，如果测试人员在测试活动中能不断学到新鲜知识，了解更多产品技术设计和质量的信息，可以继续进行测试实践。反之，如果测试人员得不到新鲜知识，可以放弃继续测试。

测试活动完成后，负责人需要判断是否需要进入下一阶段的测试活动；或者是否满足发布质量标准，可以进入发布阶段。如果当前测试活动需要延期，可以与项目经理沟通澄清，延长计划的测试时间，以换来更多的质量信心。

8.6.2 确认测试结论

测试活动完成后，负责人需要在测试报告作出总结：测试策略设定的质量目标是否全面达成。具体分析如下。

1）**测试覆盖度是否达成**，如被测需求场景 100% 覆盖，代码覆盖率达标（如果有）等。

2）**测试过程数据是否有异常情况**，是否需要分析改进。例如：①测试用例的执行完成率、执行效率、用例通过率分析；②用例缺陷发现率分析，即安排的测试用例有多少能直接发现缺陷，这个值不宜太低，太低说明用例的有效命中率不足，可以做减法，也不宜太高，这说明产品质量风险太大；③测试人力投入是否正常，如果存在评估不合理，需要总结教训，在下次人力评估时优化；④测试延期 / 浪费分析，改进措施。

3）**系统测试各类活动是否达到准出标准**，包括功能、性能、可靠性、易用性、升级测试等。

4）**遗留缺陷风险分析**，对“缺陷是否在本次发布前必须消灭”作出判断。具体分为两种情况：

- 通常而言，导致核心功能无法正常使用或者对其他测试活动造成阻塞（无法正常执行）的缺陷必须解决，其优先级高于开发新功能。
- 在开发精力有限的情况下，明确缺陷解决优先级，低优先级的可以遗留到下一个版本解决。建议优先解决严重级别高（破坏用户体验）的、需要修改设计方案（架构方案）的、缺陷本身改动范围大的问题。

完成以上分析后，测试负责人判断测试策略是否应作出相应调整，让未来的测试过程更加可预测，人均价值产出更大。

最终，根据各项质量目标的测试结论，负责人需要明确是否达到交付用户的发布标准，明确产品的约束限制（局限性），描述测试揭露出来的遗留风险对用户负面影响的评估，并对缺陷的修复方案和产品的设计改进提出建议。可以对研发流程及开发测试合作等方面观察到的不足提出改善建议，更好地预防未来风险。

8.7 缺陷根因分析

有价值的缺陷不但是测试人员产出的核心成果，也是测试人员自我反省、提升分析能力的磨刀石。现实中很多测试人员并没有把缺陷根因分析当作知识沉淀的机会，更有甚者，把它当成让自己背锅的糟心事（**尤其当其他人员对自己负责的业务做漏测缺陷分析时**），内心充满抵触，这么想未免过于狭隘。

本节将详细介绍缺陷根因分析（Root Cause Analysis，RCA）的科学方法，帮助测试团队建立缺陷分析文化，提升缺陷挖掘和自我改进能力。

缺陷根因分析就是要解答三大问题：

- **到底发生了什么？**弄清楚Bug的具体描述，影响（破坏）大小，什么场景下才出现。
- **为什么会发生？**弄清楚发生Bug的原因，具体在哪个阶段引入，为什么没有提前发现它。
- **如何预防再次发生？**弄清楚有哪些提前发现和快速修复的手段，以预防它再次发生。

8.7.1 5W根因分析法

5W根因分析法，又称5Why分析法或者丰田五问法，来自丰田汽车公司取得成功的主要经验。该方法理解起来非常简单，就是针对遇到的问题，重复问5次Why，这样问题的本质原因和解决措施就变得显而易见了。在缺陷根因分析中积极实施这个简单方法，会获得很多意想不到的信息和启发。

我们从一个简单的例子来分析：**公园的长凳上经常有很多鸟粪，怎么办？**结合实例，5W根因分析法的分析过程（部分）如图8-9所示。

问题依次追问	不同层次的应对措施
公园长凳上有很多鸟粪	1. 多雇用清洁工进行打扫
为什么这个长凳上有这么多鸟粪？	
因为长凳旁边有树，鸟经常落在树上，所以有粪	2. 把树砍掉 3. 雇用人经常赶鸟
别的长凳旁边也有树，为什么鸟总是落在这棵树上，而不是其他的树呢？	
因为这棵树上有很多虫子，别的树上虫子很少	4. 喷洒杀虫剂
为什么这棵树上的虫子多，别的树上虫子少？	
因为这棵树旁边有个路灯，晚上会吸引来很多虫子	5. 移开路灯，或者移开椅子

图8-9 5W根因分析法——长凳上的鸟粪

从图8-9可以看出，当我们追根溯源，能看到问题发生的不同层次，每个层次都可以想出对应层级的解决方法，但是往往只有在最深入的根本层面，才能找到性价比最高的解决方法，一劳永逸。

再举一个更复杂的例子，航天科技是人类技术发展史上的明珠，随着中国航天取得举世瞩目的成就，许多人开始热心关注航天科技历史的点点滴滴。在极其复杂的航天工程项目中，一个小小的疏忽可能导致巨大的灾难，如果我们深入使用5W根因分析法，会发现事故的起因完全不是一开始以为的样子。图8-10展示了1970年4月13日阿波罗飞船氧气舱爆炸事故的5W根因分析过程。注意，5W不一定就是追问5次，可以追问很多次，直到找到本质根因，追问不下去为止。

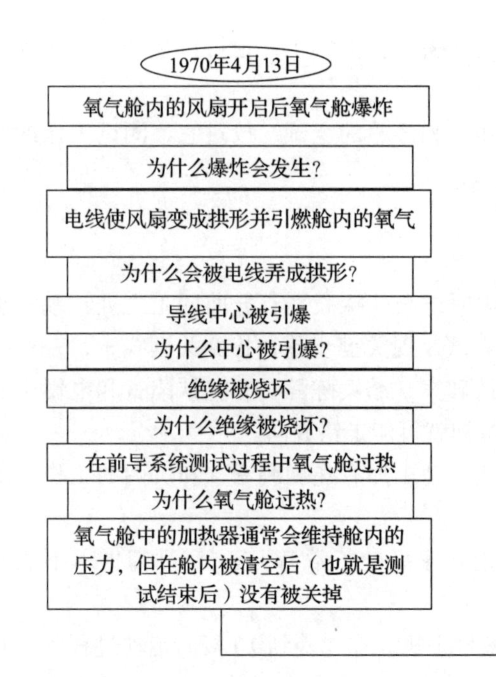

图 8-10　5W 根因分析法——氧气舱为什么会爆炸

我们再从软件缺陷分析的实例来看如何实践 5W 根因分析法。

案例缺陷描述：手机设置字体为第三方厂商提供的热门新字体，进入被测对象——手机浏览器，打开网页，页面文字无法显示。

测试人员开始与开发人员深入讨论，进行根因分析记录。

Why：为什么页面文字显示异常？

回答　设置为系统字体则显示正常，设置为第三方字体必然出错，判断是第三方字体显示有缺陷。

Why：为什么第三方字体显示有缺陷？

回答　通过代码定位，发现第三方字体显示时，fileName 参数传入了一个空值，导致跳出了字体设计逻辑。

Why：为什么 fileName 会传入空值？

回答　因为第三方字体读取时获取的是 ID，未获取属性值。

Why：为什么第三方字体读取的是 ID ？

回答　因为第三方字体的读取逻辑与系统字体不同，从系统接口读进来的是 ID，再通过反射机制与字体属性对应，未直接获取属性值。

Why：为什么 ID 在显示时会出错？

回答　因为开发显示逻辑时有个过滤原则，把 Path 为空和 fileName 为空的字体过滤掉，所以只有 ID 值的第三方字体被过滤掉了，因此无法显示。

由此可见，多问几次 Why，可以让测试人员获得丰富的知识，也可以让开发人员理清思路，确认解决措施是否彻底。

缺陷既是测试活动的宝贵成果，又是挖掘知识和经验的宝藏，放过它，测试工作的回报价值就会大打折扣。

8.7.2 侦探分析法

作为测试人员，在追查用户反馈投诉的根因时，与侦探破案有异曲同工之处，基本步骤都是现场还原和分析案情（勘查现场证据），尝试复现关键步骤，找到关键线索，一一排除，终于锁定最可能的嫌疑犯（根本原因），确认破案，结案陈辞。有些缺陷就和电影中的谜题案件一样，“凶手”安排了种种干扰，一不留神就可能走错方向。

把精彩的案件分析过程记录下来，能让测试活动更加有趣和刺激，和沉闷的工作氛围说再见。

案件：Wi-Fi 管家产品的用户“报案”，称连接家里的正常 Wi-Fi，产品却提示不能上网，现象诡异。

详细收集“口供”：Android 8.0 的小米 X 型号手机，在 3 楼到 10 楼的走动过程中，开屏容易发生误判不能上网的问题。

分析线索：可以参考 NLP 方法拆解整个句子，逐个分析出可能影响问题发生的因素。

机型（是否有影响），Android **系统版本**（是否一定是 8.0 版本），**在 3 楼～ 10 楼走动**（会带来什么变化），**误判** Wi-Fi（重现概率有多大）。

重现案情：根据和产品及开发人员的沟通，结合产品的主要用户使用手机型号和 Android 版本的占比，尝试如下重现动作。

在 3 楼走动，分别拿小米 X 型号、小米 Y 型号、三星 Z 型号三款手机，做动作 1（开屏，自动连接 Wi-Fi），动作 2（关闭，再打开 Wi-Fi 开关，自动连接），各十次，统计误判出现概率。

根据重现结果总结：机型和 Android 版本对本案件没有明显影响，切换 Wi-Fi，系统自动连接时，大概率能重现误判的问题。

查找并锁定嫌疑犯：基于开发实现本功能的流程原理，结合重现结果和搜集的日志，进行排查分析。连接上 Wi-Fi 后，该产品会等待系统事件 CONNECTIVITY_ACTION 的广播后开始做上网检测，但是在部分机型上，依赖这个系统事件的结果来做触发是不可靠的。

结案：针对部分机型，补充确认连接结果的判断手段，避免误判。

除了上面介绍的两种生动有趣的分析方法，其他可以用来方便头脑分析的方法都是可以用来分析缺陷根因的，比如鱼骨图法、对比验证法、缺陷联想法（举一反三），这里就不一一举例了，关键还是养成深入分析习惯。对于团队而言，则需要营造缺陷分析和分享的激励氛围。

Bug 就像狡猾的“罪犯”一样，但再狡猾也会露出蛛丝马迹，关键是需要工程师细心的分析，清晰的头脑，锲而不舍的追查精神，才能抓到“真正的凶手”。

8.7.3 经典缺陷分析大奖

如果一个测试部门发现的缺陷数量众多，那么团队管理者可以聚焦**经典缺陷**来持续激励根因分析活动。

什么样的缺陷可以纳入经典缺陷呢？我是这么看的（满足至少一个条件即可）：

1）有一定分析深度（层次）的缺陷，这样能呈现分析过程的精彩，锻炼测试人员的深入思维能力。如果分析来分析去就是一个简单参数看错了，那分享价值可能不大。

2）引发事故的，或“屡教不改”的缺陷，我们需要用根因分析法，尽可能地找全让它不再发生的措施（绝不限于补充测试用例），避免测试团队能力被外界质疑。

3）可形成可推广的测试指南、设计改进、流程完善。从一个缺陷（**我是怎么拦截的**）到举一反三（**类似缺陷我都可以拦截**），找到拦截一类缺陷的手段（**人人都可以做到**），这样的收益才是最大的。

4）跨团队协作分析。比如，开发对于缺陷产生的根因能提供很多宝贵的知识解答。

与之对应，团队如果要进行年度优秀缺陷分析大奖的评比（有的公司称之为“金 BUG”大奖），奖励导向可以罗列为：①生动幽默，易于广泛传播；②形成规范打法或者流程管控；③分析精彩，多层剖析，深入到实现的底层；④跨团队协同，未来能在质量内建中预防。

年度优秀缺陷案例，可以获得专家的点评推荐，面向全员分享（包括开发和产品部门），获得定制的奖品。团队共享了测试分析和用例设计的思考，提高了主动回溯质量根源的意识，收益是显而易见的。让缺陷分析的文化愈加盛行吧！

8.7.4 正交缺陷分析法

除了针对具体缺陷进行深度分析，我们也可以依托缺陷管理系统进行整体趋势量化观察，找到可以有效改进的打法。如何利用缺陷填写的属性字段，定位研发团队到底存在什么问题，是值得挖掘的难题。每个团队在填写缺陷字段时往往有不同的偏好规则，会导致数据分析时难以快速识别问题所在。

大家可以借鉴 IBM 在 1992 年创立的正交缺陷分类（Orthogonal Defect Classification，ODC）法，它适合缺陷繁多、成员复杂的大项目。ODC 有 8 个缺陷属性，利用这些属性的组合分析，能找到产品、设计、代码质量、测试水准等各方面的问题，也能看到缺陷对客户的影响集中在哪个方面。

1）Activity（活动）：表示进行哪类测试活动时发现的缺陷。比如 UT（单元测试）、FVT（功能测试）、SVT（系统测试）等。

2）Trigger（触发）：表示采取哪种方式会触发该缺陷，不同的活动对应不同的触发类型。

3）Impact（影响）：表示该缺陷的发生会对客户造成的影响。

4）Target（目标）：表示开发人员为了修复这个缺陷，需要在哪方面做修改。可以修改的方面包括产品设计、相应的代码和文档等。

5）Type（类型）：表示缺陷类型。

6）Qualifier（限定符）：表示该缺陷是由于丢失相关代码、代码不正确，还是第三方提供的代码造成的。

7）Source（来源）：表示该缺陷是由内部编写的代码引起的，还是由外包公司提供的代码引起的等。

8）Age（阶段）：表示该缺陷是由新代码产生的还是由于修改其他缺陷而引发的，或是在上一个发布版本中就已经存在的问题等。

既然是正交，意味着各个属性是互相独立的，且所有缺陷在每个属性中都可以被唯一分类。其中活动、触发、影响这 3 个属性可以由测试人员来填写，另外 5 个属性由开发人员来确认。

缺陷管理系统可以配置 ODC 的相关属性字段，按标准定义可选择值，并在缺陷录入时勾选正确，如图 8-11 所示。

开场部分 （这些属性通常在缺陷被打开时可用）			结尾部分 （这些属性通常在缺陷被修复时可用）				
缺陷修复活动	触发	影响	目标	类型	限定符	阶段	来源
设计修订、代码检查、单元测试、功能测试、系统测试	• 设计一致性 • 逻辑 / 流程 • 向后兼容性 • 横向兼容性 • 并发性 • 内部文件 • 语言依赖性 • 罕见场景 • 简单路径 • 复杂路径 • 测试覆盖率 • 测试多样性 • 测试序列 • 测试交互 • 负载 / 压测 • 异常恢复 • 启动 / 重启 • 硬件配置 • 软件配置 • 阻塞测试	• 可安装性 • 服务性 • 标准符合性 • 完整性 / 安全性 • 易移植性 • 可靠性 • 性能 • 文档 • 需求 • 易维护性 • 可用性 • 易用性 • 兼容性	设计 / 编码	• 初始化 • 计算检查 • 算法 / 方法 • 功能 / 类 / 对象 • 计时 / 序列化 • 接口 / 消息传递 • 依赖关系	• 缺失 • 错误 • 无关联的	• 基础 • 新建 • 重写 • 重新修复	• 基础内部开发 • 外包 • 传输 • 复用程序库

图 8-11 正交缺陷分析属性的定义

通过特定缺陷属性的数据图表展示，能够从中发掘可能带来改进的解决方法。我们以缺陷类型属性的分析为例，来看看具体应该如何推导。按照缺陷类型的定义值对产品缺陷进行分类统计，如分配、校验、设计方法、接口、编辑和打包，然后绘制柱状图，如图 8-12 所示。

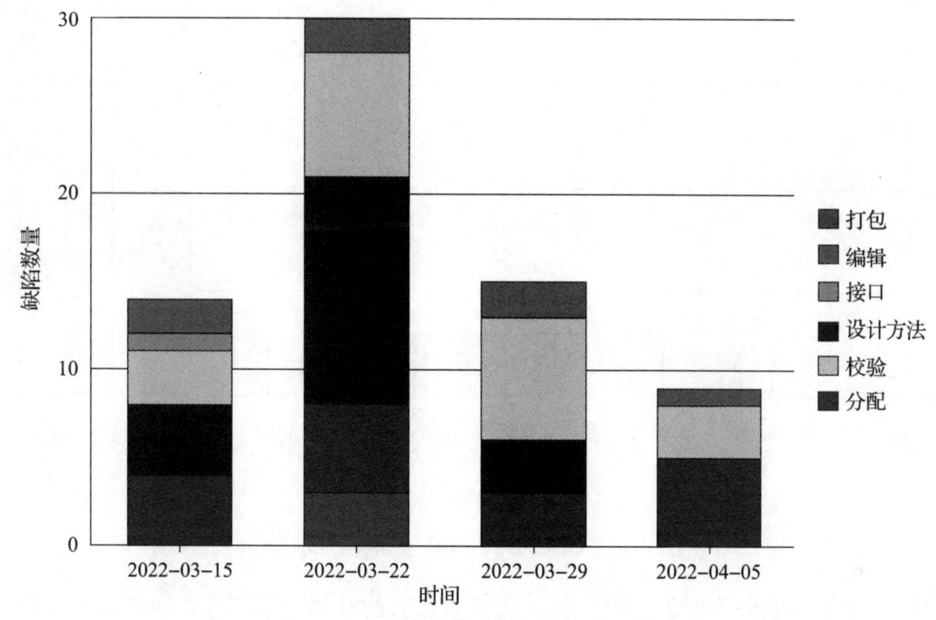

图 8-12　正交缺陷分析：缺陷类型示例

从图 8 -12 中可以看到该产品的设计方法以及接口的缺陷的占比都比较高，其次在校验上也存在不少问题，说明产品的系统设计水准比较低。我们紧接着再从“限定符”属性去分析这些缺陷，如果属于“错误”分类的缺陷占比最高，则说明代码错误很多，代码质量糟糕；如果属于“缺失”分类的缺陷占比高，说明开发的详细设计说明书写得不够好。

再举一个例子，从缺陷影响用户的角度来分析（“影响”属性），分类绘制统计柱状图，如图 8-13 所示。

可以看出该产品的问题集中在易用性、易维护性和性能方面，上市后对产品的口碑会带来很大影响，需要大力加强相关的质量目标测试投入，确保验收效果。

掌握正交缺陷分析利器，花一些精力做好关键属性的配置和填写，可视化暴露症结，有利于持续改进研发质量。

8.7.5　反馈漏斗与舆情分析

关注上线后的用户反馈，确保用户反馈的处理漏斗不漏出。

第一轮，所有反馈都有专人做初步处理。反馈渠道有很多，比如客服电话、官网反馈、App 内反馈、产品论坛 / 贴吧、社交媒体，等等。记录客户集中投诉 / 高危投诉的排名，及时输出 Top *N* 客户关注报告，同时进行基本的分类，便于相关团队具体跟进。

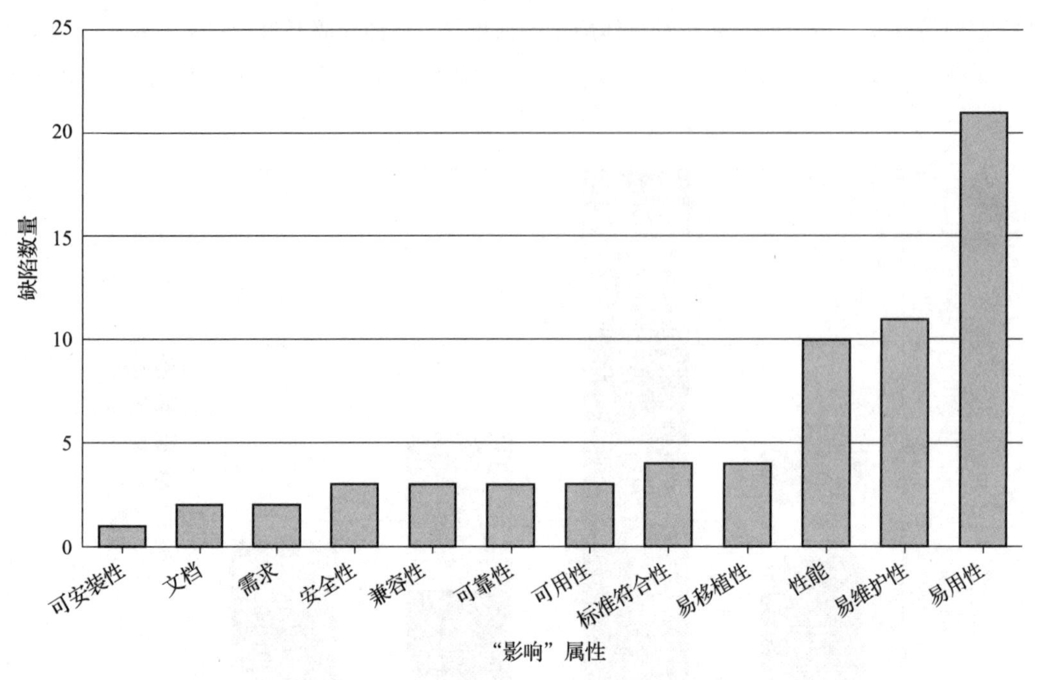

图 8-13 ODC 分析：缺陷影响用户示例

可以把反馈问题分为四类：第一类，无实质意义的吐槽；第二类，对产品的中肯建议，或者产品使用中的迷惑，这类问题需转发给产品和交互设计师进行改进；第三类，对具体运营内容的不满，比如被冒犯、申诉举报等，这类问题可以交给运营人员处理；第四类，疑似缺陷，这类问题可以转发给对应功能域的开发或测试人员进行核实处理。

第二轮，针对疑似缺陷的核实，如果确实是有效缺陷，则详细录入缺陷跟进系统，保障后继的跟进解决。测试人员设置其为逃逸缺陷，并进行是否漏测的判断。如果是对产品理解错误，则关闭处理。

此外，产品自动上报到线上反馈监测平台的问题（比如本产品崩溃率、ANR 率、线上告警等），也需要被纳入缺陷的处理池。

整个用户反馈问题漏斗与反馈漏斗中各个层次的缺陷处理各级指标，请参考示意图 8-14、图 8-15。

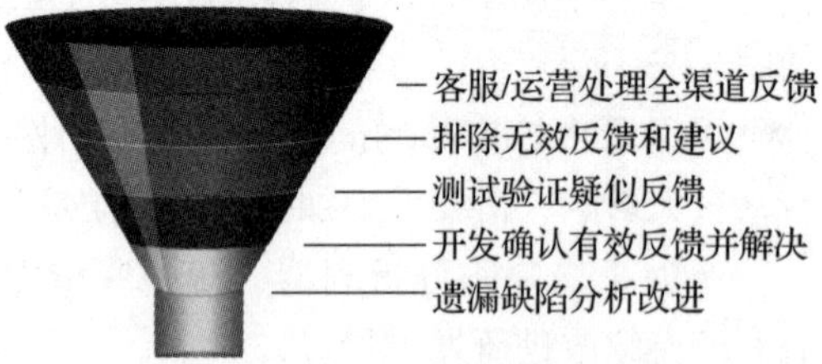

客服/运营处理全渠道反馈
排除无效反馈和建议
测试验证疑似反馈
开发确认有效反馈并解决
遗漏缺陷分析改进

图 8-14 用户反馈问题漏斗

人工处理用户反馈的机制依然有一定滞后性，它依赖人的响应主动性。而**舆情监控平台**则是更早期、更智能地洞察用户不满的预警平台。测试人员借助（或者参与建设）舆情监控平台，可以在第一时间自动抓取用户负面反馈的原声汇总，提取负面关键词聚类，关注满意度相关的指标统计趋势，针对高风险舆情进行主动安抚，快速改良产品。把依赖特定角色梳理的被动响应机制，变为数据驱动的主动响应机制。但是舆情监控也涉及爬取数据的合法授权问题，以及如何寻找聚集活跃用户的外部 UGC 平台，在监控门槛和监控效果中取得平衡。

版本周期	6.0	6.1	6.1	6.1.5	6.1.5
	12.29	1.12	1.25	2.29	3.11
A：反馈总量	2 280	2 295	2 221	1 285	952
C：处理总量	1 928	1 941	1 877	766	543
D：有效反馈数	405	459	375	180	143
E：非缺陷类反馈数	366	436	357	167	124
F：疑似缺陷反馈数	39	23	19	13	19
G：缺陷数（日均）	1	0	0	0	0
H：解决率（月均）	75%	57%	25%	25%	100%
I：1 级 Bug	0	0	0	0	0
J：2 级 Bug	1	0	0	0	0
K：3 级 Bug	18	7	4	7	3
反馈处理率	84.56%	84.58%	84.51%	59.61%	57.04%
提交 TAPD 数量	19	7	4	4	3
完成跟进	15	4	1	1	3

图 8-15　反馈漏斗中各个层次的缺陷处理各级指标

8.8　本章小结

本章聚焦测试工程师的基本分析和设计能力，重点放在需求分析、策略和用例设计、风险分析、缺陷分析与改进等方面。在需求可测性方面，要理解需求的价值，明确用户主要使用场景，在需求评审中及时澄清交付的各项验收标准。在策略分析与设计阶段，明确质量目标的各项要求和范围，给出测试的难点和优先级，梳理测试计划，在不同的测试阶段确认差异化策略。通过多种设计方法，进一步梳理出测试点和高质量的测试用例集。在执行过程中提前思考风险，给出预防和应对措施。阶段性测试完成后，回顾策略执行情况和分析缺陷数据，决策下一步动作，及时吸取教训并改进原有策略。缺陷根因分析有多种有趣且深入本质的分析方法，值得团队深入实践。

要想掌握良好的测试分析与设计能力，需要长期耐心的刻意练习，该能力必将支持测试人员把敏捷之路走得更稳。

Chapter 9 第9章

自动化测试的 ROI

本书不会详细讲述各类自动化测试框架的技术原理及实践知识，但本章会阐述自动化测试的本质——ROI（Return Of Interest，投资回报率，即回报除以投资成本的百分比），以及如何提高 ROI。

自动化测试是敏捷实践的重要技术支撑之一，也是测试团队的最核心能力要求。如果实践得当，可以加速技术债的偿还，让开发人员和测试人员的协作更加顺畅、高效。反之，方向错误的自动化测试会成为鸡肋，食之无味，弃之可惜。

不同业务形态下的自动化测试方案差异很大，在提高 ROI 上也有不同的侧重打法，本章会一一展开探讨。

9.1 深入理解自动化测试的 ROI

所有测试团队的管理者都倾向于把自动化测试建设作为最重要的硬性目标，投入不可谓不大，但是其收效真的能满足业务部门的预期吗？

一旦自动化实践达不到既定的效果，我们是重回手工测试的老路，还是深入分析失败的原因？到底是哪一个关键因素导致效益低下？

我们从对自动化测试的基本认知开始说起。

9.1.1 自动化测试的误区

经常见到有些团队对自动化测试实践的期望不太合理，列举如下。

1）**把测试技术等同于自动化测试**，管理者对测试工程师的要求，就是尽可能地把所有测试工作做成自动化，考核指标自然就是全量测试用例的自动化实现率。

在这种氛围的团队中，没有人关注自动化的必要性或产出价值，只围绕简单粗暴的自动化实现覆盖率去运作。随着时间的推移，内部成员和外部干系人都会觉得，产品质量并没有因为自动化率的提升而提升，员工也没有因为自动化建设而让工作变得优雅。

更糟的是，测试工程师除了言必称自动化测试如何进行外，对其他质量痛点失去了敏感度，拿不出应对之道。缺乏对业务和用户的深入理解，又如何设计出覆盖完善的自动化用例集呢?

确实有一些人认为自动化测试“包治百病”，可以把繁杂工作中的自己解救出来，但显然这是一厢情愿的，自动化最多能解决认知以内的特定问题，覆盖特定的用例路径，但无法解决各种未知或变化中的难题。

2）**认为自动化没有什么用**，是面向领导的面子工程，测试工程师并不一定要掌握这个技能。

有这种想法的人通常踩过第一条自动化建设误区的“坑”，投入大量精力却发现负担不降反增，自动化平台从不好用变成没人用，前期投资彻底打了水漂。

3）**认为自动化测试是一个专业工种**。有的团队会把自动化测试人员和手工测试人员分成不同的组：自动化测试组负责自动化指标的达成，经常突击优化脚本；手工测试组专注交付日常需求的测试报告，招聘时不要求应聘者掌握自动化测试相关技能。

这种状态会导致团队对手工测试岗位的专业门槛降低，认为做手工测试不需要技术基础，进而导致测试人员在技术部门的地位降低。从员工个体角度来看，他会觉得测试专业容易被替代，希望积累一定经验就转岗。同时，自动化测试岗位的人员发展也很容易遇到瓶颈，由于缺乏对业务质量的全面理解，成为专写脚本的“工具人”。

4）**认为自动化测试很简单**，掌握基本脚本语言即可。

自动化测试当然要掌握脚本语言，脚本语言是实现测试过程的道具，理论上道具越简单越好，扩展性越高越好。然而，要想真正把自动化测试做好，难点在于如何编排高效率的脚本运行结果。正如编写产品代码的难点是提高代码质量和效率一样，测试脚本代码也有同样的逻辑。例如，冗余脚本如何减少或者封装，测试数据如何更好地管理，脚本错误如何更早暴露，环境的设置和清理如何更顺利，运行脚本的顺序如何最优。总之，做好自动化测试远远不是“知道脚本怎么写”这么简单。

此外，自动化测试也是分层的，不同层次的自动化考察的技能也不同。

5）**认为自动化测试的投入一定很巨大，或者一定可以带来人力减少。**

这两种误区的案例我都亲身经历过。

先说第一种情况。某部门组建了上百人的自动化测试开发团队，服务于上千人的业务部门。高昂的建设投入并没有带来可观的回报，伴随着公司经营利润的降低，庞大的自动化团队不得不被大幅裁撤。

越是大规模的自动化建设投资，越需要慎重。专职的自动化开发者是否清晰地知道如何交付价值？他是否和服务的客户（使用测试工具或者等待自动化报告的人）密切沟通，对业务痛点感同身受？从敏捷组织架构来看，庞大的专职工具团队很难做到敏捷响应一线业务需求，容易各自为战。因此，应该让自动化开发者走入一线特性团队之中，对客户交付价值负责，将自动化的投入与业务经营的成本收益进行映射。

很多业界著名的自动化工具在一开始都是个人工程师的成果，源自对现状不满的灵感闪现。更多的人自然愿意试用好的工具，甚至加入工具开发者队伍中。而自上而下（技术高层规划出来）的大投资自动化测试平台，鲜有在行业成功的例子。

再说第二种情况。对于人员众多的测试团队，有了自动化测试平台加持，就一定能带来测试减员增效吗？不一定。

初期对于自动化测试的投资，是需要额外人力的（人力需求增加）。即使自动化建设得到不错的效果，随着使用用户规模的扩大，用户也会提更多改进建议，工具平台就可能有更多的需求需要开发，加上大量自动化脚本的编写和维护，总的测试人力不一定会下降（甚至可能提升）。

对此，我的建议是在每月新需求（包括运营活动需求）数量逐步下降的情况下，应该逐步减少自动化工具建设的人员，释放到其他工作中，这才代表着平台进入一个健康运营的状态。

注意：自动化的收益，远远不只体现在减少人手方面，更体现在对员工能力的培养，以及测试工作成就感的提升方面。

9.1.2 自动化测试分层模型

在思考“什么是高收益的自动化测试”之前，我们先来回顾一下自动化测试分层的基础理论。通常来讲，不同层次进行的自动化测试，收益差异可能相当巨大。

最经典的分层模型是四层**金字塔模型**，其自上而下分为 UI 测试层、系统功能测试层、接口测试层和单元测试层，如图 9-1 所示。

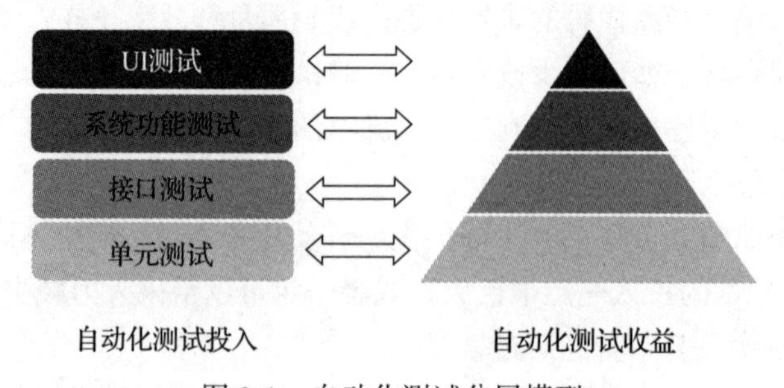

图 9-1 自动化测试分层模型

与金字塔模型类似的还有三层橄榄型模型，该模型把中间的系统功能测试层和接口测试层统一为服务测试层。

通常而言，金字塔模型中越上方的自动化层次测试收益越低，越下方的自动化层次测试收益越高。因此投入上方层次的精力应该占比更小，投入下方层次的精力应该占比更大。

UI测试层

UI自动化测试面临着界面频繁变更的难题（尤其是互联网客户端软件），脚本经常需要频繁修改甚至重写，因此很多团队会逐步放弃UI自动化建设。

但是UI自动化测试也有优势，即“面向用户视角验收”。如果有少量稳定的场景用例把关，会给团队带来更多“端到端”验收成功的信心。毕竟，其他层次的自动化测试对用户代表和非技术成员来说，缺乏直观感受。

同时，“用户视角”可以看到低层次自动化测试看不到的渲染细节，结合少量的人工确认或者图像差异对比算法，可能会发现普通自动化脚本无法预判的缺陷。

系统功能测试层

在分层模型中，这个层次特指具体系统功能的非界面级的场景验收，如果是通过接口来验收系统功能，那就可以和接口测试层合二为一。比较适合这个层次的自动化建设的例子是针对系统功能的有限状态机（Finite State Machine，FSM）测试。

接口测试层

接口测试层是针对有明确接口协议定义的接口进行快速和稳定的自动化测试。这一层通常是普及率最高的自动化测试层次，因为维护成本相对低，开发门槛不高，所以它往往是自动化建设目标的“宠儿”。接口测试的核心是对数据/参数的验证（验证接口的鲁棒性），以及对输入输出逻辑的校验（符合需求和协议）。因为各种接口参数等价类是接口测试的重点，所以测试人员可以提升用例参数（及参数组合）的可配置性，减少脚本的修改成本。

接口设计一般会在开发早期完成，因此人员对接口测试的介入也可以提前，以缩短缺陷的生命周期。同时，通过接口测试的参数设置也容易构造出各种异常场景。

稳定的接口测试脚本还可以用于现网的基本功能或异常功能的监控预警，一举两得。如果接口协议成熟稳定，各实体响应逻辑定义完备且一致，接口测试就相当于契约测试。

但真实情况通常是，接口层的定义虽然清晰但是验证范围有限，很多模块内部问题不容易通过接口用例暴露出来。一旦接口协议发生大的变化，大量用例也需要重新调整。

鉴于很多接口测试需要外部对象（泛指非被测对象，不一定是第三方产品）进行联调响应，有可能会提高测试准备成本，也可能被迫缩短测试任务的时间窗口，因此，是否有强大而低成本的外部对象模拟能力，是对接口测试工具适应能力的重大考察因素。

单元测试层

作为自动化测试分层的底层，也是软件工程中最看重的自动化层次，我们倾向于开发者尽可能多地将精力投入到单元测试中，保证其覆盖率足够高，运行速度足够快，频繁执行会大幅提高总收益。

单元测试的建设非常有利于软件架构的重构以及代码的优化，这种附加收益不可小觑。

高覆盖率的单元测试数量庞大，但对于开发者也提出了更多交付纪律。开发者需要深入理解代码的验收质量，这必然要花费更多精力。因此，单元测试对于疲于交付需求的开发团队，或者中途接手他人代码（假设该代码欠下的技术债不菲）的开发者，是一个巨大的挑战。如果时间不允许，或者纪律执行不力，单元测试自动化的目标就难以长期落实。

再次总结，对于金字塔模型，越往上层，距离用户真实视角越近；越往下层，测试速度越快，修复问题也越快，因此成本越低。

基于此，我们该如何具体计算自动化测试的收益呢？

9.1.3 自动化测试的 ROI 公式

抛开自动化测试工具的各种技术外衣不谈，我们来探求自动化测试的 ROI 的本质是如何而来的。

自动化测试的各种收益因素非常多，要详细精确地给出公式，可能属于高校理论研究的课题，而且精确公式异常复杂，难以在项目实战当中形成共识。所以，本书只给出一个简化公式：

$$\mathrm{ROI} = (Vm - Va)/Va \times 100\%$$

其中，Vm 是指手工测试成本，Va 是指自动化测试成本。

下面我们来深入剖析典型的自动化测试 ROI 的影响因子，如图 9-2 所示。所谓收益，就是引入自动化测试后所带来的成本下降。手工测试成本和自动化测试成本相差越大，收益越高。

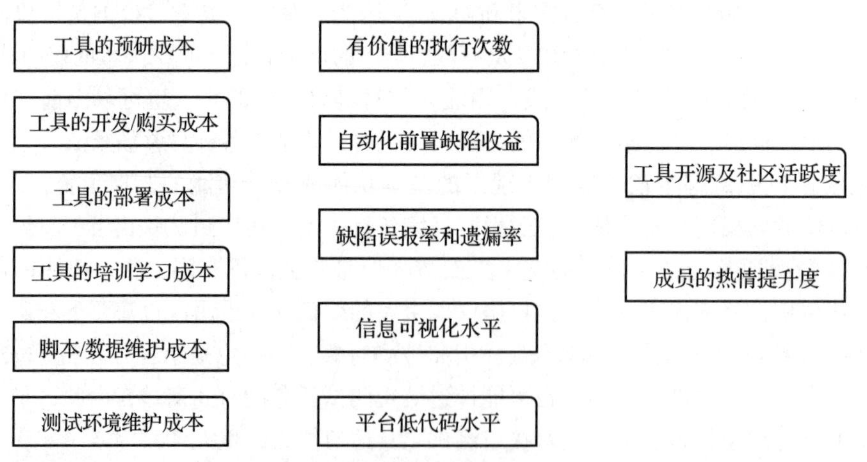

图 9-2 自动化测试 ROI 的影响因子

下面从尽可能降低自动化测试成本的角度来分析与 ROI 公式直接相关的影响因子。

自动化工具的预研、开发 / 购买成本

全新的自动化工具平台的研究和开发成本是非常大的，门槛也比较高，所以如果非必

要，不宜着急“原创”自动化测试的框架或平台。

可以基于现有的开源自动化工具做简单的定制化开发，以满足业务团队的迫切需求。很多自动化用户提出的需求只是表象，我们需要分析用户真正想解决的麻烦是什么，再慎重进行需求开发。

与所有软件产品一样，自动化工具的开发成本有很大一部分会花在上线功能的缺陷修复上。自动化工具如果因为本身的缺陷导致测试结果失效（不准），或者测试进程阻塞，对于用户体验的影响是致命的，会直接导致自动化实践的终止。因此开发团队要密切留意工具的稳定使用指标，明确严重问题解决的 SLA（服务水平协议）。

对于自动化工具的使用方和付费者来说，统计开发成本也会包含修复基础缺陷的成本。

如果选择商业自动化平台，而不是选择开源 / 自研，其开发成本会包含年度服务授权费和其他服务合同费用。

自动化工具的部署成本

通常首次部署一个新的自动化工具（不管是开源和商业工具）的成本比较高，会占用较多的调试人力，所以需要将这个过程记录下来，以帮助工具开发者进行改进。

二次部署和更新部署的成本通常较低，但是如果每次部署都会出一些异常问题，那这个工具的稳定性堪忧，收益率也会打折扣。

高昂的部署成本通常来自复杂的测试环境配置，自动化工具依赖的环境配置的变量越少，配置的自动化执行程度越高，则部署成本越低。有些工具因为高昂的环境配置代价，导致难以普及，可谓“出师未捷身先死”。

自动化工具的培训学习成本

工具配置正常后，就可以开始运行了，下一个关键成本就是学习编写用例、执行和处理结果的成本，换句话说，即掌握该工具需要付出的人力支出（薪酬 × 时间）。

掌握该自动化工具的门槛高不高？需要多长的培训和练习时间？是否需要雇用比目前水平更高的员工来作为工具用户？我们来具体分析一下。

1）从操作步骤的角度来说，一键配置和一键运行的工具的学习成本最低，步骤越多，必须并行的操作越多，成本越高。

2）从编程的角度来说：

- 流行的零代码 / 低代码自动化测试平台以及 UI 级的录制回放测试（简单编辑参数）平台的学习成本低。这也是它能流行的原因，使用者门槛大幅降低。
- 需要编写完整过程脚本的平台或者协议类参数断言工具的学习成本适中。
- 需要掌握复杂业务代码逻辑，或者设计多节点并行执行脚本，甚至需要一定的算法调试能力支撑的自动化平台的学习成本高。

3）从结果分析的角度来说，能够自动断言成败或自动精准地告警异常的工具的学习成本低。需要人工二次分析判断结果的工具的学习成本高。

自动化测试的维护成本

自动化测试的核心价值是回归测试，大量的自动化脚本回归能作为新版本基础质量的防护网。如果每次自动化回归失败，均发现大概率是误报（非真实软件 Bug），工具使用者一定会抓狂。

误报的原因主要有两类。

1）脚本 / 被测数据需要手动更新才能正确断言。例如，界面变更但脚本没有相应变更，接口协议变更但脚本没有相应变更，都会导致断言失败。测试输入数据也有可能需要及时更新，才能正确完成测试。

2）测试环境问题。测试环境问题导致误报的原因也着实不少，包括平台配置错误、环境异常中断测试、脏数据导致断言异常等。

维护成本除了花费在更新脚本或者设置环境上，还会花费在测试环境的日常检查、工具升级、初始化和清理数据等上。

有价值的测试执行次数

如果测试需要的执行次数很少，那么自动化测试的收益大概率是负的，因为前期自动化开发和掌握的成本比较高，还没有产生足够价值，自动化测试就中止了。这也是不能盲目开展自动化测试的原因。

该产品发布是否需要长期频繁地被验证，哪些场景需要频繁地被验收，这是需要认真预估的。

一个测试用例的执行次数，还要结合测试策略设计，判断平均在多少个版本执行（假设脚本可以正常复用）以及每个版本平均回归测试多少次，两者的乘积才是预估的总执行次数。

9.1.4 隐含的 ROI 影响因子

除了与 9 .1.3 节中的公式直接相关的 ROI 影响因子，还有几个隐含的影响因子会让最终 ROI 产生很大的差别。

自动化前置缺陷收益

自动化测试可以频繁执行和快速执行，有可能更早暴露回归类问题。根据具体业务及测试场景，手工测试可能在首次测试中更早暴露问题，但在回归测试上通常自动化测试更有优势。越提前暴露的缺陷，其修复成本越低，对线上服务的破坏风险越小。更早满足质量标准就能更早上线，也就能更早获得收入。这些对比也是评价自动化测试收益的重要部分。

缺陷误报率和遗漏率

同样的自动化策略或者脚本集，在不同自动化工具上报告的缺陷数量可能是不一样的。

比如控件遍历式的 App 自动化测试工具，通过强大的遍历算法可以发现更多数量的稳定性缺陷和界面异常。

有些自动化工具能够从多个维度来捕获缺陷，一次测试可以同时发现界面问题、接口问题、日志反馈问题和内部性能问题，其受青睐的程度自然大幅提升。

同理，自动化工具报告的缺陷被误报的概率将直接影响使用者的信任感，严重的话也会导致工具推广的夭折。

此外，在同一类测试场景，如果发生自动化工具预期能发现但鉴于各种原因没有暴露缺陷的情况，也会产生严重的负面口碑。

信息可视化水平

可视化的工具会降低测试人员关注流程和观察问题的成本。准确生动的数据趋势和指标可视化看板，有利于测试人员掌握自动化进展，也有利于管理者觉察风险趋势，自然能吸引更多的投资意愿。

可视化水平也可以降低缺陷定位成本。如果自动化工具能够提供强大的定位能力，缩短定位耗时，节约的人力会非常可观。

平台低代码水平

如果自动化测试对使用者的能力要求高，在初期会增加自动化测试的成本，因为需要投入更多的人才招募或培养成本，但是随着自动化测试实践的进行，这部分成本会降低，同时总收益会增加。因为员工能力的提升也是企业愿意买单的价值（即敏捷修炼的三要素之一——能力）。对自动化建设有丰富经验和探索热情的员工，他的个人产出价值可能会超过一个普通团队。

从自动化收益公式的另外一个角度看，现有团队手工测试人员的当前薪酬越高，理论上引入自动化实践的收益可能就越高。

工具开源及社区活跃度

现实工作中，很少有人完全从零开始开发自动化工具，大多数是借鉴开源工具进行简单或者复杂的二次封装，或者整合多种工具于一身。使用开源工具需要遵守开源协议，尤其在内置到商业产品中进行发布时更要多加小心。另外，如果开源工具的开发公司已经停止更新，相关社区几乎停止有效运营，那么选择是否使用这个开源框架时需要慎重考虑。

那是否要采用商业自动化工具呢？除了看商业工具本身的ROI，还要看它对比开源工具（如果有的话）是否有更强的落地效果及更好的服务。对于有强大开发能力的公司，还是建议以开源工具为基础比较好，这样更有利于敏捷研发，适应团队和业务的变化。如果未开源，商业工具响应不及时、代码保护和授权升级带来的敏捷阻力会比较大。

成员的热情提升度

把团队成员从每天重复的手工劳动中解放出来，在一定程度上会提高成员的工作热情和满意度。学习并熟练掌握强大的先进工具和易用工具，能带来新鲜感和自我成就感，并激励成员进入更进一步创新探索的正循环。

9.2 ROI 提升实战心得

在追求高 ROI 的实践过程中，不同的软件测试工具形态会产生一些差异化的经验。本节将通过几个典型领域的自动化工具案例来分享建设心得，供测试团队的技术负责人参考。

我作为完整经历移动互联网爆发期的从业人员，经历过在各种 App 自动化测试框架中尝试和取舍。本节以真实移动终端的 App 作为被测对象（系统）来说明什么才是高收益的移动端自动化测试。

9.2.1 移动端性能自动化测试

首先，我们来看看 App 性能类测试工具。

从真机验收的角度，UI 层面的自动化测试投入不宜太大（基于维护成本高的共识），其 ROI 比不上简单粗暴的 App 性能测试工具。移动 App 产品对于性能（功耗、稳定、流畅、资源占用等）的需求有比较高的优先级。手机已经成为人的外延器官的一部分，用户对其有非常敏锐的使用感知，因此 App 产品的性能发布标准比较严格，相应的自动化投入也是高优先级的。幸运的是，App 性能测试工具的学习成本通常很低。

好的真机 App 性能测试工具拥有以下全部或者部分特征。

1）**无须编写脚本，或者脚本编写很简单。**

如 Monkey 工具和 APM（Android Performance Monitor）工具，通过简单的脚本就可以做一些初始化工作，让测试从特定条件下开始（比如成功登录界面），重复执行或者随机执行，时间可长可短。

2）**可以选择施加压力的配置。**

测试人员可以选择施压的动作类型（按不同动作进行比例配置）、运行次数、运行时长，以暴露软件在不同压力下的短板。

3）**可以从中断处继续运行，以期发现更深入的问题。**

比如当 Monkey 测试在一个页面场景中总是跳不出来时，改良工具可以强行帮其跳出该场景的上下文。如果遇到了崩溃问题，工具在记录日志之后可以再拉起 App，返回崩溃发生时的页面继续测试。

4）**采集尽可能详尽的性能调试信息。**

举例一，功耗测试的自动化工具，可以按函数调用顺序对功耗大小进行细致的拆解，辅助开发者快速锁定导致功耗异常的函数，大幅降低开发分析的时间。另外，功耗测试工具可以从系统层面分析可能是罪魁祸首的硬件或系统组件，避免漏网之鱼，比如被异常激活的传感器、不合理唤醒屏幕的后台进程、在后台频繁上传数据的进程等。

功耗等性能指标显示能与真机页面一一对应（鼠标指针放在性能曲线的某处，能弹出对应的屏幕截图），方便开发者锁定出现性能问题的页面，如图 9-3 所示。

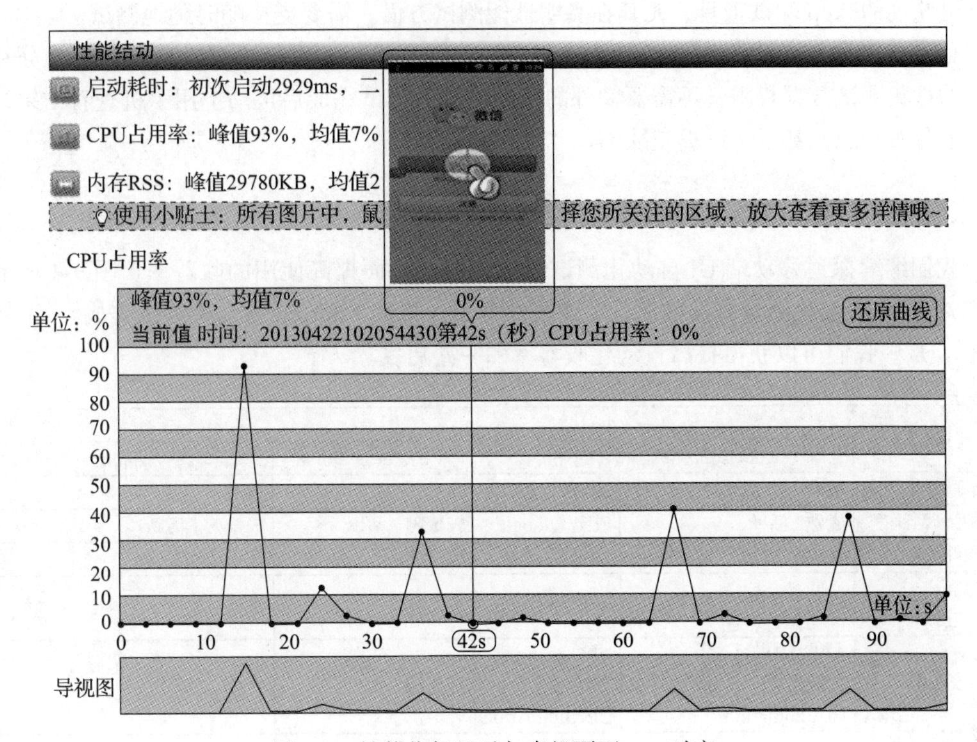

图 9-3　性能指标显示与真机页面一一对应

举例二，流畅度自动分析工具，能够识别不合理的 UI 布局或者 UI 过度绘制，发现 UI 绘制时有哪些消耗资源的读写操作，看到各个进程的调用次数和执行耗时。

举例三，捕获崩溃 /ANR 异常的自动化工具，能够抓取 / 发现异常的上下文内容和代码堆栈信息，帮助开发者复现失败场景，提示有可能导致崩溃的线索，并对主要错误类型给出针对性的修复提示。

可以看出，强大的性能工具强在知识运营上，能够根据大量历史案例的分析给出贴切的专家经验。

5）性能工具几乎不影响被测对象的性能。

显而易见，如果性能工具对测试指标有较大比例的干扰，而且无法作为固定误差准确剔除，测试结果可能会受到广泛质疑，增加重复测试的成本。

因此性能工具设计得越轻盈越好，功能结构越简单越好，一旦需要补充特定测试指标能力，可以采用组件“热插拔”的机制，按需安装。

6）支持随时随地测试。

移动互联网的特征就是手机软件服务是跟随用户随时移动的，因此不同地点、不同时间的网络情况对用户使用体验会产生很大影响。同理，用户的运动速度、LBS（基于位置的服务)、使用 App 时的周边环境(光照、密集人员干扰等),都可能影响 App 体验效果。因此,受欢迎的 App 测试工具,尤其在真实性能测试方面,需要支持随时随地测试。

何谓随时随地?我的理解就是测试工具内置在手机中,可轻松启动运行,可充分利用授予的搜集测试数据权限,不需要额外的辅助硬件。测试完成后可马上用手机查看结果,在手机上分析日志,甚至一键提交缺陷。

9.2.2 移动端 UI 自动化测试

我们继续探讨移动端 UI 自动化测试应该在哪些方面提高使用的收益率。图 9-4 展示了主流 App UI 自动化测试框架的对比(该图参考了《腾讯 Android 自动化测试实战》,丁如敏等著),从中我们可以获得提高自动化收益率的一些启发。

对比项	框架			
	Robotium	Espresso	UIAutomator	Appium
支持的 API 版本	所有	8,10,15 ≥	16>	所有
成熟度 / 活跃度	成熟 / 活跃	成熟 /Google	较成熟 / 活跃	较成熟 / 活跃
支持的语言	Java	Java	Java	几乎所有语言
WebView/X5 WebView	支持 / 支持	不支持	不支持	支持 / 支持
UlAutomation	API ≥ 18, 支持结合 UlAutomation	API ≥ 18, 支持结合 UlIAutomation	不支持	支持
用例执行方式 / adb 依赖性	adb shell am	同 Robotium	adb shell uiautomator runtest	C/S 发送命令模式
主要优点	1)通过 ID 识别控件,手机适配好 2)基于 Instrumentation,执行速度快、稳定性好 3)可使用 Android 及被测工程的 API	同 Robotium	跨应用支持好	1)不需要对被测应用进行修改 2)脚本支持多种语言进行编写 3)支持跨平台,可用于 iOS、Android
主要缺点	1)测试 apk 签名需要与被测 apk 一致 2)跨应用能力弱	同 Robotium	1)只支持 API>16 2)需要被测控件有 android:hint 等属性	1)API 4.2 以下只支持 Selendroid 方式 2)一台 MAC 机只能运行一个 Instrumentation 实例 3)脱机测试不合适
执行速度	4 星	4 星	4 星	3.5 星
稳定性	4 星	4 星	3.5 星	3.5 星

图 9-4 主流 App UI 自动化测试框架的对比

1)控件识别的精准能力。

通常 UI 自动化测试框架的本质分为三部分:获取对象、操作对象、断言。

- 断言的核心是要识别特定视觉内容(具体的一个或多个控件)。识别范围要非常精准小巧，因为 UI 中可能存在大幅变化的运营内容。

- 控件分为 App 原生控件和 WebView 控件，工具是否都能支持？是否支持混合式控件？
- 运行脚本的每次控件定位是否都能稳定且准确？

为了尽可能降低控件变更导致的维护成本，建议和开发者合作，提前约定所有关键控件的命名规范或者 ID，不允许随意变更，这样可以大幅提高自动化脚本的稳定程度。UI 的图形和文字虽然会频繁变化，但是每个关键控件的识别 ID 是稳定的。

2）执行自动化的速度。

高速的自动化运行框架，才能达成大量人员提交代码更新时快速得到验收结果的敏捷目标。UI 层的自动化速度通常比较慢，需要测试人员基于框架能力优化脚本运行耗时，如：

- 定位需断言的控件，方法是否简单？例如，支持模糊匹配、自动匹配。
- 定位控件的耗时是否足够短？因为 UI 会不断变化，可能还没有来得及锁定控件，它的渲染图标就消失了。

3）能否细腻模拟用户的真实操作。

UI 测试需基于用户的真实交互。自动化测试框架是否有精准的操作函数，也是其效用的体现之一，尤其针对手机上的手势操作。

- 摇一摇，是否能设置摇的频率和力度？
- 滑屏操作，是否能左右滑、上下滑？滑动的加速度如何？真实的下滑是会从快到慢拖曳出几页新内容的，而不是简单的翻页效果。
- 是否支持多点触控、放大缩小效果？
- 脚本会不会执行得比真实用户快很多，导致结果不真实？这时，恰到好处的拖慢 / 同步函数就很关键了。

4）避免系统干扰的能力。

UI 层面的自动化测试，经常因为系统或第三方应用的干扰而断言失败。比如 PUSH 消息、短消息、系统弹窗、新的引导页等。当自动化用例数量少时，可以人工处理或重复执行。但是当自动化用例数量庞大且耗时长时，就需要工具建设者投入精力应对了。

同理，被测应用自身导致的“意外”（如安全验证码），也会导致测试意外中断，可能需要在测试数据和后台判断上做一些逻辑过滤。

流畅的用例执行可以大幅提升工具使用者的满意度。

5）跨应用能力和跨机型能力。

在某些测试场景，不能只在一个应用内完成所有测试步骤和断言，需要操作其他应用来完成测试。部分自动化测试框架因为安全签名等，无法做到跨应用完成自动化测试，给用户带来很大困扰。

另外，真机自动化测试的脚本可能会在不同的机型上运行，如果需要针对不同厂家机型都做脚本适配修改，那收益率就大打折扣了。因此自动化测试框架支持的手机平台操作系统版本是否足够多，也是一个收益考察点，会影响到兼容测试效益。

更上一层的跨硬件系统能力是指能否用同一个用例支持 Android、iOS、PC 多平台的自动化测试。Appium 之所以普及率很高，就是因为它通过 C/S 架构实现了一套脚本可通用于所有平台。

6）不依赖源码。

如果从用户视角进行不同产品的核心场景性能 PK，做 UI 自动化测试是非常合适的，但是如果自动化框架需要使用被测 App 的源码，那这条路可能就行不通了。换句话说，UI 自动化对于竞品场景对比还是非常有价值的。

此外，不依赖产品源码的 UI 自动化测试也必然降低了测试人员的学习门槛，可以快速上手编写。

7）自动化脚本架构简单，易维护、易复用。

这是一个适合所有脚本化的自动化测试框架。自动化框架是否提供了方便地封装复合操作的函数能力，是否有快捷的环境初始化和环境还原函数，都是可以潜移默化提升脚本编写效率的。

作为脚本的编写者，要能够尽量提高被测功能点的覆盖精准度，提高脚本的可阅读性，为团队维护好基线用例库和说明文档，便于大家复用和修改。

9.2.3 真机云测试平台

因为移动终端的五花八门和手机系统类型的碎片化，所以机型兼容测试自动化往往投资巨大，且收益偏低，不太适合产品类型有限的软件公司。

也正因为有强烈的企业需求，业界逐步形成了真机云测试的成熟解决方案及相应的商业公司，面向大量不同 App 的开发者提供兼容适配测试服务。我曾参与过最早期的真机云测试项目，这里具体说说如何提升它的 ROI。

真机云测试平台面向缺乏足够测试设备的开发者提供了充足的远程设备，通过网站提供便捷的测试服务。通过这种云化方式，把复杂的实现架构放在后端运营（主要是管理大量硬件终端的机房和云控系统），让用户以极低的门槛得到多样化的测试报告。用户无须自行购买设备、安装软件和维护测试环境，降低了测试投资。

真机云测试平台支持的服务卖点繁多，需要的技术能力各不相同，主要提供如图 9-5 所示的几类服务。

1）**能覆盖市面各种不同厂家的机型**（主要以 Android 设备为主），解决用户缺乏多种测试设备的痛点。

- ❑ 包括手机、电视、手表不同类别的 IoT 设备。
- ❑ 包括不同分辨率、不同大小、不同长宽比、不同形态（水滴屏、全面屏等）的屏幕。
- ❑ 包括主流手机厂家的主要手机型号，也包括少数小众或昂贵但是市场关注度高的机型。
- ❑ 包含特殊硬件卖点或特殊系统卖点的手机型号（如特殊刷新率、特殊传感器、运营商定制等）。

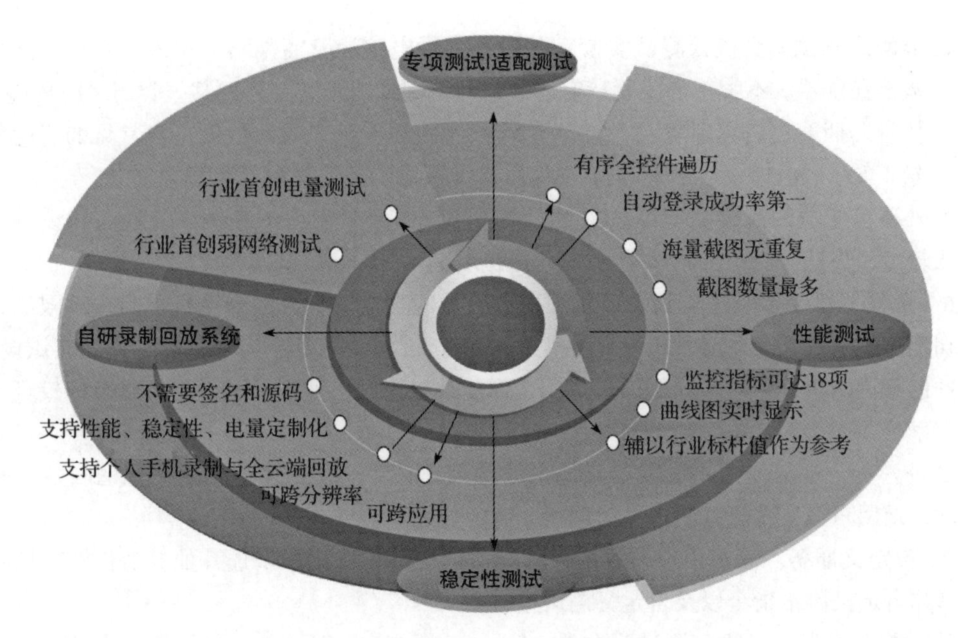

图 9-5　App 真机云测试平台服务能力一览

2）**适配测试自动化**，因为设备众多，所以零脚本或简单脚本的适配自动化能力是重要卖点，可以大幅降低开发者的人力投入。

适配自动化以及性能场景自动化测试，都离不开录制回放能力。能否录制后无须修改，成功回放到各种分辨率手机上（本地录制、云端回放），决定了适配自动化的终极效率，这背后需要通过模式识别技术解决跨分辨率的精准回放难题。

适配自动化能力除了 MTTF 和脚本自动化，其控件遍历效果也是卖点之一。实现高控件覆盖率需要完善的深度遍历算法，以期在无脚本的情况下触达更多的页面，捕捉到更多的控件响应缺陷，且重复的页面截图尽可能少。

3）**性能测试和稳定性测试**。如前面所说，性能 / 稳定性测试的自动化实现成本低，被重视程度高，背后往往反映了架构设计缺陷。新应用可能需要在多款主流机型上通过相关指标验收，因此这一类测试服务往往是开发人员青睐的需求重点。

4）**自动登录能力**。很多被测应用都需要登录后才能使用完整功能，如果不能自动登录，则很多页面内容无法触达。云平台可以根据控件属性（是否登录控件）自动填写测试账号和密码，进而实现丰富的遍历效果。

5）**专项测试能力**。典型需求如下。

- **电量测试**。使用专业电量仪进行精准的电量测试，因为专业设备昂贵，一般的软件测试团队没有足够预算购买，就算买了利用率也低，且不能跨地域共享。此时云测试平台提供的昂贵专业设备就能体现出价值了，比如采样率高，波谱图数据精准，设备利用率很高，由专业人士统一配置和维护，随接随测，测试结果自动输出报告。

- **弱网络测试**。真机云测试实验室配置了多种电信运营商网络，接入了专业的网络参数设置仪器。不管用户需要特定运营商网络制式还是需要还原某一类弱网络环境（弱信号、拥塞、丢包环境或者复合情况），都可以灵活设置。根据用户常见的弱网络场景（车站、电梯、地下室等），提供由真实采样生成的网络参数配置。

此外还有专业的流量测试等。总之，专项测试对于开发者的相关专业能力和设备投资要求比较高，很适合交由云测试平台来提供服务。

6）**远程手机使用**。这是真机云测试平台最早的卖点需求。因为手机采购预算限制，中小公司测试不可能满足覆盖所有主流机型的需求。云测试平台能提供各种各样的测试设备，从早期已断货的机器到最新款的昂贵机器，都能远程访问，使用共享设备可以节约投资，提高利用率。

更进一步，远程使用手机需要实现生动的用户手势操作，还能带来附加的收益——云端自动记录用户操作步骤，实现自动回放。

7）**自定义服务**。满足用户多种多样的灵活测试需求，比如增加其他自动化框架控制手机，增加自定义脚本指令以及自定义测试报告。

从本质上思考，真机云测试平台是一个 toB 的可商业化平台，客户是否认可平台产出的价值，并愿意支付一定的费用，才是保障 ROI 的关键。那客户最希望平台提供什么样的服务水准呢？我的看法如下。

- **一站式服务，零门槛使用**。以上各种真机云测试的常见能力，可以按用户需要选用，随时运行。测试方式极为便捷，最好点击即可完成。
- **闪电出专业报告**。因为真机适配的机器众多，所以用户通常希望平台自动聚合测试报告，最好当天就可以收到，同时对于发现的可能缺陷及时告警。为了保证用户及时获得测试结果，平台需要提供并行设备测试能力（也可以按照用户等级安排）。平台报表的专业效果也很重要，能够看到不同设备类型的测试数据对比、不同版本性能趋势图、指定对比产品的测试数据视图等。
- **独占资源 / 定制 VIP 服务**。对于测试需求旺盛的开发者（企业），为了及时获得结果，或者尽可能多覆盖市面上的机器，可能需要平台方提供优先测试集群或者专属测试集群，保障产出报告的速度和质量，当然他们也愿意为此付出更多打包费用。平台方能否提供用户满意的定制化资源、测试响应能力，以及配套的服务标准，决定了其能否获得更多的稳定收入，这也是对平台提升运营效益的真正考验。
- **云平台接入可控的外部测试设备**。如果“远程使用”的手机不是平台服务商提供的呢？能否让开发者（公司）提供自己的手机，随插随用？或者让众测用户提供自己的手机，通过代理连接到真机云测试平台，成为被远程使用的手机（比如自动执行下发的自动化脚本并上传结果和日志），并凭此获得奖励？答案是肯定的。这样就不需要使用平台方的设备了，而且开发者可以利用可控终端 + 云测试平台的能力，安全自由地掌控设备和测试时机。

最后，从真机云测试平台的 ROI 来分析，结合我积累的项目经验，建议关注以下因素的技术指标改进。

- **终端集成效率**。一个云测试机房的机柜管理多少台测试终端，对应多少台 PC（服务端）？一台 PC 能顺畅带动的终端进程数量是有限的，其不能影响测试的准确度和速度，同时集线器的性能非常关键，实验室的网络部署也需要优化。为了让更多种类的设备能执行云测试任务，可能需要改造 / 定制驱动程序和代理程序。这个指标非常考验云平台的精细化架构设计能力和软硬件选型能力，有利于降低平台建设和运营成本。
- **终端使用率**。有些云测试平台号称拥有数千台测试机型，但是大部分机器的利用率非常低，这可能会极大影响平台的投资回报和长期健康运营。要想提高终端的使用率，需要深入分析数据，提供多种应对措施。比如根据用户需求和任务数据进行机型使用排序，减少低使用率的机型数量，暂时下线 / 屏蔽（按申请需求上线），形成合理淘汰机器的机制。
- **机房的人工干预率**。人力成本对云真机测试平台来说是比较奢侈的投资，我们应当尽可能追求无人值守机房。为此需要改进机器在异常状态下的自动重启机制，并能自动配置测试环境、自动升级系统、自动安装指定软件。平台管理人员需要有便捷的异常监控页面，根据告警采取行动，而不是在日常巡检方面进行大量人工投入。
- **远程画面时延**。尤其使用浏览器进行实时远程手机操作任务时，时延是影响用户体验的最重要因素。云测试平台可以针对真机画面的录屏和传输图像做各种优化，比如牺牲一定画质，压缩传输画面大小，传输合理的数据包等，从而在画面质量和流畅度中取得平衡。
- **测试任务等待耗时**。考察云测试平台在任务并发管理时的优化效果，在测试设备有限的情况下，要能够安排最佳的等待队列，及时轮换已完成的测试任务，且给用户靠谱的等待时间预估。测试报告能在测试完成后尽快推送（也能中途随时查看状态）。

虽然真机云测试平台在设计之初有无数种可以提高效益的畅想，但真正通过线上运营达到预期数据的很少。实现商业化盈亏平衡是很难的，提高平台 ROI 依然路漫漫。但是，在云原生时代，越来越多的真机自动测试交付云端托管进行，必然是大势所趋。

9.3 DevOps 持续测试的 ROI

在持续交付 DevOps 实践中，频繁的持续测试自动化占据着非常重要的一席之地。只有快速验证每次代码提交的质量，持续集成才能健康地顺利进行。理论上所有自动化测试建设成果都可以纳入每日持续测试的范畴，但是出于快速响应及验收的目的，持续测试中的自动化一定是小批量的精华测试用例，其产生的 ROI 理应是最高的。

基于此逻辑，稳定的单元测试和主要链路的接口测试用例会成为每次代码提交的必测用例集，执行时间很短（几秒到一分钟以内）。

那么，其他层次的自动化测试建设成果是否就应该隔绝于 DevOps 之外了？非也。以下是作者基于项目实践总结的例子。

- 更多非主链路的接口测试用例，如边界场景、超时场景、异常处理场景，可以安排并行构建队列，同步执行，以缩短等待接口测试结果的时间。
- 稳定且少量的 UI 层验收自动化用例，可以作为可选测试集合，在版本提测给专职测试人员之前触发运行，代表基本的用户视角场景验收完成。
- 更为耗时的系统级测试，如性能测试、稳定性测试和系统兼容测试，可以安排在次级构建队列中，下班后自动运行，第二天上班看测试报告。次级构建不会影响白天的代码提交入库门禁，但是发现问题也要尽快处理，必要的话需要回滚代码部署。

对于实践持续集成的研发团队，每日构建的健康度和团队纪律至关重要，其相关纪律指标参考如下。

1）是否每天都有提交？如日构建次数、人均检查代码次数、每日自动化测试的执行次数和范围等。

2）每天提交代码的测试质量如何？如每日测试自动化回归通过率、单元测试门禁 95% 以上通过率、其他自动化测试集 90% 以上通过率、发现崩溃 /ANR 次数等。

3）代码健康度指标。如代码扫描通过率、圈复杂度、重复代码率、扇入扇出数量等。

4）自动化缺陷前置率。有多少有效缺陷是在测试人工介入之前，由持续测试平台发现的？这些缺陷在所有有效缺陷中的占比是多少？这个指标说明了持续自动化测试平台的建设收益。

5）构建成功率（主干分支的构建成功次数 / 构建总次数）、健康构建天数（每天都保障有可供尝鲜和众测的版本）、构建平均时长（从代码拉取到所有任务完成，包含编译、代码扫描、单测和自动化测试）和构建失败的平均恢复时长。所有流水线的平均构建时间应在 15min 以内。平均构建失败的恢复时间应小于 4h。

6）版本发布健康度。成功发布成功率足够高，灰度发布次数符合预期，尽量减少不必要的紧急版本发布。

如果要对持续集成和持续测试的成熟度进行评价，可以依据哪些团队典型表现来判断？以下这些问题可以供大家自评参考，进而锚定改进措施。

1）团队是否利用了静态代码分析工具，对发现的不良问题立即进行修改，不遗留到正式提交代码前？不良问题包括严重级别以上的问题，以及高重复率和高复杂度的“坏味道”代码。越早关注“坏味道”代码并加以杜绝，评级越高。

2）开发人员是否为新增或修改代码创建了单元测试，并通过流水线门禁来频繁执行和保证持续生效？开发人员越能在实现代码的同期提交单元测试代码，评级越高。

3）功能和接口自动化测试是否有效，且能够通过持续集成频繁执行？遵循金字塔模型，不同层级的自动化测试的覆盖范围（投入）是合理的。

4）团队能否基于单主干开发，以便测试人员执行快速灵活的测试策略？基于单主干开发，测试人员可以每天完成功能验证，无须再针对代码合并主干做集中验证。

5）非功能性测试能否在发布前足够短的时间完成？团队可以利用工具模拟对被测系统的性能、安全、并发稳定性、系统适配性、版本兼容性等质量情况进行自动化验证，频繁执行。因为有成熟的自动化基础设施，大部分非功能性测试已经在迭代内验证过了，所以这些测试在发布前很短时间（比如一天内）就可以集中完成。

6）所有构建、测试和发布是否都使用流水线自动完成且验证内容完整？流水线可以自动打通全部发布渠道（自由渠道、应用商店、内部灰度渠道等）。不同分支的流水线选用不同的覆盖策略并行推进。特性分支只做快速验证，发布分支的流水线则进行全面扫描、测试和发布打包。如果静态扫描和自动化测试耗时过长，则应该增加独立流水线进行验证。

7）每个开发人员能够及时将代码合并回主干（从新的编码开始计算，最好三天内合并回主干）。

8）构建/测试成功或者失败能立刻通知团队，团队立刻关注并尝试解决错误或者回滚代码，让构建或测试通过。

9）团队是否利用了多种可视化提醒方式，比如IM弹窗、告警声音、亮灯和监控罗盘，让持续构建和持续测试的不健康状态传递给责任人及影响团队？

最终，从DevOps平台视角来看，能否可视化地呈现整个研发过程中各阶段的阻塞时间？包括待评审、待开发、待测试和待发布这四个主要阶段，能否从中看到“被迫等待”的严重情况，便于团队得出下个迭代如何改进的建议？每一个DevOps工程的状态扭转都会作为研发过程的元数据自动生成相关指标数据。

相应地，DevOps平台也应该显示各个时间的WIP（在制品数量），以便团队及时停下来进行针对性干预，避免后面的整体交付效率下降。

此外，DevOps本身作为一个toB的产品，它的可视化看板和操作台应该由产品经理进行易用性设计，不断提高团队的使用效能。

9.4 其他自动化工具的ROI

在本章最后，我们再开拓一下思路，不把自动化的ROI仅仅局限在测试执行过程的工具上。我们探求的是所有测试耗时环节的自动化收益机会，而测试人员的工作精力显然不会只聚集在执行测试的阶段。下面从测试人员耗费时间最多的几个工作场景出发，聊聊其他的高收益工具创新思路。

辅助业务理解的自动化学习工具

通过前面相关章节的学习，读者应该已经理解，测试人员对业务知识和需求的深入学习，对于高质量的测试设计是至关重要的。但在现实中，业务架构可能非常复杂，知识点层出不穷，导致测试人员的学习成本很高，掌握知识的挫折感增加。因此，我们可以尝试创新出更生动、高效的工具来辅助业务知识学习，并与被测工程打通。

案例一，**要素关系流图生成工具**。该工具可以把产品系统的各种关键要素定义、彼此的关联关系录入表格，自动生成可视化的图像，能够对指定要素区域放大 / 缩小，弹出相关注释，显示关联要素的计算关系，甚至触发相关联的测试用例。图 9-6 是商品交易业务的要素关系流图，它降低了需求理解和评审讨论的难度，生动直观。

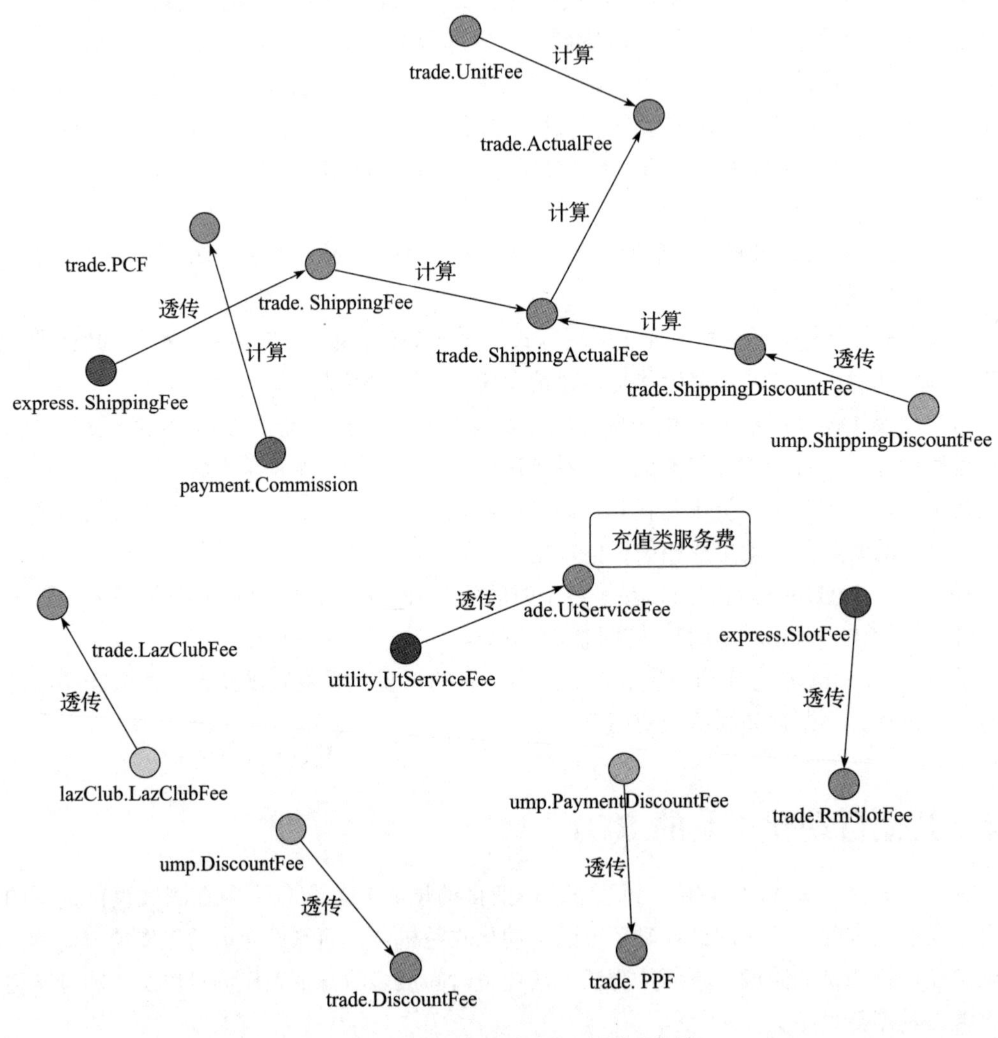

图 9-6 商品交易业务的要素关系流图

案例二，**自助答疑机器人**。既然员工很难把所有业务细节牢牢记住，那我们就针对业务域内知识定制答疑机器人，输入本部门测试需要的知识，借助企业内即时通信工具随时呼唤，辅助记忆。机器人不仅可以回答业务概念定义，还可以查询测试过程中产生的各种单据结果（需要后台打通和安全授权），避免每次测试后要手动登录数据库验证结果，缩短了验收时间，也给外包人员提供了便利。

数据自动构造工具和检查工具

数据测试是重要的测试（验收）类型，但占用的测试成本往往很大，安排正式测试的时间通常也很晚，导致发现问题不及时。实际上，只要明确了数据验证的规则公式，完全可以在产品经理设计基本业务数据时就开始验证录入数据的合理性。所以数据自动检查工具可以作为测试左移的手段，产品经理和开发人员都可以使用，如果配合类似Fitness的轻量级框架，总ROI可能非常高。

举一个游戏的例子，产品策划通常会录入大量的游戏基础数据，出现差错的概率大，导致后期测试压力巨大，此时数据自动检查工具的价值可能极高。比如录入各个游戏地点坐标和通路数据时，自动检查新地点是否为"孤岛"（能否与所有老地点有通路相连），从而避免了严重缺陷的导入。

再举一个电商营销活动的例子，运营专员负责配置任何一个产品的折扣参数，数据自动检查工具可以判断折扣率是否超出常规范围，自动提醒专员和主管进行二次核对。

对于部分数据结构和关系复杂的业务，如金融和电商等领域，测试所需数据的构造成本不亚于自动化测试脚本开发的成本，比如交易订单、商户数据、店铺数据的构造。优秀的基础数据构造工具是测试提效的利器，我们可以做成测试数据市场，让不同测试人员根据具体业务场景，选择基础数据的一键构造工具，再配置到自己的脚本中，待自动化测试完成后还可以调用数据结果查询接口，自动完成后台的数据结果校验。

提醒一下，使用数据构造工具时要关注垃圾数据的清理，以免给其他测试任务带来麻烦。尤其对于预发布环境的测试数据要特别小心，需做好隔离清理，以免引发线上生产事故。

日志自动检查工具

测试过程会产生大量的日志数据，自动化测试平台不一定能够自动判定日志是否正常，往往需要投入人工额外分析。如果有完善逻辑验证的自动化工具对测试生成日志进行主动监控和断言，针对异常结果提交疑似缺陷单，将会大幅减轻测试执行的人工压力，避免软件问题遗漏。

随时随地调试工具

在性能测试工具的ROI中我们强调了"随时随地"测试的价值，那能否进一步随时随地地修改影响性能的参数，进而在"第一现场"验收优化结果呢？无疑，在真实的用户场景中，一次性完成指标分析、参数调试、优化验收，对开发而言是令ROI最高的解决手段。如无须依赖电脑，通过一部普通手机就解决所有问题。

举一个可以随时随地高效完成“测试+调试”的工具案例：腾讯开源的移动 App 性能调试工具 GT。它可以在测试中通过悬浮窗直接查看关注的性能指标，还可以通过悬浮窗手动修改要调试的参数并立即生效，查看产生的性能变化——无须依赖 PC 来修改和编译代码。为了方便测试人员在各种真实场合便捷操作，悬浮窗和按键的设计针对单手操作进行了优化，进一步提升了使用效果，如图 9-7 所示。

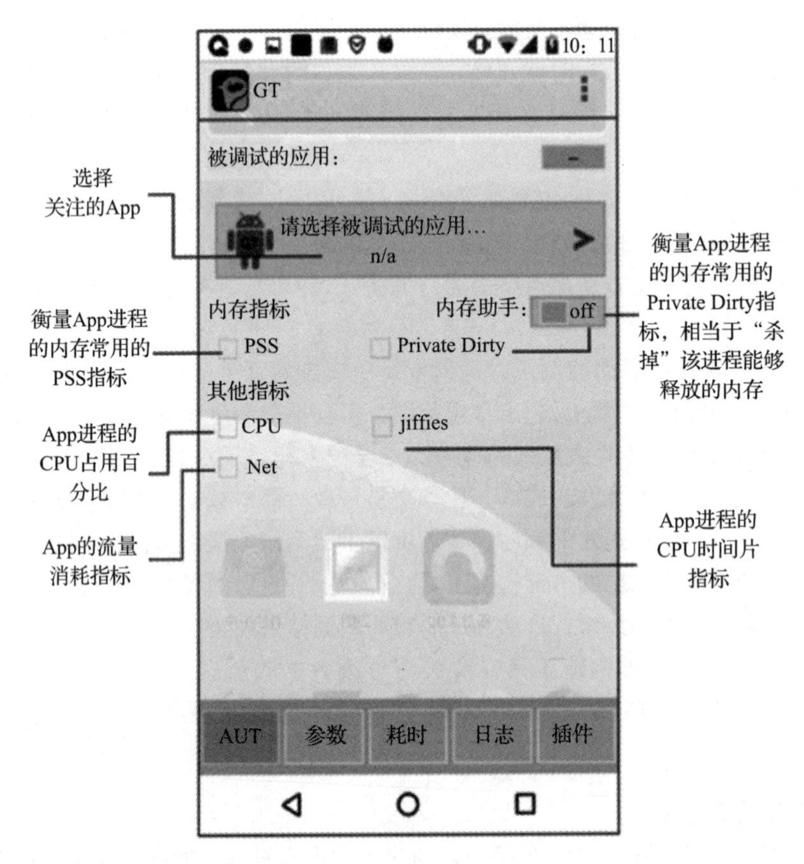

图 9-7 腾讯 GT——随时随地使用的调试工具

质量 / 效率数据 BI 大盘

技术管理者往往希望从研发过程相关质量数据的全局视角来看哪些地方可以进一步提升开发测试的效率。测试执行活动产生的数据只是其中一部分，还有测试前期的需求数据，开发自测和提测数据，后期的上线监控问题和事故漏测分析等众多数据。另外，不同的迭代版本产生的测试过程数据是否有趋势性的启发？不同角色的交接阶段是否有提效空间？

如果我们明确了要度量的核心逻辑，就可以通过数据仓库产生可以洞察的大盘（看板），让管理者聚焦风险或可改进重点。测试数据仓库和大盘，也是一种可能产生高收益的效能工具，能推动敏捷改进，如图 9-8 所示。

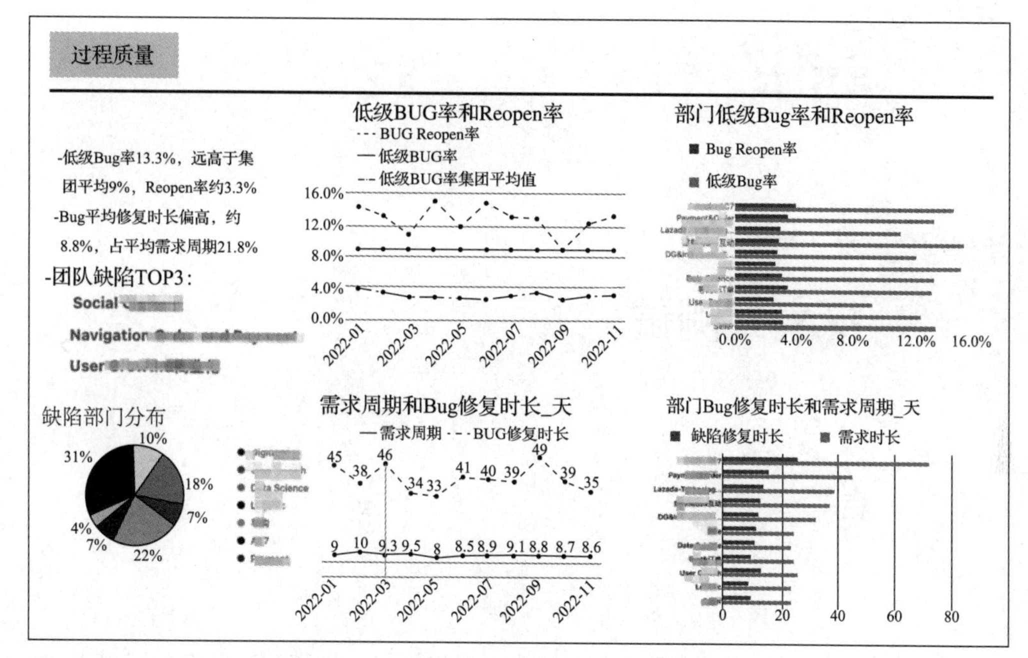

图 9-8　质量 / 效率数据 BI 大盘示范

9.5　本章小结

本章从列举人们对自动化测试的错误理解开始，介绍了自动化测试的分层模型，详细阐述了自动化测试投资回报率（ROI）的各种关键因子和隐藏因子。然后，结合个人实践经验，分别从移动端性能测试、移动端 UI 测试和真机云测试三个领域，描绘了具备什么样特征的测试工具才是高收益的，以及用户愿意为怎样的工具和服务买单。另外，本章针对 DevOps 中的持续测试也提供了提升 ROI 的思路，列举了每日构建应关注的指标，以及高成熟度的持续测试团队应有的表现。最后介绍了除测试执行工具外，在各类耗时多的测试工作内容中也可以挖掘出高收益工具的机会。

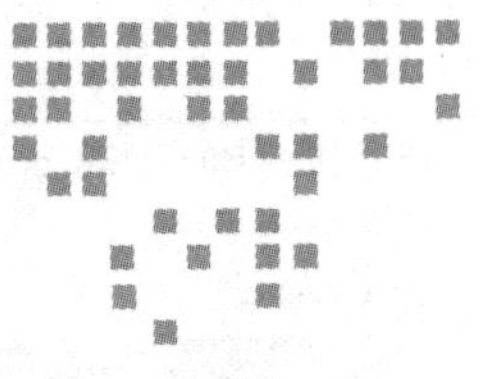

Chapter 10 第10章

探索式测试

除了自动化测试建设这个众所周知的方向，另辟蹊径的敏捷测试方案也层出不穷。在过去的实践中，本人最认可也最希望着力推广的是三大敏捷测试利器（方案）：探索式测试、众包测试、精准测试。三大利器自成体系，具备不断深度挖掘的价值，投入与产出很可观，而且从不同方面阐述了敏捷价值观在测试领域应用的精髓。

- 探索式测试，让创新测试方法趣味化，充分流通，鼓励人员交流，提升人员的主观能动性，推动经验传承。
- 众包测试，让更多的人低成本、高效率地参与测试活动，贡献高 ROI。
- 精准测试，精炼软件测试的有效范围，让测试用例尽量少，覆盖代码尽量准，回归更有信心，打破开发和测试的隔阂。

让我们先从有趣的探索式测试开始！任何人都可以从中获得适合自己的知识和经验。

10.1 什么是探索式测试

在介绍探索式测试的定义前，我们先来看一个笑话。

测试工程师走进酒吧，

要了一杯啤酒，

要了 0 杯啤酒，

要了 999999999 杯啤酒，

要了一只蜥蜴，

要了 -1 杯啤酒，

要了一个 sfdeljknesv，

酒保从容应对，测试工程师很满意。

接下来，一名顾客来到了同一个酒吧，问厕所在哪？

酒吧顿时起了大火，然后整个建筑坍塌了。

这个笑话很生动地告诉我们，无论设计的测试数据多么周详，总有客户能发现测试工程师遗漏的严重问题场景，这个场景往往是出人意料的，也是经常能见到的。

10.1.1 探索式测试的由来

首先我们思考一个问题，人工测试相对于自动化测试有什么优势？

1）人工测试更容易发现不同业务逻辑的关联缺陷。

2）人工测试可以给出灵活多变的测试计划，发挥人的想象力。

3）人工测试不只看断言，还会随时查看各种异常：日志、UI、资源监控、动效、弹框，不一而足。

人工测试通常会有一个事前的测试计划，里面列明了详细的用例执行过程，正如第 8 章描述的那样。如果我们看重人的“灵活性”和“积极性”，逐步摆脱测试计划的束缚呢？

那就是我们要介绍的探索式测试。

有不少测试人员曾提到，第一次听说探索式测试理论时觉得很高级，但是并没有真正深入了解。

实际上，探索式测试对突破重复劳动的束缚、降低漏测率、提高测试交付率有明显的价值。测试人员在工作时更加自由自主，不需要被大量的测试用例所包围，不用花大量时间写非常细致的用例集。

测试专家 Cem Kaner 在 1983 年提出了探索式测试，并把它定义为一种软件测试风格，而不是一个具体的测试技术，如边界值分析方法、因果图等。探索式测试强调的是测试人员应该**持续地同步开展测试学习、测试设计、测试执行、测试评估等多种活动**，不断闭环提升，而不是被事前的测试计划文档所牢牢束缚，如图 10-1 所示。

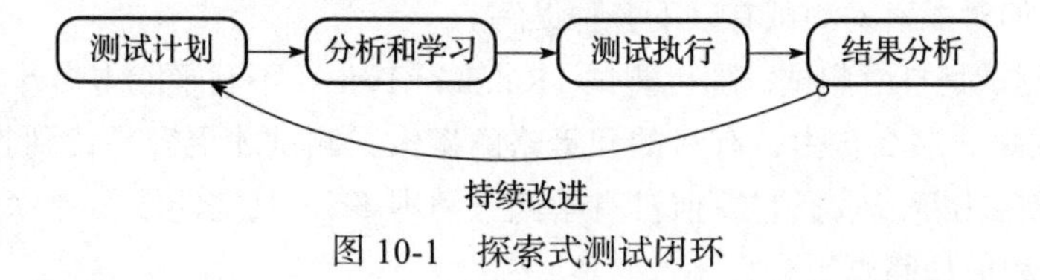

图 10-1 探索式测试闭环

我经常看到有些团队会考核测试用例的缺陷相关性指标，评判测试用例的有效性。但在探索式测试的实践中，我们更鼓励**从实时探索中发掘缺陷**，而非依赖事前的用例挖掘。

10.1.2 探索式测试的发展阶段

通常，探索式测试（Exploratory Test，ET）有如下几个发展阶段。

- 原始期：1.0 阶段，自由测试（Free Test）时期，出现启发式探索方法，但是实践中没有很具体的指南和打法。
- 发展期：1.5 阶段，启发式探索方法形成打法，具备可管理的模式。
- 成熟期：2.0 阶段，探索测试（ET）+ 脚本测试（ST），取长补短的测试风格。
- 持续进化期：3.0 阶段，强调一切皆可探索，如各类业务形态、各种场景、各种团队、各种新的测试理念，都能演化为本团队最适合的原创探索测试方法及匹配流程。

一开始，我个人觉得 3.0 阶段是个很虚的口号，随着在多家知名公司深入实践和理解，我感受到探索式测试理念的常用常新，它可以更自由地在新业务中沉淀新理论，给人惊喜。基于以人为本的敏捷价值观，探索式测试广泛适用于各种业务场景，并被工程师赋予更多的创意和乐趣。

10.1.3 对探索式测试的误解

我参加过不少技术峰会的测试专场，大多数都是讲测试工程效能实践的，而讲探索式测试实践的主题基本没有。

“高级”显然不是探索式测试流行的理由，以下是探索式测试实践可能带来的好处：

- 被用例文档约束的重复劳动减少，个人感觉更轻松、愉悦。
- 能发挥更多的独立自主性，学习效果更好。
- 缺陷遗漏数量下降。
- 测试效率提高，测试占用时间缩短等。

除了个人直观感受到的好处，还有一些在全员实践团队中可见到的收益：

- 整个团队更重视用户体验问题，每个角色对于质量的重视度都有明显增加。
- 大家更团结了，更愿意互相探讨容易遗漏的测试场景。
- 不同测试人员之间，不同岗位之间，更积极地分享找 Bug 的“独门绝技”。

尽管行业有不少成功的实践例子，但是坚持实践探索式测试的团队还是少之又少。究其原因，还是人们对探索式测试有以下各种误解。

1）探索式测试是自由测试、随机测试（Random Test），不利于能力提升。

探索式测试并非那么自由，有目的和策略的探索式测试才更容易达到收益目标，高效引导方法不断推陈出新。掌握它看似没有学到“硬本事”，其实能领悟更深刻的测试理论，吸收不少敏捷工程的精髓思想。

2）探索式测试不需要写文档。

探索式测试确实不需要写繁重格式的测试计划文档，但探索式测试可以产出原创、有趣、有价值等多种风格的文档，正如在第 5 章提到的。

探索式测试需要的文档，可以是记下事前的牵引想法，事中的启发和变化记录，事后的风险判断，以及下一次的抓虫策略。

3）探索式测试是黑盒测试，技术门槛低。

探索式测试普及门槛低，任何人都可以快速掌握，快速进行黑盒探索。但这并不意味着探索式测试只适用于黑盒。白盒测试和性能测试同样可以给人启发，原创出探索式测试方法，让问题挖掘事半功倍。记住，探索式测试是一种工作风格，不是一类特定技术，不限制具体技术的应用。

4）探索式测试依赖员工的项目经验。

事实证明并非如此，并非在项目待很久的老手才能玩转探索式测试。很多新手员工探索问题的效率很高，甚至有自己独特的探索诀窍，而且非测试岗位员工也可能在探索式测试活动中发现大量缺陷。

5）探索式测试不借助任何工具。

探索式测试可以不借助工具，也可以利用工具完成更多维度的探索。比如录屏 / 输入监听软件、接口工具、日志 / 调试工具等都可以是探索过程中的好帮手。

6）探索式测试通常在项目测试后期进行，那时已经测不出太多问题，即使发现问题也来不及解决了。

实际上，探索式测试可以在任何时期进行，初期探索可以尽快暴露更多问题，减少测试人员进行集成测试的负担；后期的探索测试可以进行多轮，通过探索的结果提升对项目成功发布的信心；结合集体探索活动能在发布前锁定一批遗留的风险问题。

总之，探索式测试不是漫无目的的测试，需要科学有效的指导方法。

10.1.4　探索式测试与计划式测试

探索式测试天然适合周期短的敏捷研发，它与敏捷原则更加契合。这是计划式测试所不具备的优点。

在挖掘软件缺陷成本很高的年代，测试工具平台还不成熟，软件一旦发布后，解决问题的代价很大，因此计划驱动的测试模式自然成为主流。但随着探索试错的成本不断下降，实时探索缺陷越来越成为软件研发团队的偏好，可以基于风险更加灵活地探索软件。

芬兰赫尔辛基科技大学做过一个实验，让 79 位软件工程专业学生执行测试，测试对象是包含真实植入错误的开源软件，每个学生分别采用探索式测试和计划式测试方案，各做了两个 90min 的测程，数据结果如表 10-1 所示，我们可以得到一个结论：除了性能测试和技术架构测试，其他测试种类在探索式测试风格下都取得了更好的效果。

表 10-1　探索式测试扑克牌详细内容

Bug 类型	ET 发现 Bug	ST 发现 Bug 数	ET/ST 比例	Bug 总数
文档	8	4	200%	12
GUI	70	49	143%	119
不一致性	5	3	167%	8
功能缺失	98	96	102%	194

（续）

Bug 类型	ET 发现 Bug	ST 发现 Bug 数	ET/ST 比例	Bug 总数
性能	39	41	95%	80
技术型缺陷	54	66	82%	120
可用性	19	5	380%	24
功能错误	263	239	110%	502
总数	556	503	111%	1 059

敏捷原则告诉我们，过度的前期设计必然产生大量浪费，而传统的测试计划也是在前期做了大量的设计考虑，往往力图通过事无巨细的用例覆盖，为后面的执行扫除风险，期待一劳永逸。因此，这种依赖事前设计的计划用例必然产生相当大的浪费，导致后面测试执行的盲目和低价值。这很可能是因为团队成员在质量风险评审上，通常不愿节外生枝，往往只做加法不做减法，担心减少用例导致严重漏测的话会被指责。

通常而言，测试活动只有探索、没有计划，或者只有计划、毫无探索，都不是最佳做法，需要团队不断寻找最佳的平衡比例。测试方法的演变过程如图 10-2 所示。

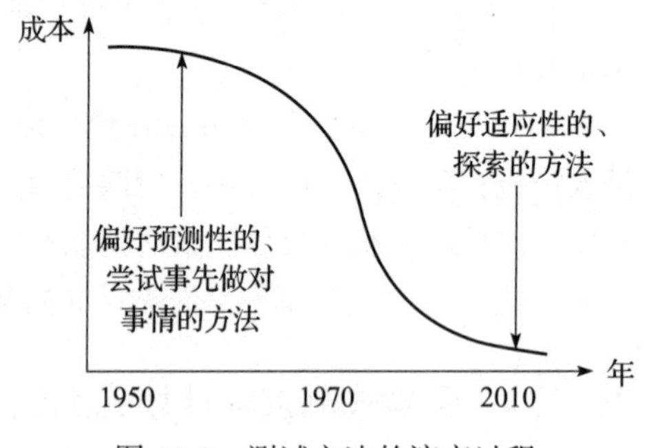

图 10-2 测试方法的演变过程

计划式测试就像事先绘制好的地图，而探索式测试能给地图的探险带来令人期待的变化，进而补充更多高质量的测试脚本（用例）。

高实践水平的团队，可以看到计划式测试和探索式测试的价值是非常互补的，二者结合使用，可以让总的缺陷挖掘水平保持高位。在测试的初期，计划式测试可以发现较多的基础问题，不需要探索式测试投入太多精力，但在测试后期，计划式测试发现的 Bug 越来越有限，自动化测试很难发现新缺陷，这时使用探索式测试会更有惊喜。

10.2 局部探索和全局探索

经典的探索式测试理论给我们带来了如何探索产品的思路，包括探索局部功能和探索产品整体，用隐喻的方式给我们提供了发挥创意的思考角度。

《探索式软件测试》是最有影响力的探索式测试图书之一，作者 James Whittaker 在其中重点阐述了两个层次的探索式测试方法：局部探索和全局探索。

我们简单回顾一下这个经典理论，再注入笔者自己在实践中的原创思考。

10.2.1 局部探索

局部探索，即不知道很多背景信息就可以完成的局部探索简单任务，举例如下。

1）一个输入框，如何测试？

2）特定的用户数据，如何测试？

3）一个软件（模块）的特定状态，如何测试？

4）一个特定的运行环境下，如何测试？

以输入框测试为例，通常有 3 个子阶段可以探索逻辑是否正常。

1）输入筛选器是否正常，错误输入是否根本就输不进去？

2）输入检查，刚输入的错误数据，一回车就提示错误，要求重新输入。

3）输入成功了，在运行的时候抛出错误。

那是不是涵盖了这 3 个子阶段，就高枕无忧了呢？

非也，还需考虑：不同的输入值是否会互相影响，导致新问题？不同输入值的不同输入顺序，是否会带来错误？

通过深入探索不同维度的输入可能性，找到完整覆盖集合的思路，不断扩展！

这就是探索的魅力。

再举一个典型的局部探索的例子：被测产品的内部状态。

在不同的前提条件和触发事件下，产品会被内部定义或者改变为不同的状态，而测试用例应该覆盖的就是不同状态的迁移过程是否正确，我们可以探索遍历每两个状态能够切换的场景和触发条件，查看新状态表现是否正常，也可以单纯地在某个状态中等待超时发生。为了强调这种遍历测试的价值，我们可以把这种局部探索方法命名为“状态遍历探索法”，如图 10-3 所示。

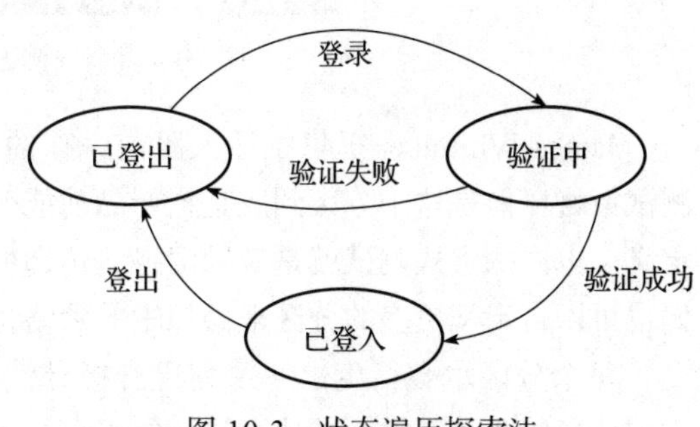

图 10-3　状态遍历探索法

10.2.2　全局探索

针对全局探索，James Whittaker 用了一个让所有人感同身受的隐喻——“旅行者漫游一个城市”，来形容测试人员对产品的整体探索模型。

对于旅行者，根据不同的职能，可以把城市划分为多个不同的区域，可以用不同的颜色来指代，旅行者在每个区域的探索策略是不同的。与此类似，测试人员在探索产品功能时，也可以把整个产品划分为不同的职能区域，采用不同的测试方法来探索。

比如首次来到一个城市旅行，旅行者通常要到热门景点打卡，这些区域就是城市的“商业区”。而软件产品的各种卖点功能，即所谓的商业价值，也是商业区，这里的测试重点是卖点特性功能。

对于城市里没有热门景点的传统老区，旅行者可能也会偶然光顾，我们把该区域划分为“历史区”。对应的，产品的老版本功能，虽然如今已经不产生吸引力了，但仍然能在用户触达时发挥作用，这就是历史区，我们测试的是遗留代码。

旅行者也会有自己的喜好和特征，可以针对不同类型的旅行者进行分区。继续举例：针对第一次来的旅行者，他们往往对各种新鲜功能感兴趣，因此可以把这些功能纳入"旅游区"。而老居民以及随意型的新旅行者，也许只是想在城市中找找娱乐设施，好好地放松下，我们可以把相关探索区域划分为"娱乐区"。此外，还可以把"旅馆区"暗喻成并没有实际操作的场景（如后台长时间挂起），把"破旧区"暗喻成漏洞重灾区，如图 10-4 所示。

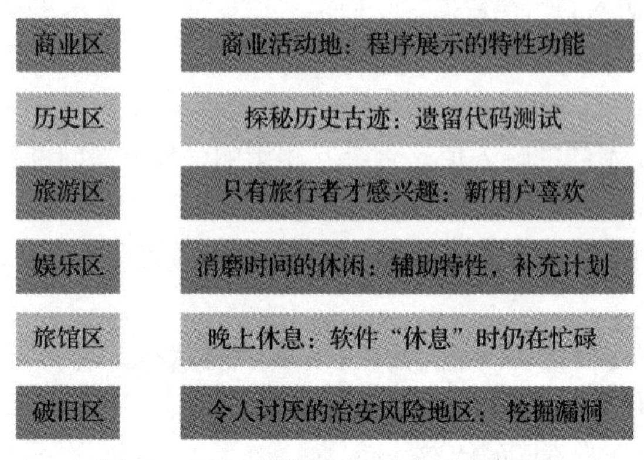

图 10-4 全局漫游探索（为城市分区）

James Whittaker 提供了让人眼前一亮的启发思路，让人们意识到原来还可以这么划分测试策略！但是这个分区到底是指产品功能分区，还是指一个细化的测试风格，并没有严格定义。也许探索式测试就是鼓励混搭，传递的是轻松交流的观念，而非制定规范。同理，我们也可以自定义更多的分区来做探索的策略指南。

每个分区也会衍生出一系列更有指导性的具体探索方法，甚至可以把探索方法衍生出不同场景的变种，类似游戏中的技能组合，乐趣油然而生，如图 10-5 所示。

具体的探索方法可以多达 20 种以上，这里就不一一解释了，我们更关注如何选取和衍生适合自己业务的探索方法。

10.2.3 探索式测试方法的选取和衍生

在为自己的团队挑选最合适的探索方法时，需要特别关注以下几点。

选择团队喜欢的名字

不同文化、不同经历、不同业务的人，可以针对探索式测试方法的名称做一定的修改，最终目的还是起一个易于团队内部交流的名称。

比如"苏格兰酒吧测试法"，经典意思是深入了解用户的抱怨，或者阅读产业博客，找到针对性的探测路径。但是我们可以把名称改为"微博测试法""差评测试法"，这类名称更容易在国内团队传播。

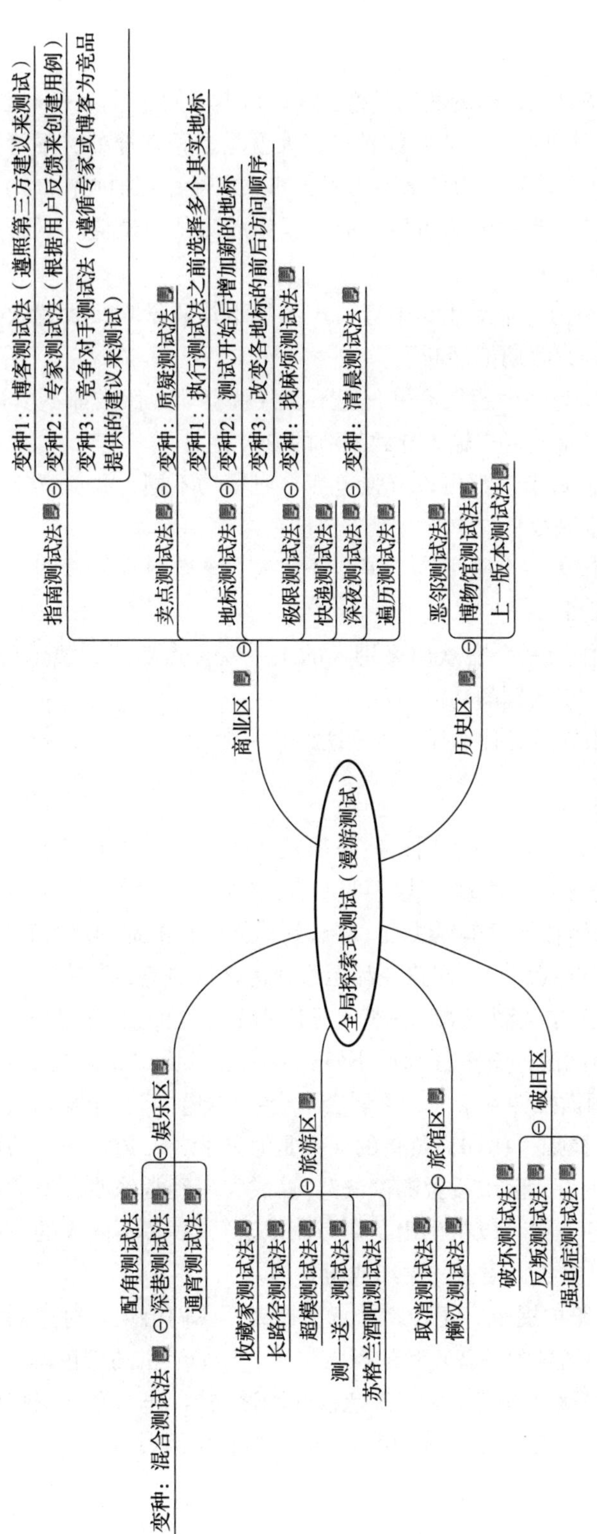

图 10-5　全局探索式测试（为城市分区）

以人为本

探索式测试也坚持**以人为本**的测试风格（这也是本书的主旨之一，且在很多章节都有体现），需要测试工程师逻辑严密、心细如丝。但人就是多种多样的，不管是用户，还是测试人员，都有不同的脾性和爱好，为什么不用来在测试中任性一把呢？

测试的要义是**以挖掘出失败为价值，而非以完成测试为价值**。下面介绍几种常用的基于不同角色性格的测试方法。

- **反叛测试法**，作为一个天生叛逆者，产品越不让我做啥，我就做啥。比如软件升级时警告不能断网，我偏把网断了。
- **懒汉测试法**，作为一个超级宅男，能不动我就不动，什么都不填写，直接提交。（在测试时还真的经常发现空输入导致崩溃的 Bug。）
- **强迫症测试法**，每个人都可以有强迫症，习惯均不同，我就喜欢反复地按开关、按排序，而且速度贼快！
- **超模测试法**，作为一个眼里容不得沙子的人，拿着放大镜看图片，查看各个 banner 边界细节，找到瑕疵。
- **质疑测试法**，作为一个喜欢质疑别人的人，在卖点功能的演示中，我故意挑毛病，打断正常操作，引入别的功能演示。

你是什么样的性格，适合什么样的探索法？

衍生新的探索方法

很多探索测试方法虽然名称不同，但是都是从同一个理念中衍生或变异出来的。衍生新的探索方法时主要基于以下原理，我们可以细心领会。

1）**举一反三**，既然有出租车测试法（测试到达指定目的地的所有路线），那相对就可以有出租车禁区测试法（验证用户所有路径都无法到达该目的地，即禁区）。

2）**本地化**，上述苏格兰酒吧测试法就是适应本地文化的很好的例子。

3）**递进**，超模测试法，看很仔细还不够，我们递进为“放大缩小测试法”，刻意把屏幕字体调到最大，把画面拉伸到最大，看看会不会发生扭曲，甚至显示失败？

4）**从业务特征中提炼**，比如你负责的业务是海外业务，最常遇到的可能是区域语言设置问题，那就可以衍生出“**区域设置测试法**”，养成大家经常修改区域的测试习惯。如果你负责的是智能语音业务，你可以衍生出“**变声测试法**”，模拟不同人的发声来进行语音识别测试，如性别、年龄、方言、语速、尖细或粗犷等。

5）**从业务常见缺陷中提炼**，正如之前章节提到，我们会定期对遗漏缺陷做根因分析和聚类，从最常见的缺陷场景中寻找克敌的探索方法。比如手机的暗色模式经常会引发各产品的页面适配问题，我们就可以衍生出“**暗色模式测试法**”，作为专项探索测程即可，但又不至于把所有场景都加上暗色模式的测试用例，以免导致用例太多。

10.2.4 在探索过程中引入变化

如果按照定义的探索式测试方法去执行，随着时间的推移，发现的缺陷数量是否会急剧减少？

不同的测试人员，用同样的探索方法，找到的问题数量和质量可能完全不同！如果执行中缺乏细致的思考，灵活的变通，可能就与过程中的缺陷擦肩而过。反之，掌握场景中的丰富变化手段，可以帮助我们持续高效地挖掘缺陷或体验问题。

如何更好地引入过程中的变化？

借鉴数据库基本操作——**CRUD（创建、移动、更新、删除）**，我们是不是可以对测试过程中的各个要素进行 CRUD？这些关键要素，可以称为“**变化因子**”。

- 测试环境，包括硬件、OS 版本、软件版本、网络配置、依赖组件等，是不是都可以替换，或者故意被设置故障？
- 操作步骤，是否可以重复、跳过、插入新步骤？从一个测试场景跳到另一个测试场景，再回来继续按步骤操作？
- 测试数据：是否可以增加、删减、更新？在升级 / 失败后数据是否还能正常保留？

有时我们会发现，一点点地改变现状，可以挖掘出意想不到的问题，如图 10-6 所示。

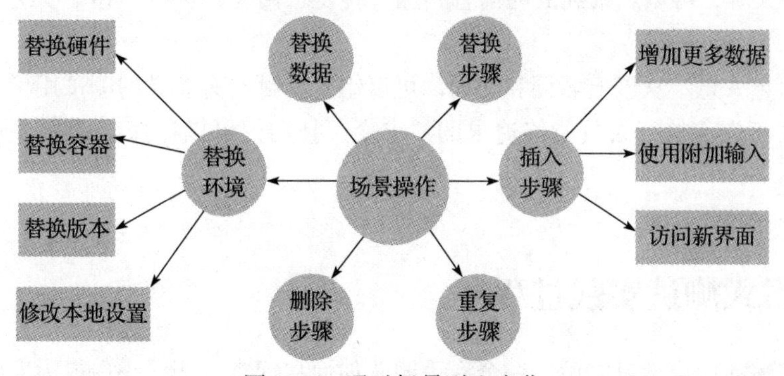

图 10-6 通过场景引入变化

针对被测对象的特征，可以在引入变化的过程中加以挖掘。借鉴另一本探索式测试经典作品《探索吧！深入理解探索式软件测试》(Elisabeth Hendrickson 著)，我们可以引入下列启发变化的方法。

- **0-1- 多启发法**：对于可计算的测试对象，可以将测试数量分为 0、1、极多 3 种情况。
- **部分、全无、全有启发法**：对于可勾选的测试对象，如配置选项，选择部分勾选、全不勾选或全部勾选。
- **开始、中间、结束启发法**：对于有相对位置概念的测试对象，如音乐歌单列表，可以进行位置操作探索，如选择列表开始、中间或结束的位置进行测试。
- **格式规范启发法**：对于有具体格式要求的字段，可以测试是否涉及格式转换或前后端数据传递，是否有强制转换导致数值误差或者处理异常，是否涉及特殊规范要求

（如日期样式、邮编样式、邮件地址样式、IP 地址样式，等等）。

- **空、部分、超大启发法**：对于有大小概念的测试对象，可以根据大小进行选择，如安装包、音视频文件等。
- **层级深度启发法**：对于有层级嵌套深度，可以改变层级的测试对象和场景，尤其要观察深度嵌套是否会导致响应慢的性能问题。
- **文件存储启发法**：适合涉及文件的存储位置、存储方式的测试对象。
- **频率时间启发法**：针对操作频率和持续时间进行改变，注意软件状态，以及长时间运行后是否出现缓存内容丢失、内存泄漏等情况。
- **输入方式启发法**：不同的输入方式可以带来潜在的问题，如通过复制 / 粘贴、拖动、快捷键等不同操作完成同一件事。
- **导航启发法**：对不同的导航风格进行测试，如随机导航、逐级导航、直接回到主界面等。

甚至，我们可以进一步开脑洞，**用名词和动词做排列组合（动名词组合法）**，看看能启发出多少可行的测试用例？

以邮箱 App 的功能为例，我们可以看到的名词有主题、草稿、附件、邮件、文件夹、联系人、收件人等，可以观察到的动词有删除、转发、回复、保存、移动、编辑、接收、发送、导出等。

读者自己想一想，从以上名词和动词，可以组合出哪些有意义的测试用例？

变化无处不在，执行人员始终追求的“求变”技巧，可以让探索式测试源源不断地输出价值。

10.3 探索式测试实践过程

经历了完整的理论学习之后，一个新手团队如何从探索式测试小白成为实践高手？

新手团队在探索式测试中要测哪些地方、何时测、如何测，通常会感到茫然。

测试前要准备什么？如何分析探索对象和探索范围？如何设定预期目标和达成效果？什么时候开始测试？

让我们真正开始探索式测试的实践吧。

10.3.1 探索前期准备

我们已经明确了探索式测试的价值，并把愿意尝试和承诺投入的同学聚焦到了一起，然后，怎么做？

明确试点项目

严格来说，探索式测试不是原有计划式测试的加法，而是有益的互补，可以带来更高效的产出，值得占据一定的人力投入比例。**我们并不需要为探索式测试单独增加专职人力。**

我们在选取试点项目时，首先需要得到测试负责人的认同，需要他有拥抱变化的心态。我们也会给出收益考察指标（见 10.4.2 节）。

接着找到一段交付压力没有特别大的时期，开始第一次试点，可以以 1 ～ 2 个发布版本为周期。

然后给出试点计划：谁（导师和执行者）在什么测试阶段（时间）完成整个产品（或者产品的某个特性）的探索式测试，包括计划是从全局探索还是局部特性探索开始。

产品整体分析

以全局探索为例，我们对产品的不同功能模块进行划区分析：这个模块更适合作为哪个区来展开探索，是商业区、破旧区，还是数个区兼而有之？

可以在测试模块的覆盖思维导图上标注。

测试点方法分析

针对每一个主要的测试功能点（不是一个个具体测试用例，一个测试点可以包括多个用例，比如"成功添加好友"），你都可以在思维导图中标注出你认为最合适的探索方法，即最容易找到缺陷的方法。建议整个测试团队共同来标注吧！

到此，思维导图就是开始探索式测试的最佳指南，如图 10-7 所示。

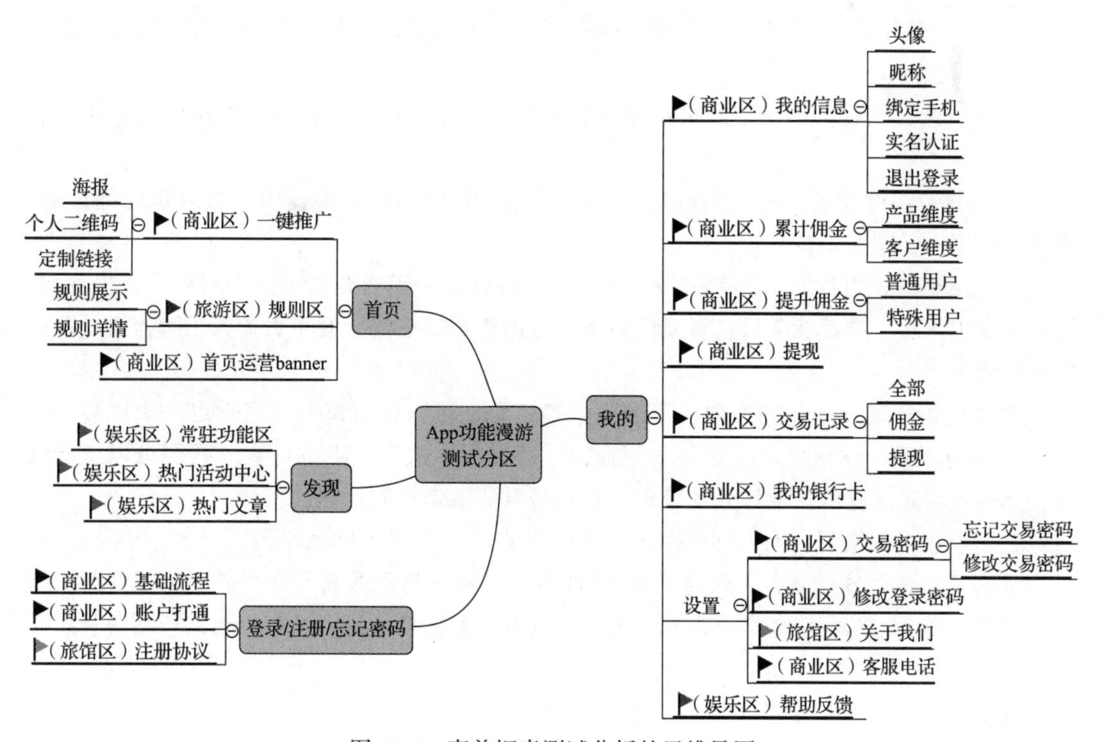

图 10-7　事前探索测试分析的思维导图

当然，我们也可以不提供探索思维导图，而是给出匹配表格，把具体的探索式测试方法和合适功能点进行最佳匹配，如表 10-2 所示。

表 10-2 探索式测试方法和合适功能点的最佳匹配

探索性测试方法	应用宝客户端典型场景实践
取消法	下载、安装、更新、多场景交互
重复法	下载、安装、更新、CMS 配置
测一送一法	登录、分享、对下载文件的操作
反叛法	搜索
收藏家法	多需求功能同时执行
极限测试法	内存自动化测试脚本循环执行
场景插入法	手机管理 – 安装包管理、垃圾清理、零流量快传、照片备份

10.3.2 探索式测试的测程和章程

测程（Session）是指一次连续的探索式测试执行的时间长度。而对探索式测试的管理，就是基于测程的管理（Session-Based Test Management，SBTM）。

我曾看到有团队在分配执行时间时，随意地给某个功能模块 2 ～ 3 天的探索式测试时间，但是没有任何约束或明确目标。盲目的安排，不会带来高效的实践结果。

通过对测程的计划，我们可以度量探索式测试的效果，并与之前的计划式测试的执行效果进行对比。

另外，通过测程的产出不断灵活地调整后面的分工安排，可以改进选用的探索策略和方法。

从人的专注度来说，一个测程最佳是 1 ～ 4h，这样强度适中，中间可以短时间休息，也可以根据人员状态调整。

测程结束时，可以对本次测试做一个小结，评估是否需要调整下一个测程的覆盖范围、策略和使用方法。推荐找项目负责人面对面进行测程小结交流，便于负责人了解探索式测试发现的成果。

章程是指探索式测试的**方向、目的和依赖资源**，可以针对每一个测程定一个或数个待完成的探测章程。章程也可以独立于测程，连续进行多次有焦点的探索。我们可以这样认为，测程是对时间盒内探索任务的管理，章程是对测试焦点的管理。

这里引用《探索吧！深入理解探索式软件测试》中的一个生动例子。

美国第三任总统托马斯·杰斐逊在 1803 年给探险军团刘易斯和克拉克的信里提到一个重要的探险任务：从圣路易斯市出发，找到一条可横穿大陆抵达太平洋的通道。信中指明了以下几点。

- ❑ 探索何处：密苏里河及其主要支流。
- ❑ 可用资源：船只、帐篷、勘探工具、武器等装备，以及可以赠送给当地土著的礼物。

❑ 所寻信息：商路。

三年又三个月后，刘易斯和克拉克胜利归来，成为国家英雄，并将横穿内陆的路线绘制成一张探险地图。

从上面的例子可以看出探索章程的三段式模板：**探索什么内容、使用的资源和以图发现什么信息**。

遵循探测章程，可以让你的测程更加有针对性，更加高效，如图 10-8 所示。

探索（模板）

使用（资源）

以图发现（信息）

图 10-8　探索测试章程的模板

要设计一个好的探测章程，需要具备以下特征：

❑ 在需求评审阶段，用心关注可以用来探测的核心能力。
❑ 测试前和干系人充分沟通，听取其意见（尤其是他们怎么看待价值）。
❑ 但是不一定要完全认可干系人的看法（可以有自己的主见）。
❑ 范围要聚焦，但不要过于细致，一句话描述才会有更自由的探索空间。这一点类似用户故事的“可交谈性”。

下面我们介绍一个在设计章程时通过与开发人员深入沟通，得到启发的实例。

10.3.3　章程设计案例：云盘上传 / 下载功能

探索式测试就是从提问开始，如对开发人员提问、对产品经理提问，等等。在围绕用户故事的交谈中，测试人员通过对开发人员的批判性提问，可以敏锐地找到对方担心的可能存在不稳定因素的地方，或者盲目自信的地方。如果出现问题的影响力大，那就值得作为章程来指引本次测试活动。通过对产品经理提问，可以找到产品在市场上被看重的功能，找到用户对产品的关注点和抱怨点，以此制定探测的章程。

案例：针对云盘的上传 / 下载功能，进行局部探索式测试。以下是测试人员与开发人员的对话。

测试人员：云盘的上传 / 下载功能确实是我们测试的重点也是难点，有几个问题想确认下。

开发人员：什么问题？

测试人员：除了一些正常上传的状态，有对上传失败的场景做判断吗？比如上传过程中切换网络、切换页面等。

开发人员：对切换网络、中断网络是有做判断的，也会有相应的提示，切换页面对上传功能没有影响，清掉后台进程倒是可以测测。

测试人员：OK，那这些场景我们都要测试下，如果在上传过程中退出账号，上传进程会怎么处理？再登录进来上传记录会保留吗？

开发人员：退出账号后上传肯定就中断结束了，再登录进来需要重新上传，上传记录也不会保留。你们可以重点挖掘下有哪些情况会上传失败以及恢复之后上传能否正常进行，数据有没有丢失或损坏。

测试人员：嗯，这块干扰上传状态的情况有很多，我们都测试下。

沟通完毕，明确了要探测的具体目标，制定好本次探测的章程，如图 10-9 所示。

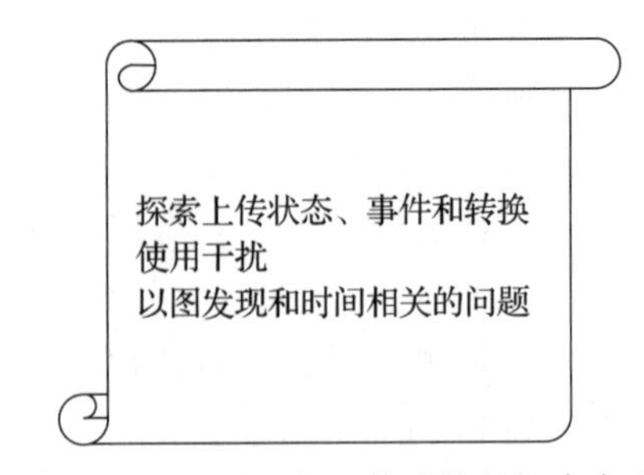

图 10-9 针对云盘上传功能的探索章程

然后开始具体的探索准备。

1）被测对象有一定复杂的状态变化，简单绘制一下状态转换的模型图，如图 10-10 所示。

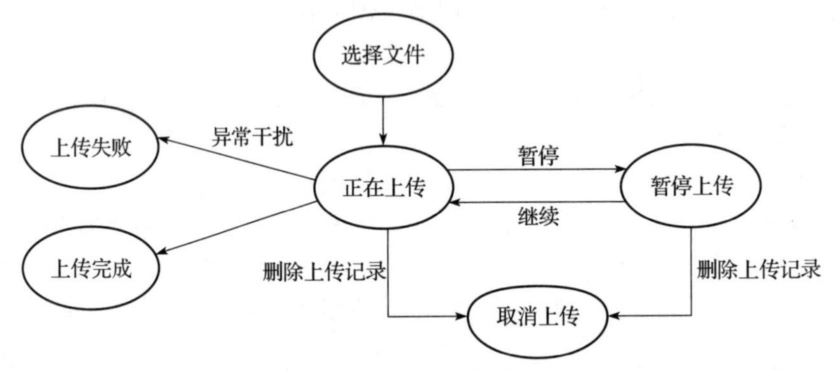

图 10-10 云盘上传功能的状态模型

2）思考有哪些方法可以干扰上传状态，例如杀掉进程、切换网络、断开网络、退出/切换账号、删除本地文件、切换画面等。

3）思考干扰状态以后会发生什么，是否合理：

- 响应干扰的方式是否符合预期，还是进入一个意外状态？
- 从干扰中恢复后，行为是否也恢复正常？
- 有没有丢失或损坏数据？

通过以上充分的分析，深入细致的探索准备工作就完成了，在后面的执行中，测试人员确实发现了几个深层次的缺陷，让开发人员深受触动，这种缺陷仅从产品需求文档中是难以捕捉的。

10.3.4 开始探索

通常在研发的什么阶段开始探索式测试最合适

探索式测试可以在整个软件研发生命周期的任意阶段进行，不同阶段的关注点可以不同，需要根据质量关注点和人力投入来灵活制定。

在系统测试早期，探索式测试可以作为启动系统测试的准入条件，快速发现是否有低级问题，如果有，可以立刻返回开发人员去解决，而不用等到如火如荼的系统测试开始后再陆续反馈问题。解决低级问题后，产品的基础质量会明显提升，测试耗时也会降低。

在系统测试中期，如果产品复杂度很高，参与探索式测试的人员较多，可以对这些测试人员进行分工，如可以按端到端的完整特性来对人员进行分工，也可以按特定的探索式方法对人员进行分工。不建议按照功能模块来进行划分，因为很多问题是发生在模块调用或切换之时的，而探索式测试敏锐自主的风格鼓励了人员对价值挖掘负责。

在系统测试后期，此时对基本功能和路径都已进行了充分的测试，应该是一个查漏补缺的状态。探索式测试可以做有效的补充：针对目前容易出问题的区域，或者频繁发生问题的一类缺陷，做一轮聚焦目标的专项探索；针对待发布（灰度发布）版本，尝试更多的探索方法找到剩余的遗漏缺陷，最终冲刺一把。

探索式测试的过程笔记与结果报告

探索式测试并非无文档测试，对探索旅途中的脑洞大开，可以像作家一样随时记下来，给后继测程以更多的启发，毕竟好记性不如烂笔头。而测试报告也不需要万年不变，我们需要在报告中突出体现：探索的最终成果（收益是否足够高）、所挑选探索方法的有效性、预感到的未暴露质量风险、下一轮的探索测试该如何发力，等等。探索式测试结果报告如图 10-11 所示。

概览			
发现Bug数量	严重Bug数量		
	非严重Bug数量		
时间记录/分钟	测试总时间		
	干扰实践		
	提单时间		
风险疑问	漏测Bug总结，如何避免及后续改进措施		
探索测试核对表			
功能名	采用测试方法	测试结果	最终采用测试方法
功能模块1	预计测试方法名	通过/未通过	最终发现Bug测试方法/无
功能模块2	预计测试方法名	通过/未通过	最终发现Bug测试方法/无
……	……	……	……
遗漏Bug			
bug描述	tapd链接	遗漏原因	可采用测试方法
×××	×××	×××	××_1
×××	×××	×××	××_2
……	……	……	……
模块分区更新			
根据测试过程中发现的Bug，更新历史区和破旧区。在下一迭代测试过程中，针对这些Bug较多的模块进行测试			

图 10-11　探索式测试结果报告

10.4 实践中的问题和解决方案

面对实践中暴露的各种问题，比如参与探索式测试的人员的怀疑和消极情绪，如何应对？如何评估探索式测试的收益，以此判断是否进一步把宝贵的测试时间花在探索测程上？

10.4.1 面对的问题

随着探索式测试的持续实践，当前的探索模式可能会呈现各种问题，主要有以下几类。

1）**重复性**：如果掌握的探索方法有限，随着前几次探索的热情降温，很可能出现找到的缺陷越来越少，新增价值越来越低的情况，导致参与人员热情下降。

出现这种情况并非坏事，缺陷在收敛，说明遗留问题在不断减少，距离出货的质量要求越来越近。同时，我们可以尝试更多创新探索手段，在有限的时间内进一步挖掘新问题。

2）**单调性**：由于探索式测试的思路没有打开，熟悉的探索方法就那么几种，实践多了会觉得活动很乏味。这时可以引入更多有趣的活动组织形式，并增加挑战难度。

探索式测试强调降低各种文档和工具的束缚，也鼓励**降低环境的束缚**。也许我们可以在一家悠闲的咖啡厅，一边喝着咖啡，一边探索产品的问题，说不定发现问题的效率会大大增加，因为人在沉浸式环境中的心情是愉悦的，这种心情会让工程师更有灵感和耐心去发掘问题。

3）**健忘性**：测试完成一段时间后，之前发掘到好问题的灵机一动和场景步骤都记不清了，感觉懊恼。

应对这个问题我们有“三板斧”：

- 过程笔记，认真记录找到高价值 Bug 的灵感和场景，并和同事充分交流。
- 将高频或严重的问题写成新的用例添加到计划用例集里。
- 将有代表性的找 Bug 技巧抽象成原创启发式方法，自己命名并宣传。

4）**不接地气**：回顾探索式测试发现的问题，有可能出现很多 Bug 其实用户并不关心，而用户反馈的问题完全没有被探索者关注的情况。

在本书第 13 章，我们会详细对上述问题展开讨论，包括如何从用户反馈中挖掘值得探索的内容，如何让自己走出办公室，与用户所处的场景更贴近。

10.4.2 如何衡量探索式测试的收益

我们在做任何模式创新时，都会面临项目组和领导的质疑，如这种测试模式没有严格的报表和计划，真的有效吗？会不会导致质量结果拉垮？

探索式测试的收益，需要通过与传统测试风格——计划式测试的对比，才能有更直观的说服力。建议从这几个维度来衡量。

- 单位时间内，谁找到的有效缺陷最多，或者 DI 值（即按缺陷等级权重求和）更大？
- 完成一轮测试，总耗时谁多？

- ❑ 完成一轮测试，谁的代码覆盖率最高？
- ❑ 上线后的缺陷漏测，谁更少？
- ❑ 谁积累了更多可复制的高效发现缺陷的技巧？

如果有两个对照小组，一个采用计划式测试模式，另一个采用探索式测试模式，对比数据会更直观。

从以往的对比效果来看，探索式测试的单位时间发现问题的效率比计划式测试提高 2 倍以上，在漏测缺陷上两者相当。而探索式测试最大的价值还是在积累发现缺陷的方法上。

传统业务测试在测试经验共享方面的效果比较差，主要原因是各个业务的逻辑、复杂度、架构特征、前置条件都不同，测试人员分享找 Bug 的经验时，难以产生共鸣，也缺乏意愿去熟悉其他业务的详细技术背景。而探索式测试的风格就是把方法隐喻成大家都能理解的简单策略，两句话就能说清楚。

有意思的是，不同探索测试人员用同一个探索方法找 Bug，找出的 Bug 可以完全不同，比如超模测试法，每个人关注的界面不同，细节偏好不同，交互习惯不同。所以，团队集体做探索式测试时也不会产生太多的资源浪费（发现重复缺陷）。

10.4.3 实践技巧总结

1）一次连续的探索式测试（测程），建议控制在 2h 左右，最长控制在 4h 左右。

2）涉及等待的场景，取消测试法杀伤力很大，因为很多程序没有考虑用户在等待中撤销请求时应该怎么处理。

3）针对涉及列表的排序操作或者缓存占用大的场景，强迫测试法效果佳，如不停地快速切换排序按钮，这对程序员的算法处理能力提出挑战。

4）找到你的被测对象的所有边界，破坏它（破坏测试法）！如点击边缘，或让嵌套层数到达极限，等等。

5）多与业务干系人（产品设计人员、开发人员、用户等）面对面沟通，获得探测章程的灵感，既要了解这个目标的价值共识，又要警惕团队对产品的惯性认知，给出独立的测试行动判断。

6）前期探索式测试看大问题和基础体验，后期探索式测试看精准的专项问题。

7）多营造放松的探索环境，多用团建式的方式做探索，让找 Bug 更有乐趣。

探索式测试不是只安排一轮，可以在不同的质量阶段都适当安排，第二轮可以吸取第一轮的经验教训，做得更好。如果测试缺陷明显减少，往往是好事，质量信心指数也会随之提升。

10.4.4 谁会成为探索式测试高手

实践是离不开人的，什么样的人能够在探索式测试中成长为此间高手？下面列举了一些探索式测试高手的长处，值得大家参考。

善于测试设计：本质上探索能力和测试用例的设计能力是互相转换的，善于设计的人能够开拓想法，也就能够探索到更多不为人知的细节。

仔细的观察：善于发现蛛丝马迹，抽丝剥茧，打破砂锅问到底，找到隐藏 BOSS。

自我批判性思维：正如和开发人员讨论可能的章程，在经验中习以为常的无风险不一定就是对的，要勇于质疑自己，并在每个测程结束时反思做得如何。

多样的想法：善于启发并归纳，能够活用多种技巧，能即时判断和选择，并非常善于联想。

拥有丰富的资源：一切皆资源（上报数据、工具、日志、配置库等），都能用来做探测。而拥有厉害的朋友，可以互相学习切磋，也是很棒的资源。

善于结对测试和合作：一边测试，一边沟通交流，说出自己的设想，看到对方执行上的问题，这类合作往往会令人收获不凡。

总结，探索式测试实践的高手口诀：**小心的观察，认真的思考，资源的挖掘，系统的反叛**。

探索式测试团队是一个强沟通的团队，团队的主管应该起到引领和指导的作用，帮助成员在测试中快速找到方向，发现惊喜，形成信心正循环，从而让更多的成员成长为探索式测试高手。

10.5 集体冒烟探索式测试（缺陷大扫除）

探索式测试天然就适合集体进行，在正确的组织形式下，通过团队放大探索式测试的惊人效果，让探索式测试理念深入人心。按照测算，有了团队的氛围加成，单位时间内探索的成果收益可以提高 4 倍以上！

10.5.1 缺陷大扫除流程

集体冒烟探索式测试，也可以命名为缺陷大扫除、缺陷大扫雷、Bug BASH、Team Explore 等，目标是在发布前最后检查一轮，尽可能发现残留的严重缺陷。在本活动的组织形式上需要牢牢把握三点，即**比赛制、不争论、跨角色参与**。

1）比赛是最好的氛围催化剂。那能否把找 Bug 当作比赛呢？可以。例如，参与者在 1 ～ 2h 的测程中，集中全部精力，运用各方面的知识经验，比赛谁找到的 Bug（也可以包括好的产品建议）数量最多，获胜者有惊喜小奖励。

2）比赛过程时间有限，如果因为提出 Bug 被质疑有效性，陷入着急澄清业务逻辑的环节，那时间就很快过去了，影响比赛效果。建议比赛中设置一个记录员，专门确认各位参与者提出的缺陷名称和截图，作为汇总的参考。

3）比赛鼓励项目组不同岗位角色共同参与，包括产品人员、开发人员、项目经理、运营人员，甚至普通用户。也可以跨业务团队互相邀请。

组织这个缺陷大扫除的通用流程如图 10-12 所示。

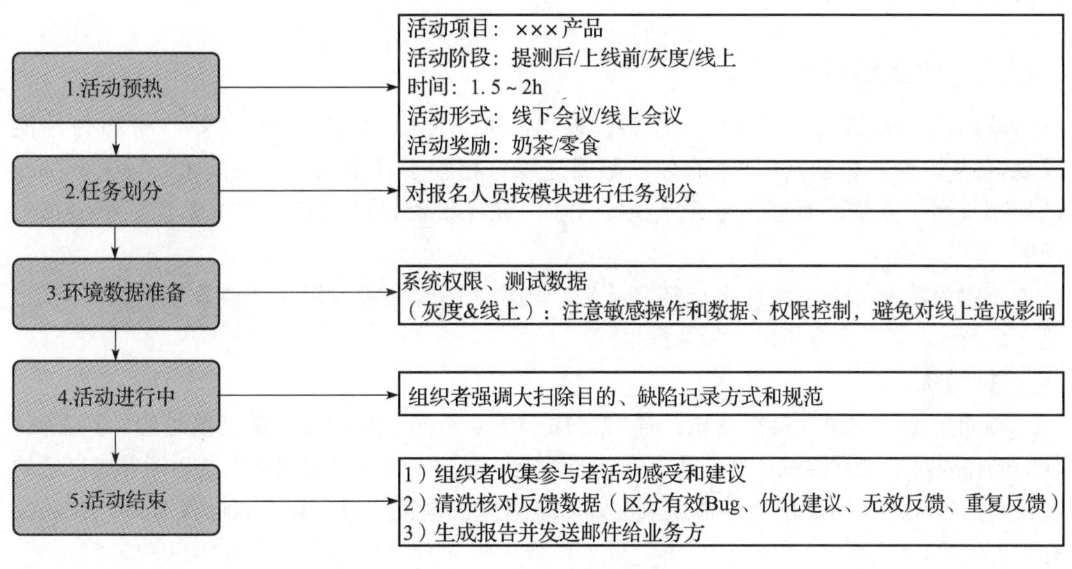
1.活动预热
活动项目：×××产品
活动阶段：提测后/上线前/灰度/线上
时间：1.5～2h
活动形式：线下会议/线上会议
活动奖励：奶茶/零食
2.任务划分
对报名人员按模块进行任务划分
3.环境数据准备
系统权限、测试数据
（灰度&线上）：注意敏感操作和数据、权限控制，避免对线上造成影响
4.活动进行中
组织者强调大扫除目的、缺陷记录方式和规范
5.活动结束
1）组织者收集参与者活动感受和建议
2）清洗核对反馈数据（区分有效Bug、优化建议、无效反馈、重复反馈）
3）生成报告并发送邮件给业务方

图 10-12　缺陷大扫除流程

1）挑选适合做缺陷大扫除的产品，最好是有 UI 界面、能快速验证结果的项目。复杂的算法测试、底层框架测试可能不太适合这种全民活动。在活动前进行预热，鼓励大家积极参与集体探索，占用时间有限，优胜者有奖励。

2）如果报名人数较多，产品比较复杂，可以对探索产品做一定程度的分区，比如以本次新发布的功能探索为主，每个人以特定的特性分区为主要探索区域。

3）准备好集体大扫除的环境，如会议室，有零食饮料更佳！准备好测试环境，包括必要的测试数据、测试工具、安装包、足够的终端设备。

4）在活动进行中，组织者强调缺陷大扫除的纪律、规则，并介绍本次测试对象（产品）的探索重点。

5）活动结束时，组织者根据搜集有效问题的数量（和等级），宣布优胜获得者，并颁发奖品。

最关键的环节来了：**每个参与者谈一谈自己参加缺陷大扫除的体会以及收获。**

缺陷大扫除的奖品图片如图 10-13 所示。

图 10-13　缺陷大扫除的奖品图片

活动结束后数天，组织者将精心准备的

缺陷大扫除报告发布给业务团队，对参与者表示感谢，激励更多人员积极参与到未来的大扫除活动中。

10.5.2 收获和启示

缺陷大扫除的收益往往出乎意料，根据我的实际组织情况，10位参与者2h往往能发现高达80个（甚至100个）有效缺陷及建议！相较于日常测试，缺陷大扫除发现Bug的效率提高了4倍，而且还是在已经完成了一轮系统测试的稳定版本上发现了很多新的问题。

正因为数量惊人，质疑声也随之而来。缺陷大扫除在稳定版本还能发现这么多问题，是不是测试人员专业度不够，漏测严重？

并非如此。

不同角色、不同人员在测试产品时的探索角度不同，对产品各维度信息的认知不同，他们的输入对于现有测试计划是非常完整的补充。测试人员在日常测试中会逐渐养成自己的习惯，通过在本次活动中对其他成员探索Bug方式的观察，对于提升自己找Bug的技巧会有很大启示。

另外，测试人员作为缺陷探索的组织者和分析者，自身也实现了测试产出的关键价值，把Bug暴露在发布之前。

缺陷大扫除的最后一个环节——**所有角色谈感想**，是点睛之笔，因为大扫除的核心价值是**全民为质量负责，团队并肩作战**，质量必须内建，通过理性和感性的形式把共同负责的文化传承下去。我们经常能听到令人动容的感想，比如：

- **测试外部合作伙伴**：以往时常感觉自己是个提Bug的机器，通过这类活动，我能够对产品和开发提出更多建设性的意见，同时我看到其他岗位人员还有这种找Bug的技巧，开了眼界，感觉测试也是很有乐趣的！
- **测试组长**：活动的数据打破了我的固有认知，从来没测过这个产品的测试人员发现Bug的效率甚至高于经常测这个产品的测试人员，看来找Bug有经验并不是优势，固有思维是有害的。
- **开发工程师**：我自己写的代码，没想到质量这么差，我第一次感到如此汗颜！刚才我差点偷偷提交修改代码，在比赛完成前把Bug赶紧消灭掉。刚才已和主管达成一致，下个月我们把新版本需求计划修改一下，专门做一轮重构，消灭大多数遗留问题！
- **产品经理**：不同成员从不同的视角来体验我们的产品，共同思考，产生了实际的效果，请将活动常态化进行吧！不，应该强制执行，两小时过得太快了！
- **设计同学**：集体比赛找Bug真是太刺激了，之前我觉得抓虫就是测试人员的责任，我们提提意见就好，现在深刻地感受到测试过程也是很愉悦的，可以让团队的关系更亲密！

可见参与者不约而同地希望缺陷大扫除能够常态化。从此，在每个关键版本正式发布前，我们都会把缺陷大扫除活动作为“卡点”，必须完成，并输出总结。

10.6 探索式测试进阶工具箱

随着团队的深入实践，我们会开始尝试更深入的新探索模式，找到更多适合自己团队的探索式测试方法，同时形成一套完善的探索工具集，帮助其他团队更愿意投入到探索实践中，且成本极低。

通过不断创新，我意识到，探索式测试迈向 3.0 阶段后确实能开拓极其广阔的尝试空间，一切业务形态皆可探索。不同的工程师有不同的专属方法，根据业务的特性和新的技术理论，让探索式测试方法持续升级和定制化，更加贴合用户的诉求。

10.6.1 噩梦头条脑暴游戏

想象有一天你吃完早餐，翻看今天的头条新闻，看到这样一个标题：

××公司（你所在的公司）的资讯产品，因为首页资讯推送了低俗色情内容，引发了大量家长投诉，教育部门在官博点名批评，并责成公司高管限期整改，罚款并道歉！

类似的头条，你还可以想起什么？比如：

××公司的年终大促活动，发生巨大乌龙事件！原价 1998 元的某游戏机，被网站错误地标记优惠价为 19.98 元，瞬间数万名用户疯狂下单，导致网页瘫痪。如果这些产品照价支付的话，该公司将损失接近 1 亿元！本台记者密切关注后继事态发展。

测试工程师通常被认为是很严谨的人，其实我们也可以放飞自己的想象力，往负面情况做大胆的探索，步骤如下：

- 每个人想象一下，如果公司的产品发生噩梦头条，标题会长什么样子？写在一张卡片上。
- 把所有卡片放在白板上，由写卡片的人介绍这个头条会有什么恐怖内容。
- 投票选出大家公认最精彩也最有可能发生的噩梦。
- 针对这个噩梦，我们有哪些预防措施？有哪些探测章程可以设计和执行？

例如，针对上面的“年终大促乌龙事件”，我们可以脑暴出下面的预防措施，并纳入相应的测试章程：

- 下单异常的安全测试，包括识别大量机器下单、验证码逻辑等。
- 设置商品金额的极限值、优惠金额、优惠比例的极限值，配置平台无法输入低于此的值。
- 尽可能使用下拉菜单选择，减少手动填写数字。提交优惠配置修改后要有审核通知环节。
- 添加商品价格波动异常检查逻辑以及对比同类商品和历史价格的异常逻辑。
- 测试购买多件商品时金额是否正常，结合优惠券情况。

- ❑ 测试购买金额消息能否通过协议工具篡改和生效。
- ❑ 测试提交失败时，反复提交订单是否防幂等。
- ❑ 设置紧急预案，当优惠总金额大于合理额度时，异步完成交易，引入人工检查。
- ❑ 检查商品优惠价格配置系统的权限测试，修改警告信息，检查异常告警逻辑。

我们可以把精彩的噩梦头条例子打印成真实的报纸版面，贴在公司的会议室或走廊上，让大家对相关风险产生足够的重视，如图 10-14 所示。

互联网日报

Internet daily

2021年4月1日

第 2 0 2 1 0 4 0 1 号专刊

浏览器引发品牌信任危机？ 热点！

--热点跟踪报道

企业利益必须取之有道，不义之利不可取

科技是把双刃剑

“黑科技”拍拍你

互联网领先科技成果发布会

图 10-14 噩梦头条例子

10.6.2 原创模型和原创方法

通过理论学习和实践，我们会发现不同的业务有不同特色的“重灾区”，原来的经典探索方法过于宽泛，不够具体（定制化），有不少严重缺陷路径可以用成员原创的新探索方法挖掘出来，也容易在团队中被记忆和传播。即使团队出现人员的大幅更替，也可以通过原创探索方法快速地继承经验，避免团队知识的遗失。

探索式测试方法可能会越来越多，变种也能花样翻新。为了方便归类和记忆，我们引入一个概念：**探索式测试模型**，这是一套完整清晰的可简单理解框架，在一个模型上面可以细分出偏重具体场景的测试方法。

例如 10.2.2 节介绍的全局探索漫游者隐喻就可以称为“漫游者探索”模型，基于这个模型可以拆分和衍生出数十种具体的探索方法。

为了体系化地拓展原创方法，我们在引入新的探索理论和全新视角时，首先要看能不能归纳成易于理解的探索模型，再进行简单方法的拆解。

例如第 13 章将介绍的肥皂剧测试模型可以拆解出“角色扮演测试法”“倒霉蛋测试法”等有趣的方法。此外还有竞品对比测试模型、不良利润测试模型等原创模型。

再例如，特定的业务形态，可以提炼专项的探索模型和方法。以海外产品测试为例，我们可以建立“本地化探索模型”，并针对地域时区修改的常见错误定义“时区修改测试法”；也可以针对不同语言翻译导致控件出现 UI 错误，定义“超长文本测试法”；还可以针对不同节日和文化习惯，定义“节日文化测试法”，等等。思路可以不断开拓。

如果是针对语音识别这类智能产品，你会定义什么样的原创测试方法，甚至测试模型？请读者自行思考。

通过系统思考建立好探索模型，可以让实践人员从中补充具有规律性的技巧。为了方便人员形象记忆，可以给每个探索式测试方法添加一个与寓意相关的图形标记，更为生动。

10.6.3　与众包平台合作：参与探索挑战

在缺陷大扫除过程中，大家会感觉到“组织活动，汇总问题，发放激励”的整个过程还是比较烦琐，每次都要投入不少人工精力。另外团队总有少部分人员因故（出差、开会等）无法参加，或者人在外地，不方便参与。与众包平台合作，可以完满解决上述问题。

在众包平台发布探索式测试挑战任务，愿意参与的人员可访问 App 或 Web 任务页面报名参与，下载被测软件，在指定时间内上传反馈的缺陷或者建议。任务组织者会在众包平台审核问题，给予积分，并对优秀贡献者提供奖励。

而通过众包上传缺陷，一键录入缺陷管理系统，相较于线下大扫除活动中还需要事后补录 Bug，还是方便很多。更强大的是，众包平台可以自动聚合完整的集体探索测试的报告，稍加分析即可发出，大幅降低测试组织和整合成本。大家可以随时随地参与集体缺陷探索。

当然，在一个会议室集体做缺陷大扫除也有独特优势，毕竟面对面更有交流的乐趣，也更能感受比赛的紧张感。我们还可以在线下进行比赛，但提报 Bug 时用众包平台。

关于众包测试平台的详尽介绍，请看第 11 章。

10.6.4　原创扑克牌游戏

随着探索式测试原创方法的不断增加，探索知识库也越来越丰富，这当然是件开心的事，但是也给我们带来困扰：日常使用不方便，记不住，也不方便跨团队交流。因此，自制扑克牌的想法应运而生。

我们联系好扑克牌定制商家，确认好合同和模板，准备好扑克牌内容清单，精选打磨 52 张扑克牌的内容：每张扑克牌就是一种探索式测试方法，有一半内容都是原创。每张扑克牌的左上角和右下角是牌面花色，右上角是代表探索方法的原创图标（方便记忆），中间依次是探索测试方法的名称、该方法的定义和例子，如图 10-15 所示。

本扑克牌用于探索式测试实践，主要的使用方式有 3 种。

1）测试人员在日常测试中，可以随意抽取扑克牌，尝试用特定方法探索缺陷，提升使用技巧，获得意外的灵感。提交缺陷时可以在标题备注：探索式测试—××× 法，吸引更多人参与。

2）测试人员互相考试：轮流抽一张牌，告诉对方牌上的方法名，由对方解释这个方法应该如何使用，答对者就保留这张牌。最后手上牌数最多的人员获胜！通过这种方法可对探索式测试方法的含义进行强化记忆。

3）缺陷大扫除时使用：参与产品缺陷大扫除的人员通常为 6 ～ 12 人，在找 Bug 比赛中，每人随机抽几张牌，按照牌面方法来探索产品 Bug，也可以互换扑克牌。

图 10-15 扑克牌设计示范

探索式测试扑克牌的详细内容如表 10-3 所示，其中部分原创探索方法将在第 13 章中详细阐述。各团队也可以根据实际情况定制自己的原创扑克牌，常玩常新！

表 10-3 探索式测试扑克牌的详细内容

花色	方法名称	方法图示	方法定义描述	例子
大王	缺陷大扫除 – 玩扑克吧		在缺陷大扫除比赛中，每人随机抽几张牌，按照牌面方法来探索产品 Bug，也可以互换扑克牌。提报 Bug 时可以备注是用什么方法发现的 其他用法：①用扑克牌做抢答比赛，考察大家学习探索式测试的效果；②个人测试时，随机取牌探索	无
小王	缺陷大扫除		参与产品缺陷大扫除的人员通常为 6 ～ 12 人，参与角色可以是测试、开发、产品等各岗位成员，用一定时间（如 2h）比赛，看谁发现的 Bug 最多，注意：不争辩有效性（事后再看），可专人记录缺陷，最后每个人分享抓虫感想。根据发现缺陷排名给予奖励	无
A 红心	局部探索 – 输入框		针对一个输入框进行探索，包括输入筛选规则、输入值判断、输入后的异常响应等方面	日期输入框，考察输入错误格式，输入 2 月 30 日，输入久远的日期
A 黑心	局部探索 – 状态机		明确被测对象有几个状态、状态之间迁移有哪些触发条件、状态内停留超时会怎样等，要尽可能覆盖所有事件	理财投标产品的状态有待上架、售卖中、售满、已下架等，测试各种操作事件、超时、状态是否正确

（续）

花色	方法名称	方法图示	方法定义描述	例子
A 方块	快递测试法		全局探索－漫游者模型方法之一 以数据为观察对象，观察数据流动性、刷新及时性、数据一致性、数据依赖性	针对用户投资理财的全过程，观察个人账户金额和实时收益的变化
A 梅花	指南测试法		全局探索－漫游者模型方法之一 按照说明书、帮助、提示语操作	App 首次启动时，根据新用户引导动画的提示进行操作
2 红心	遍历测试法	A B G C D H E F	全局探索－漫游者模型方法之一 有计划地挨个抽查，可按功能分类后遍历	针对某个菜单从上到下依次单击，每个菜单项的各个参数也依次选择
2 黑心	收藏家测试法		全局探索－漫游者模型方法之一 收集软件的输出越多越好，观察细节	针对视频播放软件，打开各视频网站中各种类型的视频，查看播放器能否正常播放以及不能播放时能否给出错误提示
2 方块	配角测试法		全局探索－漫游者模型方法之一 关注紧邻主要特性的其他特性	在购买理财产品成功的界面，查看回款日历等补充信息
2 梅花	深巷测试法		全局探索－漫游者模型方法之一 最不吸引用户 / 最不可能用到的特性	小说阅读软件中的语音朗读功能
3 红心	超模测试法		全局探索－漫游者模型方法之一 死抠 UI 细节，查看是否符合设计规范	如在 Android 系统暗色模式下，查看各主要界面适配是否正常
3 黑心	测一送一测试法		全局探索－漫游者模型方法之一 同时运行一个应用的多个副本、并发操作某个特性	打开浏览器多个窗口分别播放视频，查看窗口切换过程中视频是否正常切换
3 方块	取消测试法		全局探索－漫游者模型方法之一 启动后立即停止，点击后立即返回，用不同的取消方式，先关闭母窗口而非子窗口	云服务上传或者同步过程中进行取消操作，查看是否正常，然后再次上传
3 梅花	反叛测试法		全局探索－漫游者模型方法之一 输入最不可能的、恶意的数据	在投资金额中输入负数或者超大数
4 红心	强迫症测试法		全局探索－漫游者模型方法之一 反复执行同样动作，无视设计路径	快速连续单击列表的排序切换按钮，检查大量数据行数情况下能否正常排序
4 黑心	卖点测试法		全局探索－漫游者模型方法之一 按销售人员的演示方式测试，客户可提出质疑	按照产品的说明书和宣传文案的场景测试
4 方块	地标测试法		全局探索－漫游者模型方法之一 指南针瞄准地标，到达后增加新地标；改变各地标的前后访问顺序	完成一个积分活动任务（如阅读 5 篇资讯），阅读过程中进行浏览网页、退出应用等操作

（续）

花色	方法名称	方法图示	方法定义描述	例子
4 梅花	出租车测试法		全局探索 – 漫游者模型方法之一 测试人员像出租车司机一样，熟悉并尝试到达指定位置的每条可能路径；对于禁止访问的功能，确保用户无论使用哪一条路径都无法到达目的地	尝试使用不同的操作路径将一篇资讯通过微信分享给好友（直接分享、复制链接、通过二维码、通过生成图片）
5 红心	深夜测试法		全局探索 – 漫游者模型方法之一 测试维护性工作	金融软件的凌晨自动扣款功能，打开时可以看到正确结果
5 黑心	极限测试法		全局探索 – 漫游者模型方法之一 找麻烦、找边界、找极限	尝试打开超大的 PDF 文件，查看文件浏览器能否正常工作
5 方块	通宵测试法		全局探索 – 漫游者模型方法之一 长久不关闭，连续不断使用特性	音乐软件 24h 循环播放歌曲，查看是否有功能和性能异常
5 梅花	长路径测试法		全局探索 – 漫游者模型方法之一 反捷径操作，访问离起始位置尽可能远的特性	使用电商 App10min，在购买商品的过程中，随意加入其他模块功能的探索，最终完成购买
6 红心	懒汉测试法		全局探索 – 漫游者模型方法之一 做尽量少的实际动作	①应用启动弹出闪屏广告时，不要跳过；②输入框不输入任何内容直接提交
6 黑心	破坏测试法		全局探索 – 漫游者模型方法之一 找到被测产品和周边环境的信任边界，并破坏它，如强迫操作、限制内存、移除资源、破坏数据、断网 / 飞行模式	①阅读器尝试打开损坏的 PDF 文件，查看错误提示；②短视频播放过程中调整成飞行模式
6 方块	恶邻测试法		全局探索 – 漫游者模型方法之一 探索缺陷多的区域，遍历相邻区域	金融借贷产品涉及提前还款或者逾期时，缺陷很多，重点测试，各种条件排列组合
6 梅花	博物馆测试法		全局探索 – 漫游者模型方法之一 找出遗留代码和老的可执行文件	产品重构后进行升级测试
7 红心	上一版本测试法		全局探索 – 漫游者模型方法之一 找出上一个版本和新版本的差异，运行上一个版本的所有场景用例	在新版本测试旧版本的所有用例，关注新功能场景
7 黑心	放大缩小测试法		放大或者缩小图片、窗口等，可能会导致图片、界面异常，按钮遮盖等情况发生	调整系统字体、系统显示分辨率，查看 App 界面是否正常
7 方块	移动测试法		移动 / 拖曳图片、控件至界面任意位置，可能会有不可预知的错误	在视频播放器小窗播放模式下，将播放浮窗移动到不同位置，同时进行横竖屏切换
7 梅花	时间旅行测试法		修改客户端或服务器时间测试，特别注意年月日的边界情况	金融产品通过修改时间使交易快速到期

（续）

花色	方法名称	方法图示	方法定义描述	例子
8红心	洞穴探险式测试法		可改变层级或更深的嵌套	信息流资讯页面不断单击“相关资讯”按钮，再逐层返回
8黑心	“开头－中间－结尾”启发法		探索引入位置方面的变化，查看项目之间能否保持正确的相对位置	音乐列表中对开头－中间－结尾的歌曲进行播放、置顶、删除等操作
8方块	“0-1-多”启发法		改变系统中可以计数之物、可选择事物的数量，如过多数量、全部选择，只选择或设置数量为1，全部不选或设置数量为0	云盘上传文件时可勾选0个、1个、大量全选等
8梅花	数据格式测试法		尝试多种不同的数据修改方式，从各种角度违反规则	密码设定，应用要求必须包括大小写字母、数字和字符，每次分别只缺少一种类型，查看系统提示
9红心	杠精测试法		系统明确要求做什么，偏不做；系统明确禁止做什么，偏做	系统升级过程中尝试强行关机，或者在电量不足时尝试升级，查看系统容错处理
9黑心	剃刀测试法		检查是否存在过多选项、无法使用到的冗余功能，功能项之间是否存在重合和冲突	单击“查看更多”按钮后的页面展示无重复内容
9方块	资源竞争测试法		验证存在竞争的资源，在多个模块、多个产品之间切换时是否正常	多个音乐应用之间切换，一个应用播放时另一个应用是否暂停
9梅花	交互规范测评法		验证产品交互逻辑是否符合常理和使用习惯，如交互逻辑一致性、UI风格一致性、交互完整性（可增可删、可进可退、随时能返回前一页面）	①视频各版块页面的图标风格、语言风格是否一致；②输入验证码界面，切换后台查看短信1min，再回来查看是否还在输入界面
10红心	贸易区测试法		验证系统间的数据交流；同时尝试通过三方系统绕过系统的数据校验。测试人员充当“海关”的角色，对输入输出数据进行检验	浏览器调用系统天气组件时，展示组件所提供的内容
10黑心	用户旅程触点测试法		从服务用户的旅程所有触点场景，查看测试是否覆盖，前后连贯关联体验和功能是否完善	众包App测试：从用户知道/看到众包宣传画、下载App、安装、初次使用、熟练使用、解决麻烦到打算卸载，应该保证这些触点的基本功能正常运行
10方块	竞品卖点对比评测法	VS	对比行业主要竞品，评估产品共同卖点体验（主观&客观），给出更明确的优化建议	针对手机清理软件，对比同行类似软件，在清理花费时间、清理空间大小等几个维度打分，输出建议报告
10梅花	肥皂剧探索模型		设想产品的一个或多个典型用户，围绕产品使用时发生的狗血故事，特点是有趣、浓缩、戏剧化，从中测试产品跨模块/跨场景路径	车险软件用户的车丢了，挂失出险，后来又找到了，结果开回家的路上又撞车了，观察车险软件在全过程的质量

（续）

花色	方法名称	方法图示	方法定义描述	例子
J 红心	角色扮演测试法		基于肥皂剧探索模型：设想本产品有几类典型用户角色，他们有什么特征和偏好，模拟他们的习惯来使用产品，发现特定路径问题	针对电商平台的用户角色，有“折扣偏好型”，专门关注折扣券和优惠比较，有“时尚型”，专门关注最新上市产品和卖点介绍
J 黑心	噩梦头条脑洞		想象公司会因为什么重大事故丑闻而登上报纸头条？如何预防它的发生	头条：公司浏览器泄露用户隐私引发 3.15 曝光！测试那些记录和未经许可利用用户信息的地方
J 方块	探索式测试章程		通过与开发 / 产品人员沟通实现细节，找到值得挖掘的痛点，设置章程：探索 XX 内容，使用 XX 资源，以图发现 XXX 问题	针对云盘上传功能，探索上传状态，以图发现与时间相关的问题
J 梅花	引入变化 - 动词名词法		梳理产品使用的主要动词、产品构成的主要名词，进行两两排列组合探索测试	邮箱 App，名词有消息、附件、邮件头、收件人等，动词有发送、删除、转发、编辑、保存等，两两组合
Q 红心	引入变化 - 操作步骤 CRUD 法		替换、增加、删除操作步骤	①相册 App，直接删除 / 替换编辑的图片，再进入编辑模式查看是否能正常打开；②操作步骤中增加 Home 或者 Back、息屏等操作，再回到原点继续操作
Q 黑心	引入变化 - 环境 / 数据 CRUD 法		替换环境（替换版本、容器、网络等），替换数据和资源	在 Wi-Fi 环境下载文件的过程中切换网络
Q 方块	不良利润挖掘法		通过欺骗 / 破坏用户体验达到利润目的的服务 / 功能，并提出整改意见	诱导用户注册、难以兑现的抽奖、高额的罚息、标题党、威胁用户使用、歧视老用户等
Q 梅花	合同法规测试法		根据国家法规、行业和公司的规范 / 标准、合同规范的相关信息寻找细节问题	金融借贷产品，看 App 合同详情中是否有违反金融监管制度问题，用户 / 借贷信息是否完整，与后端数据库是否一致
K 红心	差评分析法		针对用户满意度 /NPS 差评，客服渠道 / 用户论坛差评，找到可重点测试改进的地方	用户投诉的“流畅度不好”具体是在什么场景出现的；“对新手不友好”，新手提示功能是否缺失
K 黑心	区域修改测试法		手机修改区域设置（地理位置），看软件功能展示是否正常	①修改城市后，旅游 App 推荐的位置服务是否正确；②修改国家后，软件账号服务是否受到影响
K 方块	众包平台 - 挑战测试任务		参加众包平台的产品测试任务，用探索式测试方法尽量找到缺陷，赢取积分换大奖	无
K 梅花	众包平台 - 用户体验反馈问卷		参加众包平台的用户体验任务和问卷调查，反馈用户体验问题和内容质量问题，赢取积分换大奖	无

10.7　本章小结

本章详细介绍了探索式测试的定义和演进理论，包括经典的局部探索和全局探索模型，深入阐述了漫游者探索模型，以及如何找到最适合自己团队的探索方法，并在过程中积极引入变化。然后在开展探索式测试实践的过程中做好充分准备，包括分析项目、明确探索章程和测程安排，衡量收益和总结实践技巧。最后本章提供了进阶实践中适合用到的高效工具和组织方法，如缺陷大扫除（效果惊人）、噩梦头条、原创方法库、探索扑克牌、众包平台等。

希望各位读者在项目中大胆实践，影响更多的人参与质量共建，并最终找到最适合自己团队的探索式测试模型和原创探索式测试方法。

Chapter 11 第11章

众包测试

如果说探索式测试的要诀是发挥测试人员的主观能动性，那众包测试就是激励每个人（用户）都可以低门槛参与到测试之中，让测试活动变成一场竞争激烈的在线竞技游戏。为此，要进行众包测试，就需要为大家构建一个方便、易用、公平的经济驱动平台。

本章将从众包的行业实践知识和案例讲起，介绍众包平台对于测试的价值，然后基于我的亲身实践，阐述如何把缺陷反馈工具发展为一个众测平台，最后分享众包测试（以下简称众测）的高效运营心得，以及它给敏捷产品研发带来的广泛可能性。众测平台，本质上就是一个高效的测试分发和过程管理工具。

11.1 众包行业知识

在分享众测实践技术和经验之前，我们先要充分了解众包行业的发展和优秀实践案例，了解在众包运作过程中需要避免的坑。众包代表了互联网精神的本质——人人皆可参与。

11.1.1 为什么要众包

众包（Crowd Sourcing）是指一个机构把原本由员工执行的工作任务，以自由自愿的形式分发给大众志愿者完成的做法，充分汇聚群体智慧和跨专业的力量，在完成原有员工难以交付的内容的同时，降低支出成本。

使用众包的优点是，可以低成本地寻找到需要的人才，花小钱办复杂的大事，具备极大的灵活性。能够通过众包形式受益的除了大小企业，还有非营利机构、政府，甚至科研机构、艺术机构等。

对于个人而言，参与众包，与正式工作相比也是好处多多，比如可以使自己的技能跨越空间限制产生价值，也可以实践在公司无法施展的才能。而新鲜有趣的工作类型也让参与者获得新鲜感和成就感，长期坚持甚至可以开发出人生新技能，给自己的人生带来更多可能性。我们能屡屡看到优秀的众包参与者成长为这个行业的专家达人。

需要再提醒一下本章贯穿始终的观点，即**众包可以干任何事情**，远远不止是测试类工作而已。例如，寻找最佳的设计 Logo、悬赏最好的创新方案、搜集宝贵信息、翻译外文资料、筹集善款、解决头痛的大难题、理收藏品，等等，只有想不到，没有做不到。

11.1.2 众包的五种模式

整体而言，众包行业主要存在五种运作模式：众赛（Crowd Contest），宏任务（Macro Tasking），微任务（Micro Tasking），自组织（Self-Organized Crowd），众筹（Crowdfunding）。下面我们简单介绍一下这五种常见模式的特点。

众赛：通过明确规则的比赛方式发布任务，以面向个体为主，适合学生、专业技术人员、专业设计人员等，通过比赛挖掘牛人，搜集最好的创新方案。这种模式的重点是比赛规则一定要清晰合理，要经过深思熟虑，评审环节要公平、公正、公开，切忌过程中改变规则，针对违规者要能第一时间处理。

宏任务：发布复杂的独立挑战项目，通常需要具有专业资格的人员才能参与，且需要提供简历、技能证明、历史成就等，参与的人才比较高端，也可以是跨国英才，而回报也非常可观，不止在金钱方面，也可以是荣誉等方面。因为参与者投入巨大，发布者需要给出详尽的工作声明，明确交付目标和任务拆解，确认参与者的资格后往往要签约正式合同，报酬方式也需要提前沟通清楚，保障基础的投入回报。

微任务：这是目前广大众包案例中最常见、参与者最多的任务类型，门槛相对最低。把工作量庞杂但难度不大的任务拆分成可以独立验收的碎片任务，简单易行，可以快速审核给予评价（回报），同时为了提高验收效率，可以让多人完成同样的碎片任务来核查结果。本章介绍的众测平台通常属于这种类型。

自组织：这种类型常见于公益组织活动和紧急救助，目标是集中志愿者的力量援灾，或者搜集重要的数据，支持决策市场等。自组织需要有强有力的规则制定者，明确纪律，维持组织沟通和信任氛围，让专门的交流社区更活跃。

众筹：分为慈善型众筹和交易型众筹，后者又分为股本型众筹（掏钱成为小股东）和现金预付型众筹（把参与筹款者的钱转化为产品优惠的现金券或其他福利）。众筹需要营造社区感，充分利用熟人的带头影响，明确价值牵引。众筹的合同规范也非常重要，如果众筹失败，投入的金钱能否部分退还？如果获得众筹商品的股份，法律如何保障股东权益，何时能够交易股份？诸如此类问题都会在合同中约定好。

11.1.3　知名众包平台案例

互联网时代，众包的成本降到最低，因此产生了众多经典的众包案例，这也是互联网精神的神奇体现。

众赛案例，在社交媒体和传统媒体上很常见，如企业的新 Logo 征集活动、品牌创意征集活动、情感故事征文比赛；科学界的众赛案例也很著名，比如**费马大定理的悬赏证明**，可以说是最著名的众赛案例。宏任务多见于专业领域召集解决方案或项目攻关，与普通人有一定距离，比如 **DNA 测序**就是学术界的知名众包活动。

微任务的众包平台是最多的，造成的公众反响也比较大，列举如下。

微信的“为盲胞读书”，让广大用户贡献“声音”，朗读一个作品的片段，汇聚后形成有声书，免费提供给有需要的盲人。

百度众包，是互联网知名公司中最早实践众包的平台，包括各类测试任务、数据和效果评测任务、问题反馈征集，等等。百度众包在众包社区运营、众包人才培养和升级等方面做出了丰富的先期实践，其平台页面如图 11-1 所示。

图 11-1　百度众包平台页面

国外知名互联网巨头在更早期就建设了知名的众包平台，在国际化影响力和管理规范性上走在前列。最著名的有以下几个。

维基百科（Wikipedia）：以中立的态度自组织运营的众包百科平台，强调自由内容、自由编辑、真实、不抄袭、观点中立。

亚马逊土耳其机器人市场（Mechanical Turk）：理念是让程序员利用人类智能（众包）来执行目前计算机尚不足以胜任的任务。名称来源于 18 世纪的一个“自动下棋机”骗局，这个机器打败了当时很多优秀的棋手，后来人们才发现机器里面藏着一位象棋大师。因此，“土耳其机器人”隐喻了电脑背后数以万计的大活人，而平台上的任务类型也是五花八门。

宇宙动物园（Zooniverse）：众包太空科学平台，让众多天文爱好者自愿上传指定区域的发现，并借助公众的力量来处理科学数据，或者让天文爱好者利用网站工具进行星体分类。

Kickstarter：最著名的众筹平台，很多创新电子产品在上面众筹经费，并首发产品，通过快速募资和风险分担，让产品尽早上市成功，并赢得一批热心种子用户。

通过对知名众包平台的研究和借鉴，为我们自研和运营适合自身领域的众包平台打下了坚实的基础。

11.1.4 众包管理的注意事项

关于众包管理的注意事项，主要包含法务关注事项、众包用户群管理、引入众包新流程时的关注点、众包工具插件和对于众包的常见误解等方面。

法务关注事项

众包在大多数情况下，从本质上说是一个交易类平台，不管是否支付报酬，平台方和参与者都会形成一定的契约关系。因此，随着平台的扩张，要非常注意法务上的关注点：

- 明确参与众包者劳动产生的知识产权归属。比如众赛提报的作品的知识产权归属于谁，如果归属于平台方，是否应该给予用户一定补偿，或者共享版权；作品如果需要被有偿使用，如何支付费用，等等。
- 隐私/数据保护条款，众包过程产生的隐私数据如何保护，以及禁止抄袭、提交有版权内容等。
- 明确奖励方式、支付方式，以及众筹捐款后继处理规定（如到期回款方式）。
- 明确劳动纠纷处理机制。参与者有意见时如何走投诉流程。如果对平台方的处理产生质疑，可以如何升级处理。
- 遇到公关事件时，不要掺杂个人情绪，不要在公共领域继续扩散坏消息，真诚讲述自己的故事即可。

众包用户群管理

对于众包用户群的平台方管理者，推荐的注意事项如下：

- 初期积极推广众包任务，召集用户，引导任务的解读和澄清。
- 过程中鼓励积极成员出谋划策，跟踪联系关键成员和提醒关键进展，记录里程碑，及时完成审核。
- 发现不满情绪，及时调解任务方和参与方的矛盾，针对消极人员做一定治理。
- 鼓励社区跨文化交流，尊重群体自由空间，冷静处理愤怒。
- 激励优秀者荣誉感，把众包游戏化。
- 随时计算运营成本，能够读懂数据的暗示。必要时任务可以中断，但要保护好已产生的成果。

- 警惕任务风险，比如糟糕的工作声明，工作流程瘫痪，对劳动分配不公或回报不公的抱怨。
- 到达里程碑时公开激励用户，提振信心。

引入众包新流程时的关注点

在本公司确认众包的试点项目后，观察该项目的原有员工对于众包的态度，并给予承诺，阐明众包工作对他们有什么正面影响，明确互相的分工边界。

找到适合众包的切入环节、流程节点和汇报路径，对试点众包前后的产出效果进行对比。

众包工具插件

为了更高效地管理众包进程，有必要充分利用工具或插件，比如问卷调查、筹款工具、文本情感分析工具等。

对于众包的常见误解

- 认为**众包是简单的**，所以不需要检查，不需要小心演练。
- 认为**众包是万能的**，以为大家都懂组织者的意图。

以上两点是最常见的误解。后面的众测平台研发和运营实践中还会给出更多生动的例子。

11.2 走进移动众测

介绍了众包行业知识之后，我们进一步聊聊众测。众测就是以测试内容为主的众包，所以上一节的规律和经验同样适用于众测实践。

众测平台本身是一个商业平台，按照经济规律运作，是可以独立运营和盈利的技术服务平台，这与常见的测试类平台不同，后者通常被纳入研发的成本支出，会严格管控投入规模。

众测平台的价值与活跃用户的平方成正比，规模化运作后可以满足众多产品上线前临门一脚的质量诉求，甚至在迭代测试中就可以并行反馈问题。

11.2.1 众测行业介绍

国内的众测平台从10年前就开始上市运营，主要分为软件大厂的众测（开放）平台和创业型众包平台，一度备受投资方欢迎。

百度众测：2011年上线，面向普通用户，累积用户量庞大，主要服务于百度的众多业务，后期针对智能产品的数据评测众包占比也越来越大。

Testin众测：Testin是最早、最大的提供专业测试服务的创业型公司，Testin众测服务在2011年上线，主打十万量级的专业测试人员参与，to B的企业方客户资源丰富，以真机众测模式为主。

企鹅众测（腾讯搜活帮）：2014年上线，前身是一款缺陷极速反馈工具，改造成众测平台后，为腾讯App进行日常迭代的体验众测，我参与了全过程的开发和运营。2016年以后转型成为数据标注 / 智能评测的众包平台。可见，众测转型为其他类型的众包平台是很容易的，它们在机制原理上没有不同。

欢太众包：这是我在2020年发起建设的高效众包测试平台，面向手机厂家的大量不同型号手机，支持大量待适配的App及互联网服务，通过众测模式提高测试团队的覆盖效能，并吸引大量热心粉丝反馈公司业务问题，包括App质量和承载的内容体验问题等。

此外，创业型和垂直领域的众测产品在国内外也有不少，比如App众测班墨云，游戏众测TestBird，苹果iOS App众测TestFlight。

还有一类特殊的垂直领域众测平台，其知名度比较高，参与门槛和报酬也远高于通用型众测平台，那就是**安全众测**，著名的安全众测平台有Sobug、漏洞盒子、威客等。各大公司都建设了安全响应中心，也会利用高额悬赏发起安全众测。例如提报一个安全漏洞，按其风险和存在时间的价值，奖金可以高达数万到数十万不等。

可以说，在移动互联网时代，知名大公司在众测平台的建设和实践上都做出了一定程度的尝试，那它们希望获得什么收益呢？

11.2.2 移动众测的价值

大公司做众测平台的初衷是希望借助大量内部员工的积极性，提高测试交付的品质，顺便提高闲置测试设备的利用率。当平台有了一定的成熟度，各大公司就会积极邀请热心用户来参与众测，甚至招募专业用户，拓展任务的难度和广度。

进入移动互联网时代，人人手机不离手，反馈企业产品问题也可以7×24h不间断。依赖工作时间的常规测试工作已经涵盖不了品质持续改进的诉求，用户视角测试的众包化是大势所趋，同时借助移动工具的不断升级，可以大幅提高用户的参与效率和热情。

基于移动平台的众测为什么价值更大？原因分析如下。

机型和系统适配

大家知道，移动互联网用户的一大痛点是机型适配问题多，很多手机厂家有独有的定制功能，安装各类App后经常发现适配体验出问题，如屏幕画面、传感器、通话、短信、网络等出问题，且在特定路径才会发生。仅依靠技术团队的有限资源，要覆盖大量市面上的新老型号手机，包括不同的操作系统、不同的用户操作习惯，是不可能的任务。而众测平台可以召集大量不同手机型号的用户，便于挖掘不同的应用适配问题。

真实

与测试人员在办公室工作为主不同，移动服务强调的是随时随地的服务，甚至很多服务和物理位置（LBS）强相关，比如当地信号强弱情况、当地服务推送情况、当地活跃用户密度，甚至光线照射屏幕的强弱情况等，都会导致测试结果（用户体验）有一定不同。

从另一个角度来理解，人在真实用户场景（办公室、地铁、公车、郊野公园、家里等）使用产品功能的习惯和对质量的感知都是有一定差异的。

使用时间 7 × 24h，也是移动互联网的特征，很多缺陷就是发生在深夜、节假日，或者特定时间（如电商狂欢节）。让大量用户在不同的时间可以提报问题，能弥补我们在测试和质量监控上的投入缺失。

只有真实环境才能充分挖掘用户实际遇到的困难，而在办公室舒舒服服享受高速网络的人是难以捕捉到它们的。

全面

“三个臭皮匠，顶个诸葛亮”，单个业务测试人员可能反馈的问题数量和价值有限，但是大量众测人员，其对产品熟悉程度各不相同，就可以从不同的使用路径、不同的偏好场景补充测试遗漏，反馈意见的重合度也能对产品改进的建议提供信心。

反馈便捷

传统的众测依赖 PC 端提报，反馈的成本比较高，需要固定的场所，而纯移动用户众包可以随时通过手机提交问题，大幅降低使用门槛，缩短反馈时间，并提升验证问题的积极性。而移动终端天然就是一个 Debug 数据搜集器，可以被授权合法采集必要的诊断信息。

利益驱动

众测作为一个集体分发任务式平台，激励是其必不可少的组成部分。而移动互联网因为随时在线，加上移动支付和手机商城的异常发达，移动众包参与者可以方便、高效地完成任务奖励的账单确认和变现（现金或礼物），参与意愿也因此成倍提升。

总结一下，一个有竞争力的众测平台，尤其是面向移动用户的平台，应该有**足够高覆盖率的活跃用户群、精准的任务分发和工作引导、高效的反馈闭环工具，以及方便的激励变现能力**。

11.3 众测平台建设实战

基于真实的实践思路，下面我们看看如何从零开始建设高效的众测工具平台（众包平台的建设也是一样的）。与前面章节一样，本节仍然是介绍思考框架而非技术细节的搭建。如何开发出一个具体技术栈的平台不是本书的重点，背后踩坑的思考和价值感悟才是。

11.3.1 众测平台组成

简单而言，众测平台主要包括众测 App（用户端 App）、众测 SDK、众测官网 /H5、服务端（运营后台、管理平台，含相关数据库）等部分，如图 11-2 所示。

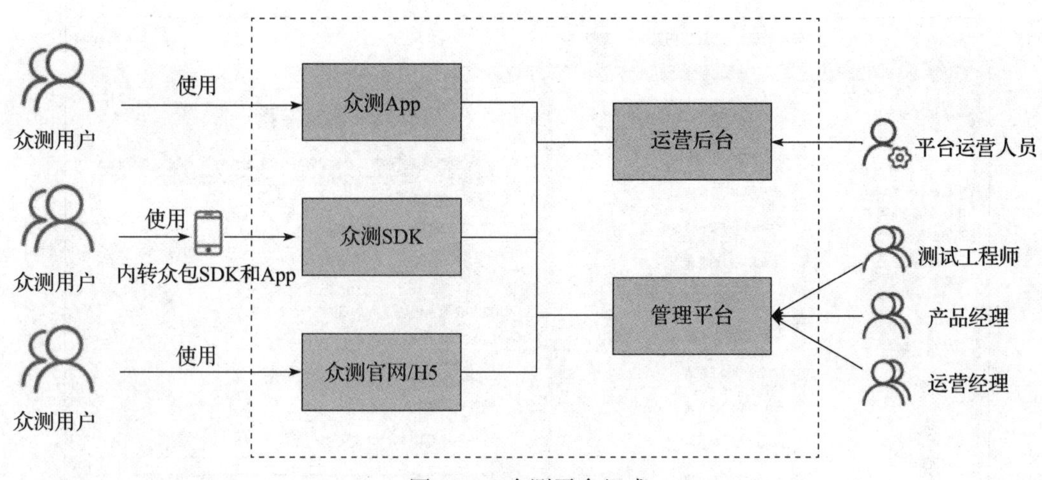

图 11-2 众测平台组成

众测 App

供目标用户下载安装，主要功能有账号登录注册、随时认领平台任务、反馈缺陷、激励模块（如积分与兑换模块）、众测社区互动，等等。

有的众测 App 并不会集成反馈缺陷所需要的强大数据能力，仅仅作为提交缺陷的简单入口，这种情况下我认为不需要开发 App，直接用 H5 或者小程序就可以完成搜集，下一节会重点讲述。强大的缺陷数据搜集能力，对提高众测平台竞争力很有帮助。

为了赋能产品，更便捷地完成一站式众测任务，众测 App 也可以做成 SDK，放在官网 / 开放平台，让开发者整合到特定产品 App 之中，在灰度 / 正式产品内发起众测。

众测官网 /H5

广大参与测试的用户，或者想发起任务的开发者（公司），可以通过官网了解众测平台信息、优势、商业服务内容等，并能进行注册和访问后台的授权内容。

轻量级众包可以以 H5 调查问卷 / 微信小程序的方式传播，降低用户安装和参与的成本。轻量级众包和平台运营互动也可以同步通过众测的微信公众号进行，如图 11-3 所示。

众测服务端

服务端通过权限和隐私控制，让管理员、任务发起方（简称 B 端，即待测产品的团队）和普通参与众测用户（简称 C 端）看到不同的聚合数据。

任务发起方登录后可以发起众包任务申请，可以看到发布任务的全局数据和分析报告，可以处理缺陷有效性，给予相应定级和积分。

众测管理员可以看到运营平台健康数据、风险事件、任务管理和干预、修改运营配置的各种策略、如激励策略、防作弊策略、参与门槛和时效性等。

普通参与众测用户登录后可以看到自己参与的任务和积分、缺陷管理（如详细缺陷信息和状态、处理流程）。

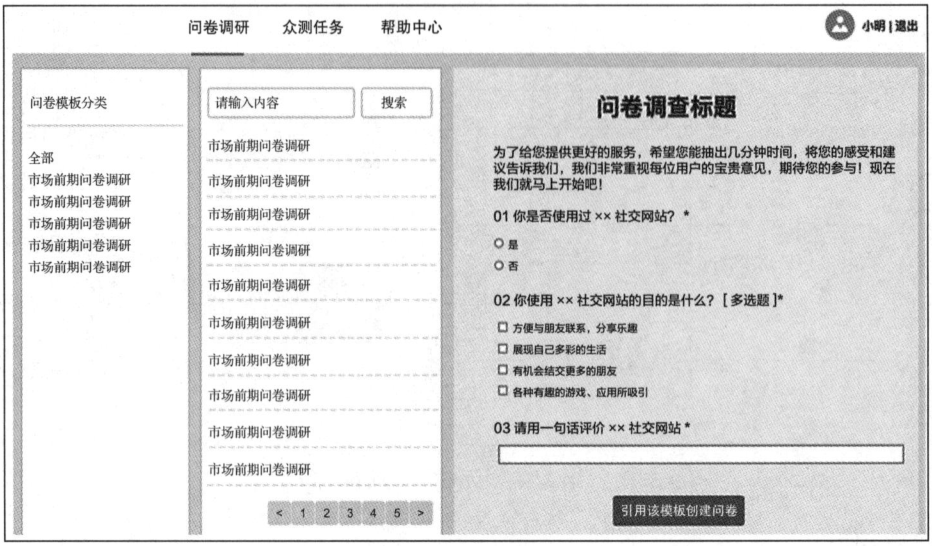

图 11-3 众测平台 – 调查问卷型任务

11.3.2 从一键反馈专业 Bug 说起

在介绍移动众测 App 的核心能力之前，我们先来思考两个问题。

第一，**为什么非测试人员不愿意反馈缺陷？**

虽然整天嚷着大家都要重视质量，共同为产品质量负责，但实际上非测试角色提报缺陷的积极性通常不高。而我们在公司内发布体验版本并邀请广大同事反馈缺陷时也经常遇冷，收到的有效反馈数量很少。

我们分析背后的原因可能有如下几点：

1）遇到的问题转瞬即逝，当我坐下来想提交 Bug 时，已经忘了具体的场景，或者无法复现当时的问题。

2）提交缺陷进入公司的缺陷管理库太麻烦，要进入公司的内网，甚至要通过 PC 端填写一大堆资料。

3）提交完缺陷还没完，开发人员可能会问各种问题，例如具体的背景信息、手机 / 应用信息、日志、步骤、截图甚至录屏。算了，我还是多一事不如少一事吧。

4）请测试同学代为提交缺陷吧，但沟通具体问题也需要不小的成本。

因此，传统提报 Bug 的方式的专业门槛比较高，效率比较低，不太适应移动互联网随时随地的快节奏，这种问题不是给奖励就能解决的。

第二，**提报一个专业缺陷，通常要花多少时间？**

考虑到登录缺陷管理系统、缺陷场景描述、各种信息获取和填写等一系列操作，时间成本相当之高（经常超过 15min）。

那么，我们的反馈工具能否大幅降低这个时间成本以及难度门槛？

通过技术实践，一个理想的缺陷反馈工具逐渐形成了，即**随时随地，30s 反馈一个专业缺陷！**

- 当我们发现问题时，点击缺陷反馈悬浮窗（或者下拉通知栏单击反馈缺陷按钮），当前页面自动被截图保存，进入反馈提交页面。也可以设置单击只是截图，长按才进入反馈页面，如图 11-4 所示。

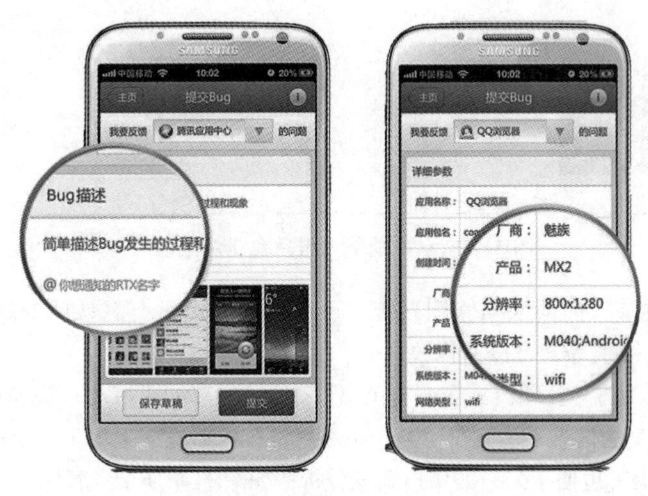

图 11-4　30s 提交一个专业 Bug

- 在反馈提交页面，勾选反馈对象（默认是最近使用的 App），简单描述问题即可一键提交，同时支持语音输入（省去打字麻烦）。
- 反馈者可以在出问题的截图上进行局部放大、涂鸦，生动地指出问题所在。
- 整个 Bug 的所有反馈信息打包上传服务端，生成相应的 Bug ID。如果开发人员认为缺陷值得内部跟进，会一键提交到内部缺陷管理系统。众测用户可以实时看到缺陷处理结果。如图 11-5 和图 11-6 所示。

日志：20210611124051765.log

更多信息

应用信息							
应用名称：	com.coloros.yoli	应用包名：	com.coloros.yoli	应用版本号：		打包时间：	2019-10-18 13:13:43
硬件信息							
厂商：	OPPO	设备名称：	OPPO Reno Ace	手机型号：	PCLM10	分辨率：	
处理器：	Qualcomm Technologies, Inc SM8150_Plus	RAM：	8G	ROM：	224G		
系统信息							
安卓版本：	11	OS 版本：	V11.1	ROOT 权限：	否		
网络信息							
MAC 地址：	F6:A9:2D:8D:A2:9A	IP 地址：	10.54.113.90	网络类型：	WIFI	网络速度：	0KB/S
位置－经度：		位置－经度：		信号强度：	0dBm		
电话信息							
运营商：	CMCC	类型：	GSM	IMEI：			
OAID：	A1A8 **** **** **** **** **** **** **** **** **** **** **** **** **** **** a3b2						激活 Windows

图 11-5　众测缺陷上报后台：缺陷字段

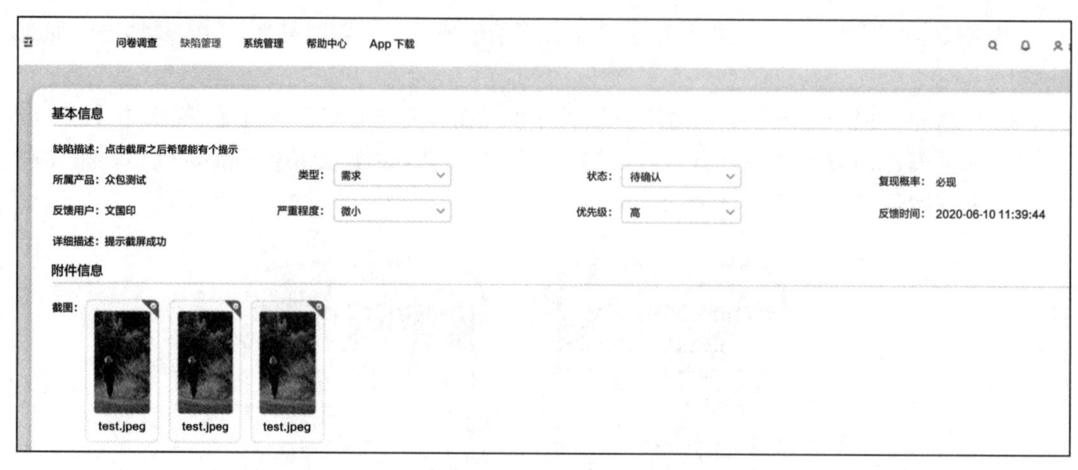

图 11-6 众测缺陷上报后台：缺陷展示

- ❑ 为了能一键录入内部缺陷管理系统，反馈界面会提供有默认值的缺陷基础属性，如建议、严重级别等，可按需修改。
- ❑ 不论在什么地方（公司内或公司外）、什么时间，都能通过手机极速反馈问题。

为了让缺陷提交的信息一步到位，App 在用户授权的情况下采集了非常丰富的信息，按标准化字段呈现在后台，也便于未来的用户画像分析，如图 11-7 所示。具体信息类型列举如下。

图 11-7 众测缺陷上报后台：日志展示

- ❑ 机型 / 硬件类：厂家、屏幕分辨率、CPU、内存、SD 卡等。
- ❑ OS 信息类：Android 版本号、定制 OS 名称和版本号、是否 ROOT 等。
- ❑ 应用属性类：App 名称和版本、打包时间、问题发生时的性能指标（按需采集）。
- ❑ 网络 / 位置信息类：MAC、IP、SSID、网络速率、运营商、信号强度、位置信息、移动速度等。
- ❑ 用户输入类：操作按键（序列）、描述、截图、过程视频、联系方式等。
- ❑ 日志类：Logcat、BugTrace、HttpTrace、应用指定日志附件等。

上报的数据包大小也是本工具要重点把关的指标，因为上报数据类型众多，一旦耗费流量过于庞大可能造成用户费用损失，引发纠纷。因此，一定要保障上传包大小合理，且应该让用户知晓。其中视频 / 日志的大小应受限，或者在内容过长时可以覆盖掉老内容，以及 App 支持仅在 Wi-Fi 环境中上报缺陷数据。

我们曾经有过一个脑洞，**如何给难以重现的缺陷提 Bug**？反馈工具能否始终监控过去的一定时间（如 20s），并不断地根据页面变化来截图？这样一旦测试人员发现问题，就可以立刻提报 Bug，把过去 20s 的变化页面展示出来，便于作为重现 Bug 的证据。

我们做出了一个尝鲜版本，但在实际使用后发现体验不佳，最后放弃了。原因主要有两点：一是太耗电，手机很快会发烫，需要 App 始终不断截图，导致用户不愿意始终开着反馈工具；二是截图太多，反馈者要从一堆重复图片中挑选合适的图片上报，比较烦琐。总而言之，想法很好，实际弊大于利。

为了提高反馈缺陷的“乐趣”，我们还主打了“摇一摇，报 Bug”的卖点功能，通过摇一摇自动进入反馈 Bug 的界面，凸显轻松快捷的特征。

11.3.3 从反馈工具到闭环的众测平台

有了**缺陷反馈神器**，并不能让众测完成闭环，无法持续让用户积极使用它。要实现生产力，需要把反馈工具升级成完整的众测管理平台。反馈的极致速度，可以大幅提高众测平台的核心竞争力。

为了驱动众测任务的高效完成，众测平台的关键活动流程模块列举如下。

任务审核模块

任务发起方（通常是被测产品的团队接口人）在官网发起任务申请，包含任务标题、任务声明、激励类型、激励总预算、任务时效等属性。提交成功后，平台管理者会审核声明质量，确认报名人数上限的合理性以及收费事宜，并与发起方确认，然后上线**任务广场（即发布众测任务的主页）**。

任务广场模块

用户（C 端）在任务广场上寻找感兴趣的任务，或者从新任务推送通知进入。任务类型越丰富，积分激励越多，效果越佳。任务列表的排列顺序也体现了哪些是高优先级的热门任务。

从感兴趣的任务进入后，可以看到详细的**任务声明**，包括具体任务要求、激励规则和示范图片。任务通常有报名限制，如时间限制（指定反馈开始和结束的时间，没到时间或者时间结束不能反馈问题，以此保障反馈的时效性）、人数限制、资格限制（如有些任务是面向高级玩家或专业测试人员的）。好的任务声明将极大地减少参与用户的困惑和投诉，帮助新手快速适应。

众测任务声明可以附上安装包下载地址 / 二维码，在方便用户测试的同时，也打通了众测和持续集成体验的闭环，如图 11-8 所示。

图 11-8　众测缺陷上报：任务广场 & 任务声明展示

反馈审核模块

当用户上报一个反馈（缺陷或建议），服务端生成缺陷界面后会发消息通知任务方进行审核，由审核者对问题的有效性和价值等级（可映射为积分）做判断。如果审核进度慢，或者引起用户投诉，平台方也会加以提醒。审核通过后，如果需要纳入内部缺陷管理平台正式跟进，该模块会提供“一键复制转单”功能。按照经验，有一定数量的反馈可能是无效的，也可能是已知或重复问题，不需要专门跟进。

成长激励模块

对众包参与者的及时激励功能，让参与者能够提升测试水平和参与热情，这是众包能够持续运营的根基。成长激励模块包括积分账户管理、兑换奖励（现金或者商品）、用户经验值和等级、成长公式、荣誉勋章和荣誉排行榜、拉新奖励、培养新人和团队的奖励（如帮助运营的团长）。

针对特定标签的用户（如新手、高手、专家大神），其得到的激励额度是不同的。

任务汇报

这个模块对于任务方满意度至关重要，因为用户数量大，来源分散，所以平台方有必要自动输出完整的基础分析报告，便于任务方进一步采取行动。这个汇总报告可以包含如下内容。

- ❑ 参与众测的用户及设备属性分析：来源、机型分布、OS 分布、位置分布等，以图表展示。
- ❑ 用户反馈问题的数据分析：这体现众测平台带来了什么价值，数据包括反馈数量、有效缺陷数量和占比、缺陷级别分布和模块分布、处理状态分布、处理耗时、给予激励总金额，甚至可以加入智能化总结（如反馈热词、情绪量化、信心分数等）。
- ❑ 成果清单：如有效缺陷列表、状态、描述和链接（指向详细缺陷内容页面）。

众测汇总报告展示如图 11-9 所示。

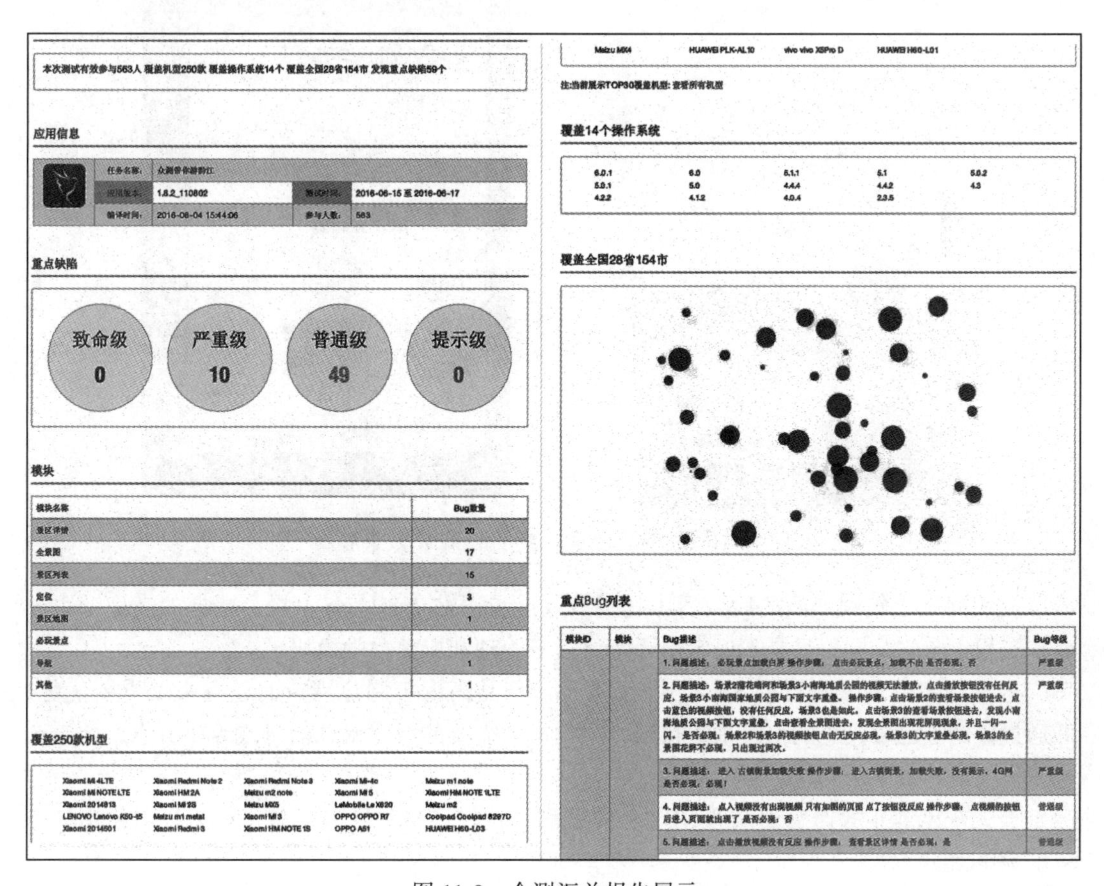

图 11-9　众测汇总报告展示

11.3.4 众测 SDK：嵌入产品线上反馈闭环

对于一个软件产品，开发者可能希望以更低成本完成反馈和闭环管理，无须通过复杂的测试任务管理流程。因此我们可以把众测反馈缺陷的核心能力定制成 SDK，方便特定产品整合，跟随灰度或者正式版本上线。

当用户在使用中发现缺陷或待改善之处时，可在当前页面唤起 SDK 的反馈界面。可以通过产品内置的悬浮窗或者单击设置中的上报按钮唤起反馈界面，也可以在用户截图时由产品弹出是否反馈问题的提示框。

用户在界面中只需要填写非常简单的内容，通常是前述众测反馈信息的子集，可由业务团队定制，例如问题描述、是否缺陷、联系方式，等等，如图 11-10 所示。

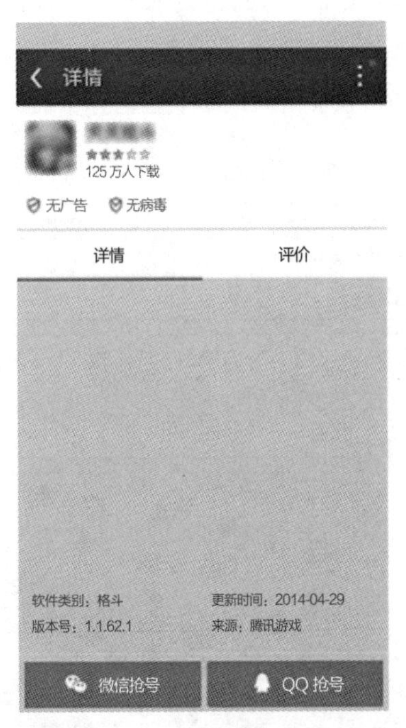

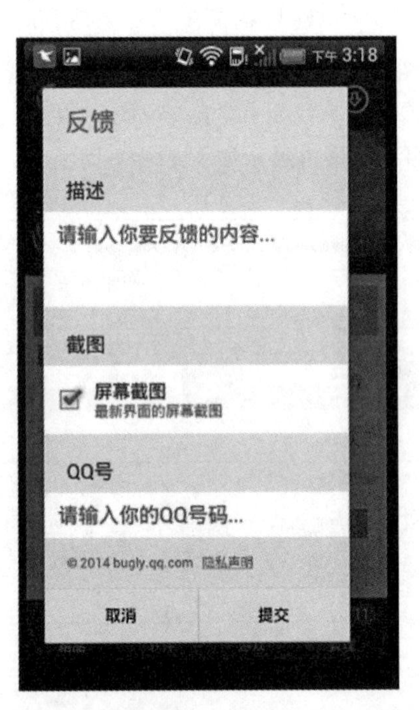

图 11-10 内置产品的众测反馈 SDK 效果展示

反馈问题上报到众测的后台后，其展示效果与正常众测 App 上报是一样的。后继跟进处理流程也与之相同，只是不一定需要测试任务管理和成长激励模块了。

内置到产品的众测反馈 SDK，除了满足该产品高度定制化需求，还有一个重要优势，即通过该产品已被授予的信息采集权限，采集产品需要的特定调试信息或专属日志，便于产品开发人员精准定位问题。

合入灰度或正式产品的众测 SDK，需要满足比较严格的性能要求。可以提前给出如下 SDK 测试结论。

- 稳定性，确保众测 SDK 的合入不会新增产品的崩溃或 ANR 异常上报。

- ❑ CPU，内存占用相对于未合入SDK时不会有明显的增加。激活反馈弹窗时，性能影响也可以接受。
- ❑ SDK本身大小要控制，通常不超过数百KB，而上报缺陷相关数据包时，耗费流量按产品要求严格可控，比如一个缺陷上报总数据不超过50MB。因此，在保证日志完整的同时控制其大小是很关键的。
- ❑ SDK合入源代码的成本也要足够低，提供简单、清晰的SDK代码接入说明文档。

利用众测SDK反馈问题，对比App产品自身的埋点自动上报问题，具有什么优势呢？

1）软件自动埋点上报，用户通常没有知情权，没有参与感。而通过SDK主动反馈，能够准确传递真实视角的体验问题，并与用户形成良性互动关系，用户可以选择是否要继续交流，开发人员也可以根据用户提供的联系方式提供感谢礼品。而真实的场景再现（通过主动截图）也是解决问题的重要武器。

2）自动上报问题容易出现次数和规模不可控等问题，比如大量低价值的重复上报问题，需要追加人工的分析过滤，甚至可能产生大额流量花费，被质疑软件偷跑流量。

3）自动上报只能上报开发人员指定的事件，缺乏对各种场景可能发生的问题的预见性。

11.4 众测平台商业化运营

不同于属于研发成本的普通测试平台，众测平台的商业化更加顺理成章，它连接着B端和C端的商业合同行为，按照经济规律运营，随着规模效应和平台体验的提升，可以提高盈利水平，开拓不同的收费模式。它可以为业务研发助力，作为常规测试的有力补充，也可以拓展到其他角色，满足市场的各色痛点需求。

11.4.1 运营关注指标

商业化运营的关键是不断输出客观价值数据。首先我们要看看众测的主要干系人最关心哪些价值，即他们自己难以用低成本获取的价值。

测试人员：专业测试人力有限，测试机器有限，能覆盖的环境配置和网络情况有限。而众测人员基数庞大，手上有各种不同的机器和配置，网络环境也千奇百怪，可以覆盖更多的测试场景和条件，能遇到更多极限情况下的边界问题。当很多用户真实在线时，众测更容易发现一些多进程下暴露的问题。希望众测用户帮助公司复现更多随机性问题，难复现的Bug让测试团队太痛苦了。

开发人员：众测用户反馈速度快，耗费时间短，相比较其他的传统反馈渠道，众测用户的配合度高出很多，特别有利于我们快速联系和定位问题。有一些用户虽然反馈的是同一个根因的问题，但是可以带来更多定位信息，帮助我们做交叉验证。

产品人员：众测用户比内部员工更贴近真实用户使用产品的实际情况，可以让我们了解用户真正的关注点，还有助于我们发现产品规格设计方面的Bug。

从以上各个角色的价值诉求，结合平台的商业化能力目标，我们可以指定下面的运营考核指标。

- **众测任务**：完成任务数、总任务认领人数 / 任务平均认领人数、有效参与人数（反馈至少一个问题的人）。
- **众测用户**：平台注册人数 / 增速、日活 / 月活人数和增速。
- **反馈质量**：（平均）任务有效反馈数量（通过业务确认才算有效），用户反馈的有效占比（可以细分为有效缺陷和有效建议），严重级别反馈数量占比。
- **反馈跟进**：反馈审核耗时、反馈的转单率（即进入研发缺陷管理平台处理的反馈占比）、有效反馈的解决率、平均解决时长、用户验收问题时长等。
- **激励成本相关**：（平均）任务耗费总费用 / 积分、平均每个有效反馈耗费费用、不同类型任务的激励成本对比、单个有效反馈耗费对比等。
- **商业指标（最重要的）**：平台总收入如何，净利润如何？扣掉平台的运营人力成本和奖励成本，能否自负盈亏？

11.4.2 众测商业画布

长期健康运营的平台，如果体验良好、能提供高效的服务，就能自给自足，形成竞争壁垒，并进一步扩大规模。平台的设计者有必要从商业分析角度来看，哪些运营短板需要补齐，哪些需要纳入管理规划。众测平台运营的商业画布如图 11-11 所示。

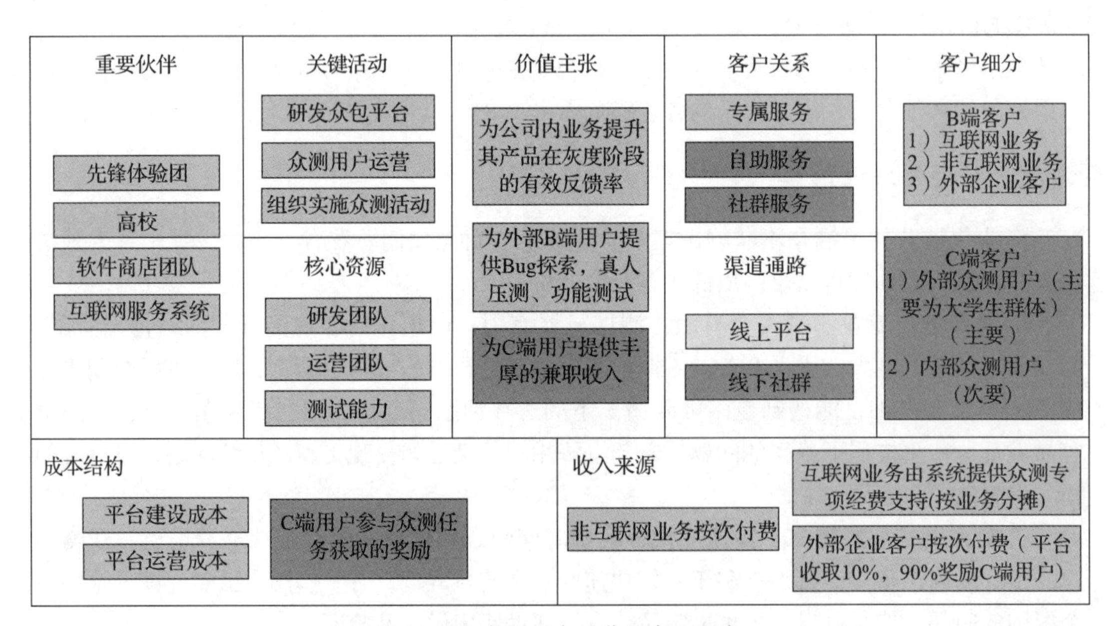

图 11-11 众测平台运营的商业画布

最重要的，众测平台的负责人要有创业心态，不用“等、靠、要”，拿出当前成果去说服更多业务方进行尝试，有条不紊地拓展平台服务的可能性。

对于采购众测平台服务的任务方（B端），如果平台能给他创造的价值远大于他自行雇佣人力完成同样测试效果的价值，那平台的商业价值就成立，自然可以迎来源源不断的机会。从我们过往的运营数据来看，众测平台为每个有效缺陷支出的平均费用比企业全职雇佣测试人员的平均缺陷花费足足低了一个数量级，仅占其1/10！

当然，全职雇佣的测试人员也有自己的优势，他们可以随时接受各种任务安排，持续挖掘和培养，被严格管理。两种劳务形式是互补关系，任务方可以用少量全职人员保证核心覆盖，通过众包任务做长尾覆盖。

另外，对于海外市场产品，远程招募全职海外员工进行测试的流程非常慢，雇佣成本高，对于技术门槛低的验收测试，招募众测用户是更低成本的解决方案。不过，整个众测平台内容的本地化、隐私和法律合同，需要协同海外专业人士进行确认。

众测与开发者社区的合作，基于收费模式，可帮助中小企业完成其产品的基本质量测试，降低小公司雇佣测试人员的成本。

综上所示，众测平台的商业化成功要过三关：**便捷工具关、高效流程关、活跃社区关**。从日常数据来看，就是要保持B端和C端的动态平衡，只有不断有付费意愿的优质任务方提出需求，不断有热心用户在平台上活跃参与，价值规模才能稳定放大。

11.4.3 众测支持的任务场景

除了传统测试关注的任务场景，众测也可以解决产品经理的一些难题，把价值放大到需求品质和运营效果层面。只要激励费用足够，众测（众包）平台也可以做开发、设计、品牌、客服等多种岗位任务。当整个业务团队越来越依赖众测平台时，它的商业价值自然不可轻视。

典型的众测任务场景有如下几类。

1）**Bug探索类**：真人真机众测，针对特定App，在规定时间上报该App的质量缺陷。这类任务可以尽可能地挖掘不同用户路径的App体验问题。另外，产品的官方网站也是常见的Bug探索任务对象。

2）**Bug复现（悬赏类）**：针对实验室难以复现的缺陷，如果评估发布后会有一定风险，那么发挥众测用户的集体力量去寻找路径，不失为一个好选择。针对缺陷复现的悬赏，金额可以设置得高一些，毕竟复现的成本高，能解决令内部测试团队头痛的问题。

3）**专项测试任务（专家级）**：面向专业用户发起的专项悬赏任务，悬赏金额比常规任务高出很多，对提交内容报告的专业性要求也很高，因此要评估众测平台的用户群中是否有足够数量的专业玩家。比如安全众测任务，找到一个系统漏洞的价格不菲，也需要签署保密条款。再比如某公司聘请众测专家独立输出专业的完整测试报告，打包价格要高于正常众测任务成本，参与者要有一定的专业资格认证。

4）**线上问题搜集**：这类问题很常见，借助众测有利于质量右移的高效果和低成本。任务发起方一定要锁定线上问题的反馈范围，明确排重的规则（如聚类标签），避免大量线上问题被重复上报，导致审核处理成本太高。相似反馈得到的奖励可以按先来后到的顺序逐渐减少。要提防反馈者故意撸羊毛的现象。

例如，为了提升浏览器 App 打开不同文件格式的能力，我们发起了用户打开不同文件出错的悬赏活动，搜集了完整的问题库，帮助浏览器 App 大幅提升了文件打开的兼容性。浏览器文件打开能力 – 线上问题众测活动总结如图 11-12 所示。

案例名称	浏览器offlce文件问题库建设
背景	由于文件类型较多，手机■浏览器在文件打开能力方面的测试难以覆盖全面，一是没有足够多类型的文档进行测试，二是不知道究竟存在多少问题，需要借助众测平台来发现以下问题: 1）各个手机上的表格支持问题 2）文档排版、显示、颜色等问题
效果	1）建设文档兼容问题库，包含600多个文档兼容性问题，涵盖office的各种文件格式（ppt、pptx、doc、docx、xls、xlsx） 2）建设存在问题的文档素材库，包含500多个问题文档，很大程度上方便项目组复现、解决和回归验证问题

图 11-12 浏览器文件打开能力 – 线上问题众测活动总结

更多线上问题众测案例可以查看第 13 章的相关内容。

5）**问卷调查**。对于众测的各种任务类型，从形式上来说，门槛最低的任务就是问卷调查任务，发布者可以在后台轻松定制调查问卷，而用户只需要花费数分钟填写问卷就可以完成任务、获得奖励。而问卷 H5 可以分享到社交媒体，让朋友们轻松参与调查。搜集结果的同时，还能引流到众包平台的 App 下载，一举两得。

为了方便问卷设计，众测平台针对典型研发场景和质量模型提供了不同的问卷模板，方便一键发起任务，比如可用性测试调查模板、产品满意度调查模板等。问卷创建者如果认为自己设计的模板有经典性，可以选择在平台上共享出来。

6）**产品评测 / 竞品对比任务**。从用户角度，对产品进行指定目标和范围的分析、评价、评分，甚至对比一个或多个其他产品，给出评分和优劣看法。

比如，针对多个资讯新闻 App，进行 PUSH 消息的体验对比，看看哪一个 App 的推送频率和质量综合更佳，便于产品运营完善 PUSH 策略。

7）**数据标注**。对于大型内容聚合平台或者 UGC 平台，这些平台均汇聚了大量待标签化的数据，不可能完全依赖算法自动标注，需要从用户视角进行人工标注或核对，以此作为品质评分或者作为机器学习算法的输入。

例如针对智能识图的软件，为了完善算法的学习能力，需要大量的训练集，覆盖各种细分类型的物体，这就需要利用众测用户上传各种典型图片，也需要人工标注“它”是什么。为了便于去掉“毛刺”和错误数据，甚至可以让两三个人对同一个物体标注，答案相同才认为是有效答案。

8）**训练语料的真人众包**。以语音助手软件为例，发起任务请众多用户贡献自己的声音，按照要求朗读特定的语音语料，用于AI引擎的训练和测试。相对于专业供应商的语音语料，众测用户的属性多样性更广，不同年龄、地域、网络、腔调都有，具有更贴近普通用户的发音代表性。不足之处是用户所处环境可能比较嘈杂，录音质量可能不高。

11.4.4 众测任务管理

经过前面的平台模块介绍，众测任务的管理流程也呼之欲出了，如图11-13是一个简单的众测任务管理流程图，下面简单总结下任务管理的不同阶段的注意事项。

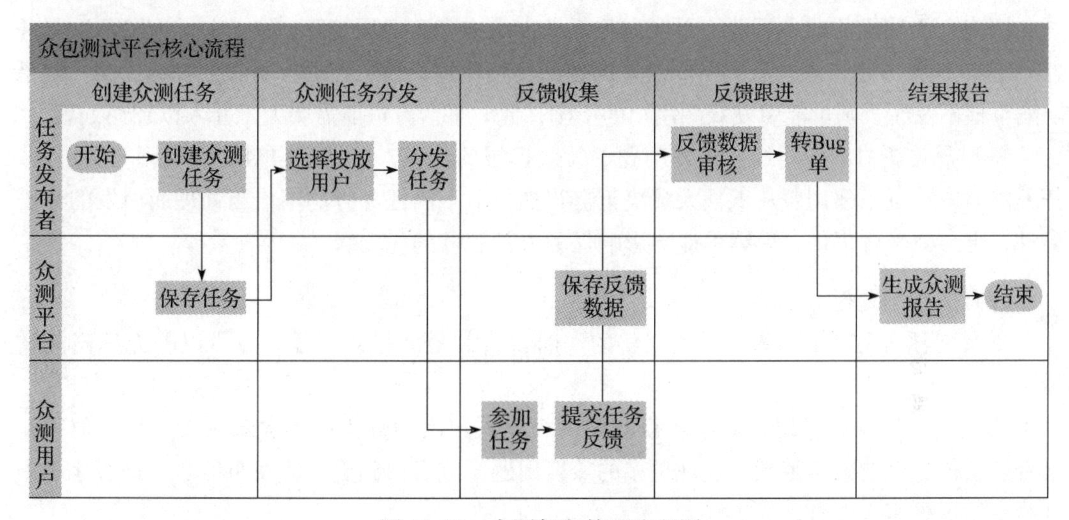

图11-13 众测任务管理流程图

众测需求沟通

任务需求方提供必要材料给众测平台接口人，任务声明需要包含需求（测试）关注点，内测软件需要提供安装包，如果需要众测平台协助上传用于Debug的附件，还要提供附件上传的指定目录。

任务声明页的可读性和规则至关重要，直接影响任务收益和成败，如明确用户测试的范围、定义无效声明（即哪些提报问题是无效的）、针对重复提报问题的奖励规则。共性规则在众测平台协议上体现即可。

任务分发

对任务要触达的用户属性可以进行多维度筛选，这也是众测平台的精准分发优势。比如可以选择特定机器用户、特定网络运营商用户、特定省份用户、特定等级成熟度用户等。

任务开始时间、持续时间、参与人数等都可以按需指定，通常建议预留1～2天召集时间，正式测试反馈周期为2～3天，报名人数为200～300人。当然可以减少对特定规模产品、特定版本的限制，比如针对长期有效任务，只要没有从任务广场下线，用户随时可以参与反馈。

众测报名人数的放量也可以循序渐进，类似灰度发布策略，根据对产品的信心逐步扩大规模，减少众测占用的资源。

反馈搜集和跟进

任务发起方最熟悉产品设计信息，对反馈审核应起到及时正确处理的责任。

如果需要及时联系用户澄清问题，平台可以提供线上 IM 或者被授权的联系方式。

如果要处理的反馈问题数量多，可以按如下原则提高反馈处理的优先级：严重级别问题、多个用户反馈同样的有效问题、可复现 / 有日志或视频的缺陷。性价比是最重要的。

因为众测奖励的成本不菲，平台方与任务需求方会有费用结算（除了少量免费测试服务外），所以任务方审核人会看到不同级别问题的奖励花费，当总花费异常时会收到提醒。如果缺陷审核不及时，则可能引发众测用户的不满，此时平台方可能需要人工介入以加快处理。

特别要关注对问题定级、重复问题、无效提报的处理，最好用户对处理规则有所了解，任务声明中也可以强调服从审核人员决策。当然，对于因任务方的不恰当处理而引发的不满事件，也会被平台记录，后续可能会影响任务方被服务的优先级。

任务报告与复盘

平台向任务方（审核人）提供完整的实时报告和最终报告，任务方可以补充编辑测试结论。

测试完成后，还可以针对本轮众测做一个投入产出的分析：本次众测投资是否值得？是否能获得更大的覆盖范围，发现更多的兼容问题，或者得到更多的发布信心？是否比不做众测节约了更多人力管理成本？

11.4.5 众测社区的氛围运营

众测用户来源广泛，行业和背景差异大，当志同道合的人们聚在一起，可以让平台更活跃、更健康，人们可以彼此交流鼓励，自我提升，平台也应该让众测高手脱颖而出，获得荣誉感。这里分享几个众测社区的氛围运营方法。

拉新

上哪找到愿意做众测的目标用户？

首先，可以去被测产品的官网社区中招募愿意反馈问题的热心用户。其次，可以去特定专业社团（比如安全工程师论坛、手机玩家论坛、热门产品 / 游戏贴吧等），或者兼职高校学生群招募。学生党时间多，求知欲旺盛，愿意通过众测提前接触行业产品。如果能通过校园合作渠道招募更佳。再次，通过现有用户邀请注册（配合推荐奖励），也不失为拉新的好方法。而各大 App 商城，也是发布众测 App 的战场，通过 ASO（搜索关键词优化运营），突出平台的优点，如大企业背景、丰厚的现金奖励等，尽可能吸引人才参与。

新手任务和任务指导书

为了保障新手用户反馈问题的基本质量，可以在正式任务开始前做一个新手任务，比如基本知识调查问卷，或者一个简单的缺陷提交，类似游戏中的新手村任务。有趣的新手任务可以加大用户的参与度和审核有效率。

为了让用户反馈的效果更专业，可以随任务说明附上一份指导书，方便热心用户自助解决疑难杂症（如安装指南）。为了方便用户暴露更深入的问题，指导书会包含这些技巧：如何打开调试工具，如何快捷确认问题有效性，如何补充有利于Debug的信息。用户可以通过学习获得成长，形成正向激励循环。

提高社区活跃度

众测社区和体验团粉丝社区有什么区别？

简单来说，前者以物质激励和技能激励为主，有比较强的纪律性和目的性，目标导向，效率优先，逻辑性比较强。而后者更多是基于兴趣爱好，往往缺乏纪律管控，对问题的反馈配合度比较低，反馈偏情绪化。

我们需要建立健康热情的众测社区，最关键的是要有一定数量的好任务“可供参与”，而不是让用户注册后发现没有感兴趣的目标，这样用户立马就会流失。所以我们要始终准备一些高质量的任务，奖励要厚道，吸引新用户留下。同时，利用消息推送策略定时宣导有吸引力的新任务，把部分流失用户拉回来。

众测用户的荣誉机制可以根据用户参与众测的贡献度来制定，如积分和活跃度等，通过给用户评级，让优秀众测用户有上升通道。还可以定制荣誉勋章，对积极分子进行激励，继续努力。

最优秀的众测高级玩家或行业知名专家可以在众测平台现身说法，传授经验。众测社区可以定期推出众包的普及型知识文章，让用户能收获更多知识，愿意自发交流。

任务分级

随着任务的不断扩展，对应的难度和参与者要求也多种多样，因此可以针对不同用户派发不同难度级别的任务。少数回报优厚的任务，因参与人数限制，可能只对高级别用户开放。

特定硬件众测

对于依赖特定硬件才能完成的众测，由于该硬件的渗透率不高，会严重影响参与效果。我们可以在众测平台发起申请硬件活动，报名人员可以申请平台将硬件邮寄过来，如果满足一定的条件（如完成任务积分），也可以申请硬件归属个人所有，或者用众测积分优惠兑换，还可以选择在测试完成后把硬件寄回任务方公司。

师徒制度和团长制度

随着运营的深入、社区自组织程度的提升，可以进一步降低运营成本，提高效率。我们应该引入更多发挥热心用户积极性的机制，并让这些用户得到回报。

比如师徒制，以老带新，平台根据一定时期内徒弟发现的总有效问题积分，按比例额外奖励师父，形成新老互助的良性氛围。

再比如来源于游戏社区的军团制，也能够显著激活探索 Bug 的团队氛围。两拨用户可以分别组成两个军团，共同完成挑战任务，积分最高的团队可以得到额外奖金或礼品。平台也会对军团定向发布学习材料，进行任务培训和考试。军团的团长，是平台认证的资深众测玩家，他帮助平台方进行任务审核、汇总结论、把控任务节奏、调动氛围、答疑解惑等，平台可根据其表现给予团长定期奖励和荣誉宣导。

比较适合军团模式的任务类型，要能提供内容丰满的新鲜体验。我们会与行业最著名的产品合作，为最新的未上市版本提供众测服务，用户对这类产品兴趣大，荣誉感强。比如我们曾给微信内测新版本组织过专属众测，反馈效果不错，平台的影响力也能得到增强。

因为军团通常承接同一类业务的任务（比如手游众测军团），对其内容的理解要比普通用户更高，反馈有效性也更理想。我们还可以给军团打上个性化标签，如游戏迷、剁手族、理财达人、视频小王子、音乐圈、工具高手等。

11.5 众测依赖的各种技术

除了使用众测的基本技术实现架构之外，我们还可以利用各种技术手段，从各个环节提高任务完成效率，提升平台用户的满意度。

业务配套的众测账号

对于特定产品任务，如果能降低测试参与门槛，就能带来效果的大幅提升，比如金融类软件给众测用户准备测试账号，以便用户无心理负担地进行认证、绑卡和购买测试，从而测出更多业务中的风险问题。

但是，要在正式环境提供一批众测账号，需要完整考虑方案的性价比，高回报可能需要高投入。方案一，可以提供公司内部的批量测试账号，但是账号分发和回收流程比较关键，特定账号也会限制测试场景范围。方案二，让用户在现网使用带有测试标签的账号，业务流程数据和正常用户相同，但是业务结算分析时会特殊处理。这么做的缺点是要针对业务流程和数据做测试账号的区分，实现成本可能很大。

众测用户便捷工具

为了提高测试过程和验收的效率，可以向普通用户提供便于获得指定结果的工具，辅助判断是否缺陷，如某个关键指标是否生效。也可以提供一键复位工具，便于随时复测问题。当然，日志、录屏、输入语音转文字等便捷工具也是按需提供的。

众测 + 代码覆盖率测试 / 防作弊

只要用户基数足够大，各种用户操作都可以覆盖到，理论上就可以触及尽可能多的代码模块和路径，这就可以用最低成本生成代码覆盖热区图。

众测用户用覆盖探针插桩的版本测试，云端聚合上报测试的覆盖情况，就可以知道代码被覆盖的比率和用户渗透率。如哪些代码模块 / 路径（场景）是冷区，哪些是热区，一目了然。热区就值得测试团队重点关注，冷区就要看看是否有代码冗余，及时清理。

从另一方面思考，基于众测代码覆盖率上报数据，可以统计、推断具体某个用户的测试投入度。如果用户完成了一个产品的全面体验，那么代码覆盖率通常会比较高。如果某用户宣称发现了某些 Bug，但相应的代码覆盖缺失，则很可能不是按任务要求来真正执行测试的。因此，针对代码覆盖分析，能方便地判断是否有作弊行为，如没有测试就乱提交问题，或者故意提交他人发现的问题。

众测平台可以针对高覆盖率用户提供更多积分奖励，哪怕提交的有效缺陷不多。也可以只把达到最低覆盖率（可提前设置）的用户统计为有效用户，才能给予相应的活动参与奖励。

用户画像和任务精准分发

前面内容提到，众测平台的属性字段非常丰富，相当于给上报用户打了各种标签。随着用户量的大幅提升，每一类属性都可以找到足够数量的活跃用户，因此可以针对任务方的精准需求，定向对这类活跃用户发起任务。比如，任务方针对特定城市的用户发起任务，针对特殊环境的用户（如山区）发起场测，针对大学生用户发起问卷调查，等等。

按分支众测、AB 测试众测

对于大型产品，不一定要等到正式的完整版本出来再开始众测。如果研发团队采取分支发布模式，可以针对分支特性的最新版本打包，进行针对特性的分支众测，以加快测试频率和反馈速度。

AB 测试，可以分别针对有差异的两个页面编包，让两组众测用户分别体验测试，给出评价对比。

众测平台能支持分支管理发包和聚合各分支测试结果，支持对 AB 测试的反馈效果对比。

智能化测试报告和智能审核

众测任务结束会有一个自动输出的汇总报告，给任务方提供了极大便利。因为众测人数众多，我们能否利用 AI 能力从报告提炼出更多的品质观点，让产出更添光彩？当然是可以的。

比如根据用户反馈的原声描述判断情绪词，得到一定的信心指数。

再如根据不同用户的缺陷描述，自动聚类，并关联到特定的自动化监控场景；或者对缺陷自动排重，对低质量反馈做智能过滤，降低审核人员处理成本。

如图 11-14 所示，智能化手段可以让众测平台更显高端，也更生动。

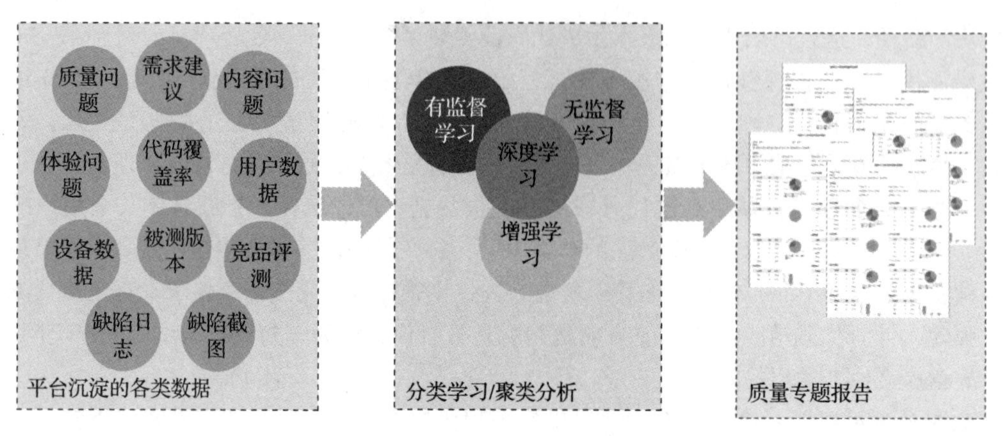

图 11-14 智能化生成众测质量报告

11.6 本章小结

本章详细介绍了敏捷测试三大利器之一的众包测试方案，先从众包行业知识和案例展开，介绍了众包的五种模式。众包可以干任何有价值的事，其本质上是一个基于互联网便利性的经济平台和劳务市场，可以使用户从中获得能力提升和物质奖励。

接着本章从移动缺陷反馈神器的创意展开介绍，包括如何做出 30s 就能提交专业缺陷的好工具，以及它是怎样发展成为一个完整众测平台的。众测提供了高效的项目流程和交付管控机制，以及公平合理的激励体系。平台的持续运营发展至关重要，终极目标自然是成为可盈利的商业化平台，但首先要耐心建设活跃的众测社区，开拓丰富的众测任务类型，通过高效回报吸引任务方的投资和普通用户的参与，鼓励成长和自管理机制。我们甚至可以引入各种技术手段，如精准防作弊算法和智能化报告，进一步提高平台服务的惊喜感。

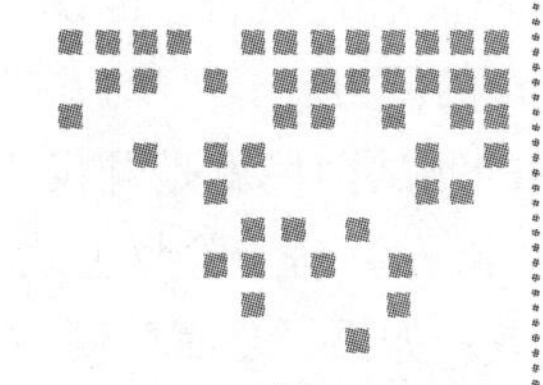

第 12 章 Chapter 12

精准测试

敏捷测试三大利器之三——精准测试，本质上是通过对软件内部的探查，尽可能缩小测试用例的范围，减少黑盒测试的盲目性。它与开发人员的单元测试有所差异，精准测试要用更少的投入暴露更多的软件缺陷，缓解新版本测试人力不足的现状。因此，精准测试是以代码变化作为用例挑选的核心，强调适应变化的一类敏捷测试方案，可以作为学习完第 8 章后的进阶实践领域。

12.1 重新定义精准测试

近年来，精准测试实践案例在各大技术论坛上纷纷亮相，知名软件公司几乎都有相应投入，展示了不少优秀的工程实践方案。

关于精准测试的定义有多种不同的认知，这里给出我自己的理解，并从员工能力和工程建设两条路线，来表述精准测试之路的修炼心得和收获。

12.1.1 精准测试为何兴起

有个现象让人很迷惑：为什么国外的成熟软件研发行业并没有“精准测试”这个专业术语，而是只有黑盒测试和白盒测试等类似的定义。

我猜测的原因是，一方面，国内的软件开发行业这些年发展极为迅猛，而且市场竞争惨烈，产品发布时效要求极高，开发团队疲于奔命，很难老老实实地完成高覆盖率的单元测试自动化。另一方面，产品不复杂时，可以多投入黑盒测试人员覆盖各种可能的验收场景，但随着产品的加速复杂化，测试人员无法满足高效交付软件的要求。

这既是一种快乐的烦恼，也说明了行业中的软件工程规范指导偏弱，代码质量文化难以抵抗快速发布的压力。

一个典型的测试困境就是开发人员提交了简单的两行代码，仅仅说一声“就改了两行代码”，就让测试人员马上验收上线。如果测试人员运行大量回归用例，不仅时间不允许，还会被质疑低效；如果只是简单测一下改动的强相关场景，会不会遗漏背后可能引发的严重故障？没有深入分析代码设计的上下文，测试人员并不敢展示出信心。

由此，中间路线——**精准测试**应运而生，**通过对软件内部逻辑和信息的剖析，缩小当前测试用例的规模并做一定的完善**。精准测试并会不取代开发人员的单元测试，而是作为单元测试的补充，并能降低大部分测试用例的执行优先级。

我们可以这样理解，精准测试是单元测试实施不理想情况下的测试防护网，也是测试人力有限时不得已而为之的用例挑选策略。反过来说，如果开发人员的单元测试水平成熟且有充分的完成时间，我们就不需要精准测试了。

现实往往是残酷的，绝大多数团队都无法做到充分的单元测试，也无法做到海量用户场景的验收测试。但几行代码的小改动每日都在发生，影响的用户数量可能高达百万以上。如何才能测得快而且测得好，不在激烈的发布战争中被打败？这就是精准测试多年来得以发展的“土壤”。

我认为精准测试只有具有如下**低成本**特征，才能成为敏捷测试的利器。

- **低成本地获取软件内部信息**。既能利用已有的设计文档，又能借助与开发人员的有效沟通，还能借助代码静态分析和动态分析工具。
- **低成本地挑选出最佳测试用例集**。利用这个用例集做回归测试，在拦截缺陷的效果和投入成本中取得最佳平衡。减少测试人员动辄为了迷你变更，不得不运行大量回归用例的场景。
- **缩小测试执行的人力投入**（尤其是回归测试阶段）。不言而喻，用例数量下降了，场景聚焦了。
- **低成本提升当前版本的质量信心**。需求的实现细节被更多地验证，差异代码被更好地测试覆盖，运行软件时能看到更多的内部健康数据，这些都可以提高技术团队发布产品的质量信心。

关于如何指导精准测试的落地，我认为有两条主要实践路线。

其一，**精准测试分析之路**，以人为修炼主体，提升敏捷转型三大要素之中的“**能力**”。这条路看似漫长，但是如果修炼方式得当，会让测试人员真正有做全栈工程师的感觉，能够和开发人员更平等地对话，同时循序渐进地提升专业影响力。长期坚持，可以提升技术晋升的成功率。

然而，也有一些急功近利的管理者往往会觉得这条路并不能缩短交付时间，且需要花时间掌握高难度的分析方法，所以认为优先级不高。我只能说，要真正掌握硬技术，没有捷径可走。

其二，**精准工具设计之路**，以打造合适工具为修炼主体，提升精准测试的实践**效率**。

通过工具降低人工精准分析的成本，针对被测软件的差异性，给予推荐用例的“**更佳提示**”。好的工具确实能大幅降低精准测试实验的门槛，但也可能失去人员修炼精准分析的完整过程。就像要掌握任何一门艺术，低门槛和高水平是难以兼顾的。

从理性视角看，不存在能持续发挥效力的精准测试用例集，一旦被测软件本身发生大的变化，过往的用例可能会大量失效。这也许就是“精准”的固有局限：**容错率低**。

图 12-1 简单呈现了精准测试分析和相关工具支持下的工作过程和产出。

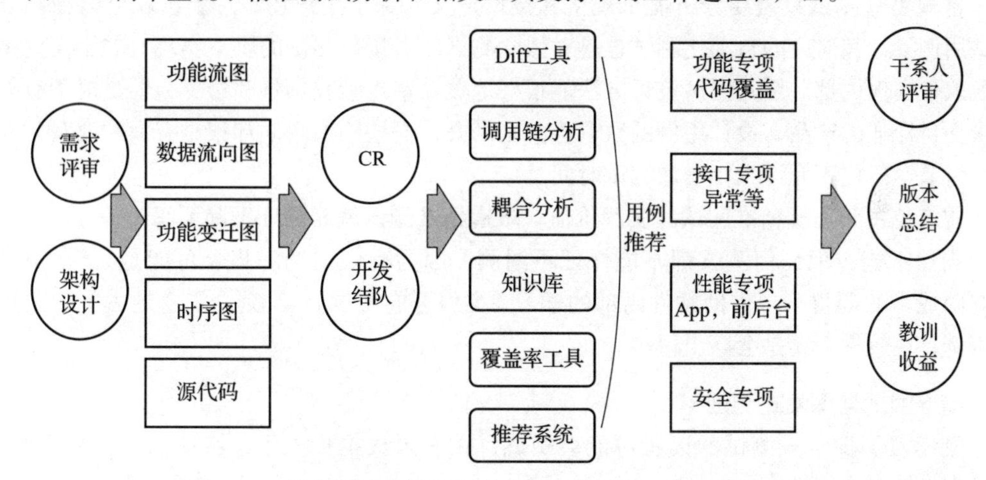

图 12-1　精准测试分析和相关工具支持下的工作过程和产出

12.1.2　关于精准测试的困惑

关于精准测试具体做什么，该如何实践，行业众说纷纭，各个公司有不同的理解。我们下面聊聊精准测试和其他关键测试的差异，厘清困惑。

精准测试与单元测试

单元测试由开发人员负责完成，精准测试由负责验收的专业测试人员完成，且都需要相应编码理解能力。

单元测试要保障需求规格设计的完整性，关注设计思路和规范性，强调各种代码层面的覆盖率。目前在国内飞速发展的软件业，单元测试实践出色的团队占比相当低。

精准测试更“功利”一些，关注本次变更的范围和风险大小，在低投入下以破为立。正是因为功利性，以及具备专业素质的人员数量少，精准测试需要结合发布风险分析，锁定缺陷的精准挖掘范围，无须对全量被测代码进行精准测试。

精准测试可以复用单元测试的自动化用例并加以补充，但验收的层次不限于代码层，也可以是接口层、UI 界面层、系统层（性能、稳定、兼容等）。

单元测试应该都是自动化的。精准测试不一定是自动化的，只要能暴露问题就行。当然，我们鼓励精准测试用例全面自动化，倒逼我们挑选出精华的长效用例，并纳入持续集成平台做每日测试，尽可能提升 ROI。

再次强调，精准测试是一种**选择策略**，它的本质还是各种层次测试用例的优选组合，而不是一种崭新的测试类型。

精准测试与黑盒测试

精准测试要理解产品内部实现逻辑，观测软件内部反馈信息，要深入学习并掌握如何实现需求的设计过程。

常规黑盒测试只需要分析需求规格和接口定义，基于用户场景理解，就可以独立设计测试用例了，其对应的自动化测试也是对黑盒测试或者接口测试的脚本实现，并不需要精准关联软件实现内部。黑盒测试设计方法能很好地覆盖基本验收场景和边界，但是对于有着高质量交付标准的产品，设计用例的数量会急剧攀升，而缺陷漏测率却很难有大的改观，在快速交付节奏下也不允许大幅增加测试时间。

曾有位主管质疑精准测试的实践价值，**难道精准测试就能保证不漏测吗？**

当然不能，但任何测试都不能保证不漏测，因为有效用例的集合可能是无穷无尽的。在有限成本的前提下，借助软件内部的学习（类似开卷考试），比完全黑盒地去尝试覆盖大量用例，在效率上还是会高出很多。

精准测试与探索式测试

刚学习了探索式测试的读者可能会疑惑，在有限成本投入下，我应该多做精准测试，还是多做探索式测试？

我的建议是，**两者可以同时实施**。用精准测试来显著缩小回归用例范围，再腾挪出少量时间认真做探索式测试的快速排雷。但是，如果测试人员的软件代码理解能力不足，那就只能用探索式测试来补充黑盒测试的遗漏了。

另外，精准测试是一种策略设计，探索式测试是一种测试风格，二者不是一个维度的概念，并行不会产生明显的重复劳动。

哪些场景不适合实施精准测试

精准测试是高门槛投入的敏捷尝试，并非所有场景都适合实施精准测试。通过上述的开发设计内容学习，测试人员可以识别出哪些被测对象更值得继续精准测试的过程。放弃不合适的实践对象，这个分析过程本身就获得了能力认知的增益。比如出现如下这些情况的项目团队，就不太适合开展精准测试：

- 开发设计方案本身不清楚，不成熟，缺乏文档。
- 架构有缺陷，性能无法达到要求，需要重构。
- 开发人员对他人审查自己代码比较排斥，或者代码可读性不高，但自己没有意愿（时间）解读代码目的。
- 软件比较复杂，耦合程度高，短时间难以解耦。

这里针对软件模块耦合分析多聊两句，**模块强耦合是影响精准测试效果的最大拦路虎**。如果开发人员没有对软件架构进行充分的技术治理，精准测试的效果可能会大打折扣，甚至导致测试失败。这种情况下应该先推动开发人员进行技术治理或者重构。

强耦合设计的典型表现是跨模块的功能调用很随意，公共基础模块特别复杂，数据库的逻辑关系复杂，圈复杂度很高等。

12.2 精准测试分析之路

随着软件行业技术水平的整体提升，知名公司对于高级测试工程师的技术功底要求也水涨船高，不再局限于考察对业务产品的熟悉程度。

对于非工具开发职责的测试人员，仅靠难度有限的普通自动化脚本编写经验，他们在技术进阶之路上将步履艰难。各个公司中专业做测试工具链的人员占比是偏小的，毕竟很多开源工具已经高度成熟了。

精准测试分析之路，恰好是帮助这些测试人员向上突破的重要路径。

精准测试是考验人员代码分析能力的测试类型，也是贯穿整个研发生命周期的质量挖掘活动，能指导整个测试活动的深入开展。

12.2.1 精准测试分析如何开展

不关注软件实现细节的测试人员，在看到软件异常现象时，与开发人员沟通时容易陷入鸡同鸭讲的窘境，在问题诊断和修复的讨论上，往往成为沉默者角色。

没有哪个团队会不欢迎熟悉软件组织架构、需求实现原理和模块边界细节的测试人员，他 / 她能与开发人员在一个水平线上切磋技术细节、识别软件内部设计问题、评估当前测试用例（发现缺陷）的效率。

我在某大厂参与一个测试团队的晋升评审中发现，短短一年多时间，团队晋升通过率大幅提升，背后原因就是精准测试分析从无到有的实践。道路看似艰阻绵长，但是有章可循，高投入、高回报。

相对于第 8 章介绍的需求分析和测试策略设计，精准测试分析需要更进一步、深入梳理软件实现逻辑和结构，搜集有价值的“内部风险情报”，结合黑盒分析和白盒分析的优势，如图 12-2 所示。

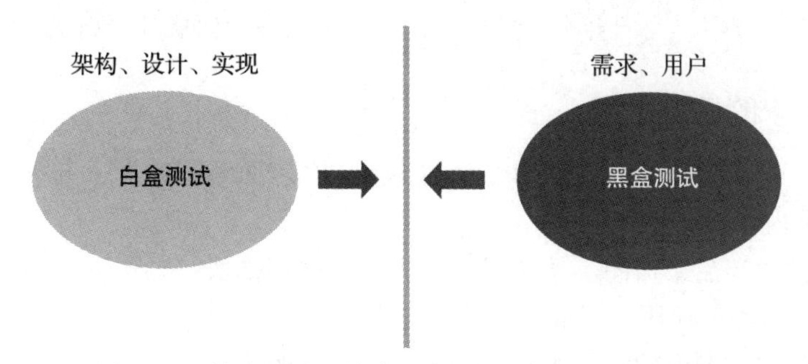

图 12-2 精准测试：结合黑盒分析和白盒分析的优势

那具体如何开展精准测试分析呢？主要步骤如下。

基于需求进行精准分析

精准分析建立在对需求和系统架构充分熟悉的基础上，通过对数据流、状态变化、逻辑时序、功能 / 性能 / 兼容性等方面的分析，得出详细测试关注点过程（这段解释引自《不测的秘密：精准测试之路》一书）。

基于开发设计进行精准分析

在清晰地知道需求解决了什么目标的基础上，我们跟随着需求如何转换为开发设计文档的过程，层层穿透学习下去，优先聚焦会影响商业目标的设计范围（因为测试分析的投入时间紧张）。当我们熟悉了设计细节甚至代码逻辑之后，就可以对系统测试用例集打上特定回归标签。有时候还能提出开发设计的不合理之处，获得超出以往的被认可感。

注意：对全量代码进行精准分析的成本可能太大，可以在每一期实践针对一个完整的核心模块进行精准分析实践，选择上应由易到难。

精准梳理被测模块的边界和调用关系

通过代码走读或者借助工具辅助，梳理核心功能的函数调用关系。对被测功能子模块进行全面梳理，输出接口定义，输出子调用函数和父调用函数的作用，思考哪些测试用例的路径覆盖更有价值，哪些接口的边界测试发生风险的概率较高。

对被测对象进行代码分析，与用例形成映射关系知识库

黑盒用例设计的本质是把需求（场景）与功能用例相关联，精准测试则追求把具体代码与可验收用例相关联，这个过程会启发我们补充新的精准用例，也会精选出老的用例，提高它们的执行优先级（也相当于降低了其他用例的执行优先级）。这些映射关系会存放在数据库里，供工程师为新版本挑选覆盖用例时参考。

通过用例的执行和缺陷分析，持续改进精准用例集

不论是功能测试还是性能测试，都可以进行精准分析和执行，在过程中分析为什么用例覆盖不完整，例如代码覆盖遗漏，或者代码缺陷没有被用例命中。然后将遗漏的用例补充入库。如果发现代码变更过大，需要重新梳理全量精准用例。

在下面几个小节中，我们会举例描述上述主要步骤是如何展开分析的。

12.2.2 对需求的精准分析

需求分析是否足够精准，要依赖经验的积累。在前面章节的需求分析基础上，可以重点着手下面几项内容的深度分析。

- 被测软件的产品架构图。从宏观看到产品的内部模块是如何拆分和分层的，最好细化到独立可测子模块。了解核心模块的接口、类、函数是如何设计的。
- 功能流程图。需求的相关逻辑要清晰呈现，以明确需求实现了哪些主要功能，能简单分析上下游不同功能模块之间的直接影响关系。其中功能流程可以分为正向业务逻辑流程和逆向业务逻辑流程。逆向业务逻辑流程即各类交易取消、返回异常、超时无响应场景等。

- 梳理产品定义的状态机变迁图。把产品可能处于的不同内部状态的定义，以及状态各种变迁可能的触发事件说明，完整地绘制出来。比如一个被交易资产的状态可能有非活跃、待售卖、已售卖，募集中、过期、异常等，针对不同状态间的迁移关系进行覆盖分析，分析哪些事件会导致状态发生变化（包括超时事件）。这些事件就是测试可选用的重点条件。
- 测试范围精准分析。了解本次需求变更影响的功能模块是什么，它又影响到哪些其他模块。本需求针对同一解决域的老需求带来的“冲击”是什么，是增加能力、修改能力，还是删除（失效）能力，这往往是新版本的精准测试重点。

如果目前的文档缺失或者质量不佳，建议与产品人员深入交流，帮助其完善文档。

12.2.3 对开发设计的精准分析

既然要深入软件内部来获取测试输入，那对开发的合作依赖就必不可少。精准测试人员需要开发侧丰富的文档输入及详细解答。

注意：对于改进型需求的设计，精准分析的重心在于差异化内容，需要在对应的分析视图中进行标记，如哪些是本需求实现中被修改的地方。

功能方面

在功能方面，重点需要对以下内容进行精准分析。

- 软件内部逻辑交互时序图。通过时序图，能看到各个外部节点和内部节点的消息处理逻辑（按照时间顺序），清晰体现各个节点的协作关系，如果有完整的异常逻辑处理时序图更好。
- 数据流向图。通过全局可视化的方式来说明核心数据在各软件模块的处理顺序和处理方法，比如是透传还是参与计算？计算公式是什么？
- 关键函数伪代码。对于复杂的模块或者复杂算法的关键功能，研读其细节代码的门槛可能比较高，如果有实现伪代码，将有利于掌握函数主要路径，挑选出合适的功能用例。如图12-3所示，是电脑管家扫描功能的逻辑交互时序图和关键函数伪代码示例。

性能方面

关注系统资源的占用分析，关注需求实现中可能导致的性能影响，调用了哪些系统资源接口，对CPU、内存空间、I/O读写、存储卡、OS服务接口、硬件传感器等是如何调用的，分析功耗影响的风险。针对高风险调用的典型测试场景，判断什么性能指标是可以通过工具实时观测的。

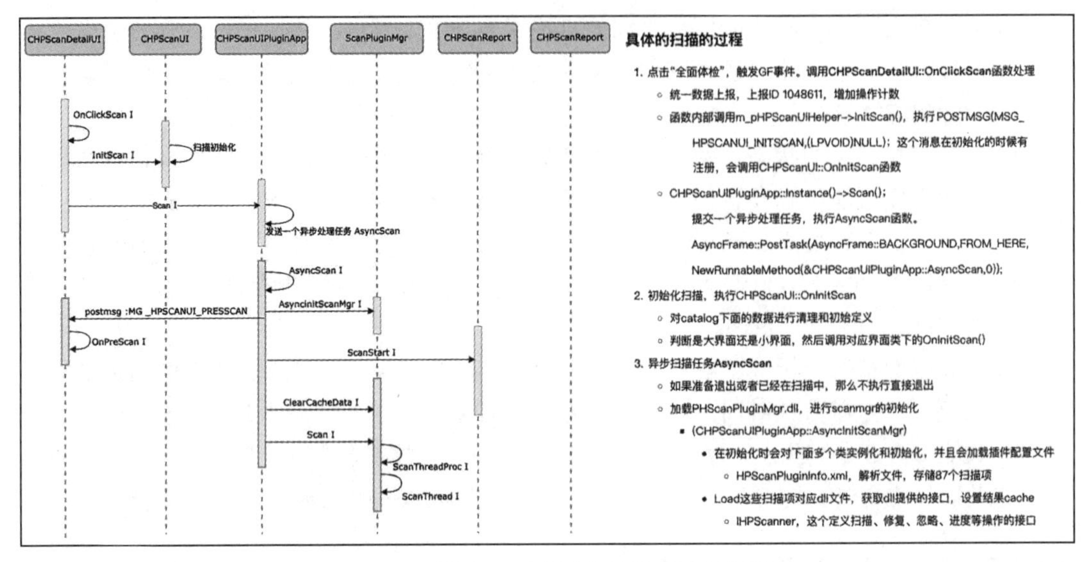

图 12-3 逻辑交互时序图和关键函数伪代码

另一个性能关注点就是响应时间，针对业务关键使用路径的调用关系、是否存在复杂的往复调用循环、超时处理不清晰等，把涉及长耗时调用的典型用例梳理到用例库里，重要响应场景要打上“建议自动化监控”的标签。

接口可测性方面

接口测试是检测内外系统之间或者内部模块之间的交互点，测试重心是数据交换、传递和控制过程，以及相互逻辑依赖关系。它是精准测试容易发力的测试层，可以从以下角度逐步深入分析。

本次被测需求设计了哪些接口，它们是已经存在的，还是有变更？

接口是如何设计的，复杂度是否过高？其可测性如何？针对被测模块进行边界梳理，绘制接口调用表，即本模块暴露给其他模块的接口。如图 12-4 所示，是电脑管家安全软件的某个模块边界梳理示例。

中心依赖（别人）的接口	暴露给其他中心的接口	Sheet3

依赖文件名	对应二进制文件名	依赖接口	依赖函数	功能描述	对应测试用例
QQPCTray.exe	QMRtpPlugin.dll	Tray插件所有接口		防护所有tips展示，包括关联查杀	
ISafeboxHelper.h	QMSafeBoxHelperDll.dll	头文件所有函数	头文件所有函数	海豚 QQ保护，网游保护，网购保护开关	这三个开关测试用例
ISafeboxHelper.h	QMSafeBoxHelperDll.dll	头文件所有函数	头文件所有函数	海豚 QQ保护，网游保护，网购保护开关	这三个开关测试用例
IArpMgrHelper.h	QMARPHelperDll.dll	头文件所有函数	头文件所有函数	arp防火墙开关	arp防火墙开关用例
SoftFtProcessLog.hpp	processlogdll.dll	头文件所有函数	头文件所有函数	软件频率统计	智能软件频率统计

图 12-4 模块边界梳理

对不变的接口，可以通过哪些用例场景覆盖主要内部逻辑，同时覆盖被测需求的主要验收场景？

对变更的接口，是在接口参数定义层面的变更还是内部实现逻辑层面的变更？变更对于接口模块内部功能有什么影响，对于接口模块的外部调用模块又有什么影响？如图 12-5 所示，是电脑管家云查杀模块的接口调用关系梳理示例。

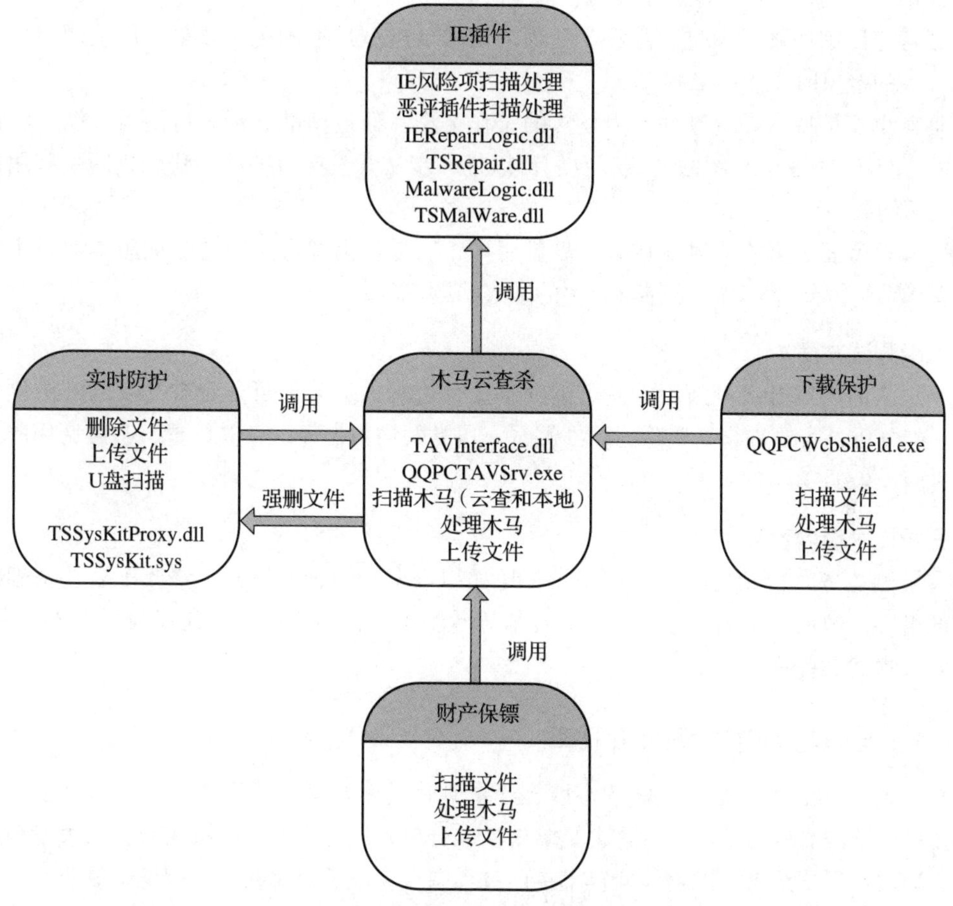

图 12-5 接口调用关系梳理

哪些接口需要进行性能压测？通常被频繁调用或长时间提供核心服务的接口，以及有严格响应时间要求的接口，需要做性能测试。如果要了解接口在什么情况下发生错误，带来不稳定性，那就要考虑纳入稳定性测试。

综上，可以输出接口测试的思考结果，即如何实施接口测试方案？选取哪些关键接口测试场景？

兼容测试方面

以 App 兼容测试为例，在开发实现资料中，如果涉及如下调用，那么就可以重点补充该调用的典型场景测试用例。发生兼容缺陷的根因很大程度上与这些调用类型有关。

- 不同版本的操作系统接口服务调用。
- 组件的不同接口版本调用。
- 不同硬件的驱动接口版本调用。
- 第三方接口调用协议发生变更。
- 特定厂家的硬件做过“特殊”处理，以满足机型预期的优化效果。那么调用这些硬件的接口时要当心。

兼容测试是特别耗费测试人力投入的工作类型，通过精准分析有可能极大缩小测试场景范围。基于8.3.3节介绍的内容，我们可以进一步从开发接口的调用代码判断哪些用例属于必测用例。

另外，市面上可能同时存在多个软件版本，所以还需要考虑旧的被测版本与发生新变化的操作系统，或者与第三方接口产生的兼容问题。

升级测试方面

用户从旧版本升级到新版本，可能面临迁移过程的风险，可以看看开发的升级设计文档，一起分析是否要进行高风险的精准测试。通常关注数据库、存储位置、基础调用服务版本等方面产生的变化。

开发技术债内容

非被测业务直接相关的技术债需求，比如引入全新的开发框架，修改了公共基础模块或外部组件，数据库重构或迁移等，都可能导致精准测试范围扩大。建议与开发人员讨论，确认如何测试更有效。

12.2.4　代码与用例关联的知识库

把代码与测试用例精准关联的难度在于白盒代码量很大，调用关系可能非常复杂，目前并没有公认的高效研究套路。这也是需求精准分析、设计精准分析都需要投入大量精力的原因。磨刀不误砍柴工，工程师的技术在此过程中也会成长得比在黑盒测试中更快。

要让精准测试人员获得源代码库访问权限，以便更自由、安全地获得内部软件知识，采用精准工具开展工作。

知识库原始积累

从人工的视角来积累一条条知识，就是通过学习源代码、函数或文件，匹配到对应的测试场景（用例）。首先建立从函数到用例的映射知识，然后进一步建立语句（语句块）和用例的映射知识。同时，知识库还会展示函数的基础介绍，以及直接对应的功能点说明。

单个函数的分析还好，随着代码调用关系越来越复杂，需要梳理出函数调用链关系，确保调用/被调用函数也被纳入精准测试的关联用例验收范围。

这类梳理仅靠人工可能是很艰难的，可以借助工具辅助梳理，其主流技术是通过程序动态插入探针，在调试运行中抛出程序特征数据，进而识别出程序数据和控制流信息，从中得到函数调用链路。还可以借助工具辅助进行关系链的排重和差异化分析，提高用例推荐效率。

通过对充分覆盖代码的用例集合进行不断梳理，被测需求模块的知识库就初步建立了。

开始执行精准用例挑选

基于代码工程的差异化分析工具，可以获得源代码及文件的精准差异报告（被测需求开发之前和开发之后的对比差异）。

当你收到新需求并进行精准设计分析后，就可以锁定被修改的代码区域（假设修改发生在函数A），针对A来补充变更代码的新增用例；然后评估知识库中该变更函数（或变更代码块）的推荐用例，看应否纳入回归用例集，降低漏测风险。

这只是最简单的情况，实际代码还会有很多调用关系，我们可以对调用变更函数A的函数B的推荐用例，以及被变更函数A调用的函数C的推荐用例，都进行分析挑选，将合适用例补充到回归用例集里。

需要注意的是，**耦合是精准测试最大的敌人**，因此用例挑选也要注意独立性，减少用例彼此之间的耦合关系，虽然有些用例是从用户视角编写的。

此外，代码块划分得越精细，它与用例的双向关联可能会越精准，当代码只发生微小变化时，就更容易推荐准确的用例组合。反之，用例覆盖得越精细、越独立，它与代码的双向关联就越精准，挑选出冗余用例的概率就更小。

推荐完最小用例集，再检查一遍被测需求所有的核心功能场景是否都能被最小集覆盖，如果没有覆盖，是否路径分析失误？

哪怕要发布的变更代码非常少，最基础的核心场景用例都建议回归一轮。

一句话，补充遗漏的，去掉冗余的。

最后，通过用例执行暴露出的覆盖率不足以及逃逸到现网的典型缺陷根因分析，更新相关函数的补充用例，完善知识库内容。图12-6简述了精准用例知识库的用例推荐和完善流程。

12.2.5 案例：精准分析和测试过程

这里给出两个案例，看看精准测试的典型执行流程，以及应该关注哪些分析内容。关于示例图片代表的具体产品参数含义及其详细分析，本文就略过了，读者参考其分析步骤即可。

案例一：功能精准测试

1）根据前面的各种分析步骤，简单绘制完整的精准测试分析流程，如图12-7所示。

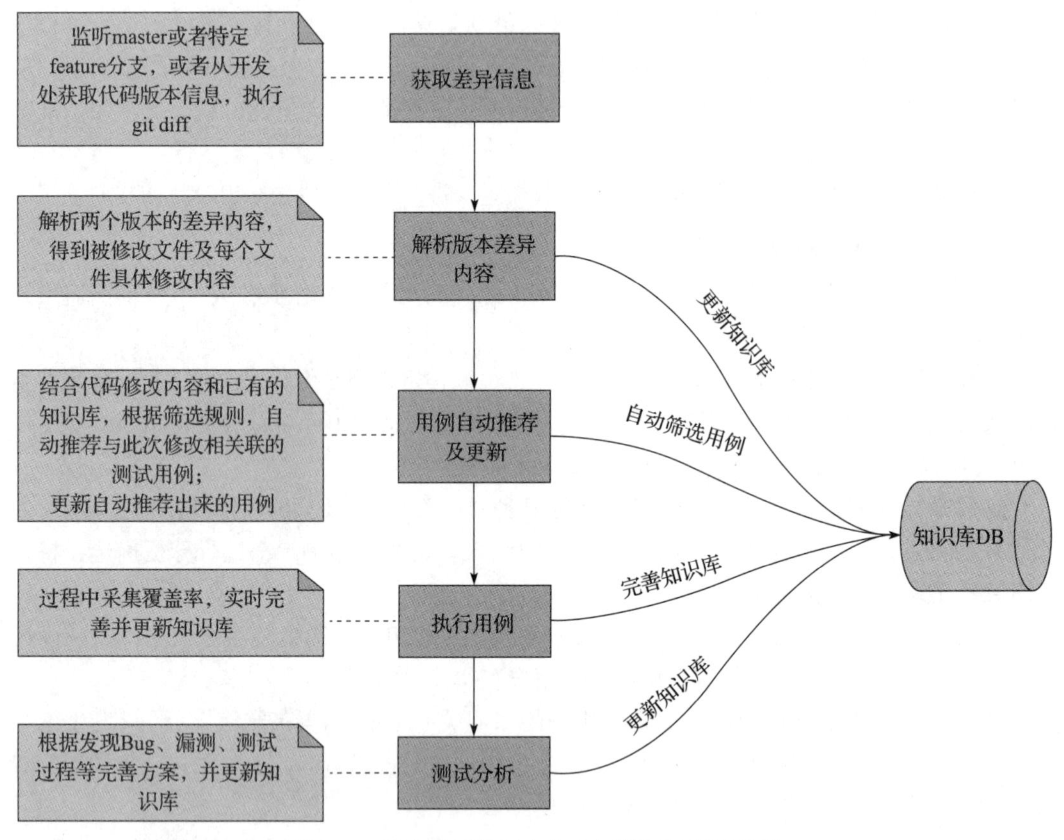

图 12-6 精准用例知识库的用例推荐和完善流程

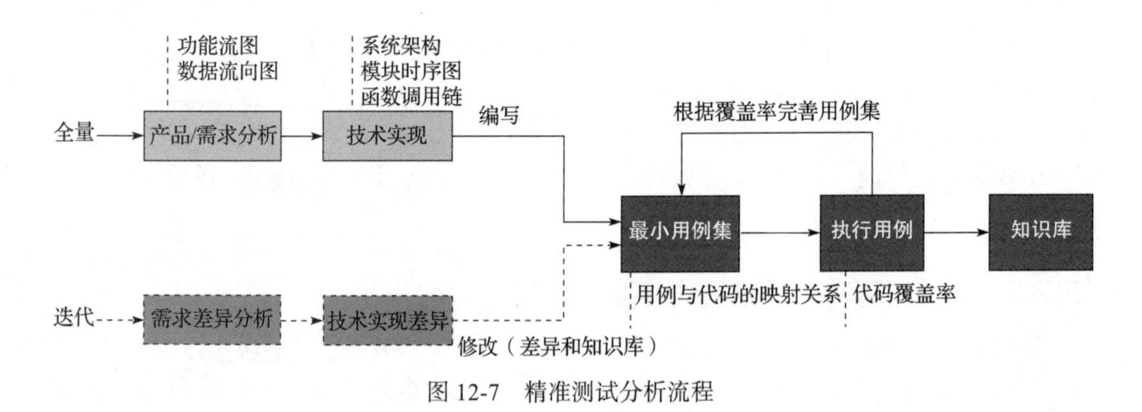

图 12-7 精准测试分析流程

首次分析聚焦全量代码覆盖的用例梳理，后面的版本分析聚焦迭代增量代码的精准梳理。

2）通过前面介绍的需求精准分析和设计架构分析，完成模块边界的梳理，确认模块调用的链式关系梳理（示范）如图 12-8 所示。

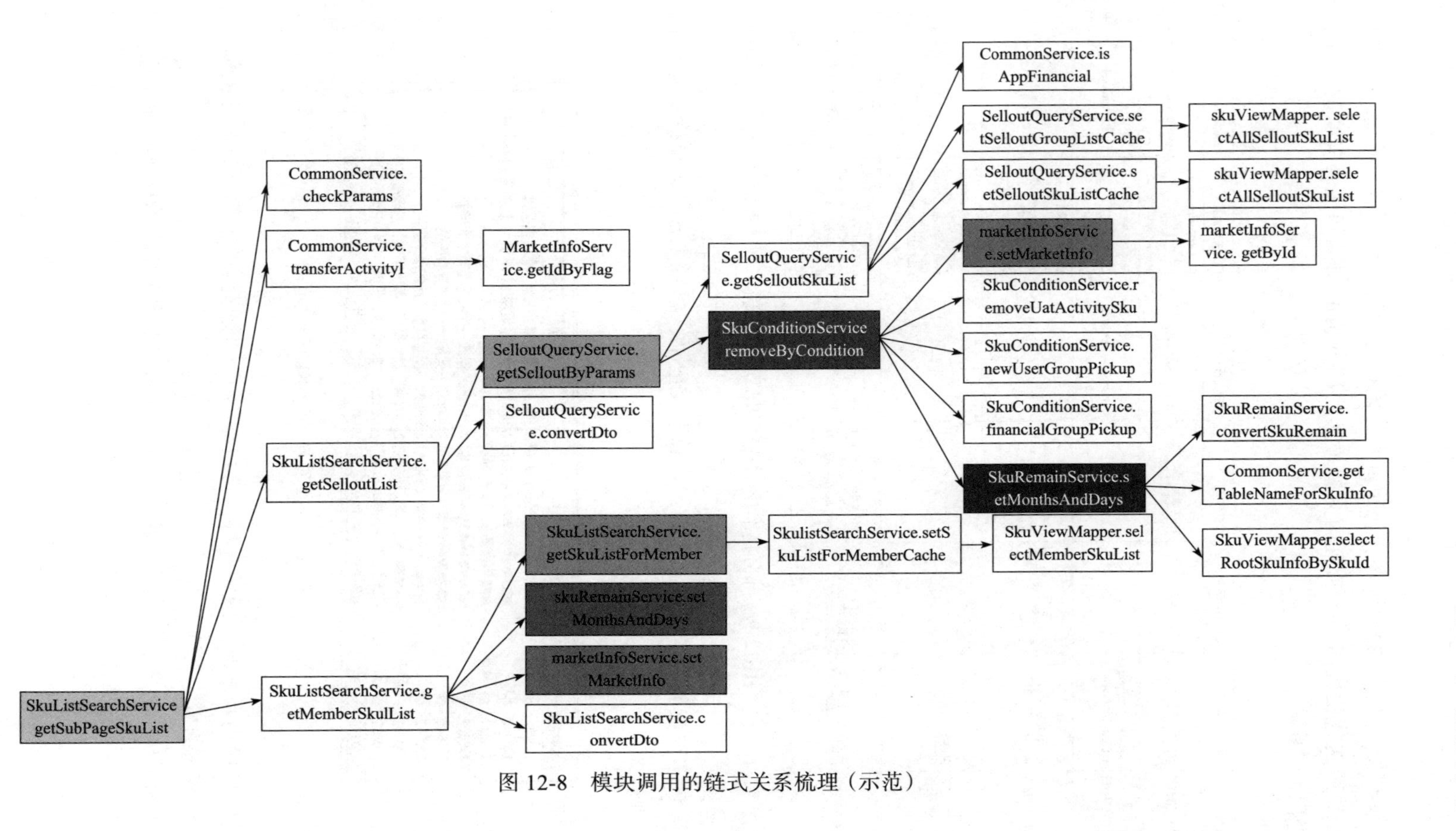

图12-8 模块调用的链式关系梳理（示范）

3）基于以上内容，编写用例，将用例和代码进行映射。前期建立映射关系知识的耗时比较长，后期迭代变更时的分析耗时大幅缩短。部分精准用例和代码关联的梳理实例（示范），如图 12-9 所示。

用例ID	用例模块	用例功能描述	调用公共用例	用例步骤	代码文件	前置关联函数	核心函数	期望结果
12	获取分页列表数据	活动id与营销配置映射，actActivityId为空		actFlagList不为空，actActivityId为空	CommonService.java	SkuListSearchServer.getPageSkuList SkuListSearchServer.getPageSkuList	transferActivityId	activityList为空
13	获取分页列表数据	活动id与营销配置映射，设置req活动列表信息			CommonService.java	SkuListSearchServer.getPageSkuList SkuListSearchServer.getPageSkuList	transferActivityId	将req的ActivityList和ActivityID分别设置为对应的值
14	获取分页列表数据	查询售罄标的列表，通过参数获取售罄标的列表	通过参数获取售罄标的列表	SkuListSearchService.getSubPageSkuList中req的saleStatus=sellout		SkuListSearchServer.getPageSkuList SkuListSearchServer.getPageSkuList SkuListSearchServer.getPageSkuList		
15	获取分页列表数据	查询售罄标的列表，标的列表转换为skuInfoDTO	标的信息转换			SkuListSearchServer.getPageSkuList SkuListSearchServer.getPageSkuList SkuListSearchServer.getPageSkuList		
16	获取分页列表数据	查询会员专享标，获取会员专享标的列表	获取会员专享标的列表	SkuListSearchService.getSubPageSkuList中req viewType设置为7.会员专享	SkuListSearchService.java	SkuListSearchServer.getPageSkuList SkuListSearchServer.getPageSkuList SkuListSearchServer.getPageSkuList	getMemberSkuList	

图 12-9 部分精准用例和代码关联的梳理实例（示范）

4）分析本次被测版本的差异代码，查看修改记录，或者与开发人员确认修改范围，如图 12-10 所示。

Revision	Actions	Author	Date	Message
121162		[illegible]	[illegible]日 1[illegible]:49:37	修改部分卡片下载按钮区域
121142		[illegible]	[illegible]日 1[illegible]:57:35	设置里增加测试开关；增加后台控制开关
121121		[illegible]	[illegible]日 1[illegible]:05:39	修改一个拼写错误
120807		[illegible]	[illegible]日 2[illegible]:05:35	修改一个按钮没有扩大问题
120806		[illegible]	[illegible]22日 2[illegible]:59:53	关闭view层次查看开关
120805		[illegible]	[illegible]日 2[illegible]:44:53	调整某些卡片的触摸区域
120801		[illegible]	[illegible]22日 2[illegible]:27:36	技术需求：扩大下载按钮点击区域2
120800		[illegible]	[illegible]日 2[illegible]:27:23	技术需求：扩大下载按钮点击区域
120578		[illegible]	[illegible]22日 1[illegible]:40:49	创建下载按钮点击区域扩大需求分支

图 12-10 查看被测版本的修改范围

完成差异代码和修改范围的分析，再根据知识库推荐出最小用例集，并根据人工分析补充优先级较高的风险用例。

5）在测试执行过程，利用代码覆盖率统计工具分析执行过程的代码路径，进一步根据缺失覆盖率的提示完善用例，如图 12-11 所示。

Element	Missed Instructions	Cov.	Missed Branches	Cov.	Missed	Cxty	Missed	Lines	Missed	Methods	Missed	Classes
SkuListSearchService		92%		91%	9	128	13	317	0	67	0	1
SkuSortService		94%		93%	7	69	9	152	0	23	0	1
MarketingTagService		95%		93%	3	51	5	105	0	14	0	1
SkuConditionService		94%		92%	2	67	4	84	0	19	0	1
SelloutQueryService		96%		95%	2	42	3	104	0	11	0	1
UserInfoService		6%		0%	3	5	20	22	1	3	0	1
CommonService		96%		92%	4	43	4	66	1	18	0	1
MarketInfoService		100%		100%	0	12	0	24	0	9	0	1
SkuRemainService		90%		92%	0	15	0	42	0	8	0	1
SkuSortService.new Object() {...}		100%		n/a	0	1	0	2	0	1	0	1
SkuGuaranteeService		76%		0%	2	7	3	11	1	6	0	1
TaskFlagCleanService		100%		n/a	0	3	0	6	0	3	0	1
Total	284 of 4,747	94%	36 of 513	93%	32	443	61	933	3	182	0	12

图 12-11 统计覆盖率并完善用例（示范）

6）输出包含精准测试用例的精华分析内容和执行后的精准测试报告。

相对于传统黑盒测试报告，精准测试报告一定会让团队耳目一新，凸显测试人员对于软件内部的充分理解！

需要注意的是，在实践中，某些原因会导致代码很难被从用户视角执行的用例完全覆盖，例如不可能的取值、目前还没有被调用的方法、部分难以事先设置的异常逻辑等。

案例二：性能精准测试

在普通的性能测试中，测试人员关心的是通过场景风险分析，选择出有风险的性能测试场景，以及通过测试观察性能指标是否达到预期。但是在精准测试的要求下，测试人员需努力掌握关键函数的调用路径，判断哪些函数调用可能带来明显的性能影响。

以**产品响应时间测试**为例，如果我们在每个调用函数中记录运行开始和结束的时间戳，那就可以精确看到在一个用户使用场景的总耗时中，哪个函数调用耗时最明显，然后与开发人员进行下一步的性能分析。

图 12-12 是经过大量精准分析后，针对“支付充值业务流程”，绘制出来的关键函数完整调用链示意图。

再利用每个函数的执行时间戳信息，我们能得到每个函数的处理耗时，判断该耗时是否处于一个合理范围，是否存在某个函数处理时长不太合理的情况，如图 12-13 所示。

测试结束的漏测分析

测试结束并发布上线后，别忘了回顾漏测教训，完善现有的用例推荐知识库。

有必要对每个逃逸缺陷进行分析判断，它是否被精准用例命中？如果没有命中，原因是什么？针对该缺陷故障代码的拦截，可以增加精准用例去覆盖。知识库不但保存了代码和用例的双向映射，还保存了缺陷和用例的双向映射，要把分析后的知识更新到知识库里。

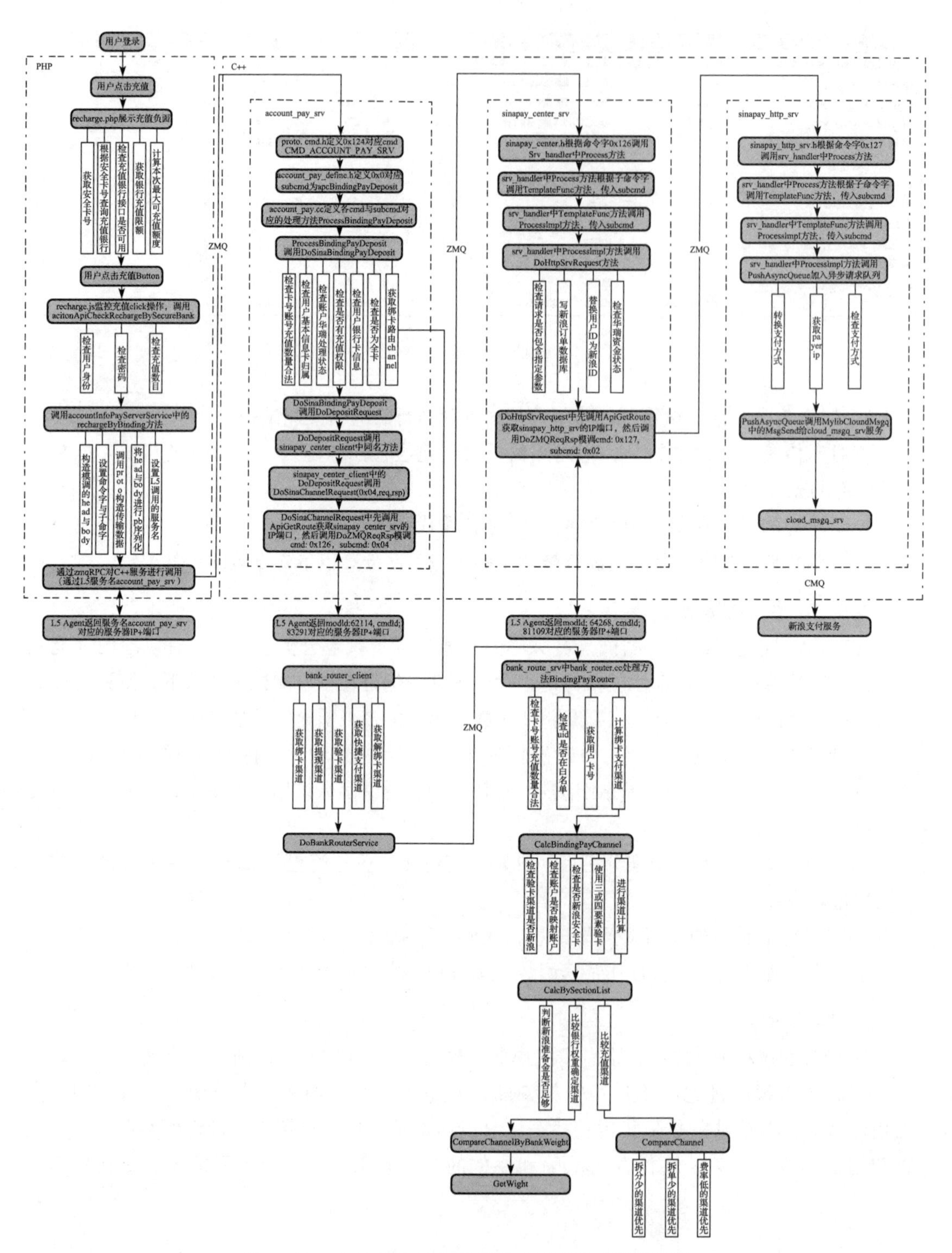

图 12-12 支付充值业务流程的关键函数完整调用链

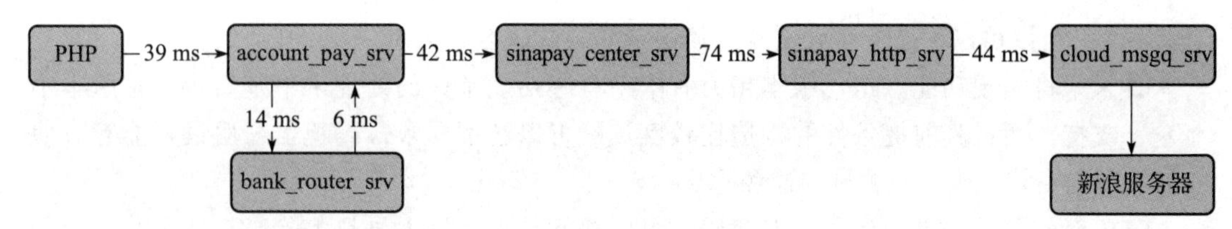

图 12-13　支付充值业务流程的函数耗时埋点

12.3　精准测试工具设计之路

精准测试工具，就是把测试分析的方法通过工程算法全自动实现，并持久化到数据库中。通过不断优化算法，自动推荐出针对函数差异的最小测试覆盖用例集。而高效的代码覆盖率工具是精准测试工具的基础能力，也是提升用例挑选效果的根基。

精准测试工具的强大能力常常能提供让人惊喜的价值。

12.3.1　代码覆盖率工具

代码覆盖率分为全量代码覆盖率和差异代码覆盖率。代码覆盖率工具是实践精准测试的基础，为下一步用例设计提供了指南和实验方法。

度量代码覆盖率的方法有多种，经典的有语句覆盖、判定覆盖、条件覆盖和路径覆盖等方法。路径覆盖是最强的覆盖方法，语句覆盖是最弱的覆盖方法。对于精准测试新手而言，即使只提升精准用例的语句覆盖效果，已经能提高不少信心了。

代码覆盖率工具可以针对测试用例集的执行结果，生成各种覆盖度量结果。具体步骤如下：

- 通过测试分析和精准用例设计，确定精准测试用例集。
- 开启代码覆盖率插桩工具，开始测试执行。
- 执行过程中，工具自动采集代码覆盖数据，可以随时把覆盖情况显示在云端。
- 测试结束后，可以看到云端网页的最终覆盖率结果。
- 进入人工分析，得出覆盖是否良好的结论。覆盖缺失的代码段，作用是什么，对应什么用户场景，如何补全相应用例。

代码覆盖率工具通过采集插桩能力，判断各单一语句块（即只有唯一一条路径的连续语句行）的断点是否命中来记录覆盖信息，再进行信息上报和汇聚处理。

强大的代码覆盖率工具还会提供这些进一步的能力：

- 多个修改版本测试后的代码覆盖率结果可以累积合并，也可以对比。
- 可以勾选全量覆盖和增量覆盖来查看结果。
- 圈选任意一个精准测试用例子集，都能在测试后呈现准确的覆盖率情况。

精准测试的代码覆盖率一定要达到 100% 吗？当然不是。有一些代码即使没有覆盖，风险也不大，所以可以不追求完全覆盖，降低精准测试成本。比如：

- 未来将实现功能。迭代版本精力有限，有些功能条件的处理来不及实现，本版本不支持，而且其前提条件的构造比较麻烦。可以暂不要求代码覆盖，但最好能有方便的替身代码来完成测试，避免隐患。
- 废弃代码。如果确认是废弃代码，可以提问题让开发人员只删除废弃代码，这也是精准测试的收益表现之一：优化了遗留代码。

基于代码覆盖工具在动态执行程序中真实记录的运行逻辑，精准测试工具就可以确保关联执行用例的覆盖统计准确性。

12.3.2 精准用例推荐系统

如 12.2.4 节介绍的，精准测试要实现推荐最小测试用例集，就需要建设一个代码（函数）到用例的知识库（数据库），再根据变更代码通过筛选算法得到推荐结果。

在工具层面，要实现更低的使用难度、更高的知识库建设效率，就需要自动实现“**录制知识**”环节和“**差异代码推荐**”环节。

录制知识就是在每一个手工用例执行全过程的同时，生成代码关联知识。每个用例执行前启动录制，结束时终止录制，生成用例—代码匹配数据，并按用例 ID 和场景命名。录制用例时，工具也可以把用例的关键描述文字保存在用例文件中，方便随时查询分析。

差异代码推荐，即针对本次待测软件的差异代码，利用知识库和反查算法，自动推荐“最小覆盖用例集”。

但是，推荐用例算法容易踩到的“**失效**”坑也不少，比如：

1）公共框架函数的变更会导致大量新需求的用例推荐都命中了这个公共框架函数对应的用例，实际上这种用例的测试价值比较低，如果该公共函数是底层调用函数，更可能导致推荐用例大量冗余。可以针对这类公共函数用例设置白名单，直接在结果中过滤掉。

2）针对被测函数，推荐的用例过多。理论上，精准测试用例覆盖强度要等于或低于路径覆盖的，所以结合函数调用路径的唯一性识别（比如 hash 值），如果一条函数执行路径推荐的用例超过 1 个，就应该只保留一个用例，这样最终可以自动梳理出最小精准用例集。

知识库中候选的回归用例，随着版本的不断发展，显然不会一直保持精准，那什么时候需要刷新用例集呢？

1）如果用例要验收的对象定义发生了变化，需要修改用例脚本。

2）如果新版本发生了重构，或公共框架做了重构，可能需要大量替换用例，或者干脆重新录制所有用例，生成新的关联知识。

3）根据经验，如果距离上次全量用例的录制关联时的版本和当前待测版本的全量代码差异率超过 30%，建议重新进行全量用例的录制关联。否则，当差异代码占比过大时，精准用例集的覆盖准确度可能会明显下降。

4）UI级自动化用例在不同版本可能会有明显变更，所以精准用例要尽可能降低UI自动化用例的比例，保留极少数端到端验收核心界面用例即可。

12.3.3 精准测试工具的能力拓展

除了基本的精准测试流程和知识库能力保障，精准测试还可以进一步发挥出乎意料的价值，下面举出几个实例。

与DevOps平台紧密结合

精准测试工具可以与DevOps平台流程无缝对接，每次构建新版本时都能自动进行精准测试流程的加载，每个项目只需要一次性的配置对接。精准测试工具从自动化平台选取用例脚本来执行，同时实现精准和持续自动化的双重收益。

执行过程实时采集软件内部信息

精准测试工具不仅可以在测试前和测试后发挥价值，在测试过程中，结合代码覆盖插桩能力和动态性能监控能力，也可以实时给出关键的内部"精准"信息。比如在测试执行的每个界面上，我们都可以看到可视化的性能指标曲线，也可以实时看到当前被调函数的资源占用分析。

一旦确认发生功能缺陷问题或性能超出阈值，开发人员在可视化的系统上可以很快找到对应的函数代码问题（包括最后调用的函数堆栈）。用例执行过程映射到代码层面，让开发和测试人员在同一个平台的协同上加深对程序运行的理解程度。

从精准知识库到领域缺陷代码扫描器

精准分析的知识库包含代码和用例的映射关系，那么一旦发生缺陷，我们也获得了缺陷场景与代码的映射关系，并且在知识库中进行信息补充和缺陷标注。

如果对多个产品的大量缺陷进行了知识库沉淀，会留给我们什么财富？

我们可以从大量缺陷的根因代码分析找到足够数量的缺陷代码模式（规律），并用正则表达式提炼规则，也许就可以生成一个特定领域的缺陷代码扫描器。

案例一：通过手机适配的大量缺陷分析，我们能积累大量不同品牌手机适配的缺陷代码模式，整合到缺陷扫描器的识别规则中，然后就能通过扫描任何被测手机软件的代码，看看是否命中适配缺陷。这样无须执行适配测试就可以提示缺陷了。

案例二：针对电商领域的各种资金处理的错误缺陷，经过精准分析知识库的代码模式归纳，做出代码扫描器，就可以在提交代码时发现潜在的资金处理典型缺陷。

当然，扫描器无法发现全新知识领域的缺陷，它的使用效果取决于各种缺陷的样本是否充分（即降低漏报），也取决于分析缺陷代码规律的归纳准确性（即降低误报）。

异常场景错误提示的优化

异常场景是测试容易遗漏的地方，而有些异常处理不当可能会引发重大问题。需求产品文档对各种异常场景的处理文本往往不够重视，这也可能是因为产品经理不了解软件异常处理的各种逻辑。对用户体验而言，这里就存在一个 GAP（差距）：面对异常，用户往往会烦躁，急需要产品的文字“安抚”，而这时弹出来的往往是莫名其妙的异常错误码，令人困惑甚至担忧，比如经常返回“40X”、笼统不明的“发生内部错误”、当交易失败时产品反馈的却是“网络繁忙”等。

从梳理错误码的代码覆盖分析上，我们能够利用精准测试工具自动筛选出各个错误码出现的典型上下文场景，通过测试验证来评估其错误提示是否满足用户的合理期待，能否清晰指引用户进行下一步的操作，比如耐心等待、咨询客服、重新登录等。做一轮这样的专题可以批量优化各个异常场景的用户体验。

12.4 测试建模：辅助精准用例设计

在精准测试技术方案介绍的最后，我来分享一类“高级”的理论化用例设计思路：基于精准分析的**测试建模**。可选取合适的测试设计模型及相应分析工具，生成完整而不冗余的覆盖用例。基于模型的测试，是对被测对象在头脑中的体验认知进行了系统化、结构化的抽象，为测试方向增添了科学性和指导性，强化我们的逻辑推理，识别容易遗漏的风险。

因此，通过需求整理，把被测对象的理解进行图形化、抽象化表示，是建模的第一步。

我们通过在精准测试设计中的实践，摸索出最适合本产品的高效测试建模方案。个人会因为测试建模而让工作有条不紊，团队也会通过建模维度的讨论而对设计的完整性达成一致。

以下是业界知名的测试建模方法，很容易实践。

FSM 建模

FSM（Finite State Machine，有限状态机）是软件测试领域流行的测试模型，基于被测对象的实现是否与模型一致，通过路径遍历策略生成相应的测试用例。这种建模方法适用于用户业务场景交互和功能特性交互等测试验证。

绘制状态机，需要研究被测对象的各种状态，列出状态之间各个引发转换的事件，再根据状态机的路径和触发条件作为生成遍历用例的依据。注意，超时也是一类重要的可能引发状态转换的事件。

图 12-14 是某 App 首页访问功能的有限状态机建模以及用例自动生成的示范图。

除了状态图外，**活动图**和**时序图**也可以用来实现类似的建模和用例生成效果。

HTSM 建模

HTSM（Heuristic Test Strategy Model，启发式测试策略模型）是一个结构化的、可定制的测试风险设计模型，能够在测试全程提供有益的提示，帮助测试人员完整地思考产品的方方面面，进而产生系统性的测试计划，开发出强力的测试策略。

图 12-15 是 HTSM 的概要描述示范，测试人员利用产品元素、项目环境、质量标准，指导测试技术的选择与应用，并观察质量反馈情况。

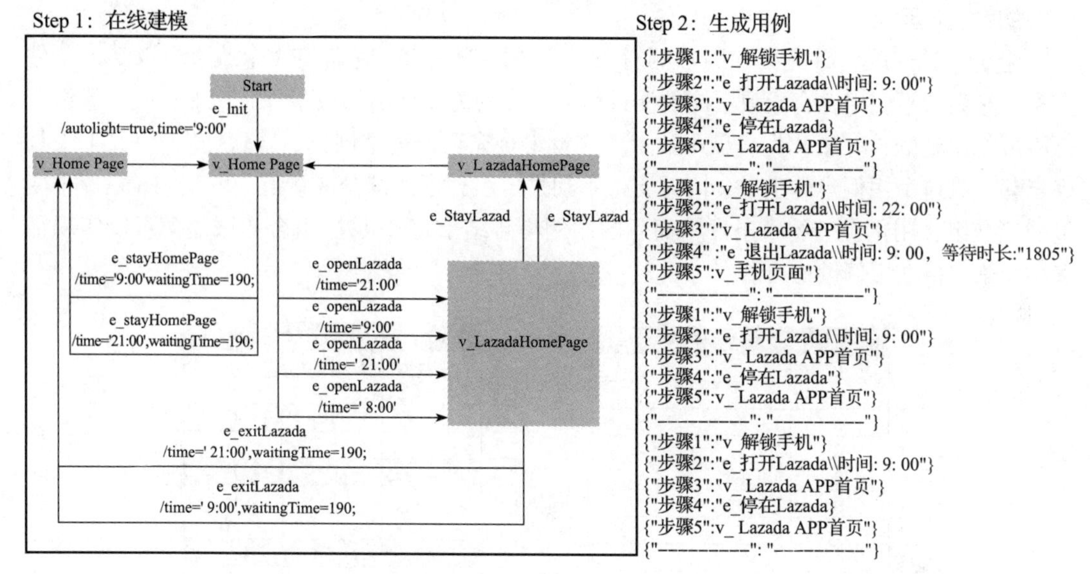

图 12-14　有限状态机建模以及用例自动生成（示范）

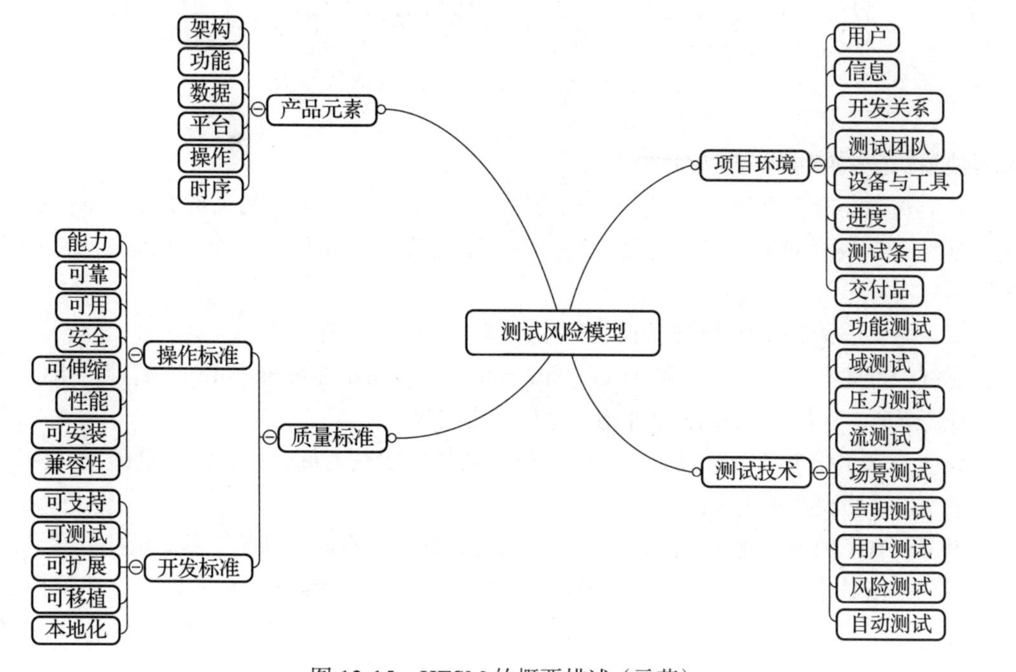

图 12-15　HTSM 的概要描述（示范）

以上四大顶层元素（产品元素、项目环境、质量标准、测试技术）还能进一步拆分为次层元素。这一系列指导性词语构成的层次结构可以帮助（**启发**）测试人员从高层抽象到底层细节，对产品质量进行思考，但它们不会具体教授如何进行测试用例设计和执行。

组合测试建模

组合测试建模，首先要找到被测对象的主要影响因素，通常有 2 个或 2 个以上的条件变量，它们的不同组合会导致不同的测试结果。然后需要列出约束条件，比如什么变量组合是不可能出现的，并据此生成最小数量的变量组合完全覆盖用例集。微软提供了 PICT 工具来自动完成这个用例集的生成，同时支持手动指定组合中的部分变量值。图 12-16 是三个变量的正交组合用例经过约束条件精简后的用例集合结果（示范）。组合测试建模可以实现很多小场景的精准用例设计覆盖。

	P1	P2	P3
1	0	T	X
2	0	T	Y
3	0	T	Z
4	0	F	X
5	0	F	Y
6	0	F	Z
7	1	T	X
8	1	T	Y
9	1	T	Z
10	1	F	X
11	1	F	Y
12	1	F	Z

	P1	P2	P3
X	0	T	A
1	0	T	B
2	0	T	C
3	0	F	A
X	0	F	B
4	0	F	C
5	1	T	A
X	1	T	B
6	1	T	C
X	1	F	A
7	1	F	B
X	1	F	C

图 12-16 组合测试建模和用例约束精简（示范）

决策树测试建模

针对被测需求借助 NLP 分析方法进行深入理解，识别该需求的关键变量，不同选择路线的推导会导致不同的结果，由此绘制一棵完整决策树。借助它，测试覆盖路径就非常清晰了。

图 12-17 是决策树测试建模的示范图。

还有一种建模方案，即谷歌 ACC（Attribute Component Compatibility，属性 – 组件 – 能力）测试模型，具体将在第 13 章介绍，这里不再赘述。

我认为基于模型的测试设计能帮助测试人员用更少的时间，迅速而准确地提高测试覆盖水平。但它的收益不止于此：

第一，有了固定的建模方法，就有了采用合适开源或自研自动化工具的敏捷方案。

第二，测试模型更贴合测试对象的结构特征，发生重大变化的概率低，修改维护的成本也低。

最后，测试模型为引入智能化测试提供了基础，智能化测试在测试模型的用例生成中也许能精选出更有价值的子集。从某个角度而言，智能化测试也是采用了特定机器学习算法的测试模型。

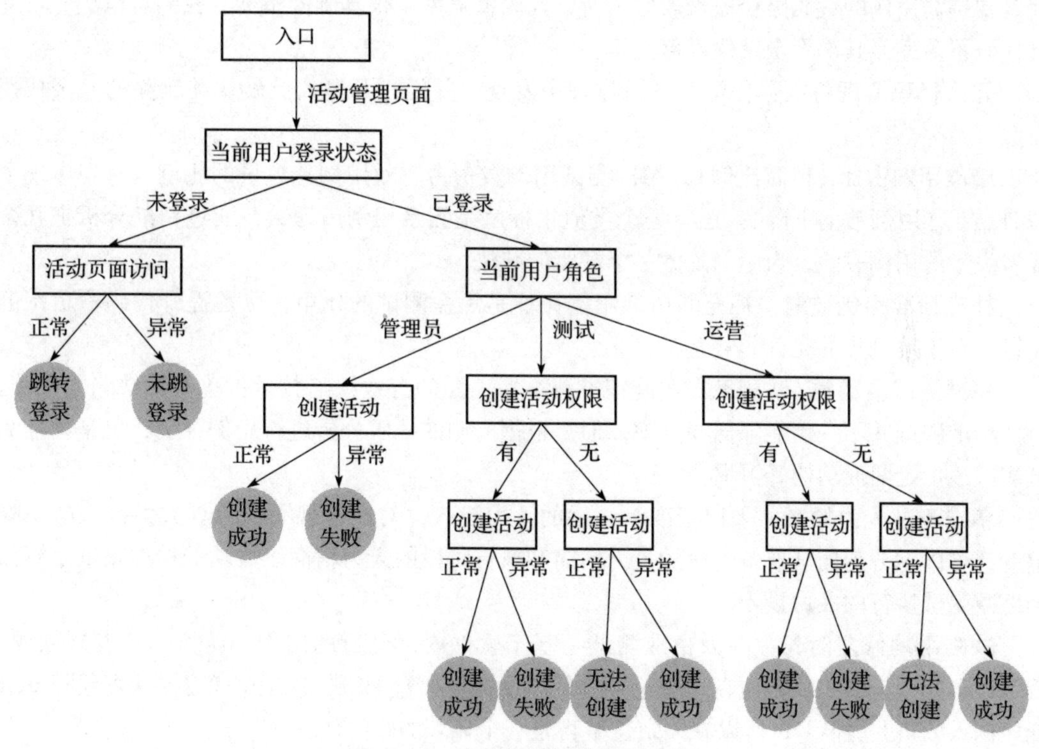

图 12-17 决策树测试建模（示范）

12.5 精准测试的收益

与所有敏捷技术的导入一样，如果管理者只顾着强调漏测的责任，就会严重影响精准技术的落实，因为没有人可以保证减少用例数量就不会遗漏重要缺陷。因此，精准测试实践的核心，是用低概率的风险换取执行用例（尤其是手工用例）的大幅下降，要理性地看到“精准改革”带来的有益变化，这不是“自动化覆盖率又提高了 X%”这类浅显指标能衡量的价值。

精准实践的关键收益指标

既然精准测试实践的目标是覆盖全而且用例少，那么可以自然推导出下面这些关键指标。

需求覆盖率：精准测试覆盖了多少比例的待测需求（包含拆解后的功能需求、技术需求、性能等系统能力需求）。

功能模块覆盖率：衡量内部功能模块的覆盖情况，有利于树立测试人员发布产品的信心。

代码覆盖率：精准用例集跑一轮，覆盖了多少比例的待测源码。因为精准测试的本意就是要提高用例的代码路径覆盖效率，所以代码覆盖率是很基础的指标，我们可以优先看差异代码覆盖率，其次看全量代码覆盖率。

冗余代码清理行数：在精准分析过程中发现，并经过开发人员确认和删除的冗余代码行数。

精准用例占比（精简比例）：精准测试用例数量占有效用例总数量的比例，直观体现了瘦身结果（用例数的下降）。还有一个类似指标就是**冗余用例清理数**，通过精准分析把冗余或者失效的用例去除，为用例集做一个健康的减法。

补充精准用例数量：补充的精准用例往往是黑盒测试的死角，也是提升代码覆盖率的关键，对于用例集的完善非常有益。

精准测试漏测数 / 漏测率：实施精准测试后遗漏的有效缺陷数量占总有效缺陷的比例。虽然精准测试并不一定能降低漏测率，但是根据漏测的根因分析进行用例补全，也是精准测试实践逐步走向成功的好习惯。

精准测试人力精简：采用精准测试后的人力投入，对比常规测试计划人力投入的下降幅度，可以拆分为测试准备阶段的人力精简和执行阶段的人力精简。成功的精准测试最终都会缩减测试执行的人力投入。

缺陷平均修复时长：因为精准测试是基于软件内部分析的用例，所以一旦发现问题，就可以迅速锁定缺陷代码所在，理论上修复速度会比黑盒测试发现缺陷（需要从表象和日志开始深入分析）快很多，所以缺陷定位率将是一个显著的收益体现。

测试独占时间：从开发人员提测到收到测试结论之间的等待时间。精准测试大幅缩小了测试范围，再配合自动化测试的部署，可以大幅缩短专职测试的独占时间。

人的收益

与过程客观指标不同，精准收益还充分体现在人的能力提升，以及协作满意度提升，这个价值不低于客观的研发效率或质量提升的价值。

1）精准测试人员的能力提升。

相对于传统测试人员，精准测试人员和开发人员的界限被模糊了，开发人员可以协助精准测试的实施，体现了全员对质量内建负责。精准测试人员的收益，就是对开发设计和代码实现有了更深入的理解，掌握了更高效的软件缺陷挖掘技巧，兼具黑盒测试的交付视角和白盒测试的逻辑路径理解。

通过精准分析，而不是借助“猜”，让原本需要大量回归用例才有信心发布的需求，可以只测很少数用例就心中有底了，这必然带来专业影响力和自豪感。精准测试人员不仅精通业务逻辑，还熟悉软件内部实现，自然会逐步成为团队不可或缺的骨干。

2）正因为精准测试人员熟悉代码设计，如果开发人员没有做“**份内**”的单元测试，很容易被发现基础路径漏测的低级缺陷。测试人员反推开发人员做好自测就更有底气。

3）测试人员和开发人员对需求实现的技术细节有更高效的交流，针对本次变更的风险推荐最佳测试场景时能更快达成一致。

测试人员和开发人员的当面沟通比文档更为重要，与其催促开发人员给出完善的软件实现文档，不如在开发人员的协助下完善精准测试需要的细节逻辑文档，双方同时加深理解，澄清误解，一起受益。

这些文档非常清晰且重要，还有利于团队新人吸收软件内部的关键结构信息。

精准测试的分析过程，可以从不同的角度发现软件的设计问题和冗余代码，这种收获是黑盒测试层面无法获得的，必然会提升团队的软件设计水平。

4）管理的效率提升，领导层对测试产出的信心更足。

黑盒测试的管理者对成员的测试效率不太容易把控，对于外包测试和众包测试人员是否认真执行了测试，也难以准确地判断。有了精准测试的代码覆盖视图和分析报告，管理者对人员工作的基础效果判断就更有底气。

精准测试活动的质量也更容易量化，可纳入整个软件工程质量的数据看板中，随时供干系人查阅。

推荐几个精准测试实践技巧

1）**结合两条精准实践路线的优点**。系统可自动推荐出变更代码的最小用例集，人工精准分析也可独立得出推荐用例，两者可以做一个印证，然后把算法推荐和人工经验结合在一起，在提高效率的同时也强化了人的分析价值。

在没有可用的精准测试平台之前，可以先通过人工做精准分析和建立知识库，再逐步尝试自动化建设完成测试分析、精准信息入库和用例推荐工作。

2）**鼓励开发人员的输入**。毫无疑问，开发人员提供的软件设计知识对于精准分析的输入是至关重要的。在提测时，鼓励开发人员基于经验提示本次变更需要重点覆盖的测试场景，能给我们挑选用例集带来有效启发。

3）**特性团队更有利于精准测试实践**。一方面，Scrum 特性团队的开发人员规模有限，改动代码及模块数量有限，需求可以小批量独立交付，所以精准测试的范围能锁定在一个可控水平。另一方面，特性团队从一开始就致力于模块解耦，将团队与其他特性团队的接口关系梳理得尽量简单，这些都会带来精准分析成本的大幅下降，让推荐用例的效果有更佳保障。

4）**进行代码热区分析**。随着精准分析的深入，配合代码覆盖工具的可视化代码染色能力，通过大量精准用例执行，可以看到哪些代码块是覆盖执行的热区。这些热区既是被用户高频触达的路径，也是部分测试用例冗余概率较高的领域，值得进一步人工挖掘。反过来，对于代码覆盖的冷区，我们可以适当降低相关测试场景的优先级，因为用户一般用不到这部分功能，但也要思考是否有必要为冷区补充一定数量的路径覆盖用例。

12.6 本章小结

本章深入介绍了敏捷测试三大利器之精准测试，从精准测试的兴起原因开始剖析，回答了一些典型困惑，比如精准测试和白盒测试、探索式测试有什么差别。接着，我们从两条路线来分头介绍精准测试。精准测试分析之路，提升了员工的技术水平，从需求精准分析和开发设计精准分析，获得足够的软件内部知识，再通过建立用例和代码关联的知识库，逐步做到根据差异代码就可以推荐特定用例的效果。精准工具建设之路，基于代码覆盖率工具，自动化建设精准用例推荐系统，进而形成精准扫描缺陷等拓展能力。而围绕测试建模的设计方法实践，也能提升精准测试设计的理论保障水平。最后，我们把精准测试的实践收益和推荐技巧作为本章的收尾。

人的能力提升和业务测试更高效交付，是历经精准测试艰苦锤炼后的宝贵收益。

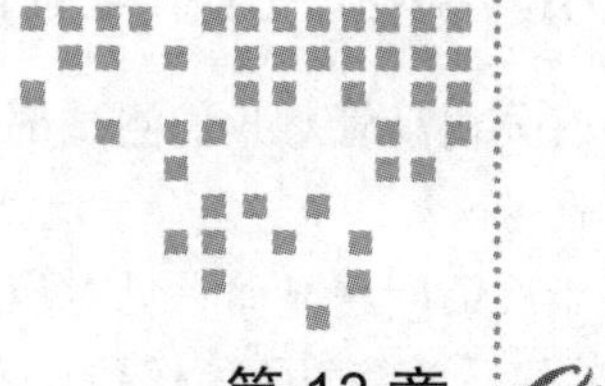

第 13 章 Chapter 13

提升用户体验的测试方案

越来越多的公司把用户体验作为安身立命的根基，不断发起提升用户满意度的革命。在这个过程当中，测试团队往往被寄予厚望，希望测试人员和测试平台能够在这方面发挥更大的价值。

但实际上，测试团队的传统工作内容和用户体验内容有着很大的差异。本章将给出一个初步体系化的测试方案，让测试团队以较少的训练成本，逐步扮演好用户体验提升的关键角色，在公司和业务团队中得到更多的影响力。图 13-1 是本章方案内容的总览，下面会逐个详细讲解。

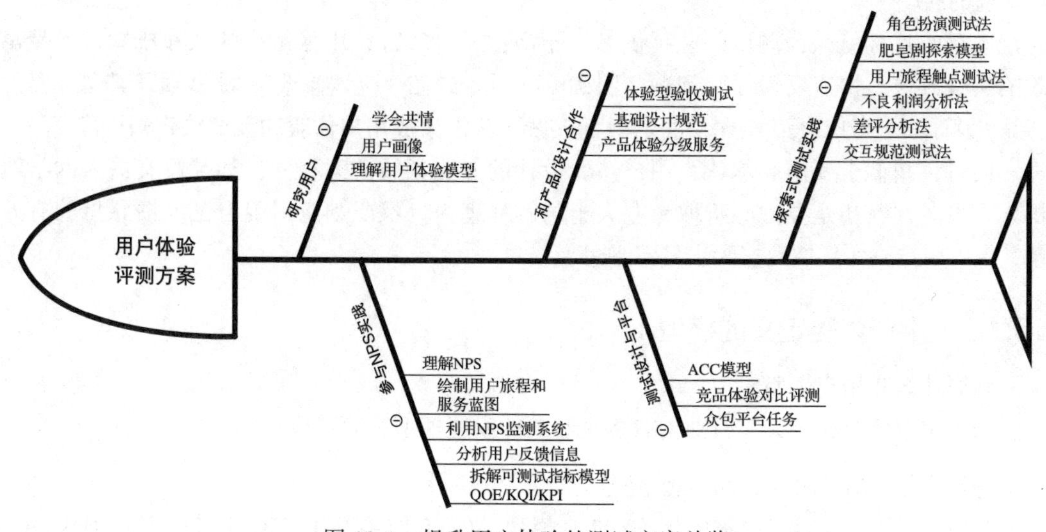

图 13-1　提升用户体验的测试方案总览

13.1 用户体验与测试工作

曾经有公司高管对我们测试部门提出质疑，也可以说是期望：测试团队能否多发掘一些用户体验问题？

有不少反馈问题显而易见对用户体验有伤害，比如同样的功能，在不同流程中交互风格不一致（像是两个团队的作品），但是测试报告里几乎没有提到过。

老板甚至会提出这样的灵魂拷问：测试团队除了报告一大堆缺陷，能否给出结论，**到底产品品质的竞争力是高是低，与竞品对比如何？**

测试团队对用户体验问题的态度，为什么总是欲说还休？

13.1.1 体验类测试的现状

很多测试团队，并没有把用户体验作为测试考虑范围，主要原因分析如下：

1）用户体验不一定是客观的产品实现逻辑或者可精准度量指标，无法简单判断是否属于缺陷。

2）提报用户体验问题容易被产品驳回，影响某些效率考核指标，如缺陷无效率、测试用例（发现缺陷的）有效率，等等。

3）测试团队对用户体验涉及的广泛知识，缺乏专业培训和掌握，如交互设计、体验度量指标体系等。

但从其他方面看，测试团队也有理由、有责任对用户体验提升把关：

1）用户体验效果受公司管理层重视，测试如果能高效挖掘更大的价值，会提升自身地位。

2）测试作为用户品质的守护人，理应为用户体验发声。

3）测试活动覆盖了大量的用户使用场景和路径，投入人力多，更有机会系统地发现用户体验的问题。

本章的目标就是为测试团队提供参考指南：通过实践，用**尽量少的认知成本，尽量高效的实践方法**，快速反馈体验问题。明确哪些属于**缺陷**（应该修改），哪些属于**建议**（需要产品 / 设计综合考虑决策），最终把有效的实践方法汇聚成**用户体验的测试诀窍知识库**。

同时，我们也要虚心承认，用户体验设计的专业领域博大精深，如果没有深入的学习积累，很多判断还是要虚心听取专业人士的解释理由，不要刻意捍卫自己反馈意见的有效性，多以用户真实反馈数据为出发点来思考。

13.1.2 用户体验定义的模型

到底什么是用户体验？

关于用户体验的定义，行业内有多个经典的表述模型，简单概述如下。

蜂巢模型（由 Peter Morville 提出）

蜂巢模型把产品设计的价值分为 7 个模块：Useful（有用）、Usable（可用）、Desirable

（合意）、Findable（可寻）、Accessible（可及）、Credible（信任）、Valuable（价值）。

蜂巢模型能够帮助人们迅速理解需求并定义需求的优先级，综合考虑环境、内容和用户的平衡，有利于针对特定目的改善设计，并审视价值。

5E 原则（由 Whitney Quesenbery 提出）

从可用性出发，研究产品的 5 个属性：Effective（有效性）、Efficient（效率）、Engaging（吸引的）、Error Tolerant（容错）、Easy to Learn（易学）。这 5 个属性不一定是同等重要的，对于不同的产品、不同的用户，部分属性应该放在次要的位置上。通过 5E 原则进行思考带来的价值要比简单理解用户的利益更有意义，它可以在必要时进行平衡，给出设计方法、辨明方向。

用户体验的循环模型

用户体验不是一次简单行动，它是试图满足希望、梦想、需要以及欲望的关联在一起的循环，它由这些动作组成：触发（Trigger）、期望（Expectation）、接近（Proximity）、知晓（Awareness）、联系（Connection）、行动（Action）、响应（Response）、评价（Evaluation）。

用户通过比较自己的期望和系统的响应，或者得到满足，或者调整期望，或者放弃使用系统，等等。图 13-2 是一个简单的用户体验的循环模型示意图。

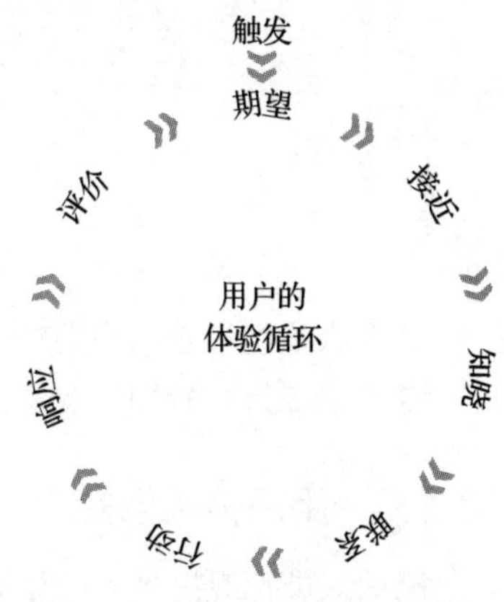

图 13-2　用户体验的循环模型

情感化交互设计模型

“当技术满足了基本需要，用户体验便开始主宰一切。”

——唐纳德·诺曼

本模型提出了大多数技术产品和服务的体验都会经历的六个成熟等级，从“嘿，这玩意能管用”到“它让我的生活充满意义”，即**实用**（有用，按计划进行），**可靠**（有效而准确），**可用**（使用起来没有难度），**易用**（快捷方便，无须特别记忆），**令人愉悦**（值得宣传的难忘体验），**意义深远**（对个人意义重大，品牌第一选择）。如图 13-3 所示。

情感化交互设计模型比较完整地体现了现行用户体验的关注层次，概念认知度高，因此推荐作为测试团队理解用户体验的基本模型，并从每一个层次中找到生动的可度量例子，便于成员理解。

- **实用**：度量有多少用户在使用该功能，活跃度如何。
- **可靠**：度量稳定性指标、服务稳定性、接口可用性等。
- **可用**：度量新手用户关键任务完成率 / 正确率等。
- **易用**：度量关键任务平均完成时长、步骤数等。

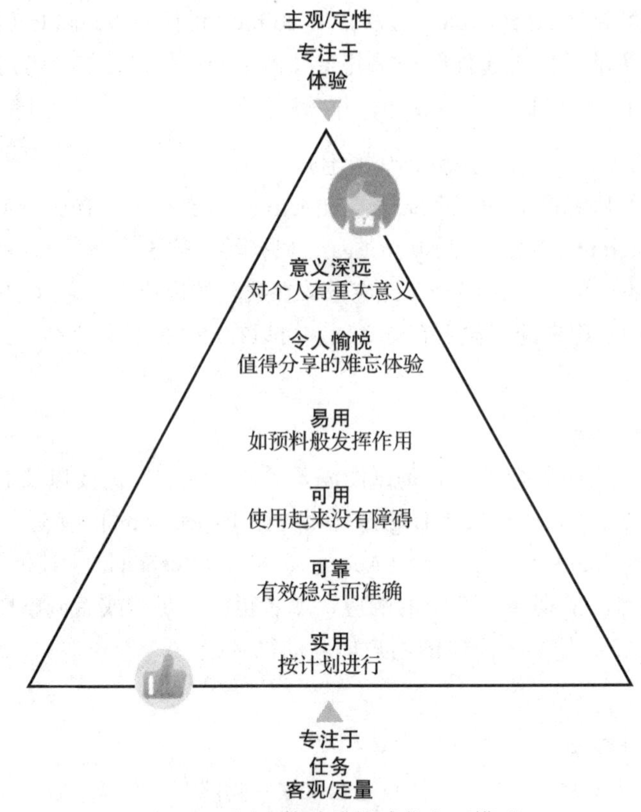

图 13-3 用户体验的情感化交互模型

- **令人愉悦**：看用户的产品使用满意度调查等。
- **意义深远**：看用户首选品牌占比、品牌 NPS 排名等。

13.1.3 用户体验问题与常规缺陷的异同

测试人员常规提报的产品缺陷与用户体验反馈的问题有什么异同呢？

相同点：

两者都会涵盖直接影响用户感受的产品逻辑缺陷、性能缺陷等。

不同点：

常规缺陷包括用户暂时感知不明显的错误和风险问题，如内存泄漏、内部定义错误、极端场景问题、部分安全技术漏洞等。

而用户体验问题不只是客观逻辑问题，也关联到负面情绪体验，如惊吓、愤怒、迷惑、鄙视、烦躁等都会反馈在用户投诉中，对于待在实验室中忙碌的工程师，可能对用户反馈的负面情感缺乏共鸣。

用户体验和用户的背景强相关，比如：年轻人体验时觉得正常的产品，老年人用起来会觉得体验差，如字体太小或操作按钮不知道在哪里；资深用户习以为常的快捷键，会让新手觉得抓狂，没有合适的新手引导；产品的简单英语提示，对于多数人来说轻松诙谐，对于英语“小白”来说可能会不知所措。

我们看到，不少测试工程师对待用户反馈的态度，并不是站在**用户视角**，而是站在**工程师视角**，导致对改善体验的思路视而不见。

比如：对于**手机垃圾清理功能**，用户投诉清理时间太久，测试工程师却觉得这不是大问题，而且产品说明中已经提示该过程会长达几分钟，只要不超过就可以接受。实际上，从用户的角度，测试工程师可以提出更多改进建议，如增加等待进度条，或者挂机后台进行垃圾清理并及时提醒，也可以在清理的同时让用户玩一个趣味游戏，还可以允许用户选择不同的清理垃圾力度（对应的耗时也不同），等等。

13.1.4　研究用户，提升共情能力

作为团队的主管，如何让测试同学培养“**以用户为本**”的观念？

关键是提升**代入感（共情）**：**在物理上接近用户**——多走进用户使用的场景，与用户当面交流，**在立场上代表用户**——不让用户（自己）吃亏，把自己变成真正的用户。

那如何培养测试人员不仅在眼里看到用户的行为，还能在心里感受用户的情绪和想法呢？

首先，可以参考第 3 章测试左移到需求阶段的内容，同产品经理一起学习交流，共同完善用户画像和用户故事场景。

其次，积极参与产品经理 / 设计师提供的**原型测试**（Prototype Test），如果自己是用户，这个原型真的能解决困惑已久的问题吗？或者，它能让自己眼前一亮，跃跃欲试吗？然后，把真实的感受告诉团队！

最后，在后继的测试过程中提炼共情方法，比如本章后面详细介绍的角色扮演测试法、肥皂剧模型、不良利润分析法，都是帮助测试者从共情的角度挖掘问题的高效探索测试方法。

13.2　NPS 变革，测试可以做什么

目前，NPS（Net Promoter Score，净推荐值指标）成为各大公司用于分析和提升用户体验的最关键指示器。我们把围绕 NPS 建设的改进系统也称为 NPS（Net Promoter System），本章中出现的“NPS”（除特殊说明外）都指的是改进系统。

在整个 NPS 的建立过程中，测试团队可以积极参与分析，获取对品质工作有益的输入，进一步构建可测试指标，助力系统改进。

13.2.1　常见用户体验调查指标

业界常见的用户体验调查指标列举如下。

CSI/CSAT（用户满意度）

提问：**你对 XX 的整体满意程度如何？**评价分数范围为 1 ～ 10 分，1 分代表非常不满

意，10 分代表非常满意。也可以选择 1 ～ 5 分。

这种调查指标的优点是适用范围广泛，容易理解。缺点是用户满意和用户真实行为之间可能存在较大差异，高满意度不一定带来继续购买产品的效果，另外这种评价方式不容易放大差距，不便于推动企业锁定真正的问题。

CES（用户费力度）

提问：你**需要费多大劲才能解决问题**？1 ～ 5 分，1 分代表完全不费劲，5 分代表非常费劲。

这种调查指标的优点是指向很明确，就是为了客户减少麻烦，为扫清障碍提供方便。缺点是适用范围窄，只看重“不费力，省心”的改进，但这种因素通常只是一种基础要求，更多的用户诉求可能会被忽略。

NPS（净推荐值）

提问：**你有多大可能将 XX 产品（服务）推荐给你的亲朋好友**？0 ～ 10 分，0 代表完全不推荐，10 代表一定会推荐。打 9 ～ 10 分的用户为推荐者，7 ～ 8 分的为被动者，0 ～ 6 分的为贬损者，而 NPS 值就是推荐者数量减去贬损者数量。如图 13-4 所示。

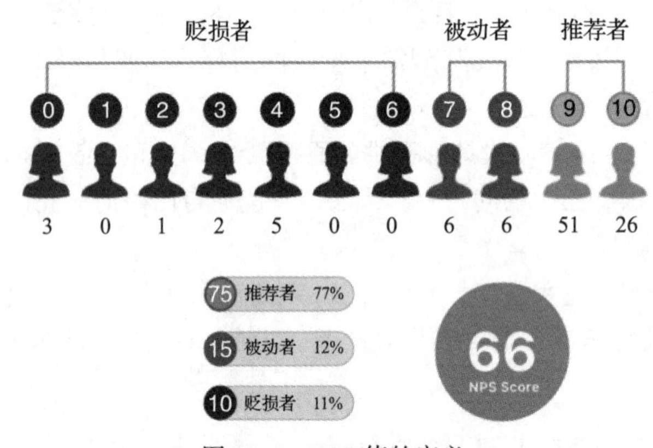

图 13-4 NPS 值的定义

相对于传统的用户满意度问卷，NPS 得分调查问卷有巨大的优势：

- 只问终极问题，少问其他问题，降低了用户填写成本，提高了问卷回收率。
- 从情感上抓住了用户，因为用户是以个人社交声誉来为品牌做推荐评分，而不是简单做个老好人。
- 驱动问责的效果强大。

2003 年底，NPS 的概念由《哈佛商业评论》上发表的一篇文章《你需要知道的一个数字》引入，并通过《终极问题》这本书走向企业界，随即引发以用户为中心的企业变革运动。后来 NPS 概念升级为 2.0 版本，即净推荐值系统。企业为 NPS 体系打造全面的 IT 系统，树立可持续经营之道。

NPS 是一个适应性极强的开源系统，它不只是用户满意度，也是一种经营理念，需要高管团队的承诺，进而驱动公司全面开展，最终带来公司利润的长久提升。

NPS 能发生作用的黄金法则：**以我希望被对待的方式去对待别人。**

其实，NPS 终极问题，即 **“你有多大可能将 XX 产品推荐给你的亲朋好友?”，** 后面还有一个次终极问题：**为什么?**

我们也可以追问推荐者，你把产品推荐给别人时，具体会说什么？然后通过分析这些回答的遣词造句对 NPS 进行优化，提高宣传效果。

13.2.2　企业提升 NPS 的体系化打法

NPS 作为企业自我变革——以用户为中心的系统打法，在业界有很多优秀的实践，我们从中可以看到一些很有启发的闭环措施，进而思考测试团队应从何处着手贡献专业能量。

NPS 一定需要企业高管以身作则，并获得财务上的大力支持。具体数据采集方案可以分为竞品 NPS（委托行业公司进行，横向搜集对比）数据采集和各产品的 NPS（可以自行搜集或行业搜集）数据采集。前者是识别竞争差距，明确改善方向；后者是识别影响具体产品用户体验的关键场景和驱动因素，持续追踪改善效果。

企业通过 NPS 问卷调查拿到数据，针对贬损者做进一步的沟通，挖掘不满的具体原因，合适的话客户经理可及时电话沟通，在合理成本的前提下及时提供超出预期的补救措施，以便尽快提升 NPS。有启发性的措施会被整理为让公司通晓的改良案例。

因为用户使用产品的关键场景可能处于不同的业务阶段，考虑到服务周期可能非常漫长，我们可以利用**用户旅程**梳理方法，找到用户接触产品的各个触点，针对性提炼 NPS 反馈数值。优先要改善的场景可以作为 NPS 体系的二级指标，而场景中的改善抓手（手段）可以被设置为三级指标。NPS 的数据采集通常是根据用户触点行为，每天持续触发搜集的。

以用户购买手机为例，用户触点贯穿整个生命周期，从营销、零售、产品到售后服务，如图 13-5 所示。

- 营销触点：广告 / 宣传、明确意向、比价、上评测网站。
- 零售触点：体验 / 咨询、购买、现场拿货 / 邮寄到货。
- 产品触点：打开包装、开机、探索尝鲜、使用、升级等。
- 售后服务触点：自助修复故障、咨询热线、维修、增值服务、以旧换新等。

企业要对 NPS 的大量评价数据进行分析处理，就需要先进行具体的标签归类，比如可以把一级标签设定为营销阶段、零售阶段、产品阶段、售后服务阶段。那在产品阶段我们可以把手机的各个独立的反馈模块设置为二级标签，如内置应用、屏幕、声音、网络、配件、外观 / 操控 ID、电源、相机、通话、生物识别、升级等等。而三级标签则是具体的二级标签下的主要问题类型，如“屏幕”二级标签下面的三级标签是屏幕显示、屏幕响应。

接着，企业根据触点分析，绘制贯穿生命周期的服务蓝图，确保整个服务体系可以有力地支撑用户触点感受达到最佳水平。

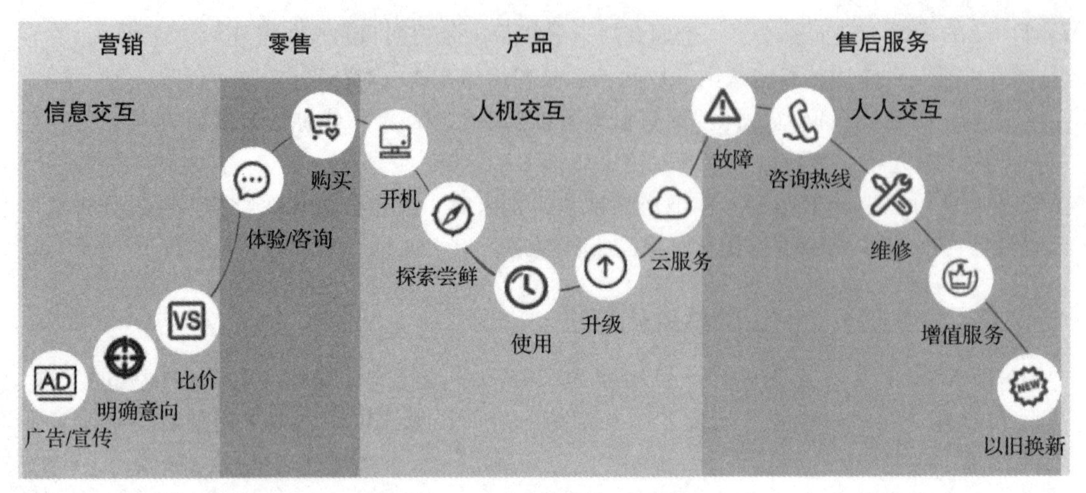

图 13-5 全生命周期的用户触点

针对每个触点的交互，部分服务动作是可见的（可视线以上），用户能直接感知，企业可以通过加强客服人员培训、美化界面、提高服务设施舒适度、添加用户微信等系列手段提升用户体验。

但是，也有很多服务动作是不可见的（可视线以下），它们同样支撑着服务蓝图的有效达成，也很重要。测试团队需要重点关注它们的质量，比如产品说明书、内部手册、后台配置管理系统、体验埋点系统、服务可用性指标、企业内部协议接口等。

以专卖店体验为例，其服务蓝图如图 13-6 所示。

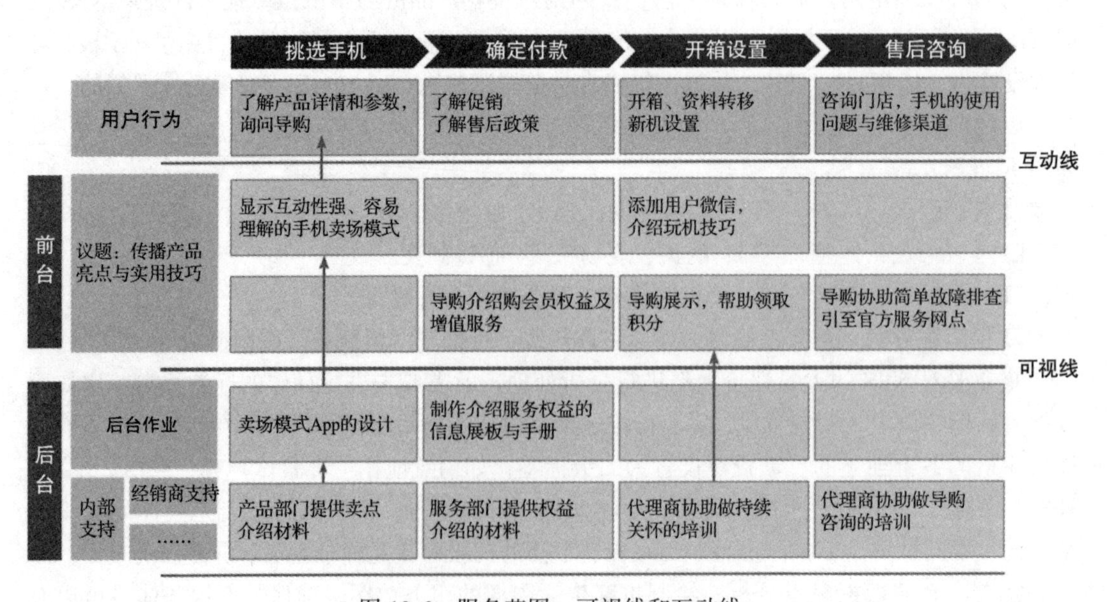

图 13-6 服务蓝图 – 可视线和互动线

注意企业的 NPS 改进是一个长期过程，需要固化流程，不断基于数据分析深化变革动作。对于一家大公司，持续的 NPS 调研会产生庞大数据，如果没有完善的 IT 基础设施支持，NPS 变革效果将很难保障，经验也不容易传承。

一个实时监控 NPS 的 IT 系统通常会对同类场景用户的 ID 进行关联分析，对比改善措施前后一段时间的体验指标是否有明显改进，进而判断改进措施的成效。如果确实有效，可以快速推广，复制该措施到其他团队。同时 IT 系统有完善的二三级标签的改进曲线图，便于聚焦短板提升。如图 13-7 所示。

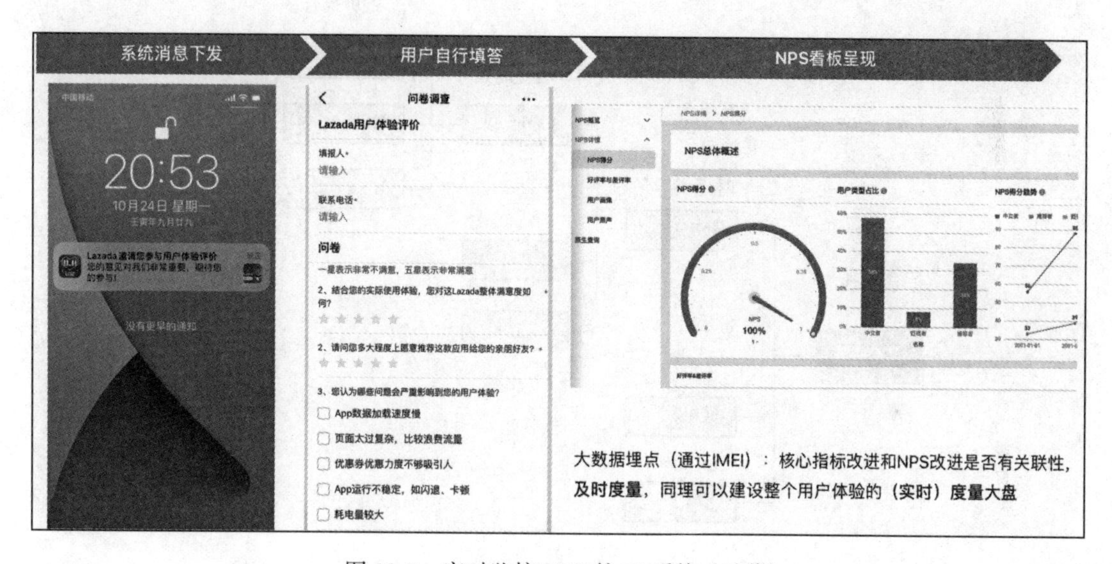

图 13-7　实时监控 NPS 的 IT 系统（示范）

最终，NPS 实践成为企业运营体系的基石，深深地嵌入企业文化之中，对其做出优秀成绩的员工或者管理者会得到公开的奖励，做得不好的团队和责任人也会被“晾晒”。

NPS 的贯彻成功，最大的障碍往往不是来自分数作弊，也不是来自投入不足，而是来自**恐惧**——将自己的短板暴露在他人的卓越面前，会有自然而然的恐惧。

13.2.3　针对 NPS，测试应该做什么

NPS 变革对公司转型如此重要，高级管理者也会身先士卒。作为用户品质的捍卫者，测试团队也应该义不容辞地参与其中，而不是做沉默的围观者。

测试人员认真查看 NPS 反馈数据后，可以做二次分析，锁定用户抱怨的 TOP 问题中的可量化测试指标，建立测试度量和改进方案。关键行动如下。

1）测试团队应该知道如何获取 NPS 关键数据（在哪查看），如客服分析 / 归类报告、反馈者原声记录，以及 NPS 实时改进系统数据。

2）结合 NPS 提供的多级标签和反馈占比排名，锁定 TOP 反馈问题的具体场景，提炼

可量化的测试指标，这个可以借助 QOE-KQI-KPI 标准来完成，如图 13-8 所示。

- QOE，用户体验评价，按用户语言及权重来反映，如游戏很卡、评分 5（满分 10）。
- KQI，关键质量指标，是指标 + 场景的抽象表达，如触屏响应时延、应用启动时延等。
- KPI，关键分解指标，将抽象体验客观化，有明确的测试场景和执行方法，如图片预览页面滑动的连续丢帧次数、应用第一次冷启动完成时间等。

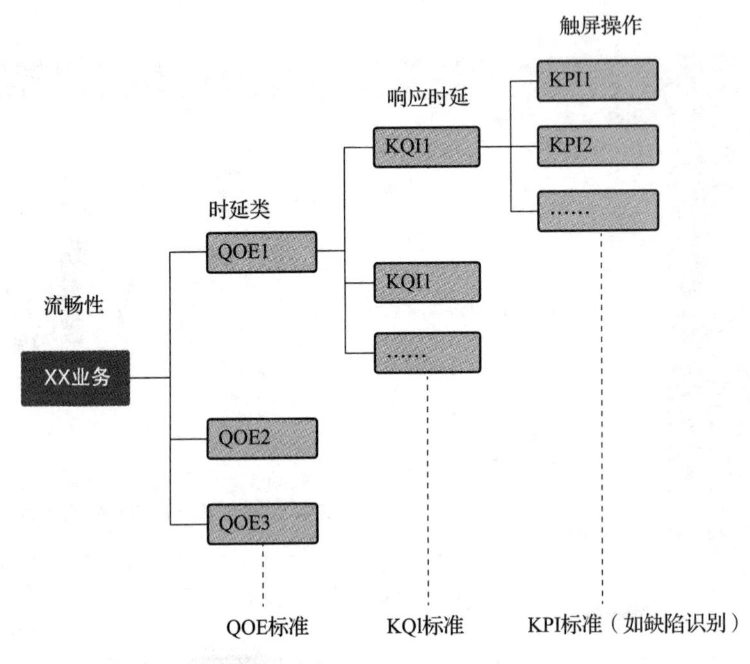

图 13-8 QOE-KQI-KPI 标准示范图

3）如果梳理出了高价值的可持续度量指标 TOP N，可以纳入持续监控平台，在看板上监控其变化曲线，如果超过设定阈值则发布告警，甚至可以做竞品对比监控。

4）如果用户反馈的问题并非高价值的可持续监控指标，而是具体某个功能使用场景的体验，那我们可以判断是否漏测，补充响应的用例，总结预防该类问题的措施并反思。

5）用户的反馈在很多时候是含糊不清的，在精力允许的情况下，可以这样行动：

- 客服或产品经理回访用户，确认当时的操作步骤，测试人员根据输入尝试找到复现问题的路径（在有限的投入成本下）；
- 开发人员在修复过程中对解决效果进行埋点，上线后做指标对比，同时看用户提出的问题是否已经被修复，如果没有则再次联系相关用户回访；
- 如果效果达到预期，再根据优先级看下一个 TOP N 的改进问题。

以上三部曲的示范图如图 13-9 所示。

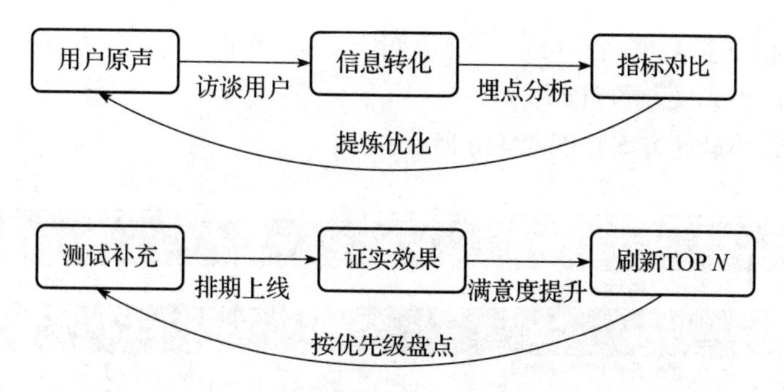

图 13-9　当用户场景含糊时，改进质量三部曲示范图

13.3　成为产品 / 设计的好帮手

上文提过，测试团队作为用户权益的代表者，需要积极参与产品 / 设计的原型测试，尽早地表达对产品价值的期待。对应到整个产品软件生命周期，测试团队可以在几个重要环节成为产品 / 设计人员的好帮手，助推“用户价值验收”导向。测试团队越主动贡献自己的专业见解和“用户视角”的感想，越能获得业务团队的认可。

13.3.1　验收测试：体验型交付

按照常见的研发流程，开发人员完成自测后，产品经理会做快速的验收测试，确认产品功能符合设计预期，设计师可能会做视觉走查，找到交互设计上有待改进的地方。但是很多公司在验收测试环节的要求是模糊的，甚至当产品经理非常忙碌时，验收成为形式主义，或者直接忽略。

随着“以用户体验为中心”的团队价值观的确立，验收测试成为需求完成的必备关卡，已纳入迭代完成标准（Definition of Done，DoD）：所有完成的用户故事必须得到产品负责人（PO）的验证。

测试人员虽然不是验收测试的负责人，却是验收测试的**受益者**。验收测试结束后会进入全面测试，可以说验收是后者的子集。越早在验收环节暴露（用户体验）问题，在全面测试的压力就会低很多。

因此我们可以推动产品 / 设计把验收测试**从功能性交付转型为体验型交付**，基于体验度量方案，明确验收范围。参考上一节阐述的 NPS 分级标签和 QOE 标准，梳理体验效果的自查测试指标。

- 明确**用户关键路径**，针对本次迭代完成的用户故事，明确用户体验到的关键场景是什么，关键步骤有哪几个，对应的验收测试指标是什么（要求一看就能简单操作完成），如拖动效果符合设计图，发送准确及时，文字图形符合设计要求，等等。

- ❑ 为了确保指标完整覆盖，可以做价值归类，确保每个重要分类都有验收，明确验收角色是产品经理还是设计师。

完整验收测试的设计方案如图 13-10 所示。

业务			场景				验收时间	
用户增长			用户增长-首页弹窗				10月17日-18日	
关键体验路径	一级指标		二级指标	角色	验收人	权重	得分	通过率
启动App首页弹窗	流畅度	☑	首页弹窗弹出动画	设计		2	2	100%
	流畅度	☑	弹窗动画效果流量	设计		1	1	
	易用性	☐	图标样式易于理解	设计		1	1	
	易用性	☑	图标单击响应灵敏	产品		1	1	
	美观度	☐	弹窗样式舒适美观	产品		1	1	
单击领取优惠券	易用性	☑	单击按钮响应准确	产品		1	1	100%
	易用性	☑	单击交互提示明确	产品		3	3	
	美观度	☑	领取效果展示清晰	产品		1	1	
单击关闭弹窗	流畅度	☑	关闭弹窗动效	设计		1	1	100%
	易用性	☑	关闭功能正常	产品		1	1	
	易用性	☐	状态反馈清晰明了	产品		1	1	
整体	一致性	☑	整个产品的控件保持一致	设计		1	1	60%
	一致性	☑	整个产品组件符合设计规范	产品		1	1	
	一致性	☐	功能名称、提示语、其他文案保持一致	产品		1	0	
	一致性	☑	文字与标点符号符合设计规范	设计		1	1	
	易用性	☑	文字考虑目标用户，简洁，准确，易懂	产品		1	1	
	易用性	☑	视觉上足够突出最重要用户关注信息	产品		2	1	
	易用性	☑	视觉上能够区分主要信息与次要信息	设计		2	1	
	易用性	☑	不使用干扰注意和引起误操作的视觉元素	设计		1	0	
验收清单总分值								24
实际得分								20
验收通过百分比								83.33%

图 13-10 验收测试：体验通过标准

13.3.2 利用基础设计规范

测试人员提报问题的依据，通常是产品设计规格说明书、需求定义逻辑、产品发布质量标准、行业协议规范等，但是对交互设计存在的问题不太拿得准。实际上，交互设计规范和惯例理解起来并不复杂，稍做学习和实践就能在一定程度上掌握，提升挖掘问题的敏感度。

首先，各公司通常都有出台产品 / 品牌设计规范，所有产品都需要参考执行，这就是我们提报交互类缺陷的依据，通常包括 Logo 的样式 / 大小的统一使用、重要位置使用字体和大小规范、菜单颜色搭配规范、轴线对齐要求、页面中呈现选择项的数量和排序要求、结构一致性和风格一致性、操作步骤的可逆性等，不一而足。

其次，需求规格说明书也会提及设计规范和细节要求描述，可能成为具体测试用例的考察点，列举如下。

- 该功能输入框的限制条件：范围、大小极限、个数极限、输入框长度极限等。
- 展示字段的状态：默认态、常见态、特殊态。
- 操作的反馈效果说明：常见操作、特殊操作、手势操作、错误提示等。
- 刷新的展示效果：原页面刷新、跳转新页面、如何转场、是否有动画？

最后，在测试过程中细心观察，提出类似如下交互优化建议，积累交互规范的知识和探索手段：

- 是否有更简单的操作过程，更少的步骤？
- 是否能将复杂步骤交给系统执行（封装），用户只需一键操作？
- 页面的层次感能否提升？比如，分层逻辑合理，符合 MECE 原则（互相独立且被穷尽分类），逻辑相关的页面放在同一组。
- 是否有冗余项、干扰选择项？
- 响应度如何再提升，或者让用户感知更友好？比如针对等待较久的操作，用户能一眼看到进展，或者允许其先做其他任务？
- 产品对于用户的常见操作（正确的或者错误的）都有预期处理逻辑。

13.3.3　支持产品提供体验分级服务

互联网产品呈现给用户的画面越来越酷炫，但是显示效果也会受机器配置、负载、网络能力等因素的限制，而用户体验的投诉也经常被认为和硬件或者网络的情况强相关，在这种情况下，软件研发团队可以做什么来改进体验吗？

一个可行的思路就是体验分级，或者说动态降级。以手机为例，高、中、低端的手机，内存、CPU 能力差异巨大，中、低端机很容易在特效动画 / 大运算情况下发生卡顿，体验不佳。如果我们的质量标准是流畅度必须达标，那很多酷炫效果就难以上线。

因此，我们可以设定用户体验的分级目标，即高端机可以“**特效全开，尽情酷炫**”，中端机要“**效果恰好，均衡体验**”，低端机要“**效果可关，保证流畅**”，可以牺牲动效动画等吃资源的功能，简化中间演示步骤。

为了实现上述机制（通过后台配置或者实时智能选择），产品 / 开发人员需要建立性能基准数据，测试人员则可以提供：在关键场景下，高、中、低端手机在打开或者关闭指定特效时流畅指标值具体是多少。

根据一系列场景的云测试性能数据或现网监控采集数据，我们就可以联合制定方案，对不同档次的手机，分别建议关闭哪些效果，甚至可以实时监控资源指标，设置在满足什么条件时，该特效功能可以自动启动。如图 13-11 所示，测试人员针对音乐播放器的不同动画场景给出了流畅度影响率，产品经理可据此确定不同机型下的动画效果启用策略。

子功能	流畅率影响率（平均）
页面切换动画	0.5%
点击反馈	**%
搜索框收起	**%
播放页背景效果	**%
播放页播放按钮动效	**%
播放页收起与展开动效	**%
播放页封面切换动效	**%
歌曲列表正在播放的动效	**%
双击收藏动效	**%
播放条滚动	**%
播放条加载动效	**%
个性电台正在播放的动效	**%
播放列表正在播放的动效	**%
banner轮播效果	**%

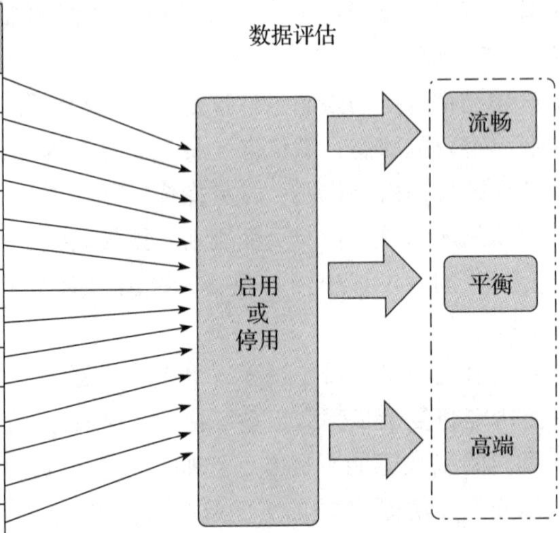

数据评估

启用或停用

流畅

平衡

高端

经过细分、充分测试，得出详细测试数据，通过实测数据辅助支撑各子功能在各流畅模式下选择“启用”“停用”策略

图 13-11　高、中、低端手机分级体验方案

该分级体验方案上线后，观察流畅度数据，可以发现核心页面的流畅度达标率明显增加，同时，中、低端手机被投诉的相关问题明显减少。

13.3.4　众包平台支撑用户体验挖掘

既然用户体验来自典型用户的发声，而采集用户声音的效率是一个难题，如第 11 章所介绍的，当我们有足够多活跃用户的众包平台时，就可以借助它完成用户体验的挖掘任务，从分发任务，到核实结果，再到解决问题和奖励用户，低成本完成改进闭环。

众包平台针对用户体验改善可以发布下面几类任务。

- **灰度产品体验的 NPS 调查**：针对灰度范围的众包用户，发起 NPS 调查任务，搜集建议，作为上市前的产品 NPS 预演，提前给产品团队提供参考意见。
- **用户体验任务**：报名参加后，按照链接安装被测产品，及时反馈体验问题并合理归类，经审核后获得积分奖励。
- **可用性测试**：从各类典型用户中招募一定数量的任务参与者（众包平台有典型用户的属性），要求其下载使用产品，填写可用性测试调查问卷，助力产品可用性提升。为了保障该测试反馈的有效性，可以要求只有曾完成该产品测试并提交过有效反馈的用户或者通过可用性测试知识考试的用户才能参加问卷调查，并获得可观奖励。
- **内容质量反馈任务**：针对现网的 UGC（用户生成内容）/PGC（专家生成内容）做质

量反馈，找出违反平台规定的典型问题，经平台核实后进行整改或下架处理，并给予一定的积分奖励。

对于众包平台开展的用户体验类任务，如何确保最终的效果（收益）呢？我们可以制定闭环指标来推动达成：

1）用户体验的有效反馈条数 / 有效反馈率、有效反馈人数等。

2）闭环解决率（用户体验问题状态为已处理 / 关闭，对于内容质量，“下架”也属于已处理）。

3）问题解决平均时长、平均解决花费（激励金额）等。

4）NPS 变化（是否随着版本改进，NPS 问卷调查的结果在提升？）。

众包在该实践中遇到的难点，是如何针对不同业务设定用户体验的问题分类。因为产品服务内容不同，用户的感受和描述也不一样。为了更高效地处理，我们需要根据业务的常见问题类型，做好标签的分类定义。至少对于同一类业务的体验，能够制定出让用户能够立刻判断的分类标签，方便用户勾选。标签的要求是名词容易理解，最好符合 MECE 原则（互相独立、完全穷尽）。

例如，针对短视频平台上的各种内容低质量情况，我们可以设置以下“标签分类集”：视频内容重复、广告内容重复、标题党、标题不规范 / 无意义、低俗重口味、配图质量差、视频画质差、音频质量差、字幕错误、资讯时效性差、虚假谣言、内容侵权、广告营销内容、内容与频道无关、违法违规、其他内容质量问题。

13.4　基于 ACC 模型做测试设计

传统的测试策略和用例设计都是以需求规格为出发点，依赖团队经验和个人优先级进行取舍，这样的测试设计机制就有可能偏离用户视角。

如果我们在测试设计的框架上就与用户交付价值强绑定，就可以牢牢把控正确的航向，把测试精力聚焦在给用户带来满足感的能力上。

而谷歌的 ACC 模型就是从用户价值出发指导测试设计的模型，能尽可能避免高用户价值的测试场景遗漏。

如图 13-12 的二维表格所示，横轴 A 代表 Attribute——**产品交付的核心价值属性**，通常用形容词描述，它也是与竞争对手区别的关键特征。建议测试人员应和产品经理或业务团队协商以明确属性（核心价值）有哪些，且属性数量要精，以便在测试策略中聚焦核心竞争力。

例如，手机浏览器的核心价值被设为**多、快、好、省**，对应的 4 个属性可以定义为：多（可获取内容很丰富）、快（网站访问速度快）、好（高质量内容）、省（节省流量和金钱）。

纵轴 C 代表 Component——**产品的主要模块 / 子系统**，可以看作该产品的核心功能清单，通常设置 6 个模块，最多不超过 10 个。对于复杂的平台产品而言，每一个模块对应的就是一个特性团队的完整研发领域。比如手机浏览器的主要模块包括首页、资讯频道、小说频道、视频聚合、文件处理能力、内核、设置等。

这个二维表格的每一个交叉格子（通常称为 Capability，简称 C）用于描述针对某个价值属性 A，在某个模块中，本产品具体提供了什么能力，并从用户视角描述出具体场景（具备可测性的）。测试人员基于此表格进行详细用例设计（通常一个 Capability 就是一个测试点或者一个测试情景），或者展开探索式测试。随着测试不断进行，再对 ACC 矩阵做出必要的调整，进一步优化价值。ACC 模型设计示范如图 13-12 所示。

	Social	Expressive	Easy	Relevant	Extensible	Private
Profile	在好友中分享个人资料和兴趣爱好	用户可以在网上表达自我	很容易创建、更新、传播信息		向被批准的、拥有恰当访问权限的应用提供数据	• 用户可以保密隐私信息 • 只向被批准、拥有恰当访问权限的应用提供信息
People	用户能够连接他的朋友	用户可以定制个人资料，使自己与众不同	提供工具让管理好友变得轻松	用户可以用相关性规则过滤好友	向应用提供好友数据	只向被批准、拥有恰当访问权限的应用提供信息
Stream	向用户提示其好友的更新			用户可以根据兴趣过滤好友更新	向应用提供信息流	
Circles	将好友分组	根据用户的语境创建新圈子	鼓励创建和修改圈子		向应用提供圈子数据	
Notifications			简明地展示通知		向应用提供通知数据	
Hangouts	• 用户可以邀请他们的圈子加入群聊 • 用户可以公开其群聊 • 好友访问用户的信息流时，他们被告知群聊	加入群聊前，用户可以预览自己的形象	• 只要几次点击就可以创建并加入群聊 • 只要一次点击就可以关闭视频和音频输入 • 可将好友加入已有的群聊		• 用户可以在群聊中使用文字交流 • YouTube视频可以加入群聊 • 在“设置”中可以配置群聊的硬件 • 没有摄像头的用户可以音频交谈	• 只有被邀请的用户才能加入群聊 • 只有被邀请的用户才能收到群聊通知
Posts		表达用户的想法			向应用提供帖子数据	帖子只向被批准的用户公布
Comments		用评论表达用户的想法			向应用提供评论数据	评论只向被批准的用户公布

图 13-12 ACC 模型设计示范

13.5　竞品体验对比评测

正如本章开头提到，针对市场竞争激烈的产品，相对于测试缺陷情况，高级管理者往往更关心产品的核心体验竞争力如何，与行业头部的差距在哪里。测试通过多种分析得到了一系列与用户体验有关的评测指标，那如何给出竞品对比的评测结论和改进建议呢？

13.5.1　KANO 模型

KANO 模型是对用户体验进行分类和排序的知名质量度量模型，体现了产品指标和用户满意度之间的非线性关系。产品服务的质量指标可以分为五大类型。

- **必备质量（Must-be Quality）**：对应基本型需求，理所当然，必须满足，比如网络连通率、通话信号正常、App 稳定不崩溃、视频画面的基本流畅度、待机时间足够长等。
- **期望质量（One-dimensional Quality）**：对应期望型需求，用户满意度和期望质量的满足程度成正比。企业在这方面应该力争超过竞争对手。比如客户投诉解决满意度、搜索结果命中率、动画特效数量等。
- **魅力质量（Attractive Quality）**：对应兴奋型需求，不会被用户过分期望的需求，能带给用客惊喜感，会让用客满意度急剧上升，并提高用客的忠诚度。如免费增值服务、减免常规费用（免邮费、手续费）、惊喜礼物、VIP 服务等。
- **无差异质量（Indifferent Quality）**：对应无差异需求，不论提供与否，对用户体验无影响，如并非用户当前需要的赠品、优惠券等。
- **逆向质量（Reverse Quality）**：对应反向需求，会引起强烈不满或低水平满意的质量特性，并非所有消费者都有相似喜好。比如对于普通用户来说，科技产品有某些进阶功能完全用不到，反而增加了界面复杂性。

KANO 模型如图 13-13 所示。

基于该模型进行用户满意度的改进策略就很清晰了：全力以赴保障必备质量，尽力去满足用客的期望质量，争取实现用客的魅力质量（培养忠实用户）。

一句话总结：必备质量不能有问题，期望质量不能有短板，魅力质量长板足够长，无差异质量不付出额外成本。

从竞品对比评测的方案来看上述策略，思路就是：对必备指标例行监控警示，及时优化；对期望指标进行专题竞品对比分析，找准对比场景和指标；对魅力指标以探索挖掘活动为主，提供创新体验建议。

13.5.2　竞品对比测试核心指标设计

相对于只测试自身产品的体验指标，竞品对比测试更容易激发开发团队自我改进的斗志，管理者也能够了解差距，给予大力支持。但前提是竞品对比的指标要客观，结论清晰，查看差距很方便。

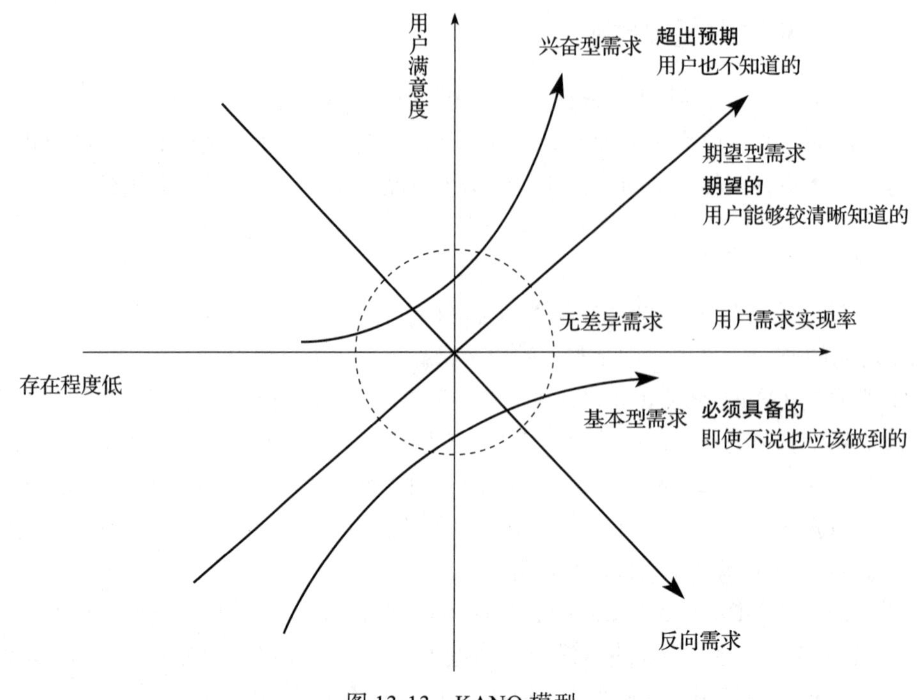

图 13-13 KANO 模型

理解了上述 KANO 模型，我们就可以设计竞品对比测试指标方案了。

1）**锁定竞争对手产品**：可以与业务 / 开发负责人商讨确定，可以包括同领域内行业领先的对手产品（参考市场占有率和技术品质口碑），也可以包括头部平台产品的对标功能专区。

2）**明确必备指标**：通常是基础体验的性能指标，针对 App 而言，常见的通用指标有 App 启动率、崩溃率、ANR 率、核心页面流畅率、核心页面加载完成时间、核心操作的 CPU 和内存占用大小、内存泄漏等。

另外，针对不同性质的产品门类，也有个性化的必备指标，比如对于手机清理软件，必备质量指标有“手机空间扫描耗时”和“清理垃圾完成耗时”，对于手机安全软件，必备质量指标有“完成安全扫描耗时”。

必备指标不一定要和竞品做对比，参考行业高标准设置客观达标值即可，例如，行业认为在正常网络环境下，一个页面完成加载的时间在 2s 以内就是一个优良体验，那我们可以把 2s 作为标准，看看在一天的定时拨测中，有多少比例能达标，确认可改进的空间。

3）**明确期望指标（卖点指标）**：期望指标往往和竞品表现是强相关的。还是以网页打开速度为例，如果只是特定热门页面，那么打开速度是必备质量要求，但是对于浏览器可以访问的海量页面，在不同的网络环境，必然存在很多页面加载体验是比较差的，所以“热门网站不同网络环境下的快速加载耗时”可以成为浏览器的期望指标，而且要和竞品对比，锁定相当数量的测试网页，才能整体上判断这个能力是什么水平。

同理，对于手机清理软件，一次垃圾清理释放出的空间大小，就是用户的期望指标，这是清理类软件的核心卖点。不同竞品之间会 PK。做精细化处理，才能最大程度上清理出垃圾空间，且不能误清理有用数据。对于手机安全软件，期望质量可以是“查杀出了多少数量 / 种类的恶意软件和病毒”，这也是竞品之间的技术较量场。

4）**明确魅力指标（WOW 指标）**：这类指标往往可遇不可求，对于竞争激烈的领域，WOW 指标很难找到，对于创新领域的先行者，WOW 指标则相对好找一点。但是，如果某一个卖点功能通过细心打磨，远远超出竞品水准，就可以成为一个 WOW 指标；反之，彼此差距不大，市场已充分了解，那就更适合作为期望指标。比如浏览器打开文件的功能，如果浏览器对市面上各类文件格式（包括一些罕见的格式）的打开能力和阅览稳定性都远远超过对手，就可以成为魅力指标。

5）**建立竞品对比测试计划和报表**：通过与业务团队协商，在精力有限的情况下，从上述指标中锁定值得长期对比的竞品评测指标，通过持续发布结果，锁定差距最大的指标表现，持续改进，经过一段时期的改善，通常能看到明显的相对提升效果。

为了保障竞品对比指标能形成趋势（自身趋势和竞品对比趋势），便于观察效果，且降低大量人工处理成本，应尽量做成自动化测试，可视化展示指标，如图 13-14 所示。

竞品对比双方	对比平台	本月胜者	我方分数	对方分数	竞品趋势	自身趋势	各性能专项的数据					补充
							速度	电量	流量	内存	CPU	
我方A：××宝	Android	A	80	77	优势稳定	基本不变	**.**	**.**	**.**	**.**	**.**	双方差距不大
对方B：数字助手	iPhone	B	56	59	差距缩小	稳定上升	**.**	**.**	**.**	**.**	**.**	完败，对方领先明显

图 13-14　竞品对比指标报告（DEMO）

对于短期可挖掘的指标，可以偶尔做一期专项测试分析报告，无须做成自动化。

自动化测试，如涉及竞品指标的获取，如何实现？正常的侵入式测试手段是无法获得竞品指标结果的（如白盒测试、日志埋点等），下面会提供两个实践案例给大家参考。可以看到，自动化性能测试并不只是局限于自嗨的测试指标，而是**一切从用户真实诉求出发**，寻找最具可比性的核心价值。

13.5.3　案例：手机浏览器页面加载速度测试

手机浏览器页面加载速度测试：针对 TOP 热门网站，能否在不同网络、不同地域、不同时间段都达到良好访问体验，与竞品相比差距如何？

内部埋点方式成本很低，但是不适合做竞品对比。另外，页面是否加载完成，从人眼角度测试，是页面渲染结束为止，因此从 UI 角度测试更直接。但是普通 UI 断言脚本的编写和维护成本比较高，所以我们可以尝试更高效的低成本对比方案——利用高速摄像头和 OCR 算法。

测试流程：固定高速摄像头，对准手机屏幕，打开浏览器，自动输入 URL 并单击“前往”按钮，执行测试并获取时间，完成日志抓包后，恢复环境。

选取高速摄像头的标准：成像质量高、帧率高、容易稳定控制。拍摄时对焦清晰，固定好距离，可以用遮光纸板屏蔽环境光的干扰，如图 13-15 所示。

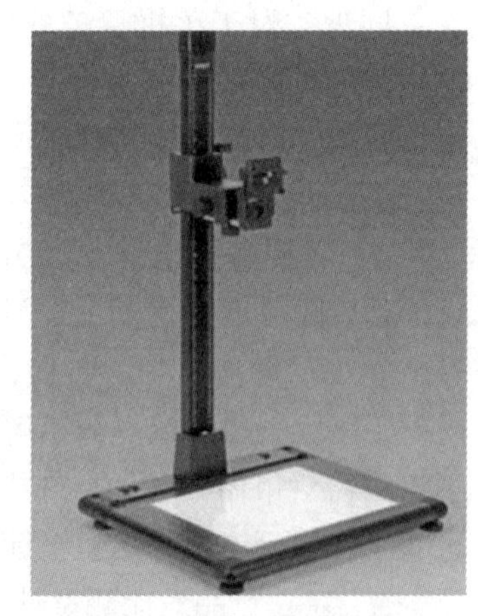

图 13-15　高速摄像头固定测试

控制录像开始和结束：可以获取摄像头（罗技摄像头）软件句柄，按相对坐标点击。

录制视频的分帧工具：工具要求按毫秒命名、快速、录制尺寸小、不失真、可自动处理。这里选用 FFmpeg。

找准页面加载开始时间：打开手机的轨迹显示，在视频分帧中出现第一张触摸白点时开始计时。

找准页面加载结束时间：具体有两种加载结束情况需要记录。

1）出现首文字的加载时间。只要白屏的饱和度大于 0，即表示首字符出现，因为页面首先出现的内容是不确定的，所以可以利用图像饱和度算法来判断何时出现首文字或图像。

2）完成首屏内容的加载时间。这里可以利用感知哈希算法，每张图像的特征都能生成独有指纹，哈希值不同，数据 / 图片也不同，因此可以用动画中待识别图像帧和加载完成的标准图像做快速特征对比。

处理测试数据：将不同城市、不同网络（5G、4G、3G，不同运营商）、不同时间段、不同竞品的测试结果入库保存，注意每次测试连续测 10 遍，去掉毛刺数据，获得平均时间。

展示测试结果，关注改进趋势：展示竞品对比的报表、数据曲线，可以按照日期、产品版本、测试站点等维度打开对比，方便开发人员分析问题。

案例成果：通过持续不断地对比差距，死磕差距明显的场景，在核心指标评分上，仅仅半年，我们的产品加载速度就从低于对手 30%，优化到和对手持平；又经过 3 个月的改进，各项指标显著超越对手！

13.5.4　案例：地图导航 App 测试

作为一个地图导航 App，用户体验的期望效果是什么？

- **路线规划正确，省路 / 省时间**
- **语音播报时机合适、正确、简洁**

基于真实路况的 LBS 应用，从用户角度验收的成本是非常高的，人工在外面路测时还需要车辆支持，更何况路线规划算法非常复杂，数据极其庞大。那测试团队该怎么做，才能真正推动用户体验的改进，推动开发人员不断完善算法呢？

还是从上述的核心指标出发，设置竞品对比评测方案。

1）先从最热门的路线规划中得到测评路径，当然，真实的线上数据就是我们的抓手：目前产品的热门城市是哪里（通常是北上广深），最热的咨询驾车路线是什么，从后台选取 TOP 100 或者 TOP 1000 的真实导航查询路线。

2）强大的竞争对手是哪几个？通常他们有服务 SDK，可以直接接入调用，获得路线导航路线，以及关键结果数据。

3）进行自动化脚本对比。如果我们的导航 App 明显优于其他几个竞品，或者明显差于对手，就把多方的路线结果截图，展示在自建的评测网站上，人工横向对比，非常方便。如果人工判断我们的路线确实太长了，不如几个竞品，那就打上 badcase 标签（即评测结果不如意的案例），转发给开发人员进行优化。如果我们的路线比对手都短，不要着急下结论，先人工检查是否有异常阻断（如修路、塞车、小区内部道路不可走、有关闭的大门等），确定有的话，也要打上 badcase 标签。

4）最终，开发人员根据我们提供的数据做了算法优化，在下个版本发布后，对所有的 badcase 进行回顾，给出评价结论，判断优化目标是否最终达成。

5）我们还可以引入出租车用户的路线轨迹进行优化结果对照，因为出租车司机通常更为专业，熟悉各种路线。

通过导航 App 路线规划自动对比，我们发现了不少常见的导航失败案例，很有特色，比如步行路线出现了立交桥道路，路线经过关闭的小区大门，行车路线导航到只能步行的胡同里，如图 13-16 所示。

图 13-16　导航 App 路线规划失败案例

对于导航的语音播报功能，也可以建设类似的语音播报对比平台。

我们可以用手机模拟回放路线的 GPS 位置，记录下播报的位置、时间和播报内容，再做竞品对比评测，结合人工介入判断是不是 badcase：

- **准确度**：遇到复杂路线，如三岔口、环形路口、立交桥等，行驶播报提示是否准确？

- **全面性**：播报的关键提示信息是否齐全？
- **简洁性**：播报的字数是否冗长？
- **播放时机**：播报是否及时，即让司机有充分的操作时间，但又不会过于提前？

可以人工结合街景地图的回看，验证播报质量是否达标。

随着众包平台的普及，还可以在众包平台上定向分发评测任务（根据用户的不同地理位置），让用户反馈与竞品有差距的导航结果。

13.5.5 竞品体验对比评测专题报告

相对而言，竞品评测指标的持续报告的可读性和趣味性不高。考虑到用户体验需要站在用户视角上耐心挖掘，我们可以开展更加深入的"沉浸式"用户体验活动，即策划出品专题体验报告！

虽然在多数情况下，产品经理/设计师会组织相关的竞品体验活动/脑暴，但是测试团队在组织这类活动时有自己的关注点——找出真实的体验场景和客观的质量指标维度，在未来的测试中提升敏锐度。测试团队最好不对产品设计的创意高低妄加评价，但专业的体验对比报告也能给产品/业务团队以积极的输入，践行以体验为中心的团队文化。

以一线竞品为参照，给出的建议将更有针对性，度量目标更明确，也更容易被团队接受。

推荐的报告策划及执行步骤如下。

1）聚焦要对比的产品和功能领域，即专题视角。通常可以是用户焦点、投诉比较多，或者关注者众的价值区域，也可以是代表未来产品发展的可能方向，只是当前还在探索之中。在下面的示例中，我们选用**理财产品的社交化**作为专题视角。

2）挑选竞品，可以是同类属性中排名靠前的理财产品，也可以是大平台的理财频道（其业务模式相近），或者是在本次专题视角中有突出口碑的业界产品。

3）集体策划（脑暴）：安排一个安静的空间，选择一个集中的探索时间，安装好我方软件和竞品软件，进行沉浸体验，然后给出评价，集体探讨并达成一致结论（如果结论比较多，投票选出最关键的结论/措施）。在报告中用表格列出：竞品分析的具体场景、对比维度、对比截图和数据、从用户角度分析理由。

4）在对业务方发布的竞品对比评测报告中，建议结论先行，抛出测试方的评测结论（有赞也有弹），最关键的优化建议是什么。注意，给出的建议一定是基于用户体验诉求，抓住可度量对比，尽量不加入个人主观好恶。

5）对于上述报告的分析和总结内容，得到参与成员的确认，并通过大家的共同探讨，把希望更深入探索的对比指标/方向纳入下一期的竞品对比专题中，形成对比体验的系列报告。产品体验的创新改进之路，本质上就是探索出来的。

图 13-17 是"理财产品的社交之路"（竞品对比体验报告）的部分示例内容。

竞品体验对比第一期：理财平台的社交路

本期调研的竞品分为三类，从中选择主要玩家产品共8款（分为擅长社交的腾讯系和非腾讯系）：
巨头综合平台：
股票基金类TOP App：
网贷理财平台TOP对手：
体验结论：
1 不管是强社交关系还是弱社交关系平台，对于好友具体买了多少理财产品都是严格保密的，没有明显针对好友的投资动态。（基金和股票可以显示被哪个好友买过）
2 强社交平台在理财社交功能非常克制，导入微信头像或者支付宝好友关注都需要确认。使用的较多的是组队玩法（组队加息和组队买股票）
3 弱社交关系集中表现在PGC内容（公众号/理财师和用户的互动，形式可包含“投资组合+问答+观点+直播”），论坛帖子中的用户能互动关注，关注者/理财圈子甚至可以私聊。

就本公司产品而言，主要建议有：
1 基金和黄金是比较适合引入弱社交互动的（专家认证号专题和用户之间的帖子互动）
2 网贷定期类产品可以考虑在组队邀请上做创新，邀请好友可以额外加息
3 可以借鉴的刺激投资方式（注意实时性）：适度脱敏的投资排行榜，投资和邀请好友立刻提示排名上升情况，邀请好友立刻显示增加会员积分
4 邀请好友不代表愿意和他建立关系链，需要主动加关注，或者在指定组队邀请活动中形成关系链。
5 分享微信好友/朋友圈可以考虑直接分享产品截图，而不是链接（接受度更高）
具体产品体验关注点和截图如下：

图 13-17　理财产品的社交之路（竞品对比体验报告）

13.6　提升用户体验的探索式测试方法

随着对于用户体验问题的挖掘经验越来越丰富，我们就可以采用第 10 章介绍的探索式测试方法（甚至探索模型），把最容易产生效果的挖掘场景、关注点、窍门、固化用例等记录在知识库里，集体共享，提升用户体验问题的挖掘效能。

完整的探索式测试方法原创集合，可以参阅第 10 章原创扑克牌游戏的相关内容。

13.6.1　角色扮演测试法

回到对测试人员“**以人为本**”的要求，如何在测试设计和执行中做到代表用户？

角色扮演就是一个有趣的思维方式。假设我们已经非常了解用户的典型画像，在心里构建出了几类典型的用户特征，赋予了生动的行为标签，然后我们就可以模拟该用户的行为习惯，刻意挖掘相关路径的问题。

以电商平台为例，主要的角色可以划分为几类，我们可以将每一类角色想象成一个真实的人（可以适度夸张和搞笑），具备下列特征：

- 小 A，**廉价消费用户**，上电商网站的主要特征就是“抠门”，一分钱要掰成两分钱花，因此他特别关注秒杀活动、大折扣商品，热衷于计算优惠规则，比较不同店家的价格，尽量参与可以带来积分优惠的小游戏。
- 小 B，**理性消费用户**，看重合理消费，希望不吃亏不上当，只看自己计划购买的物品，会严格查阅产品规格和商家退换条款，看是否有质量隐患，或者任何让自己踩雷的缺点，退货频率比较高。
- 小 C，**超级购物用户**，剁手一族，长时间挂在电商网站上，最爱追购最新款、颜值最高的商品，重视宣传图片效果和好友评价，订单数量惊人。

- 小D，**品质消费用户**，看重高配置、大品牌，会从专业评测网站上获取心仪品牌和商品信息，参考相关专家的推荐意见，购买时会对客服咨询专业问题。购物车经常存了一堆最热门商品，但实际购买数量有限。
- 小E，**随意消费用户**，偶尔逛逛电商平台，漫无目的，重点看智能家居产品，浏览和购买过程操作随意，不按常规操作步骤，什么感兴趣就去看一下。

参加探索式测试的几位成员分别扮演上述角色，模仿其习惯去测试软件，共发现了38个有效问题，其中有6个属于运营配置类问题。从结果分析中确实发现，当我们扮演特定偏好习惯的用户时，更容易发现特定类型的问题，如图13-18所示。

人物	购买商品分类
A（廉价消费）	秒杀、折扣类商品
B（理性消费）	贵重，可以退换货的商品
C（超级购物）	最新款、颜值高
D（品质消费）	新品、配置高
E（随意消费）	智能家居类产品

商城角色扮演探索式测试共发现38个有效问题，其中6个属于运营配置类问题。

人物	发现问题
A（廉价消费）	任务中心中点击猜拳小游戏返回，顶部导航消失
B（理性消费）	商详切换顶部tab后，顶部状态栏会由黑色变成白色
C（超级购物）	真伪查询加载中有裂纹
D（品质消费）	客服页面加载慢，导致商详导航栏未及时切换到客服导航栏
E（随意消费）	点击立即购买，跳转到提交订单页面，输入发票信息，返回商详，再次进入发票栏未初始化

图13-18 电商平台角色扮演探索式测试

13.6.2 肥皂剧探索模型

我们平常看电视肥皂剧，经常觉得故事很狗血，阴差阳错，有时甚至觉得剧本又臭又长。可以设想一下，如果使用我们产品的用户，围绕产品使用的场景，发生一些连续的狗血事件，会不会意外发现产品的设计缺陷？能不能把产品的各种核心功能/流程都编入这个狗血的肥皂剧呢？

肥皂剧探索模型的特征就是源于真实生活、夸张、浓缩、有趣。

- **源于真实生活**：肥皂剧测试通过聚焦用户的使用场景来尽可能呈现产品价值。一些看似极端却可能真实发生的故事，往往能揭示产品的深层次错误。通过编写肥皂剧测试用例，测试人员可以更好地学习并理解被测对象。
- **夸张**：肥皂剧测试用戏剧性的问题来拷问软件，看其在不同的场景下如何应对。夸张的情节让肥皂剧更好看，夸张的测试用例有助于发现软件应对现实难题的短板。
- **浓缩**：肥皂剧测试同时展开多个复杂的情况，看软件如何处理。软件也许能很好地处理单项业务，但是当多个任务同时提交且相互牵绊时，软件的设计缺陷可能会让用户一筹莫展。肥皂剧往往展开多个支线情节，相互交织，彼此推动，测试场景也可以如此。此外，浓缩的情节可以在较短的时间内测试多个功能，提高了测试效率。
- **有趣**：充满乐趣的测试是高效软件测试的核心因素之一。枯燥的测试过程会压抑测试者的创造性，使测试人员的精力被快速耗尽，注意力渐渐被其他事务所吸引。而有趣的测试过程会激发测试者的创造力，使他们始终热情高涨、思维活跃。所以，编写测试用例要充满乐趣，好的测试情节一方面容易理解，另一方面能够激发审阅者和执行者的灵感，让参与到其中的人员发展出更好的支线和细节。

以一个汽车保险软件的测试为例，我们可以设想有一个特别倒霉的用户，在购买保险后发生车辆丢失、出险、后来找到了，但又发生车辆撞毁等情节。在虚构的连续剧情中可以测试跨模块的功能场景，给测试过程带来很多乐趣，测试居然还可以这么玩。

基于这个模型，我们可以虚构不同风格的剧本，温情式、悬疑式、搞笑倒霉式，不一而足，请充分发挥编剧想象力吧。

下面以“照片云同步”这个大家很熟悉的功能，来设计一个亲情肥皂剧测试场景。

丢失的照片去哪了？

小李为了保存女儿成长过程中的美好瞬间，将一些照片上传到了云空间中，并购买了空间扩充收费包。某天他收到手机提示他购买的云存储空间自动续费已到期，无法上传新的照片，而他不想再继续升级云空间，于是将云空间内一些时间久远的照片下载回手机，然后删除云空间的照片备份。几天后，女儿要上幼儿园了，需要提交一些照片建立学生档案。但他没想到的是，手机里的这部分照片竟不翼而飞。原来云端删除文件后也会同步删除本地文件，这让他无比郁闷。最终，为了能长期保存女儿成长中的温馨影像，小李再次升级了云存储空间。

现在我们针对此故事情节，可以测试如下内容：

1）在使用过程中升级云空间；

2）本地照片同步；

3）云端照片删除；

4）云空间购买自动续费；

5）本地修改已同步照片；

6）云空间升级方案变更；

从中我们可以感受到肥皂剧测试的魅力：带着用户的情绪，把各种功能场景融合在一个故事里。

总结一下测试人员构造肥皂剧测试用例的步骤：

1）分析产品，确定产品的功能点，并拟定测试目标；

2）设计一条或多条肥皂剧测试用例，以满足测试目标；

3）如果发现新的测试目标，延展已有的测试用例或增加新的测试用例，以确保测试覆盖率。

13.6.3 用户旅程触点测试法

用户体验理应从产品的全生命周期来观察和提升，但我们的测试场景常常只是从需求描述和测试类型来做设计覆盖的，关注的是具体的功能点，缺乏整体视角和时间流逝维度。因此我们很容易遗漏非常基本的服务验收场景。

借助用户旅程触点测试法，我们可以盘点整个产品服务周期中，用户有哪些接触产品的渠道，接触过程中会感受哪些服务体验，执行哪些典型的操作步骤，进而从中确认是否已有用例完善覆盖。如果触点质量都无法保障，用户对产品的其他能力也会缺乏信心，给出较低评价。

我们以第 11 章介绍的众包测试 App 为例，看看如何设计用户旅程触点测试法。众包测试 App 的用户有如下这些关键接触动作：

- 用户通过各个渠道（海报二维码、公众号、App 推送、官网）接触众包宣传。
- 下载 App 并安装。
- 初次使用，登录 / 注册，认知主要功能。
- 初次认领众包任务，尝试如何报名接受任务，如何使用反馈工具。
- 初次提交反馈成果，看到反馈处理状态，与任务管理人员互动。
- 提交任务成果后收到积分，随着积分越来越多，开始兑换奖励。
- 定期收到平台奖励新活动，查看自己的排名，解锁新玩法。
- 过程当中，遇到平台使用问题或者审核问题，向任务管理人员进行咨询，甚至投诉。
- 因为个人原因或者体验不佳退出登录，或者注销账号并卸载产品。

从以上触点动作，我们可以清晰地提炼出该触点场景中的重点测试保障点是什么，以确保重点探索覆盖。举例如下。

- 用户在各个渠道可触发下载的入口：二维码、网址、软件商店下载页，随时可以打开，活动 H5 页面可以正常访问跳转。
- 打开后首次使用，新手指南清楚、易操作，各个板块初始化正常。
- 正确进入注册 / 登录界面，未登录不能看到个人专属信息，几种登录方式都顺利，可以找回忘记密码，等等。
- 整个任务清单及详情查看正常，任务报名成功，指引信息完善，提交众测问题过程顺利。
- 成功提交众测反馈，查看状态正常，处理流程状态更新正常，积分刷新正常。
- 任务结束后不能再反馈问题。积分数据正确，可进入积分兑换页面，顺利进行奖品兑换。

使用用户旅程触点测试法对众包测试 App 的触点测试场景梳理，如图 13-19 所示。

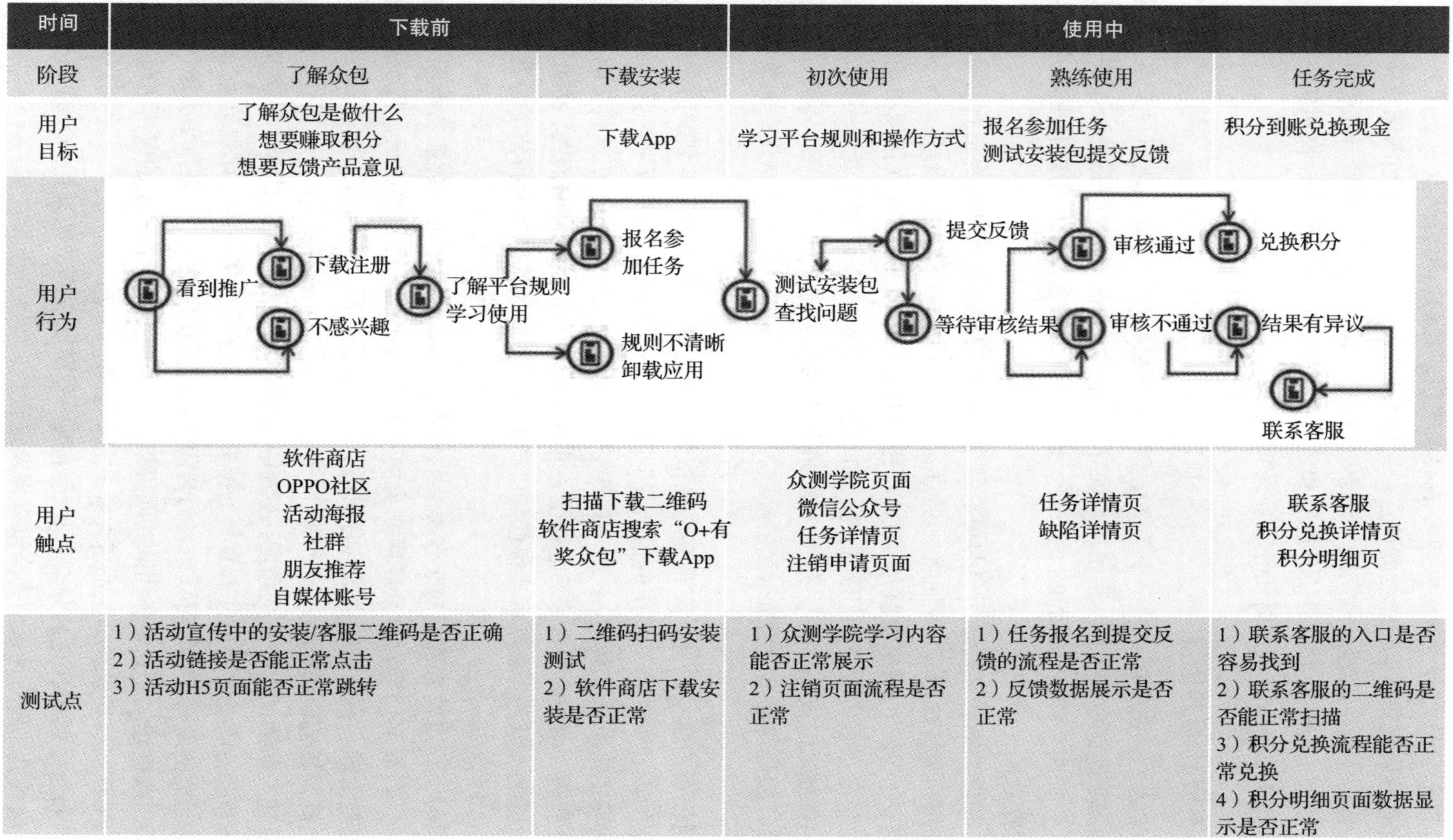

时间	下载前		使用中		
阶段	了解众包	下载安装	初次使用	熟练使用	任务完成
用户目标	了解众包是做什么 想要赚取积分 想要反馈产品意见	下载App	学习平台规则和操作方式	报名参加任务 测试安装包提交反馈	积分到账兑换现金
用户行为	看到推广 下载注册 不感兴趣 了解平台规则学习使用	报名参加任务 规则不清晰卸载应用	测试安装包查找问题 提交反馈 等待审核结果	审核通过 审核不通过	兑换积分 结果有异议 联系客服
用户触点	软件商店 OPPO社区 活动海报 社群 朋友推荐 自媒体账号	扫描下载二维码 软件商店搜索“O+有奖众包”下载App	众测学院页面 微信公众号 任务详情页 注销申请页面	任务详情页 缺陷详情页	联系客服 积分兑换详情页 积分明细页
测试点	1）活动宣传中的安装/客服二维码是否正确 2）活动链接是否能正常点击 3）活动H5页面能否正常跳转	1）二维码扫码安装测试 2）软件商店下载安装是否正常	1）众测学院学习内容能否正常展示 2）注销页面流程是否正常	1）任务报名到提交反馈的流程是否正常 2）反馈数据展示是否正常	1）联系客服的入口是否容易找到 2）联系客服的二维码是否能正常扫描 3）积分兑换流程能否正常兑换 4）积分明细页面数据显示是否正常

图 13-19　众包测试 App：用户旅程触点测试法

注意，以上只是列出了**参与众包者**的触点旅程，我们也可以从**众包发起方**的用户视角进行触点旅程场景梳理，重新盘点测试点。比如发起方从众包后台发起测试任务→众包平台审核通过→任务生效，招募成员完成→任务进行中，问题反馈进入后台→发起方在后台查看反馈并及时处理→与平台方沟通任务进展和用户投诉事件→任务完成，收到众包测试汇总报告和费用结算清单→后台发起新任务或者提交新需求。

13.6.4 不良利润分析法

《终极问题》一书中提到过一个关键概念——**不良利润**，即以恶化用户关系为代价获取的利润，如为了达到业绩 KPI，带给用户误导、冷落、忽略、胁迫的感受，这种利润无疑是无法长久的，长期来看会带来 NPS 的下降，破坏品牌忠诚度。一旦用户有更好的候选产品，必将毫不迟疑地离你而去。

反之，良性利润就是通过用户的积极合作来获取的利润，比如用户退货时降低 / 免收快递费，允许用户免费试用一定时间等，通过这种方式带来最终利润提升。

举个例子，奈飞的发家史就是从 DVD 租赁开始的。当年的 DVD 租赁市场红火，垄断性租赁厂家采用了很不友好的罚款制度，如不及时归还 DVD 碟片会受到高额滞纳金处罚，这让奈飞的创始人非常不开心。奈飞在 2000 年宣布放弃滞纳金的收费，不限制归还日期，并走向按月订阅收费且不限租赁数量的模式，从此一炮而红，这也为奈飞走向流媒体服务做好了铺垫。

互联网公司的横空出世，在很多场景下打破了传统公司基于不良利润的垄断业务，比如微信早期的语音聊天对于长途通信话费业务就是一个颠覆。由于互联网产品的用户量庞大，且盈利模式比较“另类”（不是一手交钱一手交货的交易模式），在盈利功能上就容易产生新的不良利润。用户表面看来愿意接受，实际上心里积累了大量的槽点。因此，用户当前活跃度可能挺高，但是满意度可能很低。广泛的不良利润场景又为创新公司提供了不少新的机会。

与此同时，政府监管部门对于各类互联网不良利润的现象也不会置之不理，随着行业发展的成熟，监管部门会对群众呼声颇大的不良利润现象进行公司约谈，甚至颁布行业法规，展开专项治理。在反垄断大潮的背景下，每一家公司都可能因为一个“不良利润”场景陷入公关危机，甚至导致产品直接下线。

综上所述，从测试责任人的角度，我们需要捍卫用户的利益，对不良利润说 NO。然而在体验破坏和获得收益之间往往有复杂的博弈。如果是明令禁止的法律规范 / 公司要求，可以直接否决功能的发布（我们可以命名为**合同法规探索测试法**）；如果并非法规禁止的场景，我们可以提出改进建议，让业务团队共同决策，至少要提前准备一定的舆情防范措施。

常见的不良利润场景有哪些？请大家一起来思考。

诱导：如通过赠送红包的分享活动诱导用户分享朋友圈，结果用户发现领到的红包只是优惠券 / 满减券，而活动说明完全没有提及这点。

威胁：用夸张的语言警告用户所处的环境很危险，迫使用户安装使用某安全产品，实际上并没有明确数据证明用户确实处于严重安全事态之中。

刻意忽略：如将收费提醒的字体故意设计得很小，广告弹窗的按钮故意设计得很小，有意无意地让用户无法单击，以便达成业务 KPI。

高额处罚：金融 / 商业交易软件针对违约设置高额罚息，违反行业常规。

隐瞒收费：故意用复杂的合同条款，给不合适的用户推荐收费产品。或者在用户不知情的情况下引导用户选择“自动扣费”，甚至多次单击会“多次重复扣费”。

歧视用户：如常见的“大数据杀熟”，同样质量的服务，对高收入顾客的收费更贵。又如公开宣传的优惠活动，指明老用户不能参加。

骚扰用户：营销推送广告，重复推送，或深夜推送，还不能关闭，很多广告无视用户匹配度，不但没有起到提高销量的作用，还降低了用户满意度，甚至部分推送的内容低俗不堪。

全家桶捆绑下载安装：这个不多说，强行捆绑下载的软件活跃度很低，广为诟病。

大家可以持续挖掘积累，多倾听用户的声音，把积累的不良利润具体场景归档在工作空间，引起团队警惕。正如我最喜欢的两句话，**“善良比聪明更重要”“产品如人品”**，咱不妨做个有正义感的、有温度的测试人员。

当然，有很多不良利润不是在产品功能测试中体现的，而是在日常运营活动中呈现的，可以结合 13.3.4 节介绍的内容质量众包反馈手段去捍卫用户体验。

13.6.5　差评分析法 / 博客测试法

根据论坛抱怨（如百度贴吧、产品论坛）、专业博客、客服反馈渠道（客服电话、公众号、邮件等）、产品内置反馈入口等渠道，团队能够核实用户抱怨的质量问题，并采取预防行动。

测试人员根据质量问题做测试价值的提取，锁定明确的用户场景进行针对性探索，探索式测试的优先级可以参考客服 / 团队优先级、用户反馈的真实性、发生频率和损失严重程度等综合确定。例如，看到用户在官网论坛频繁投诉“软件流畅度太低”，我们可以进一步沟通和确认探索场景范围：用户在哪些场景会投诉流畅度？用户评价高 / 低的基准是什么，是否有可对标的产品使用经验？具体操作场景是什么，投诉时的卡顿现象是什么？当该场景流畅度数值达到多少，用户就不会抱怨了？这些测试场景能否作为挖掘流畅度问题的固定打法，让其他产品直接借鉴？

13.6.6　交互规范测评法 / 放大缩小测试法

交互规范测评法，顾名思义，就是借鉴、学习公司的交互规范，包括产品交互文档，看是否符合常理、符合用户的使用习惯，用较低的学习成本发现交互问题。例如：对于明显违反交互规范或产品规格的问题，提报缺陷；对于没有明确违反规范，但是我们有更好（简洁、清晰）的交互思路的问题，提报建议，最终由团队给出答复。

探索的重点在于：交互逻辑一致性、交互完整性、UI 风格一致性。以下为一些发现交互规范问题的诀窍：

1）产品的各个核心页面的控件风格一致、图标风格一致、语言风格一致，不要出现不像一个团队作品的明显差异。

2）页面元素、内容标签分类一致，不要将不同种类的元素混在一起，颜色也要有清晰的区分。

3）导航效果符合连贯性，前进和后退符合预期，不要出现深入几层界面后，单击一下"后退"按钮就直接退到了主界面。

4）对于用户的已登录态和未登录态，在某些界面看到的信息应该是不一样的（应当明确约定展示内容），根据查看内容的所需权限来判断是否要吊起登录框。这部分也容易发生安全漏洞。

5）跨应用操作。用户在操作旅程中，可能要离开本应用，去查看其他应用信息（比如银行 App 要去查看和输入短信验证码的页面），然后回到本应用界面重新输入信息。如果这时切换回来直接重启应用，导致之前的旅程无法继续，就很让人抓狂。

6）海外业务 App，要根据特定文化或语言习惯来探索交互界面问题和图文问题。如 UI 布局、菜单语言、当地专属名词（日期、单位、宗教、节日等）、图片内容合规、左右语序编排、切换各种语言后的翻译表现等。

放大缩小测试法，是从上述方法提炼出来的快速发现显示问题的变种：如把系统字体调到最大，分辨率调成最低，看界面显示情况，是否有按钮被遮盖等；或者把页面放大到极致，再缩小到极限，看看图片是否出现显示异常。

13.7 本章小结

本章详细介绍了提升用户体验测试的完整方案，帮助测试团队通过低成本的实践提高反馈的价值，真正以用户为中心做测试。具体内容包括三部分。一是从用户体验模型出发，学习 NPS 体系和用户体验变革的系统打法，深入思考测试在其中应该承担的角色，科学地找出可度量指标。二是从测试设计出发，以用户共情为纽带，面向用户价值做测试设计，组织竞品核心能力对比评测，引入创新的自动化对比方案。三是大力实践挖掘用户体验问题的探索式测试法，从用户角色视角、利益、触点出发寻找问题，利用交互规范寻找不和谐的体验细节。

用户体验测试实践价值巨大，但能深入尝试者不多，系统化打法少，需要更多的持续投入和思考，当然，回报也必将惊人。

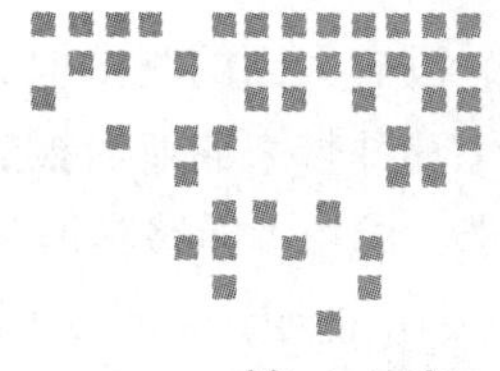

第 14 章 Chapter 14

迈向智能化测试

多年前，当 AI 成为最热门的概念时，每个公司都在学习和实践 AI 技术，大家对于测试工作的未来也产生了更多的畅想。当时我认为，未来的测试工程师将被分为两类，一类是精通 AI 的测试工程师，另一类是其他测试工程师。

时至今日回头看，AI 并没有在测试岗位中掀起太多的风浪，更像是一类锦上添花的专项技能，而并非是帮助测试工程师走上职业巅峰的杀手锏。但 AI 在某些领域的创新实践，确实会帮助测试人员产出令人眼前一亮的成果，让人觉得还有更多的潜力有待挖掘。

测试团队如何能逐步稳妥地修炼 AI 能力，并落地到工作中收获真正效益，而非迎合噱头？本章将尝试完整地表述基本路径和做法。我本人并非 AI 方面的实践高手，但相信介绍的这些内容对于试水智能化测试的团队会有一定启发。

14.1 测试人员为何要修炼 AI 能力

如今，AI 被广泛应用在各种业务的服务能力中，各大公司也成立了数据科学中心或者人工智能中心，但是测试人员在 AI 方面的能力并没有明显整体提升。AI 产品研发团队对其专职测试工程师通常不要求深入掌握 AI 算法。很多公司也不要求测试人员对 AI 评测效果负责，而是另设专门的效果评测组。测试人员只需要保障智能产品的使用功能和性能等传统质量要素。AI 似乎已成为某一类工程师的专属工作，测试人员无须深入介入。

AI 能力对于测试工程师有什么样的正向价值？我认为在 AI 领域为自己持续投资还是价值非常大的，主要原因如下。

1）精通AI算法和效果评测，始终属于人才市场的强需求。主流软件产品的基本功能都非常成熟了，没有太高的测试把关门槛，而披上“黑科技”外衣的AI功能层出不穷，虽然真正让用户惊喜并带来商业回报的案例还是很少数的。毫无疑问，产品AI化仍旧是没有止境的探索地带，成功者能够获得一段时期的商业优势。

2）如何向客户证明产品的AI算法真的靠谱，而不是忽悠？这个问题就变成激烈市场竞争下的关键考验，掌握相关方案的测试专家必然是行业急缺的人才。

3）具备过硬AI评测知识的工程师还是少数，在测试工程师中则更加稀缺，究其原因还是深入学习的门槛比较高。除了拥有常规测试技术能力之外，还需要具备一定对大数据算法的理解力，以及对数学模型和数字变化的敏感度。对于相关数学领域，需要深入修炼才会有认知落地的可能。相对于掌握新的编程语言和新的调试工具，学习AI花费的精力要多出很多。

4）在海量用户场景生成的巨大数据中，要找到独辟蹊径的测试方法，洞悉产品品质究竟如何，这种修炼如果成功可以极大提升测试人员的被认可度。测试人员如果想掌握这种宏观但精准的评价产品质量分数的方法，应该避免只见树木，不见森林，并最终借助自动化能力把异常的地方批量地寻找出来。这种自动化测试的升级就是智能化测试的价值。与智能化测试对应的传统自动化测试，一次测试只能验证特定的一个场景，在人力投入有限的情况下远远满足不了海量用户对于产品质量的诉求，而且对应的开发修复问题机制也是按照一个个Bug来跟进，对比智能化测试的批量场景优化，效率差距巨大。

5）测试人员要对他所掌握的测试理论进一步升级，寻找突破舒适区的机会。在智能化测试的加持下，习以为常的例行测试投入是否可以不用做了？这确实有可能，比如用例设计、数据准备、脚本编写和断言、日志分析、监控程序编写、性能对比等，很多常规的专业测试投入都可能随着新智能化测试手段的落地而被大幅节约。走在智能化测试变革前沿并勇于实践的人，非但不会失业，反而会成为引领团队技术升级的专家。

基于上述思考，我认为对于测试工程师，AI方向的自我修炼可以从两个方向展开：一是为智能产品提供专业的品质评测保障方案，二是让测试过程更智能、高效。

第一个方向是成为智能产品测试专家，不满足于常规产品功能测试或性能验收，而是真正基于智能产品的独特本质来建设测试体系，给出令人信服的完整评测方案，且自动化程度极高。

第二个方向是成为测试过程本身的智能提效专家。被很多人认为烦琐、高压、重复的测试工作，能被智能算法消解高昂成本的地方并不少，但是如何迈出有效的第一步，是非常困难的。

不论修炼哪个方向，都需要从AI的基本功开始学习和领会。正因为AI的相关知识体系博大精深，学习门槛很高，花费时间巨大，所以下一节会结合我的个人体验聊聊如何从基本功着手，建立循序渐进的学习计划，让普通测试工程师也能慢慢掌握AI知识和应用。

14.2　相关领域基本功学习

作为测试团队的负责人，如何帮助团队成员迈出智能化测试尝试的第一步是至关重要的。

从实践认知出发，负责人应做好以下几方面的组织和指引：

- 营造机器学习 / 人工智能的基础理论学习氛围。
- 搜集和尝试业界经典的机器学习工具箱。
- 搜集可以供机器学习使用的业界或学界开放数据库资源。
- 探讨产品中可以引入机器学习的场景，如业务评测场景、测试活动场景，讨论哪一种机器学习模型适合应用在此场景，猜想能获得什么样的效果度量指标。
- 大胆鼓励有机器学习经验的成员进行上述场景的工程实验，可以安排资深的自动化测试工程师与他一起工作。

网上相关的教程很多，上手难度通常都不低，希望有意向成为智能化测试高手的读者可以建立系统的长期学习和实验计划，欲速则不达。

下面按照机器学习不同的知识领域，简单介绍一些基础概念，以及我个人是如何理解其本质的。受限于本人在该领域的知识浅薄，如有错漏，敬请谅解。

14.2.1　大数据开发知识

AI 在工业界能够落地产生价值，离不开几个核心要素：大数据、算法、AI 工具和落地场景。我们可以先从大数据开始积累基础知识。有些公司称大数据开发为数据科学，专业内容可以分为以下几类，感兴趣的读者可以挑选相关入门教材进行学习。

- **大数据基础设施和架构开发**。具体理论包括高并发、高可用、并行计算等，如 MapReduce、Spark 等。而数据流应用和存储应用都有主流的落地方案，比如 Kafka、ZMQ、HDFS。读者可以在每一个层面挑选感兴趣的热门产品深入了解，实际操作，最终组合成一个完整的应用场景，借此理解一个合格大数据基础设施的质量特质，即功能可拓展、成本可控、支持高强度访问。
- **数据分析**。这部分内容要从数据的生命周期开始学习，包括数据如何感知，如何采集，如何安全、高效地传输和存储，数据建模和清洗，最终分析得出结论。这里要注意，数据建模的基础是明确关键业务指标及其计算方法，对于成熟产品，指标是比较固定的。而数据清洗是把干扰因素导致的失真数据裁剪掉，并对非格式化的元数据进行整形处理。但要小心，裁剪掉的元数据如果不备份就永远失去了，另一方面，如果不断备份的话，又会带来巨大的存储成本。
- **大数据应用开发**。具体包括业务数据库、数据中间件、数据可视化、数据爬虫及数据处理工具等，热门产品有 MySQL、Hive、HightCharts 等。可以按照自己的兴趣和公司涉及的业务领域选择学习。

大数据分析的目标是要获得对客户有价值的新信息，它不能是显而易见的，需要进行深度的对比、甄选，最终找到规律或知识。

工欲善其事，必先利其器。掌握方便强大的大数据框架工具，是能够在人工智能领域顺利上手的基础。

大数据框架按执行计算方式可以分为两大类，**实时计算框架和离线计算框架**，用于完成不同交付时间的计算需求。比如在现网的海量资金交易的风险监控场景中，针对与对账要素强相关的场景，需要实时计算和报警；而针对非实时对账和每日统计报表核对的场景，可以通过离线计算框架，减少昂贵的实时计算资源。离线计算可以对计算任务进行拆解、分布并行计算、合并结果，降低了技术难度，提高了伸缩性，但是很多程序场景是不能直接进行分布计算的。

所有大数据计算都会对清洗后的结果数据进行持久化保存，因此，大数据存储框架也至关重要，相关的核心能力有动态扩容、冗余备份、提升用户体验的各种服务组件等。

14.2.2 信息论和数学相关知识

学习信息论，有利于深入理解大数据和AI。信息论本来是用于数字通信的，它研究如何打通数字世界和现实世界的计算模型，而人工智能的目标也是获取新的信息结论。

另外，只有编码能力是不够的。数学，尤其是**统计学**，是学习AI的必经门槛。学好统计学，不但有利于理解数据分析算法，还有利于度量体系建立和问题挖掘，受益终生。

信息论基础

信息论中最重要的是香农定律、信息量计算、信息熵等概念。信息就是被消除的不确定性。我们的大数据存储和压缩处理也是在去冗余化和提高计算速度之间取得平衡。信息安全知识也是重要的基础内容，它有利于研究人工智能编程的可靠性。

我从工作中得到的启示是，测试工作的本质也是获得新的信息（确定性），如果测试的目标只是尽快让用例通过，那获得的知识就无形之间被最小化了。

高等数学

借助从简单到复杂的统计指标及公式，我们可以更准确、生动地描述对于数据的判断，凭此采取更优的改进措施。比如能反映样本数据偏差的平均值、加权平均、标准差、欧氏距离、曼哈顿距离等指标。再比如反映数据变化的同比和环比，反映二八分布原则的高斯分布，反映特定范围内随机事件发生概率的泊松分布，反映多次连续实验事件的成功概率的伯努利分布，等等。

高等数学中的矩阵、微积分、向量、数值分析等知识，对于AI学习入门也至关重要。

14.2.3 机器学习经典知识

进入正式的机器学习科目学习后，通常是先从掌握经典算法和概念开始，进而编程实践。如下科目知识属于经典的必学内容。

回归。机器学习的基础概念，利用统计学中的回归分析来确定两种（或以上）变量间相互依赖的定量关系。线性回归就是用一条直线函数来表示的回归关系：$y=ax+b+e$，如果这条直线能把样本数据点几乎串联在一起，这个过程就叫**拟合**。对应的还有非线性回归，用二维的曲线方程来表示回归拟合结果。如果模型过于复杂（噪音过多），或者失去泛化能力，回归结果就称为过拟合；反之，建模有欠缺，或者参数过少，导致回归模型误差太大，称为欠拟合。这两种情况都难以满足回归的质量要求。

聚类。本书多次提到简单的聚类概念。它是一种非监督学习，把一批对象的集合分组为彼此相似的类别的分析过程，类似于人类天生识别动物种类的认知活动。经典算法是K-Means，基于向量距离来不断聚类，直到类簇中的向量归类变化低于指定的极低值为止。聚类也可以按密度而非位置进行分类，还可以按多层次聚类，即大类里面分小类。聚类的结果可以用于寻找可疑的孤立点，因此在安全策略中有广泛的用途。比如某用户的数据明显异于其他主流人群，属于高风险用户。聚类的一个难点是，应该分为几类（类簇）来聚合才是最优的。对于非监督学习来说没有特定经验，推荐在各个类簇数量的“收获”中，把增量最大的那个（拐点）作为推荐值。

对于聚类的质量评估，可以借助轮廓系数来度量，即对比类簇内部的紧凑度以及该类簇与其他类簇的分离程度，两者差距越大，聚类效果越好。

分类算法。这是有监督学习，用已知类别的样本来对模型进行分类器训练，达到所要求的新样本识别能力。分类的结果也是定性的概率值，比如判断某客户是否高风险概率用户。它和回归算法的差别是，前者是离散变量预测，后者是连续变量预测。相关的经典公式是朴素贝叶斯算法，$P(A|B)P(B)=P(B|A)P(A)$，利用“条件概率”进行概率分析。分类算法广泛应用于各种场景，同时也需要辅助其他的建模手段。分类算法技术还衍生出了多种算法：决策树、随机森林、HMM、SVM、遗传算法等。

1）**决策树**。决策树是一种常见的分类预测模型，它从根节点开始，一步一步决策，直到走到叶子节点。生成决策树的归纳过程是一种认知过程，决策树节点的分裂条件决定了接下来的分类规则。最佳的树枝切分策略，取决于是否尽可能消除了信息的不确定性（即信息增益）。我们可以通过不同的字段切分尝试，看看哪种切分效果最好，在简洁性和正确性中取得平衡。

2）**随机森林**。这是决策树的并行优化算法，快速生成一批简洁的决策树，对新样本分类时，看看这些决策树计算后得到的民主投票结果。

3）**隐马尔可夫模型（Hidden Markov Model，HMM）**。HMM在语言识别和自然语言处理领域应用广泛，它是一个双重的随机过程，在状态转移之间有一个随机概率，在状态和输出之间也有一个随机概率，通过观察一系列的输入，预测产生什么观察结果的概率最大，并生成概率转移矩阵。它在语音识别领域的应用主要是解码，在输入法软件的应用则是通过首字母预测输入词语的功能。

4）**支持向量机（Support Vector Machine，SVM）**。针对已知的样本和分类标记，找到一个超平面（即分类函数的表达式）进行划分；如果样本线性不可分，就采用升维的技巧，把样本映射到高维度，再来找到超平面。它是一种比较抽象的机器学习算法概念，用于模式识别、分类和回归。

5）**遗传算法**。它最有趣的特点就是借助生物界进化论的机制进行优胜劣汰，找到最佳解法。基本步骤是对样本个体进行基因编码，再从样本空间中挑选出一个初始集群，其中每个个体的基因都不同，淘汰不合规则的个体后，让集群中的个体结对生成下一代（比如，对两者的基因进行特定片段的重组）。对所有下一代进行排序，遴选出最优秀的一批后代，淘汰掉其他的，再进入下一轮“进化”。当连续数轮的“进化”产生的结果没有进步，或者进步极小时，我们就认为算法可以结束了，此时排序领先的就是最佳解法。需要注意的是，基因编码方式、初始集群大小、遴选方法和淘汰概率等，都可能导致最终生成不同的最优结果。如果样本空间是非离散的，我们选择基因编码的长度时就要考虑问题域的求解精度，避免计算成本过高。

关联分析与推荐算法。这是数据挖掘产生价值的经典过程，对不同类型的两项（或多项）产品共同出现的概率做关联分析，判断两者是否出现正向或负向相关性。我们可以基于用户或者商品来进行协同过滤计算，推荐出用户可能想买的其他商品，这里面可能会用到空间向量的余弦相似度计算。推荐算法并不是要高度收敛，而是要保证多样性，以便推荐用户购买更多丰富的商品（即提高转化率），因此会对商品相似度做归一化处理，对相似度较低的值做一些补偿，合理拉高其分数，便于遴选。

文本挖掘。从大量结构化文本数据中通过自然语言分析，挖掘出可理解/可用的知识，一直是数据挖掘的重点方向，也是最常见的机器学习技术应用。文本挖掘出来的常见内容包含聚类、分类、NLP（自然语言处理）、信息抽取等方面，每一块都是内容庞大的细分知识领域。对于中文互联网产品，最基础的文本分类训练就是分词及权重计算，以便判断出词义、用户情绪和文章类别（标签）。用于评价结果质量的指标就是召回率和精度，这也是智能产品评测普遍要掌握的基础概念。召回率衡量的是检索系统的查全率（“检索出的相关文档”除以“文档库的所有相关文档”），精度衡量的是检索系统的查准率（“检索出的相关文档”除以“检索出的总文档”）。

14.2.4 人工智能的进一步学习

通过机器学习的基础知识掌握和简单应用，我们可以逐步理解其算法思路和传统编程解法的不同。传统编程是通过预先设定好的路径执行得到计算结果的。AI算法编程是基于训练模型，让程序有多种可能的执行路径，从中找到最合适的执行路径，让训练结果达到指定要求（即误差足够小）的。

这些年人工智能新理论高速发展，热门的AI技术应用不断引起轰动。我们要针对AI新技术进一步学习，可以先从其爆发原点——**人工神经网络**（Artificial Neural Network，

ANN）知识开始理解。

人脑令人叹服的复杂结构和神奇能力让大型计算机在某些方面无法比拟，尤其是模式识别等能力。通过对人脑的仿真研究，计算机学界找到了类似神经网络的对大量数据进行智能处理的思路，进而在很多领域攻城略地。神经网络拥有海量的神经元（神经细胞），类似一个极其庞大的并行分布式计算结构，单个神经细胞通过轴突和树突互相传递信息，传递的化学信号让细胞兴奋或抑制，类似二进制的 1 和 0。这些信号经过复杂的计算，最终产生一个确定的结果。这本质上就是一种高效的无监督学习，在非线性分类中，尤其在多媒体领域，具备很大优势。

通过这些年的发展，神经网络模型也逐步衍生出很多著名的变种，下面简单介绍一下。

感知器网络。人工训练神经网络首先从单个神经元开始训练。神经元由线性函数和非线性激励函数组成。设置好初始化权重，利用类似 SVN 的逻辑回归进行分类判断，若遇到线性不可分的情形，神经网络可以用比 SVN 更强的方式去解决，包括新增的输入变量、更多的中间计算网络层次，以及最终的输出层。

BP 神经网络，是按误差逆传播算法训练的多层前馈网络。它分为输入层、隐含层和输出层，后面两个是参与计算和调整权重的节点，我们希望找到一种方法，让设置好的各种权值匹配尽可能多的训练样本分类情况，让误差尽量小。整个训练过程通常采用步长试探方法，类似梯度下降法。梯度下降就是沿着最陡峭的方向寻找损失函数的最小值（通过不断调整各个待定系数、正则化和丢弃部分节点等手段），快速收敛，避免过拟合。注意，需要选择合适的激励函数才能防止梯度消失或梯度爆炸。

玻尔兹曼机 / 模拟退火算法，其网络模型结构与 BP 神经网络模型的结构类似，但训练方式不同。退火的意思是钢铁缓慢烧热到一定温度后保持一段时间，再慢慢把温度降下来，以期获得更柔韧的高性能金属。奥地利物理学家玻尔兹曼给出了玻尔兹曼因子，用来比较同一温度下系统所处两个状态概率的比值。从算法训练角度就是调整参数模拟退火的过程，迭代稳定收敛到某个解附近。

卷积神经网络（Convolutional Neural Network，CNN），是一种前馈神经网络，本质上是一种有监督机器学习。它对大规模的图像处理识别效率高，特别在模式识别领域，避免了对图像的前期复杂预处理，可以直接输出原始图像。CNN 的基本结构包括特征提取层和特征映射层，前者的每个神经元的输入和前一层的局部接受域相连，并提取了局部特征；后者的每个计算层由多个特征映射平面组成，平面上所有神经元权值相同，可以并行学习，收敛快且容错能力强。

CNN 可以用来识别位移、缩放等二维图形，卷积神经网络的局部权值共享结构在语音识别和图像处理中有巨大的优越性。在 CNN 的卷积层中，每个神经元只需要对局部感知，相邻神经元的参数大量共享，由此大幅缩小了参数计算数量；而在 CNN 的采样层（Pooling）中，对前面卷积层输出的特征提取值矩阵进行量化，采用的激活函数 Sigmoid 则使得特征映射具有位移不变形。

深度学习（Deep Learning）。相关的框架也出现了很多，著名的有 DNN（深度神经网络）、RNN（递归神经网络）、LSTM（长短期神经网络）。LSTM 是一种特殊的 RNN，适合处理时间序列中延迟特别长的重要事件，可以追根溯源。相对于传统机器学习的简单模型和小计算量，深度学习的大规模计算能力借助硬件行业和分布式计算的变革，开始展现巨大威力，能实现过去难以快速完成的大量节点和大量网络分层的分类算法。深度学习的强项也在于人工干扰环节少，通过海量的分类器叠加来处理线性不可分的复杂场景。因此，深度学习在效果边界划分清晰的领域取得了瞩目的成就。但是深度学习的弱项也很明显，其解释性差，感觉都是在黑匣子中计算，而且数据量和计算量巨大。

强化学习。强化学习的对象是状态（state）、动作（action）和相应产生的奖惩（reward），使用只与当前状态有关的马尔可夫决策过程。为了避免短视现象，需要把产生严重后果的 reward 值向上回溯（即向蒙特卡洛树的根部靠拢）。强化学习已被应用于游戏的智能化测试中，主要是针对游戏通关的评价简单且状态变化维度少的游戏。

对抗学习。生成 G 和 D 两个模型（即生成模型和判定模型），前者根据输入特性“捏造”样本，看后者是否会判定为正确样本。通过两者的大量对抗训练和各自进化，最终双双达到纳什均衡（刚好一半通过检测）。

以上介绍的各种算法知识，给应用人工智能的工程师提供了各种模型，相关的强大工具被陆续打造出来。但是不同的工具有适合自己的场景，强行使用有可能带来事倍功半的反面效果，因此理解业务场景是至关重要的。

下面几节介绍各类具体 AI 测试案例，虽然不会深入介绍智能算法的实现细节，但这些案例反映出的解决评测困难的思路和步骤，相信对读者会颇有启发。

14.3 成为智能产品测试专家

从这些年的趋势看来，所有产品都可能会应用人工智能，比如视觉智能、语音识别、语义识别、虚拟角色、推荐算法、智能风控等。如果产品测试团队总是把智能卖点作为非测试内容绕过去，就难以成为这个领域急缺的专家。

智能产品在机器学习模型的应用上天然存在不可解释性，这给用户体验的评测带来很大的困扰，因为我们很难从逻辑上解释软件实现和用户体验改善之间有什么因果关系。而且智能产品测试专家面对的困难还不止于此。为了判断产品 AI 是否存在欠拟合或过拟合的情况，测试人员可能要构造会混淆判断的数据，并准备足够数量的测试样本，以便评估出分类器的性能强弱，达到降低产品 AI 的分类器遗漏单个分支特征的概率。

智能产品测试专家应该从产品交付的痛点开始研究，找到急需修炼的技术能力，梳理更完整的评测场景和评测关键指标，建设丰富完善的测评用例数据库，结合自动化、众包和线上数据辅助等手段，最终做到以少量的人力投入，保障智能产品的高用户口碑。

接下来，我以几个经典领域的智能软件产品作为案例，研究如何构建科学精准的评测方案，体现专家价值。整体方法步骤都是相似的，但具体评测指标的差异比较大，需要特定知识领域的经验沉淀。例如，从评测指标上来看最常见的指标是召回率和准确率，但是不同业务场景对这两个指标的重视程度不同。比如涉及安全的严肃场景召回率比准确率更重要，先保证不放过，再提高精度。

14.3.1　图像识别类产品评测

AI 能力最广泛的应用场景就是图像识别领域，很多互联网平台也把别出心裁的图像识别能力当作提高用户兴趣的卖点。本小节以“实物图片智能识别服务”，评测识别的成功率，提炼出完整的测评覆盖范围。

首先，我们应梳理不同的评测场景分类，确保不遗漏关键类型的同时，明确各类型的取样边界。那常见的图片识别场景维度有哪些？

- **距离维度**。类似照相机的焦距，不同焦距的目标图像，在图片中的相对大小是不同的。我们的评测场景需要准备不同范围的大小比例样本。
- **清晰维度**。实物照片是高清，还是模糊（失焦），也是一个评测维度，但是模糊的边界需要有指标界定。
- **方向维度**。对于特定物体的识别，从不同的角度来拍摄，看到的图片是不同的，比如完全正面、半正面、完全侧面、背面、上方视角等。具体可根据软件识别服务本身的能力规格来分类。
- **完整性维度**。被识别物体不一定都在照片取景框之内，在被测服务支持的前提下，可以评测多大比例入框的物体能被正确识别成功。
- **光照维度**。不同光照条件下（比如中午、黄昏、月光下），判断正确识别的概率。
- **背景混淆维度**。有意放入一些干扰要素，判断识别能力，比如照片中杂乱的物件背景。
- **多物体维度**。识别照片中有多个待识别物体，它们可能是同类，可能是不同类；可能是本软件可识别物体，也可能是不可识别物体（假模型）。

以上的识别维度还有很多，但是作为测试工程师并不是把测试场景罗列的越多样越好，而是通过与产品、开发人员的讨论，锁定本软件核心识别竞争力，聚焦能吸引目标用户的评测维度。

上述分类可以理解为测试场景的定性分析，那下一步就要定量分析了，不同评测维度的场景数量占比是平等重要，还是应有不同的权重？

思考各类评测场景的比例，首先要参考产品的宣传定位。本产品主打什么类别物品的评测，用户是在哪些场景下使用这个智能识别服务的？是户内还是户外，是针对静态物体还是可行动物体？这个思考将有效指导不同类别场景的优先级和权重确认。

然后，根据真实上线后的用户数据来调整权重，通过对上报数据分类可以精准获得各类识别场景的实际占比。

接下来，如何获得大量的待评测图片？相信读者不难想到，图片来源主要有四类：产品后台保存的用户上传图片，项目人员通过手工或者算法自动生成，众包用户征集，购买服务商的图片集（或从网络获得免费授权图片）。

如果是自制待评测图片，基于各种精细化的评测维度，对拍摄者的专业手法可能会有较高的要求。为了降低拍摄成本，我们可以利用能自动控制亮度的影像实验室和自动机械装置来完成大量拍照任务。

当我们获得了大量外部的评测图片样本时，对于测试同学来说可能是个噩梦——因为归类工作量极为繁重。我们或许要建设一套自动的图片处理入库机制，包括**数据清洗**（自动检查是否符合待测试要求）和**数据标注**（为图片填写关键属性，以便后续使用），例如纳入特定测试维度的子集，或者二次编辑合成待测试图片。如前文所说，当我们要提升特定维度的体验分数时，就需要特定维度的评测子集来测试与改进。如果这部分评测维度的照片样本数量太少，就可能需要通过专项采集或购买以增加样本。

如果我们利用人工来标注待测图片，也可能会引入一些错误标注结果，这时可能要利用核对多人标注结果的手段，或者引入专家角色来判定结果。

14.3.2 智能语音类产品评测

除了智能图像识别及处理产品，另一个 AI 应用最广泛的领域就是智能语音了，具体分为语音识别和语音合成两大类服务，下面依次梳理一下测试团队的相关评测方案。

先从自动语音识别（Automatic Speech Recognition，ASR）开始，ASR 将人的语音转化为文本，那么，评价转化质量高低的指标有哪些？这就是我们可以人工或自动进行专项评测的地方。

- **词错率（Word Error Rate，WER）**，识别出来的语句词序列和正确结果的词序列可以有三种差异，**缺少、多余、替换**，这三种差异都属于错误，其占比之和就是 WER。因为可能有多余词汇的插入，所以 WER 在特殊情况下是大于 1 的。
- **句错率（Sentence Error Rate，SER）**。针对单个被测试句子，只要 WER>0，我们就认为这个句子“错了”。错误句子占所有被测句子集合的比例，就是 SER。
- **识别性能**，通常就是识别耗时。

环境因素对于识别率的影响非常大，因此精准设计专项测试来覆盖各种环境变化，对于产品体验的保障是非常关键的，比如下列特定环境的专项测试。

- **语音输出源距离拾音设备的距离**：近或远。
- **拾音设备的硬件类型**：移动端（Android 或 iPhone）不同厂家的手机类型，PC 设备，常见品牌的耳机麦克风，专业收音设备等。
- **环境噪音情况**：安静的居家环境和车载环境，不太安静的办公室环境，噪音较嘈杂的户外等。
- **网络信号情况**：在不同网络信号强度下，考察识别准确率和识别速度。

输入语音的典型特征也会影响识别率高低，对应的专项测试覆盖建议如下。

- **语速**：是慢、中、快？
- **性别**：男性雄厚声音，女性尖细声音，中性声音？
- **音调**：高或低？
- **普通话或方言**识别。
- **语音句子长度**：超长、长、中、短。
- **专有名词**：如时间、货币、地名、人名等。
- **带有感叹词和语气词的表达**。
- **易错词语识别测试**，包括同音字、叠字、夹带干扰字、打乱词语的文字顺序等。

除了针对测试指标、环境、语音特征来准备语料（用例），也要考虑对典型用户语音交互场景的内容覆盖，可根据产品定义好的范围来梳理。常见的语音识别场景类似四六级英语考试，有打电话、看天气、看电影、打车、订餐等。

以上语料的采集，既可以利用众包平台完成，也可以由项目组成员脑暴，收录特定场景下自己所习惯的说话内容。

除了语音识别，智能产品可能还要把输出的文本通过语音合成（Text To Speech，TTS），播放给用户，并满足听者的体验要求。

由于自然语言本身的复杂性和开放性，语音合成经常发生发音错误、音调不符合习惯、韵律节奏奇怪等问题。合成语音波形的工具本身也会引入损失，例如发音不清晰、还原度很差，以及背景杂音。

综上所述，合成语音部分的评测方案可以把重心放在以下环节。

1）**评测语料选择**。丰富的语料是评价合成语音水准的基础，具体又可以分为以下几类。

- **考察准确性**的特殊语料：姓氏、年代、时间、电话号码、专有名词、单位、中英文混合语料等。
- **考察韵律**的语料：变调、轻音、儿化音、特定句型等。
- **考察字典覆盖度**的语料：常见字、生僻字等。
- **考察情感**的语料。
- **考察发音清晰度**的语料：如浊音、鼻音、送气音、低沉音等。

2）**主观评测**。国际上一般采用 MOS 来对语音输出进行打分，我们可以通过训练众包用户来完成主观评测，在指定音量条件下，填写 MOS 评分表（从 1 分到 5 分），交叉验证可靠性，调整后得到最终分数。

3）**客观评测**。通过语料播放的结果是否符合预期结果来打分，对结果的专业度判断非常重要。

我们可以在实验室采用自动化的方式来做验证测试：自动播放待评测的合成语音，再用业界知名的语音识别软件来自动识别并生成文字，与原始语料的文字结果对比。

4）**语音合成的常见评测指标**：根据国际标准，通常有发音准确率、韵律准确率、字典覆盖率、字清晰度、词清晰度等。

还有一类评测能力是多数语音智能产品的必测内容，即AI语音助手的唤醒能力，核心指标包括唤醒成功率和唤醒耗时。成功唤醒是这类智能服务的生效起点，因此需要体现出足够灵敏的响应，但又不会误触发。试想，在一旁原本安静的机器突然发声，开口打岔，还是挺吓人的。

我们可以设置丰富的评测场景用例，涵盖这些不同的唤醒条件：不同性别、不同年龄的人声，不同音量，不同音源距离，不同网络。

语音识别类评测应该主要基于自动化方案落地，有条件的公司会建设一个语音评测实验室，基本原理也挺简单。即在确保没有外界打扰的情况下，放置不同种类的音源设备，覆盖空间的不同方位，可自动播放语料集合音频，自动调用识别接口和判断识别结果，轻松生成最终的测试报告。实验室还可以提供标准化的噪音生成装置，以评测语音识别引擎的抗噪能力。

最后提醒几句，智能识别产品自动化测试的完善，依赖评测语料库的不断更新。可以每天往语料库加入网络上热门的新样本，以及本产品用户贡献的高频原始样本，并根据用户使用统计数据来调整样本的类别权重。对评测出来的“badcase样本”和“不支持的样本”集中分析，督促开发人员进行针对性处理，并快速迭代上线，一定能逐步改进用户体验口碑。

14.3.3 智能对话系统评测

有了语音识别和语音合成能力，产品进一步发展就是智能人机对话系统了，目前已经广泛应用于不同行业，比如智能客服，智能订票，智能营销，智能手机助手，等等。但是对话系统AI能力体验的成熟度还远远无法满足真实用户的诉求。作为产品的测试负责人，如何判断这个对话系统是智障还是智能，需要掌握的知识非同一般，离不开一系列的深入实验。

一个对话系统，最主要的两大模块是对自然语言的理解（NLP）以及自动生成答复（包括具体的软件行动，比如智能助手直接播放特定音乐）。

理解用户的“话”，不仅是要识别语音，还要根据识别句子进行意图分类。为了找到更准确的分类，有必要结合上下文信息或环境信息来选择最优结果，比如之前的历史提问、用户所处地理位置、用户属性内容、当前环境信息（如时间）等。

了解了用户的意图，产品就需要给一个尽可能满意的答复，通过填充一定的槽位把答复的最佳句子组装起来。如果产品带有一定的服务推荐目的，答复时的表现会更加主动，试探着推荐某个关联服务。市面上的初级对话系统在答复方面比较简单粗暴，就是根据用户关键词来检索现成的答复句子集合。

有了上面关于智能对话系统的基本知识，我们就可以逐步梳理出对话系统的效果评测指标。

- **领域识别正确率**。产品涉及的领域数量是有限的，首先判断对话分类是否命中了正确的领域，否则后面的对话就是鸡同鸭讲。但是判断领域是否正确，需要积累一套标注标准。
- **意图识别正确率**。意图就是用户希望智能产品执行什么动作。比如在新闻领域，意图是查询 CCTV 的新闻。每个意图都可以通过槽位填充的方式组装完整，如果部分槽位词语还不清楚，比如具体什么时间的 CCTV 新闻（系统会默认给出今天最近的时候），可以在后面的对话中追问。
- **易错句子的正确理解率**。需要对容易导致错误理解的关键词做一个梳理，以便统计评测识别结果，具体细分为：
  - **同义词**（如简称）的识别正确率，如我想看电视剧《知否知否》(《知否知否应是绿肥红瘦》的简称)。
  - **"与""或""非"**，如"我想看一条最近的新闻，除了中央台的"。
  - **条件假设句式的识别正确率**。这种句式的识别难度比较大，AI 要判断在什么条件下才能执行特定任务。比如"如果今天天晴，就播放一首周杰伦的《晴天》"。
  - **嵌套句子的正确理解率**。比如"我想看一场梅西参加的球赛"。
  - 嵌套句子可能是两层嵌套，也可能是更多层嵌套；可能是同一个领域的知识，也可能是跨领域的知识；可能需要响应单一动作，也可能需要响应多个输出动作。比如，请帮我关闭窗帘并开灯。
- **对话任务质量评价指标**。这部分是对话系统最终达成效果的评价指标，核心关注点如下。
  - **是否完成任务（正确完成率）**？在产品定义能力范围内是否达到用户的预期，如果限制条件没有达成，不算完成任务。比如用户要求放成龙主演的武侠电影，结果播放了其他影星主演的武侠电影，就不算完成任务。但是要注意，用户的提问本身可能就是含糊不清的（比如，想看一部精彩的武侠电影），这种句子就不适合纳入统计，或者回答达到最基本的满足就算评测通过（如给出了一部 8 分以上的武侠电影）。
  - **资源命中率**。多数智能问答产品都能借助可触达的资源来满足用户的需求，这个资源可以是本公司自有的，也可以去搜索获取第三方的。那么用户需要的资源是否命中，或者是否在自有资源池中命中，就是一个关键的可提升指标。
  - **完成任务需要的对话轮数**。在正确完成用户任务的前提下，对话了几轮？轮数越少，说明达成任务的效率越高。但要注意这个指标有可能对用户体验带来负面作用。有些产品为了缩短对话轮数，会在对话中让用户用一句话回答多个关键信息（比如，你想看哪个影星最近主演的什么类型的电影？），反而提高了用户思考表达的门槛。
  - **闲聊效果评测**。很多智能对话产品都有闲聊能力，以便推高用户活跃度，吸引长尾用户。评价闲聊的关键指标有两个，一个是相关性评分（可以由用户主观打分），另一个是对话轮数，看真实用户愿意聊几轮再结束对话。

■ **槽位填充率和填充速度**。上面提到，产品通过填充句子的关键槽位来给用户一个满意的答复，那么，槽位填充率和填充速度就是不错的评测指标。

■ **领域意图的多轮继承能力**。对话意图理解在很多时候是依赖上下文的，如果上文提到过的信息在下一轮对话中丢失了，体验就很差。同理，在新一轮对话中，用户可能会大量使用代称（比如，下一部、他、其他国家呢），这时产品是否还能正确识别，就体现了 AI 的成熟度。

■ **意图跳出的支持成功率**。用户可能由于各种原因想中断本次对话，切换到其他领域重新开始对话，这种情况产品是否能正确且适宜地响应？

❑ **产品个性化的用户体验**。从更大的范围来看用户对 AI 产品的感知，可以考虑如下几个方面。

■ **风格一致性**。比如，如果 AI 产品的发音是个年轻女性的声音，贯穿她说话始终的内容和这个性格年龄是否匹配？

■ **情感亲和力评价**。用户更希望 AI 助手是带着感情的，亲切、稳重或者可爱，而不是生硬的机器感觉。这方面的评测通常以人工评分为主。

■ **延续对话的能力评价**。这部分不是尬聊，也不是完成任务后的强行聊天，而是在对话没有完成任务时，通过推荐相关内容或者启发式提问，继续找到满足用户意图的服务。也可以表现在闲聊中能够吸引用户的兴趣，鼓励用户探索，增加持续轮数。

14.3.4 推荐算法评测

智能产品的推荐算法评测，也是大数据产品或 AI 产品的常见效果评价领域。接下来，我们聊聊此类评测的基础思考逻辑，帮助读者在算法类评测方案上举一反三。

为了提高用户黏度，提高变现效率，海量内容聚合平台会在各种场合向用户推荐新的产品或者内容，这种推荐往往是个性化的，目标是提高用户体验和业务指标，那测试团队如何评价相关效果呢？

与传统评测对象不同，推荐系统没有特定的输入输出要求，且算法模型本身又非常复杂，测试人员很难直接介入，要精细评测最终用户体验的满足度，难度颇大。

首先，业界的推荐算法并不是随意推荐自有内容，否则就没有智能可言，我们默认推荐系统是对用户进行了大量的信息采集和机器学习，以达到最佳推荐效果。因此，我们要先弄清楚哪些用户数据项是推荐算法迭代的关键，然后才能借此进行离线实验。

与推荐有关的用户数据集通常有用户行为信息（浏览活跃时段、点击行为、停留页面和停留时长、购买产品属性等），用户社交信息（性别、年龄、所在地、兴趣标签、好友关系链等）。

推荐系统采用的算法也有多种，在实践时可根据具体的商业任务来单独或混合使用，如协同过滤算法，基于内容的推荐算法，知识图谱分析，基于关联规则的推荐算法，混合推荐算法，等等。

因此，评价算法的好坏，通常是利用用户数据集对算法进行离线实验，分为训练集和测试集，通过训练集建立的推荐模型来验证测试集的用户行为。虽然离线实验成本低效率高，但是不一定能反馈大量真实用户的感受，所以指标只能作为预测参考。要得到真实用户反馈，得采取 AB 测试或真实用户调研（包括众测）的手段。

在具体评测指标上，从用户视角来看，可以采用覆盖率、准确率、多样性和新颖性来搜集评分。

- 准确率包含预测评分准确率、预测评分关联性、分类准确率和排序准确率。
- 覆盖率指标是指向用户推荐的文章占符合露出条件的所有文章的比例，鼓励突破推荐范围的局限性，不要为所有用户推荐一样的热点文章，具体细分指标包括预测覆盖率、推荐覆盖率和准确覆盖率。
- 多样性和新颖性是为了减少用户阅读进入所谓的“信息茧房”的概率。以资讯推荐场景为例，有些算法会由于用户大量阅读同一类文章，使得推荐的新资讯呈现狭隘化趋势。多样性可以通过资讯的相似度来评价，而新颖性可以通过推荐资讯的平均汉明距离来衡量。
- 在业界，推荐系统研究理论还给出了更多有启发的评估指标，如惊喜度、信任度、实时性和鲁棒性等，大多可以采用主观评价方式来评分。

要达到千人千面的推荐效果，推荐系统的大数据、算法和平台能力都非常关键，缺一不可。评测要能深入其中的各个环节，理解各个组件的作用，清楚对推荐产生影响的所有产品因素，采用自动化工具提炼推荐算法日志，才能把握关键的推荐质量，并自动评估效果。修炼之路任重道远。

本章的产品评测体系框架介绍就到这里了。最后补充一下，除了与智能产品体验直接相关的指标以外，还可以针对人工智能设置的前沿法规和监管趋势，做评测的前瞻升级。比如，如何让智能产品算法更加具备可解释性，智能推荐的结果不能有用户歧视性，输出内容必须符合各个国家的道德规范和种族平等法规，等等。

14.4　成为智能化测试提效专家

软件开发过程会产生大量的测试数据，而测试活动中也凝结了很多人类思考和算法智慧。如何让测试过程更加智能化，进一步提高效能？这是有追求的测试团队正在探索的终极课题。

学界和工业界在智能化测试的探索殊途同归：前者在探索最本质、最彻底的测试智能化，算法理论研究很深入；后者拥有巨大的业务数据和设备优势，在测试活动中利用 AI 达成实用主义。我认为两边的专家可以互相借鉴，协力把最适宜的理论应用到更广泛的项目工程中，形成可在商业团队中推广的稳定方案，取得可观的持续提效结果。

14.4.1 智能化测试简述

测试专家在大量的测试实践中会形成深刻的洞见，进而可以输出一套基于规则的智慧，如果我们能利用好软件工程产生的各种数据，以及适宜的强大智能算法，就可能让专家的智慧变成基于场景的可靠求解方案。

软件工程中能被利用的测试相关数据包括软件代码及变更记录，CR 记录，故障记录和产品日志输出，测试过程数据和截图，需求变更信息和代码关联，等等。

智能化测试在以下方面都是研究热点，且在学术界已经取得了比较丰富的成果，有兴趣的读者可以检索相关论文进行学习。

1）**自动化测试用例的最佳执行算法，例如这几类研究场景：**

- 如何调整执行顺序，尽早发现缺陷，暴露问题。
- 如何挑选最佳回归用例集（本书 12.2.4 节中也提到过），缩小用例数量，但是代码覆盖率不明显下降。

2）**通过一定的软件代码刻意改变**（变异测试），无须增加回归测试用例就能提高软件测试覆盖率。

3）**蜕变关系研究**，洞察测试用例输入和输出的特定关系，如果测试中发现这种关系被违反，那就意味着出现了软件故障。

4）**从软件产生的大数据中找到特定规律。类似安全行业的威胁态势感知，我们如何从软件的大量输出信息里感知链路变更或软件缺陷**。比如从通信软件的海量 5G 协议消息日志中，通过机器学习识别出异常日志，自动提醒工程师在执行中已经出现了什么问题，大幅提升缺陷确认效率。

5）**智能学习代码风格和扫描代码缺陷**。传统的静态代码扫描工具是基于行业大量编程实践和专家推荐而形成的扫描规则，升级缓慢，适应能力很有限。如果能智能学习特定公司的编码风格和特定定义，可以更精准地提示编码质量问题，甚至可以从前面的代码模式预判可能出现哪些依赖性错误。同时，工具还可以结合业务领域的历史问题发生概率，智能推荐出最合适的缺陷解决方案。

6）**在自动化测试中引入图像识别等各类 AI 算法**，提高自动化效率。进一步可利用机器人（机械臂 + 摄像头）设备实现跨终端的端到端操作自动化测试。

7）**在接口测试层面实现全自动化**。定义好被测领域的知识模型，每一类接口背后对应着特定的业务域知识，比如查询日期就要考虑哪些日期是非法取值的。需要把参数数据定义、各种操作和约束条件梳理完整，结合接口规格定义和依赖关系，通过算法生成组合型测试用例。产生的大量接口测试用例并非都是高效的，需要避免参数组合覆盖带来的数量爆炸，可以利用遗传算法、模拟退火算法进行迭代，得出最精简的接口测试推荐集。

8）**性能测试和调优的智能识别及分析**。通过性能指标的大量数据采集和归类训练，用机器学习的方法觉察性能指标发生异常的概率。

9）**利用 AI 测试游戏**。游戏内容复杂度很高，人工测试和普通自动化测试难以满足高品质要求。借助 AI（尤其是强化学习）进行游戏内容测试是一类有趣的热门实践。强化学习不需要准备大量数据，只需要在游戏环境中不断地交互试错，挖掘出最优策略来完成游戏任务，在这个过程中就能自动反馈交互上不符合设计规则的地方（可能是缺陷）。AI 游戏角色会根据游戏的各种情况，尝试不同的动作，获得游戏给予的激励加分或者惩罚扣分，进而调整行动策略，借助神经网络强大的泛化能力，最终得到能达成目标的最佳模型。“修炼”出来的不同等级的游戏测试 AI，还能在游戏对战平衡性调整等方面大显身手。

10）**探索高级智能化测试**，即不需要人来制定具体测试断言规则的完全自动化测试，能够快速适应特定业务领域的测试需求特征。比如**测试用例自动生成，包括测试数据自动生成和测试断言的自动生成，用例失败后自动定位缺陷和提供智能修复方案等**。这是测试行业最期待的智能应用方向，学术界有不少研究团队专注于此，并输出了阶段性成果，能够从大量测试业务数据和约束关系中自主学习出新规则。希望未来能看到它在知名软件平台的落地效果。

智能化测试领域非常适合有实力的科技公司提供资源（经费、业务数据、人员、软硬件设备等），联合高校专家团队开展研究合作，达成特定项目目标。

对于普通测试团队而言，可能很难找到与高校项目合作的契机，但依然能用自己的方法尝试智能化测试实践，谨记牢牢抓住几个关键词——**场景、测试数据、算法挑选**。下面我从几个不同测试领域的真实提效场景来抛砖引玉，看看咱们如何开启智能化测试之旅。

14.4.2　大数据测试和录制回放

大数据业务的蓬勃发展，让相关的测试高手在市场上颇为紧俏。测试大数据业务和测试普通产品有很大的差异，因为其业务贯穿大量数据的采集、清洗、存储、处理和可视化等一系列复杂过程，数据的产生速度可能非常惊人，格式种类非常繁多，处理效率稍有延迟，就会造成进程极大拖延，冗余低价值数据轻易占用大量数据库资源，导致用户难以及时得到满意的结果。

对大数据产品质量的评测，可能需要 AI 算法知识，也可能暂时不需要，但是它一定是迈向智能化测试的合适业务，因为数据样本足够庞大，改进空间和价值也大。

那么，如何评估大数据产品的品质？我们可以从下面几个维度来一窥究竟。

- 基于产品规格的功能测试。包括埋点计算公式的正确性，配置项的实现，特定场景的处理策略是否正确，产品模块功能之间的交互逻辑，端到端的功能验收，等等。
- 系统测试方面，重点是性能测试、稳定性测试和可靠性测试等。除了要聚焦那些与其他业务类似的关注项，还需要聚焦数据吞吐性能、硬件资源利用率、一定负载下能否长时间稳定运行。

- 关注大数据架构的容错性能和扩展能力，这是服务的核心竞争力，可以结合混沌工程来实践。比如单节点发生故障，服务是否可以快速切换到备份节点，且用户基本无感知；即使部分节点故障，基础服务是否能够保持在线，其他服务是否也能够按预定方案完成降级。
- 关注数据类测试，包括数据处理过程的正确性、兼容性、隐私安全及合规性。比如，在大负载计算量下，关键数据能否自动核对正确，数据报表能否正常展示。再如，异常场景下的数据处理能否正确完成。
- 鉴于大数据产品很难通过少量具体场景判断整体质量，因此需要关注大数据产品的基准指标，这是系统测试是否通过的对比判断基础。基准指标包括不同架构、不同组件，不同典型配置下的健康指标，以及完成典型任务的成功率或耗时基准。

在测试人力有限的情况下，通过人为设计出的验收场景和测试数据是很有限的，通常难以满足海量应用场景。利用生产环境的真实网络消息数据构造测试用例，并在测试环境验证是否正常，这几乎成为互联网服务大厂的标配方案，俗称“流量录制回放”测试，可以应用于接口测试、单元测试和性能测试等多个层级。但是，海量用户录制的庞大数量脚本，即使经过一系列技术上的减法——如相似路径脚本排重、脚本清洗和筛选、剔除无效业务规则等，依然会剩下大量的测试用例（这还不算人工编辑补充的自动化用例），在回放测试中容易产生高耗时，有效缺陷发现率也会很低。

因此，**让流量录制回放更加智能化**也是智能化测试的攻克目标，借助接口测试关联日志分析，通过迭代筛选算法提高用例执行集的效益指标，即执行速度明显提升，淘汰用例数量增大，但代码、接口、需求的测试覆盖率均并不会明显下降。

14.4.3 案例：AI 引入 UI 自动化测试

UI 自动化测试是最常见的入门级自动化测试层次，上手容易，但受限于 UI 图像变化和自定义控件的定位困难，其维护效率始终偏低，导致难以产生持续收益。引入图像识别等 AI 领域的技术，能否提升自动化测试效率？答案是肯定的。

早先引入 UI 自动化测试的图像识别工具是 OpenCV，其强大的模式识别能力能快速匹配要查找的局部图像，提高 UI 断言效率。随着神经网络在图像识别领域的流行，我们可以尝试升级 UI 自动化测试的智能化，借助浅层卷积神经网络（CNN）来实践。

OCR 识别方案遇到的问题

传统 OCR 识别是通过对比两张图片的差异值来判断一致性，从而断言自动化测试是否成功。但是测试中出现的千奇百怪的页面“扰动”带来的差异值不稳定会导致结果误报。包括手机通知栏等图标显示变化，运营活动弹窗等。

引入 CNN

在计算机的“眼”中，图像是一个多维度信息的数值矩阵，对图片像素点的数值描述有 R、G、B 三个主要维度（代表红、绿、蓝三种基色），数值均在 [0，255] 区间。

在 CNN 普及之前，深度学习领域通常使用全连接的反馈神经网络进行图像识别，全连接会构建千万级的权重参数，计算量巨大，而且全连接层的计算原理使图像失去了原有的空间属性，而且对于颠倒、平移等信号处理识别效果有限。

而 CNN 的主要灵感来自神经科学视觉系统中的视觉皮层，研究者发现大脑生物皮层的视觉细胞仅对特定部分的视觉区域敏感，它有两大特点：**局部连接，共享权重**。

CNN 保留原有图形结构，每次只对图像的一个特定矩形区域进行扫描和计算。因此权重并不是一个隐藏层，而是一系列较小的数值矩阵，以便提取图片的局部信息，被称为卷积核（kernel）。这种提取信息的方式就称为卷积，将对应小区域的数值相乘，再将结果相加。对于三通道图片，卷积方式是对每一层分别卷积，计算出三个矩阵，常用的卷积尺寸通常为 3×3，5×5 等，如图 14-1 所示。

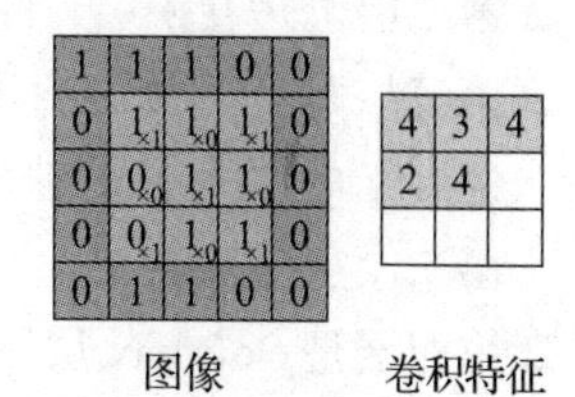

图 14-1　示范：局部连接的卷积方式

共享权重，指同一个卷积核会滑过图像的所有位置，即在某一次卷积计算中，图像所有局部区域的一个卷积乘子是相通的，可使用多个不同的卷积核来提取不同的特征。

CNN 通过从局部到整体，从细节到宏观的学习过程，借助多个卷积核学习到不同的特征，比如人脸检测到的鼻子、眼睛、嘴巴等。图像经过卷积后形成的更高级矩阵，还需要做一个**池化**操作，去除冗余信息，再对数值进行非线性变换（利用 ReLU 非线性激活单元），令其具有非线形属性，使得多层计算并不保持在同一个线形维度上。

简单的 CNN 一般采用多个卷积池化和两个全连接组成的架构，更复杂的 CNN 可能采用结块并行的深层卷积架构。

CNN 的训练效率较高，时间复杂度和空间复杂度较低，在各类图像数据集上的表现均有较高精准度，开源工具上也比较成熟，TensorFlow、Caffe、Keras 对 CNN 的支持均十分良好。

自动化测试接入 CNN 模型的步骤

以 App 启动时长自动化测试为例，纳入 CNN 模型的主要是三大核心页面，包括首页、登录页、我的账户，接入过程分为以下几个关键步骤。

1）采用基于 CNN 算法的机器学习框架训练三个目标页面模型。具体做法如下。

图像切分：针对不同场景，切分为更具有特征性的小块并分类，使其更适合作为数据集来进行分析。App 图片原始尺寸的像素点过多，导致训练过程效率慢；整张图片由于运营活动导致频繁改变，严格对比可能导致超时误报。

特征工程：针对某个场景，依次读入正负样本并同时生成标签矩阵。由于输出数据为 PNG 图片（4 通道属性），我们需要使用 PIL 库将其转化为 RGB 三通道数据，最后将所有样本转化为标准尺寸的向量。

建模：因为本项目图片集具有特征较为稀疏的特点，因此选取较少层数的 CNN 模型，而传统机器学习对于局部特征的敏感程度要远低于CNN，而且容易受到局部小范围变化的影响。CNN通过保持图片原有的空间结构，嗅探局部特征，从低层次到高层次的特征学习等方面提升图像识别的准确率。

最终选择的神经网络架构如下。

- 第一层是卷积层，它使用16个3×3滤波器，初始化采用随机正态分布抽样，padding类型选择SAME（在滑动越界时对图像边缘填充0元素）。之后对图像通过ReLU处理，对激活后的矩阵做最大池化处理，减少矩阵规模，提取局部特征。对池化后的矩阵做侧抑制（LRN），提取反馈表现最大的区域。
- 第二层也是卷积层，配置类似第一层。
- 第三层是全连接层。将前两层卷积得到的空间结构转化为一维向量，作为全连接神经网络的输入层，对结果做ReLU激活，输出结果相对于一个隐藏层，对隐藏层做第二次全连接处理，再对输出做ReLU。
- 第四层是Softmax层，对结果回归，返回最终结果。

2）编写App这三个页面功能的自动化测试脚本各测试100次，调用CNN模型接口，将实时截图和训练模型图片进行对比后，接口会返回对比结果，同时调用OCR接口进行对比，最后将两者结果进行对比评价。

3）通过自动化测试脚本获取不同运营活动数据，观察识别是否成功。

4）借助CI持续测试平台，对业务用户量峰值时段进行多次自动化测试，获取当天不同时段的启动性能趋势图，并自动化发送邮件给相关人员。

整体效果评估

最终效果还是超出预期的，体现出的优点如下。

1）聚焦核心区域，相对于OCR识别，CNN识别能针对界面指定核心区域进行抽象学习，识别抗干扰率提升，如图14-2所示。

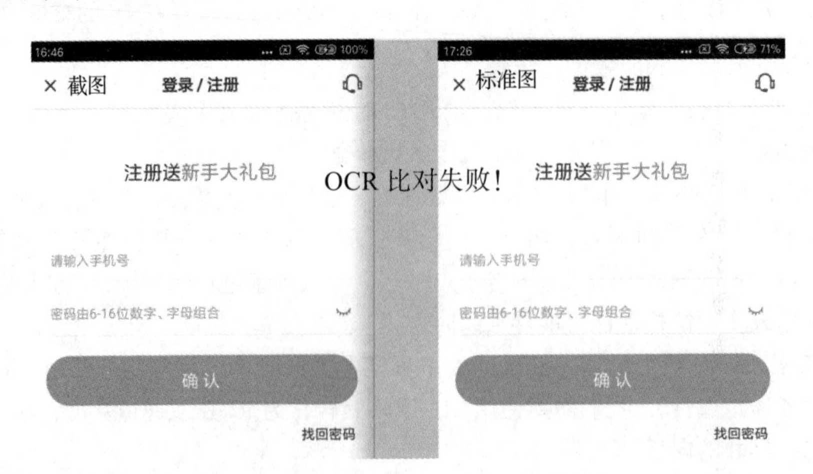

图14-2 示范：CNN识别抗干扰率提升

2）App 启动加载的界面显示是一个逐渐清晰的过程，CNN 模型对于加载过程中的识别更加敏锐，能够更精准地返回启动结束的时间，提高测试精度。如图 14-3 所示，CNN 识别的动画帧数更多。

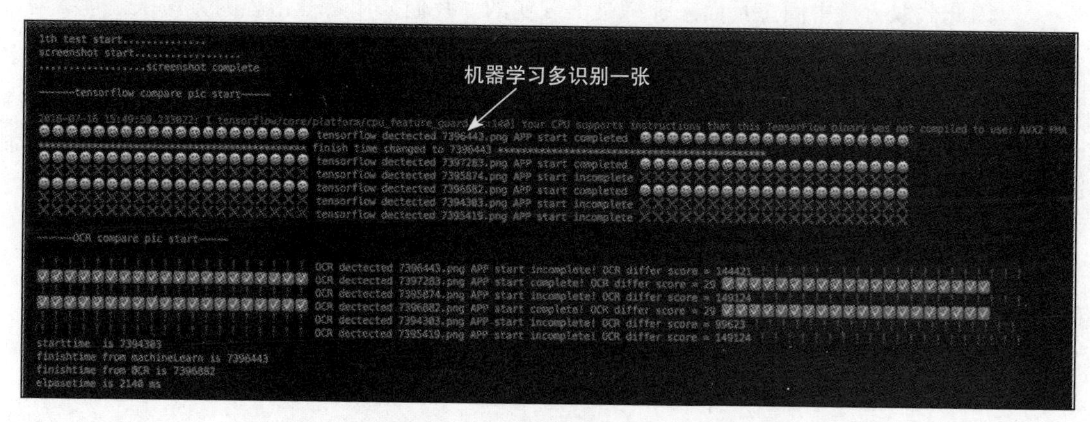

图 14-3　示范：CNN 识别帧数更多，结果更精准

3）对运营活动弹窗能抗干扰。CNN 可以在页面模型训练时将运营活动区域排除在外，这样它的测试结果就不会受运营活动影响。

4）每日性能趋势一览无余。通过接入持续集成自动化，可以实时监控每日测试完毕的结果，App 性能趋势能得到快速判断，如图 14-4 所示。

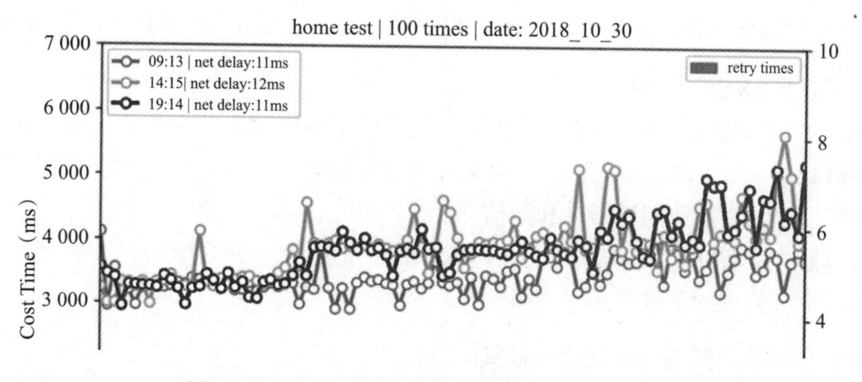

图 14-4　示范：每日性能趋势绘制和自动提醒

困难反思

机器学习接入自动化测试的过程也不是一帆风顺的，需要在实践中不断遇到困难，不断克服，经验总结如下：

- 结合业务运营实际，选择最不可能变更的图像区域作为特征区域，这样受到的影响最小。

- ❑ 使用Mac自带CPU进行训练，导致训练速度慢。建议使用GPU或高性能服务器，大幅提升训练速度。
- ❑ 遇到页面切换的中间半透明状态，容易识别失败。因为中间状态的完成进度不确定，因此截取大量中间态页面来训练是不现实的。我们采用特征工程的方法来处理，对半透明状态做增强或减弱（矩阵值加减），并增加训练轮次，可以使正负样本更加具有代表性。
- ❑ 遇到数据拉取状态的页面容易识别失败，这时需要将加载状态图片也加入特征区域来训练。

结尾补充一句，针对低成本的App控件遍历测试框架，也有公司引入了强化学习技术，结合实际，这样做能显著提高控件遍历的覆盖效果。

14.4.4 案例：AI引入安全评测

黑产领域聚集了大批的技术高手，随时准备给大型服务提供商挥出凶残一刀。道高一尺，魔高一丈，黑客不但掌握了各类招数和工具，也应用了AI手段，让渗透攻击的能力持续升级。

因此，安全测试是专业度要求最高的专项测试类型，也很有必要升级基于AI的安全漏洞评测能力，具体应该怎么做呢？读者可以按如下几个步骤进行实践修炼。

找到容易上手的机器学习工具

尤其是Python机器学习库，常见的如适合数值计算和矩阵计算的NumPy，适合科学工程计算的SciPy，适合分类、聚类等数据处理和模型的Scikit-Learn（可用于决策树和随机森林）。

找到恶意行为的识别特征

比如，手机管家识别恶意APK的特征，包括申请权限的个数很大且权限可疑，代码函数带的参数数量很大（超过20个），资源文件中可能包含可执行文件，后台挂起时频繁联网发送数据包，以及频繁访问通信录和短信等。

再比如识别恶意URL的特征，包括URL的长度异常，URL中第三方域名个数，敏感字符个数，敏感关键词个数等。

找到安全攻防场景的合适训练数据集

数据集有网上公开的，也有公司业务内部积累的，针对恶意行为的场景积累数据集才容易产生作用，比如：

- ❑ 网络入侵检测的权威数据集，如KDD99，它将40多项特征分为几类，按TCP连接的基本属性和内容特征以及基于时间和主机的网络流量统计特征分类，可用于检测DDoS攻击算法。
- ❑ WAF评测数据集。包含HTTP Web正常请求和攻击请求。
- ❑ SEA数据集，采集了UNIX用户行为日志，其中包含正常用户命令，以及用户命令中随机插入的模拟攻击命令。

- 主机级入侵检测指令集，对各类系统调用完成特征化，标注了攻击类型。
- MNIST，用于计算机视觉的手写图片集，可用于验证码智能识别。
- SpamBase，入门级垃圾邮件分类训练集。
- Movie Review Data，电影评论数据集，用于恶意评论识别的文本分类场景。

数据特征提取

对数字型数据做预处理，比如去重、归一化、正则化、标准化。对文本型数据建立词集模型和词袋模型，关注特定关键词是否存在，计算出现的频率并排序。针对特定业务的恶意识别特征，进行数据特征化提取。

采用合适的机器学习算法

对数据进行训练，评估测试结果的有效性，进而判断是否在公司业务安全中进行相应部署实验。算法种类很多，要找到针对安全场景最合适的算法，且准备数据和训练的总成本可控，这需要不断尝试。下面举几个典型例子。

- **海量样本的病毒类型分类识别**，采用 K-Means 聚类覆盖各个类型的病毒特征。思路是基于文件格式分析，提取相同病毒名的文件，去重后提取出多维度的文件静态特征，然后利用 pandas 库，通过特征分布可视化预处理参数。观察数据分布，验证 K 个特征的通杀性。通过对大量同质数据的聚类，对测试集合的覆盖率和效率都有显著提升，证明这是一个行之有效的长尾问题解决方法。
- **识别攻击报文威胁**，可以利用 HMM（隐马尔可夫模型），即连续时间序列事件的状态由它前面的 N 个事件决定，对 HMM 建模就是生成转移概率矩阵的过程。通过学习攻击报文词集，训练识别攻击模型，提高识别成功率。
- **判定僵尸主机**，可以利用 FP-Growth 算法进行判定。僵尸主机的特征是经常更换 IP，通过分析防火墙拦截日志，挖掘浏览器的 user-agent 字段和被攻击的目标 URL 之间的关系，只要满足一定的最小支持度和置信度，就可以判定疑似僵尸主机。也可以利用有向图来识别僵尸主机，根据攻击源 IP 建立 hash 表，键值是被攻击域名，且导入关系数量大于一定阈值的图。
- **检测黑产账号**，可以利用关系图谱进行识别。例如这几个场景：根据 UID、IP、设备 ID 等来可视化关系图谱，检测可能的盗号情况；根据 UID、IP、Login 状态、UA 等信息，判断是否发生黑产撞库动作；根据设备 ID、UID、App 名称、用户行为事件的可视化分析，判定是否存在刷单行为；根据 IP、域、注册邮箱信息的可视化，挖掘是否和黑产域名有关联。
- **系统入侵检测，异常操作检测**等时序型安全检测，适合采用 RNN/LSTM。RNN 使用记忆可以更好地进行文本分类，结合 LSTM 在更长的记忆里追根溯源。

本案例更多相关内容可以参考《Web 安全之机器学习入门》一书，作者刘焱。

14.5 本章小结

本章详细阐述了测试团队该如何修炼 AI 能力，迈向智能化测试时代。尽管精通 AI 的测试工程师数量稀缺，但是掌握 AI 产品评测，并把 AI 应用到高效测试过程的能力，将会大幅提升员工的市场价值。那应该如何深入修炼呢？本章建议先从基本功开始储备知识，包括相关的信息学、数学、经典机器学习的各种模型和方法，以及这些年热门的神经网络模型和应用知识。然后本章给出了两条修炼路线，并分享了相关业务场景的真实落地经验。在智能产品评测路线上，我们介绍了图像识别、语音识别、对话系统、推荐算法等多种热门业务的完整评测思路，讲述如何准备评测数据，梳理典型场景，希望助新手团队一臂之力。而在测试过程的智能化探索路线上，本章介绍了学界的相关热门研究方向，也展开介绍了 UI 智能化测试案例、大数据测试和流量回放、安全测试的智能化实践思路等。除了评测方案和关注要素，本章还介绍了适合动手落地的数据集和 AI 工具，内容丰富多彩，理论联系实际。

相信在未来的测试行业，智能化技术必是人心所向，拥有难以想象的、改变现状的可能性。

第 15 章 Chapter 15

思维实验：无测试组织

本章作为全书所有章节的内容总结，回到最初的思考：如何定义成熟敏捷时代的“**无测试组织**”？

面向敏捷团队未来的转型挑战，测试人员应该如何在职场上“华丽”转身？

团队管理者如何保障敏捷测试转型的长期成果？

N 年以后，测试组织将进化成什么样子？

接下来我尝试回答这些问题。注意，这些问题并没有统一的答案。前瞻思考和坚持行动，会在漫长的时间里加速带来收益，也请读者带着自己的思考和想象，进入这个思维实验。

15.1 无测试组织的定义

初看标题，很多读者会以为我说的是测试岗位会消失！

然而并不是这样，我认为测试岗位是一种专业岗位，有非常重要的价值输出，也可以设置相当高的入行门槛，因此在软件行业中，对专业化的测试工程师始终有热门需求，有着深厚专业功底积累的测试角色在团队中总是很受欢迎。

但是，传统的“测试团队”在敏捷组织中是可能消失的，对应的传统测试经理岗位也可能消失。

正如我在本书前面介绍的，敏捷组织是以特性团队为独立作战单元，特性团队的成员都是专职的，而其中专业测试工程师最多只有两到三人，并不能称为“测试团队”。另外，特性团队作为一个 One Team，必须打破部门墙，共担业务成功指标。

传统测试经理管着十几人甚至更多人，拥有分工调度和考核权，这种管理形态在成熟的敏捷组织中必然会被极大削弱。因为经理并不在一线特性团队中倾情投入，不能随便干预特性团队的目标设定和内部运作。如果经理通过权力强势介入日常管理，很容易给敏捷团队带来阻碍和困惑。

因此，成熟的敏捷组织可能倾向于让特性团队的团队负责人（TL）成为事实的管理者（拥有考核权），并不需要设定一个游历于特性团队以外的测试经理，以减少沟通管理成本，并降低管理冲突的风险。注意敏捷团队中的 TL 更多是支撑服务型角色，而非发号施令型角色。

如果一个软件研发组织真的实施“去测试化”，没有专业测试人员，会怎么样呢？

我认为，对于创业型公司或全栈型开发团队，没有专业测试的影响不大。一线特性研发团队鼓励招收全栈工程师，其中主要承担测试职责的工程师也具备一定的开发能力，能够承担开发工作，包括代码评审、缺陷修复或者单元测试。这也是为什么估算迭代开发速率时，默认开发人力才是瓶颈。因为测试人员如果短缺，开发人员可以随时承担更多测试、验收职责。

但是随着软件规模的快速增长，对专业测试人员的需求会日益强烈，因为活跃用户快速增加，软件缺陷带来的损失快速增加，推动各类系统测试的覆盖标准不断提高，这时开发人员难以同时兼顾新需求的完成进度和上线后的质量口碑。

那么，通过加大开发人员的单元测试力度以及 DevOps 的质量保证，能否在大型团队中实现去测试化？

目前为止，并没有出现多少可普及的优秀案例。从我观察到的行业实践来看，这种依赖开发人员测试的“去测试化”不太可能取得普遍意义的成功。

最根本的原因是，开发人员主导的测试，通常缺失了端到端的功能验收测试，以及更大范围的系统测试环节，对于复杂系统的质量保障显得先天不足。开发人员保障代码质量的范围往往有限，对于跨模块代码和历史代码的质量，常常有心无力。给自己设定严格的准出（测试终止）要求，是非常考验人性的，更不用说，如果鼓励开发人员用各种暴力和极限测试来发现自己的代码问题，可能会导致加班或延期交付。

前面介绍过，软件越复杂，各种系统测试类型覆盖的重要性就越高，这远远不是较低层级的模块内单元测试或跨模块集成测试所能保障的。再加上实施去测试化的开发团队并没有被专业赋能，没有被认真训练过如何做测试设计，所以就更无法保障质量了。

如果把功能验收测试交给外包团队简单完成，但外包团队并没有对需求做充分学习（充分的话就不是去测试化了，而是“测试外包化”），也没有掌握探索式测试等实践技巧，那么复杂产品呈现出的各种缺陷会越来越多。

在第 13 章提到，产品的品质最终是由用户评价的，用户体验视角和产品业务逻辑视角有一定重叠，但也有很大不同。开发人员从局部需求实现出发做范围有限的自测，很难有足够信心保证全局用户视角的满意度。

测试工作本质上是支撑商业的成功，从公司经营者的投资视角来看，如果去测试化带来的效果是频繁出现严重事故，或者用户的质量口碑有明显下降，那去测试化的行动就会终止。

此外，当公司业务对于专项测试（比如性能测试、安全测试、公共组件测试等）的技能要求很高时，具备相应能力的专项测试工程师（一般数量极少）会成为公司的“香饽饽”。无法同时满足各个特性团队的专项测试专家，可以集合起来成立专项测试（专家）组，为各个特性团队的关键专项交付服务。同时，这个组可以作为赋能者和把关者，帮助特性团队中的技术人员达到基本的专项测试交付能力。

还有一个问题：对当前专职做测试工具开发的工程师（或团队），在无测试组织中如何安排呢？

答案很简单，他们本身就组成一个独立的产品特性团队，按特性团队的敏捷方式自管理即可，而用户就是公司的工程师群体。他们应对用户需求和满意度负责，保持良好的迭代和发布节奏，做好可扩展的产品架构设计。

综上所述，无测试组织就是以特性团队为组织单元，由团队中的专业测试人员对特性团队负责（主要是 TL），而不是由外部的测试经理负责。

在这种敏捷组织形态下，测试人员的专业度和责任心同等重要，交付高质量的同时还要人少而精，因为特性团队的成功与业务产出及付出成本强相关，每个人的投资回报在小特性团队中更加透明化了，不像传统研发组织，只看到整体研发成本，看不到具体每个人的价值体现。

由此可见，在高度敏捷的研发组织中，专职测试角色占比会下降（开发人员与测试人员之比在 10 ∶ 1 或以上），但其专业度、重要性和薪酬竞争力会上升。

看到这里，有些读者可能会产生一些悲观的情绪：敏捷测试转型的目标就是大幅减少测试人员的工作机会吗？

本书给出的答案是肯定的。转型的本质，就是让更多的角色参与测试工作，更早地、协作式地、持续地进行测试。专职测试的门槛将提高，具有专家或教练属性。而以往人们对测试工作的忽视，在敏捷团队中将不复存在。目前低门槛的测试工作会被自动化测试设施、外部服务商、热心用户和项目组全员分头承担。

15.2　跨越十年的思维实验

让我们沉浸式地投入一个思维实验：假设某个测试团队中有如下这些典型成员，他们正在做特定的工作，有各自的困惑和苦恼，读者可以看看这些成员中是否有自己的影子。

小 A，业务测试工程师（初级）。刚毕业半年，她负责一个知名 App 某频道的基础测试工作，以黑盒的功能测试为主，掌握一些基础的性能测试和稳定性测试。小 A 感到比较迷茫，基础测试没有什么技术含量，也不知道如何掌握更复杂的后端测试和性能测试，自动化测试方面也只简单接触过。

小 B，业务自动化测试工程师（中级）。3 年工作经验，在团队中负责业务功能测试的自动化脚本编写工作。小 B 已经可以熟练地完成多数模块的接口自动化测试和 UI 自动化测试。今年小 B 面临一个很大的挑战，即测试负责人传达了上级的 OKR 目标，要将自动化覆盖率再提升 30%，而他是主要责任人。小 B 不用承担具体的业务测试，但要拉通其他业务测试人员一起完成自动化覆盖率目标。尽管小 B 非常积极主动地推动其他人员完成既定计划，甚至帮助他人优化了不少脚本，但是自动化覆盖结果仍然差强人意。小 B 不熟悉具体业务逻辑，这也限制了他深入测试场景帮助同事完善用例覆盖。随着目标截止时间的临近，小 B 发现有些同事开始修改断言，或者采用硬编码的方式，以便自动化脚本能快速通过。

小 C，公司测试架构师（高级）。8 年工作经验，作为资历与测试负责人相当的资深工程师，小 C 已经很少接触代码细节了，各种产品设计文档看了不少，参与过几乎所有模块的测试评审，也经常和开发骨干开会争论。作为一线员工颇为羡慕的“技术大哥”，小 C 内心有隐隐约约的不安。测试架构师这个岗位到底要做什么？仅仅是评审把关吗？一线测试人员真的能够从架构师身上学到足够的东西吗？测试的遗漏风险防不胜防，架构师如何担责？脱离了技术细节和代码能力的修炼，一旦没有了持续提升的能力，自己是否会被更优秀的新架构师所替代？

小 D，测试工具开发工程师（中级）。4 年工作经验，作为测试部门代码编写能力最强的一员，小 D 是一个“独行侠”，其他测试人员不太清楚小 D 日常工作的细节，但是小 D 每次都能提供一个漂亮的新工具，满足团队的自动化测试需求。今年，小 D 也越来越感到自己在技术产出上的瓶颈，主流的开源工具自己都研究了一遍，但对后面的规划拿不定主意。是努力升级现有工具，还是大胆引入开源的新工具，并为公司业务做局部的定制化？不论怎么选择都面临新的开发成本或者学习成本。

另外，团队中的小 C 老是提一些特殊重构要求，小 D 好不容易开发了新版本满足小 C，其他成员又不乐意了，大家感觉这个测试工具的使用越来越复杂。

小 E，公司战略项目的测试项目经理（中高级）。6 年工作经验，之前有 4 年的业务测试工程师经验，最近 2 年因为沟通和组织能力突出，部门经理让他承担核心项目的测试牵头人，负责拉通所有内部测试人员和外包人员在截止时间前完成测试报告。小 E 最大的担忧是自己在职场上的“两不沾”，作为项目经理角色，自己是半路出家，对于专业的项目管理工具并没有深入了解，而对流行的敏捷管理理论也没有认真学习过，虽然每次项目都按时交付了，但是所有人身心俱疲，交付效果似乎在慢慢下降。另一方面，他的测试技术和代码能力也在快速退化，心里很虚，这次公司晋升自己也没有底气报名。

小 F，过程管理 QA（中级）。测试部门的特殊角色，5 年工作经验，私下被称为“监工”。小 F 和公司领导层的直接沟通机会很多，每个月都会汇报各个研发测试部门的整体运作质量，并把公司的质量改进流程广而告之。看似挺风光的岗位，也不是那么好做。小 F 觉得自己处于两头不讨好的位置，领导发现线上事故频发，动辄对小 F 发脾气：你的过程质量管控是怎么做的？而下面的一线人员，尤其开发人员，轻则抱怨小 F 经常麻烦他们提供大量数据，重则投诉小 F 给出错误的质量观点，让开发人员背锅。

小 G，测试部门经理（高级）。8 年工作经验，作为团队最早期的员工，一路把测试团队带到今天的规模，历经了不少艰辛。作为部门经理，小 G 最头疼的当然是“测试人力永远不足”，经常被业务方追着跑，问“能不能多提供一个测试人员”。今年形势更差，一个月有三个测试人员离职，小 G 与他们深入交谈，答复是在这里做测试感觉没有前途，专业上没有明显提升机会，而业务上又经常加班，根本没有时间学习，进入难以提升的恶性循环。

这两年公司开始推行敏捷研发转型，也邀请了外部敏捷教练来公司做指导，部分业务研发团队开始试运行敏捷研发流程。小 G 一开始并没有太大的兴趣深入参与，心想这不过是一场轰轰烈烈的试验，可能一年后就偃旗息鼓。但是某天他在培训中听到了“**敏捷测试**”的概念，便产生了浓厚的兴趣，然后积极向外部教练深入请教，还购买了一批经典图书。如获至宝的小 G 拉着团队成员成立了“敏捷测试转型”的研究实践小组，关注了行业知名的博客，热热闹闹地开始了探索之旅。

时光荏苒，一晃十年过去了。我们来看看十年后这个测试团队的各位成员经历了漫长的自我修炼，变成了什么样子。

小 A，如今已是原公司的高级测试经理，领导公司的测试部门，负责所有业务的质量保障交付工作。小 A 把每一个测试工程师专职安排到特性团队中，日常并不会干涉各个特性团队的运作，仅当发现资源风险、人员离职等异常情况时，才会拉干系人开会，迅速解决问题。关于一线测试人员的绩效考核，小 A 主要参考特性团队的反馈，以及个人能力成长是否达到预期，同时，所有一线人员的奖金与其所处特性团队的业务指标达成情况强相关。

小 A 以用户体验作为最终质量验证的抓手，在整个产品研发生命周期都很关注用户视角的验收标准和缺陷探索，重要版本上线前测试人员会组织特性团队的全员缺陷捉虫活动，产品上线后密切监控关键指标和用户投诉，把反馈信息作为测试团队改进的重要输入。

小 B，目前是行业小有名气的自动化测试专家，他在行业开源了以自己名字命名的自动化测试框架，该框架具备强大的控件识别能力，还引入了非常方便的自动断言能力，它的低代码封装效果可让更多人员以极低成本掌握自动化测试，而且自动运行的速度很快。有些开发团队使用小 B 的框架做测试保障，显著减少了黑盒测试的人力投入。

小 C，在行业的前沿技术研究院担任首席架构师，吸收高校的最新研究成果，转化为工程创新方案，并申请了多项技术专利，发表了自己的论文成果。这些创新对测试团队的帮助非常大，使得测试人员能够用更智能的方法扫描出隐藏的程序缺陷，也能够大幅提高测试用例的自动生成和智能聚合，减少用例总数的同时提升精准覆盖效率。对于某些在业界很棘手的专项质量攻关方案，小 C 始终抱有高度的研究热忱，且已经找到了独创的理论解决手段。

小 D，在国内最大的互联网公司做工程效能开发总监，负责制定事业部的工程效能解决方案，推动持续测试在各个业务团队的落地，通过平台数据度量推动测试左移的自动化。小 D 主导建设的持续测试平台，支持极为丰富的故障类型诊断、业务测试元数据的一键生成，以及测试环境的自动分配和回收。各个业务开发团队每天都能收到最新版本的自动化测试报告，并立即采取行动修复低级问题，在自动化测试达到设定标准之前，该版本代码不能部署到生产环境。各级技术管理者都能在名为“数据罗盘”的动态数据看板上清晰地看到整个项目研发生命周期的不同阶段中各项效能指标的趋势和预警。

小 E，创立了自己的技术服务公司，为多个行业的公司提供技术解决方案以及远程专家服务，通过定制化的高效执行方案，获得客户的好评，且公司已经能够稳定盈利。越来越多热爱尝鲜的年轻人和小 E 的公司线上签约，以兼职或者专职的方式完成远程客户任务，并获得可观的报酬。

有两家大型国企和小 E 的公司签署了委托合同，让小 E 的公司在二线城市组建资源团队并完成重要项目的持续交付。通过对项目进行分阶段目标实现规划，尽早识别风险，频繁拿出可演示版本，让国企客户颇为惊喜。小 E 预计公司从项目中可获得长期稳定的盈利。

小 F，在某大型集团的质量运营部门负责集团研发管理规范的制定和不断优化。通过多年的敏捷实践，如今的研发管理规范可以兼顾不同业务发展阶段的诉求来选择合适标准，也提供了高效的专业汇报模板，通过各项认证后的人员可以获得勋章和证书。大部分研发规范都可以在日常工作流程中被系统自动提醒和纠正。员工可以参与规范和流程的讨论与投票，贡献更好的实践案例，因此研发规范本身就是一个不断升级的有着清晰说明的代码库。完成配套的敏捷测试管理课程学习后，各个业务研发团队可以自行决定招聘多少专职的测试工程师，也可以安排开发工程师根据流程和指导完成所有测试任务。为了让需求的交付更加顺畅，小 F 积极打破职能部门墙，在各个一线业务小团队组织复盘会，邀请产品经理和技术团队一起参与，既坦诚暴露研发过程中的缺失和阻碍，又反馈了近期需求规格上的思考与不足，并针对未来的需求如何达成商业目标进行集体探讨。通过不断复盘协作，把团队合作的氛围推进到了更加积极和开放的水平。

小 G，拥有在多家不同行业、不同类型公司的丰富工作经历，目前已成为业界著名的敏捷教练，把教练式管理风格和创新文化注入所在的公司，也为业界培养了不少优秀的敏捷技术骨干。在测试团队的日常辅导中，小 G 重点关注两件事：一是组建了一个测试专业赋能团队，参与各个特性小组的测试策略评审，并制定适合公司业务团队现状的准出质量标准；二是成立测试专业技术社区，让各特性团队中的开发人员和测试人员可以随时获取答疑，针对公共测试组件进行技术方案和代码评审。

作为理论和实践经验非常丰富的教练，小 G 所管理的团队每年都有显著的变化，无论组织氛围和人际关系，还是测试方案的进化，都在不断促进员工满意度的提升，而团队人均产出也在显著提升。与此同时，小 G 也出版了两本自己的专著，把完整的思考理论提炼出来，分享给同行。在行业技术峰会上，小 G 也时常被邀请做主题演讲，传播自己的高效能团队管理体系。

通过十年的专注修炼，大家最终都走上自己最擅长的专业位置，且无一例外都得到所在公司的好评。相信所有坚持努力的人，都有美好的未来。

15.3　敏捷时代，质量人员如何转型

专业技术路线的测试人员（或称测试开发），敏捷转型过程相对容易，只要牢牢抓住技术修炼本身，不要对代码生疏，多读多写，转型之路是越走越宽的。之前各章对于一线测试人员如何转型描绘了热门的修炼方向，分享了大量实践案例，读者可自行参考。

本节重点介绍两类质量从业人员的转型如何开展：一类是专职做过程改进和流程规范改进的人员（PQA，这里简称 QA），不太涉及具体工程技术执行的工作；另一类是传统的测试团队管理者（包括复杂测试项目的项目经理）。

最后我会根据亲身实践，提供一些长期有效的转型保障工具。

15.3.1　QA 工程师的转型

相对于专注模块和代码的研发工程师，QA 工程师更擅长掌握全局产品研发过程，善于问题复盘和指标分析，能够帮助团队强化用户体验视角。这里基于个人经验和思考，给予一些转型建议。

成为 SM 或者敏捷教练

在 Scrum 框架中，并没有专职的项目经理角色，也没有质量经理角色，团队应该自主负责特性团队的质量。SM 是对敏捷要有深入理解的角色，在各个特性团队中适合做 SM 的人选有限。与此同时，QA 工程师在流程掌握、指标分析、跨角色沟通方面是有一定优势的，可以在深入理解敏捷框架的基础上，逐步胜任 SM 的角色。成功实践后，可以结合扎实的理论学习，认证为敏捷教练，确保敏捷转型在一个新团队的稳健落地，由此走上教练升级之路。

当然，初期也可以先成为外部敏捷教练的助理，把具体转型动作、迭代纪律实施、基础培训、会议主持等事项充分做到位，切身感受敏捷专家体系化方案的成效。

成为团队研发效能的度量模型构建师和数据分析工程师

研发团队，尤其是大型团队，产生的研发过程数据和线上数据非常惊人。

从质量和效率的角度，度量哪些指标是最核心的结果指标（这些指标通常是滞后的），哪些指标是推动因子，指标之间的组合关系是什么，都需要专业人士思考和规划，避免团队围绕指标制造虚假繁荣。度量模型构建师不只是给出指标模型，还要给出如何做，基于什么理论。

从数据分析工程师视角来看，能不能从数据中识别风险趋势，调整最佳预警规则，同时进一步锁定可疑原因？能不能设置可以尽早定位风险的埋点？这部分可挖掘的深度和广度都足以让 QA 工程师修炼为相关专家。

与此同时，QA 工程师原本的各种烦琐的手工度量工作，要尽可能转化为平台自动化实现的指标定义及公式设计。

成为研发效能平台的产品经理

研发效能平台作为所有技术角色共用平台，应该优先实现哪些功能，呈现哪些关键数据，提供哪些分析能力，才能对工程师团队的帮助更大，是需要深入琢磨的。QA 工程师有软件工程的技术背景，有品质和效率的量化意识，有推动体验改进的手段，因此朝着平台产品经理的角色来修炼自己，也是很合适的。

成为专项质量改进的负责人

质量改进的范围极广，团队存在的质量难题可能涉及各个方面，有的难题可能长期阻碍了研发高效开展。因此，有必要对其中优先级最高的质量难题进行专项改进，作为一个改造项目去落实，以便对技术管理层负责。

QA 工程师可以作为专项落地的负责人（项目经理），通过引入成熟的复盘分析手段，引入深入挖掘根因的技巧，基于丰富的技术项目经验，制定跨角色的分工措施，利用敏捷原则推动此专项的迭代改进，让高级管理者和团队看到改进的效果。最终还要形成长期保障效果的机制，最好是基于自动化驱动。

成为有趣的度量文化建设者

想改变团队对度量工作的反感态度，加快改进指标的行动响应速度，最好的做法莫过于让度量更有趣，吸引一线员工主动加入，乐于开始探索行动。

亮灯系统就是经典的趣味度量实践之一，一旦发生编译 / 测试失败，负责该模块的开发人员身边墙上的红灯就会亮，吸引大家的注意力。

再举一个有趣的例子。如果把 NBA 球员的比赛度量指标拿来度量开发工程师的各种表现，是否可行？比如《程序员度量：改善软件团队的分析学》一书中提到如下例子。

- 得分：度量程序员已完成任务的复杂度之和。
- 助攻：度量程序员帮助他人的次数。
- 救援：度量程序员帮助他人修改紧急产品问题的频率。
- 抢断：度量程序员主动处理潜在问题的次数。
- 活动范围：度量程序员可以负责多少个软件领域。
- 失误：度量程序员所负责领域的产品问题的数量和级别。
- 胜场：度量新增活跃用户数。

度量建设的专家能够带动团队探索有趣的度量模式，让枯燥的数字工作变得生动，在拓展知识的同时收获乐趣。

成为驱动用户体验提升的专家

提升用户体验是公司高层最为关注的核心内容，员工都应该主动拥抱这个价值导向。

但是用户体验涉及的跨学科知识领域十分庞大。产品 / 项目管理类人才缺乏足够的量化技术手段来推动体验满意度的切实增长，而技术工程师对于复杂的用户心理模式又缺乏共鸣，QA 工程师作为精通度量的品质捍卫者，可以通过持续落地实验，成长为以用户体验为中心的质量交付专家，将成功的体验评测理论和高效方法传播给各个团队。本书第 13 章就列举出了提升用户体验的多种有效实践方法，读者可自行回顾。

15.3.2　传统测试经理的转型

如上文所说，高度敏捷的特性团队组织是不需要一个横向的测试团队经理的，因为这样会导致部门墙的产生，也会让一线测试人员在汇报上增加负担。测试人员应该全情投入特性团队的交付工作中。

有些管理者可能会纳闷：没有测试经理，整个组织的整体测试能力如何提升？大型产品的整体质量如何保障？

从大组织层面，会有专门的测试专家或测试教练（也可以是一个独立的专家团队），为分散在各个特性团队的测试人员甚至整个团队赋能，让技术团队具备敏捷测试意识和专业能力，具体分析如下。

- 深入研究敏捷研发或精益开发理论，在工作中始终拥抱敏捷价值观，以身作则。在团队中细致观察各个角色的切身利益痛点、性格和特长。
- 调研最适合本大型组织的自动化工具框架，承担在具体团队落地实践的责任。
- 参与测试策略评审，在测试覆盖的完整性和效率之间取得平衡。
- 对特性团队的上一层组织（大型产品或项目集）输出被测系统的测试方案，提炼被测系统的完整性概念，降低各特性团队的漏测概率。
- 组建专项测试技术圈子，针对高价值的、有难度的专项测试进行训练和赋能。
- 针对公共测试组件代码进行内部开源和把关，确保提交到公共组件的代码是高质量的。在高度敏捷的组织中，我们希望**公共组件是大家共享的，遵守一定的纪律来共同开发的模式**，而不是某个专家团队负责开发，其他团队排队提交修改需求的模式。

因此，现在的测试经理未来可能成为上述的赋能“测试专家”或“测试教练”，专业职责重大，但并不是传统意义的考核管理者，没有管理权力，因为一线团队都是自组织团队。

15.3.3　转型的持续保障工具

为了让漫长的转型过程能走得更稳，让团队目前的质量工作具有更高的价值，本节总结了一些可长期修炼的保障工具。当然，所有工具的应用基础都离不开对敏捷理念和敏捷测试理论的深入理解，也需要不断观察和理解团队成员及干系人的心理。

工程效能成熟度

类似于团队的敏捷成熟度度量，技术部门可以提炼出最关心的工程效能成熟度指标，通过一系列权重指标量化各个研发团队的工程效能交付水平。参考我们对于敏捷原则的理解，工程效能成熟度评价包含质量、速度、能力提升、（降低）工程复杂度、（降低）打扰度、工程师满意度等维度，可以从这些维度寻找适合自己团队的指标，并按优先级设立权重。

工程效能指标体现了敏捷度量的精髓，但是会聚焦在软件工程的过程自动化度量上。

完整设计方案就不详细给出了，读者可以参考本书第 3 章和第 4 章内容自行思考，根据公司技术部门关注点进行选取。推荐纳入成熟度评价的工程效能指标有：每天构建最新版本，测试和部署的相关健康度（如通过率和完成时间），缺陷前置（自动化）发现率，测试环境稳定性和创建效率，代码质量指标（指没有扫描出高风险、“坏味道”等），代码评审指标，单元测试通过率和覆盖率，平均需求交付周期，等等。

近年来，大家能够清楚地感受到，随着软件服务用户数量趋于饱和，各种互联网业务从野蛮生长走向精细化和高效化运营。用更少的人力和时间，交付更多价值，才是生存之道。

在推动成熟度分数不断提升的过程中，测试人员既完成了测试左移的成果，又降低了“后期测试”的压力，逐步成长为“工程效能专家”，转型为大组织提效增长中的重要角色。

需求精益成熟度

对于希望成为全面的效能专家或者敏捷教练的测试人员来说，仅仅推动开发在高效工程上的左移效果还是不够的，软件需求的本源在需求定义阶段，而需求的产生过程是否“精益”，会导致开发和测试阶段是否有返工和浪费现象。因此，建立一套驱动产品需求更加精益的管理框架非常重要，涉及的知识在第 3 章有相关描述。

需求精益成熟度和软件工程成熟度相辅相成，互相影响，共同提高整个团队的敏捷水平，且容易通过 Scrum 框架迭代复盘会来持续落地。

对一个产品研发团队精益管理水平的度量，可以从源头拉动团队把需求设计得更精益。对需求优先级的梳理，需求的合理估算和拆分，需求规格的基础质量检查（数值边界、性能、第三方依赖、兼容、资金安全等风险项），团队的 DoR 纪律，这些动作都有很好的持续促进作用。建议采用定期问卷方式进行成熟度度量，针对一个特性团队，让一线成员做直觉式评估即可。

以下给出我设计的**需求精益成熟度调查问卷**（示范），供读者参考。这个问卷对不同业务团队基本都适用，问卷内容也是对本书第 1 ～ 4 章所介绍知识的回顾，可以理解为团队敏捷实践水平调查的一个聚焦子集。

问卷说明：本问卷不针对某个特定需求做调查，也不是针对一个项目做调查，而是针对特定的一线特性团队（Scrum Team）的精益需求管理成熟度做调查。

本问卷由一线特性团队成员自愿填写（2 人或以上），针对自身近一段时期在团队中的感受，诚实打分。本问卷评分与考核及惩罚无关，仅提供一面镜子，帮助一线特性产品研发团队自主修炼，提高需求品质，减少技术侧信息讨论不足导致的浪费活动。

问卷结果仅作为团队内调查，或者公司改进参考，可以匿名填写。最终成熟度得分由各个问题的权重得分累加得出。

通用评分标准如下。

- 5 分：本团队在该行为项能完全做到位，一贯保持高水准，团队形成默认纪律（文化）。
- 4 分：本团队在大多数情况下能有意识地进行相关实践，效果良好，局部有待改进。
- 3 分：本团队有时会进行相关实践，但效果一般或水平不稳定，有两项或以上表现需要明显改进。
- 2 分：本团队刚开始（或偶尔）进行相关实践，还没有完全掌握，或者运行不顺利，或者仅有个人实践没有团队实践。
- 1 分：本团队没有关注到该项内容，基本没有相关实践。

问卷内容：

请先填写个人姓名、所属特性团队以及问卷针对的业务（产品），然后基于第一直觉对下列问题进行评分。

1）**是否清楚本产品的愿景？**

- 5 分：过去一年有关于产品愿景的深入讨论，对其长期目标达成共识，并在日常工作中经常有所体现，清晰知道产品的市场定位和满足用户的哪些价值。
- 4 分：有关于产品愿景的宣导和讨论，理解产品聚焦的用户价值，但是不太清楚愿景从何而来，对于市场定位模糊。日常工作有时会体现愿景目标。
- 3 分：有关于产品愿景和达成用户价值的宣导，但是没有具体讨论，愿景及长期目标一直没有更新，也没有体现在日常工作中。
- 2 分：有针对产品愿景的探讨，但是没有形成共识。
- 1 分：本团队没有关注到该项内容，基本没有相关实践。

2）**是否有明确的用户画像？**

- 5 分：通过丰富的用户数据分析和用户访谈，综合利用定量分析和定性分析，梳理出典型的用户画像，给出了每一类典型用户的产品使用偏好描述。
- 4 分：有基于真实用户调研得到的用户画像内容，有典型用户的产品使用行为分析，但是描述质量一般，数据刷新慢，或者分析手段单一。
- 3 分：有简单的用户画像内容和典型行为特征，但是调研数据少，分析信服程度不高。
- 2 分：没有给出完整的用户画像内容，或者严重缺乏背后的分析数据和逻辑。
- 1 分：本团队没有关注到该项内容，基本没有相关实践。

3）**是否有用户故事实践？**

- 5 分：针对核心复杂功能，召开用户故事的研讨会，利用用户故事卡片进行高效交流。团队能熟练地把需求拆解为用户故事，基本上能明确用户角色和故事场景，并能通过对话澄清大多数需求的误解。

- 4 分：针对大部分需求，团队能熟练应用用户故事方法进行安排，角色和场景明确。对用户故事的深度研讨比较少。
- 3 分：有时会进行用户故事的规范化实践，但是不普及，对相关知识没有形成团队习惯。
- 2 分：团队没有进行过完整的用户故事实施，只是学习过相关知识。
- 1 分：本团队没有关注到该项内容，基本没有相关实践。

4）**是否定期有上下游需求研讨对齐会议？**

- 5 分：重要发布前（至少 3 个月一次）和上下游的一线业务团队会有深度研讨，明确相互之间的各种发布依赖风险（包括接口稳定性、性能、资金安全等），给出风险缓解措施并执行到位，上下游清楚彼此未来一段时期的发布特性。
- 4 分：有上述研讨和较好的共同产出，但是节奏不固定，研讨还不够深入，或者上下游风险梳理不够完善，缓解措施产生的效果不突出。
- 3 分：偶尔有上下游需求对齐研讨，但是产出成果有明显风险缺失，或者没有严格执行缓解措施。
- 2 分：按需和上下游对齐风险，以部分专项为主，没有梳理完整风险策略和缓解意识。
- 1 分：本团队没有关注到该项内容，基本没有相关实践。

5）**是否为核心需求（其开发量较大）设定了价值的衡量指标？**

- 5 分：针对核心需求上线带来的核心价值，采用客观模型或数据分析，预测商业（或用户体验）价值衡量指标，可具体衡量，大部分能自动统计，并在上线后按约定规则统计，给出反馈分析。
- 4 分：针对核心需求上线带来的核心价值，根据历史数据分析，能给出预测商业（或用户体验）价值的基本衡量指标，上线后能进行统计和反馈。在指标分析的专业度和上线后的专业分析上，有所不足。
- 3 分：针对核心需求上线带来的核心价值，能给出衡量指标和线上监控，但是缺乏足够的分析手段，针对上线后是否达成既定目标，也缺乏进一步的分析和同步。
- 2 分：没有针对核心需求的价值衡量指标，除非管理 / 考核要求。只有产品的整体经营指标。
- 1 分：本团队没有关注到该项内容，基本没有相关实践。

6）**是否合理估算需求（或用户故事）？**

- 5 分：能用团队都接受的方法快速合理地估算需求大小（故事点），大家基本无异议。对于团队一个迭代能完成的总故事点，有比较一致的理解，能够根据故事点和依赖关系合理进行需求排期。
- 4 分：大部分需求能用团队接受的方法合理估算，团队基本认可。对于每个迭代能完成的总故事点估计有一定的偏差，多数情况下能根据故事点调整需求的合理排期。
- 3 分：能针对部分需求进行团队估算，但是方法比较单一，准确度一般。团队对于迭代能完成的故事点总数达不成一致，对于放入需求的数量和大小没有刻意优化。

- ❑ 2 分：团队没有进行需求大小的估算（或者准确率低），也不太清楚迭代完成的总故事点数量。需求评估工作量由个人主导完成。
- ❑ 1 分：本团队没有关注到该项内容，基本没有相关实践。

7）**是否合理拆分较大的需求（或用户故事）？**

- ❑ 5 分：团队掌握多种拆分技巧，针对较大需求（超过 5 天以上）进行拆分，确保迭代内安排的需求都能完成且可以工作（测试验收），大部分需求开发量都在 2 ～ 3 个工作日。
- ❑ 4 分：大部分情况下，较大需求能用团队接受的方法合理拆分，并大多能在本迭代内完成交付。但是拆分手段还不能应对部分需求情况。
- ❑ 3 分：能针对部分较大需求进行合理拆分，但是手段比较单一，拆分后仍然有偏大的子需求，或者不能保证本迭代内完成开发并测试验收。
- ❑ 2 分：团队没有形成成熟的需求拆分实践手段，不知道如何拆分出可独立验收的需求。需求拆分工作由个人主导完成。
- ❑ 1 分：本团队没有关注到该项内容，基本没有相关实践。

8）**是否设置需求优先级（或用户故事）？**

- ❑ 5 分：产品负责人维护完整的需求待办列表，有明确的优先级确定手段。团队按需求大小和优先级给迭代合理排期，遇到插入需求时，按优先级决策是否替换迭代中的需求。
- ❑ 4 分：产品负责人维护完整的需求待办列表，优先级确定因素比较单一。团队按需求大小和优先级给迭代合理排期，但遇到插入需求时，由产品负责人决定如何取舍。
- ❑ 3 分：有需求清单和简单的优先级，但是没有严格的优先次序管理及逻辑。团队排期会参考优先级，遇到插入需求时，通常是通过加班或者缩短测试周期搞定。
- ❑ 2 分：对团队而言，优先级聊胜于无，经常是所有需求都很重要，插入需求也很重要。由个别人管理上线优先顺序。
- ❑ 1 分：本团队没有关注到该项内容，基本没有相关实践。

9）**是否有需求验收标准和验收用例实践？**

- ❑ 5 分：针对每个子需求（或用户故事），在需求评审完成前都给出明确的验收标准和验收用例，数量适度，开发结束时确保验收通过，团队已形成集体习惯。
- ❑ 4 分：针对大部分需求或用户故事，都能给出验收标准和验收用例，质量上达到预期，但是给出时间偏晚，或者开发提测时可能并不关注验收用例。
- ❑ 3 分：会针对部分需求 / 用户故事明确验收标准或者验收用例，但是质量一般，完成时机偏晚，也没有要求开发作为完成标准。
- ❑ 2 分：团队并没有严格要求验收标准和验收测试用例，只是个别人员和高风险需求有相关实践。
- ❑ 1 分：本团队没有关注到该项内容，基本没有相关实践。

10）**需求评审是否有质量关注清单？**

- ❑ 5 分：团队有完整的质量评审项清单，形成了适合自己的评审纪律，在质量和效率之间取得平衡，对于核心需求能严格执行，对于做得不佳的评审项，能够提供优秀范例供团队参考。
- ❑ 4 分：团队有质量评审项清单，对于核心需求能默认执行，但是质量清单的项目过于烦琐，或者有时会遗漏低级问题，缺乏优秀范例参考。
- ❑ 3 分：需求评审时有重点关注质量风险，但是评审清单不够完整，质量也不高。有时因为要赶时间（或者被质疑）就放过该项，整改不到位。
- ❑ 2 分：需求评审时没有完整的质量风险关注清单，主要凭骨干员工个人检查质量风险清单。
- ❑ 1 分：本团队没有关注到该项内容，基本没有相关实践。

11）**是否有进入开发阶段的准入标准——DoR？**

- ❑ 5 分：团队制定了适合自己的 DoR 并持续改进，能够把各种质量共建要求在进入开发阶段之前完成，例如验收条件、桌面评审要求、需求文档要求、交互设计要求、测试排期等，开发阶段后的低级质量问题发生概率低。
- ❑ 4 分：团队制定了 DoR 并确保执行，大部分质量共建要求都有涵盖并落实，但是 DoR 没有完全考虑本团队的实际，少量要求不合理，或者难以执行。
- ❑ 3 分：团队制定了 DoR，执行效果一般，有一定的作用，但是持续时间不长，或者不能保证共建质量的效果，开发阶段后依然有不少低级质量问题。
- ❑ 2 分：团队没有制定能执行到位的 DoR 共识，主要凭骨干员工个人把关准入质量标准。
- ❑ 1 分：本团队没有关注到该项内容，基本没有相关实践。

当特性团队不断迈向高满意度的协作状态，成为真正的 One Team 时，其中发挥了重要推动价值的人就可以成为团队中的敏捷教练，或者成为受大家欢迎的敏捷教练。

质量认证证书

无测试组织没有完整的实体测试团队，可能会导致每个特性团队中的测试人员显得形单影只，但这不意味着质量标准的下降。为了让各个业务特性团队能够拥抱质量内建活动，交付高质量的软件产品，质量认证就是一个很好的赋能和驱动工具，可以让团队主动学习高质量软件的内建过程。

具体认证内容可以包括各个研发阶段的准入准出标准、不同产品的测试通过标准、不同等级的自动化测试能力要求、发布和回滚要求、线上故障处理 SOP 等。不同级别的认证也可以参考真实用户的质量口碑相关数据。

根据团队被认证的等级，公司可以搭配不同的资源和授权。比如：初级质量等级的团队，必须邀请专家进行技术评审和发布评审，严格遵循标准流程；中级质量等级的团队，可以裁剪出适合自己的灵活流程标准，引入一定的创新质量机制；高级质量等级的团队，完全自主掌握质量投入和质量运营，公司只需要关注投资回报率即可。

如此一来，分散在不同团队的专业测试人员就无须担心质量问题恶化的情况，越敏捷的组织对质量的理解越深刻。在推动团队质量认证升级的过程中，测试人员也完成了成为质量教练的转型。

质量技术圈子运营

分散在各个特性团队的测试人员，面临的另一个担忧就是专业能力提高慢。特性团队以业务成功为学习的牵引，不一定能满足测试人员对专业成长的诉求。

重要的专业技术虚拟组织，我称之为“圈子”，也可以称之为“技术社区”或“虚拟研究小组”。圈子的目的就是让有特定专业能力或相关提升需求的人员能“找到组织”，切磋专业技能，甚至共同完成创新挑战，这要比待在业务特性团队中更快获得专项能力提升。

从经验上看，大多数技术圈子都运营得不太成功，结合多年的实践，我有一些建议供读者参考：

- 圈子要有明确的专业深度和主题，比如移动 App 测试技术圈、卓越工程实践圈、性能测试工具开源社区等，不能是泛泛的测试技能提升，范围太大很难有出彩的成果。
- 圈子的“人员加盟”要有门槛，包括掌握相关专业技能的门槛（针对非新手培养的圈子）、个人的兴趣门槛（要有对该领域强烈的学习兴趣）。人员在精不在多。
- 在企业内运营圈子，要有产出目标和关键结果（OKR），团队的集体 OKR 和个人认领的目标挂钩，每个人都要承诺具体投入的精力。避免圈子成为一个“纯兴趣”的交流，这在企业中难以长久运营。
- 定期的圈子例会，以专业领域的案例分享、产出成果展示、里程碑进展同步和答疑为主。如果圈子有代码成果，例会上可以对提交的代码进行评审。
- 对产出的成功结果申请激励，重点激励做出全情贡献的人员，避免“少数两个人努力，一堆围观群众跟着拿奖”的情况。
- 圈子是传播敏捷质量文化的阵地，在企业内要做到质量内建、测试左移并不容易，需要志同道合且掌握专业理论知识的团队来造势，从试点业务团队开始赋能，最终让专项能力成为公司范围内都能获取的能力。

NPS 体系与 NPS 监控平台

为了避免长期转型过程中质量文化被商业交付压力稀释，以及团队急功近利导致测试标准形同虚设，测试转型人员可以坚持利用好 NPS 工具和平台，让团队倾听用户的声音。所有质量上的投入，最终可能都会体现在 NPS 指标趋势里。NPS 有关的用户原声和平台趋势分析，可以作为始终坚持质量改进措施的依赖武器，也最容易获得公司管理层支持。详细知识和实践，请参考本书第 13 章的内容。

15.4 本章小结

本章作为全书内容的提炼总结，先给出“无测试组织”的定义，即专业测试工程师不会消失，但高度敏捷团队中的固有测试团队会消失，专职测试角色会转型为专家角色，为团队的测试水平和品质内建而赋能。然后，描绘了一个思维实验，对一个测试团队的各种典型人物在十年敏捷转型后的结果做了一些畅想，我们可以看到擅长不同质量技术和专业的角色，会成长为不同风格的职场大咖。基于本书的修炼路径，不论是强技术的测试工程师，还是走质量管理或团队管理的人员，都会有巨大的发展空间。因此，我们应该拥抱变化的未来，而非惧怕它。

本章最后给出了保障转型成功的多项有效工具，帮助读者持续对焦转型方向，基于稳定方法论来驱动自我成长。

最后，我想说，敏捷测试就是积极拥抱敏捷宣言，让测试角色打破部门墙，更加主动地融入团队，并且也让整个团队内建好扎实的全员测试能力，对质量的重要性有充分的认识。

不论未来十年软件测试组织的发展是否遵循“去测试化”的规律，未雨绸缪和积极应对对职场人来说总是利大于弊。

也许未来测试人员并不会减少，但我相信提前修炼敏捷测试能力的人会有更大概率成为知名专家或团队核心。

退一万步说，即使未来专职测试岗位大幅减少，但也并不意味着现在的测试人员要失业了，更可能是更多的人分担了测试工作。测试人员有充分的机会转型成不同的角色，而测试岗位也将变得更加有专业门槛，更受企业重视。